元素の周期表

原子番号 / 元素記号 / 元素名 / 原子量

周期＼族	1	2	3	4	5	6	7	8	9	10	11	12	13	14	15	16	17	18
1	1 H 水素 1.008																	2 He ヘリウム 4.003
2	3 Li リチウム 6.941	4 Be ベリリウム 9.012											5 B ホウ素 10.81	6 C 炭素 12.01	7 N 窒素 14.01	8 O 酸素 16.00	9 F フッ素 19.00	10 Ne ネオン 20.18
3	11 Na ナトリウム 22.99	12 Mg マグネシウム 24.31											13 Al アルミニウム 26.98	14 Si ケイ素 28.09	15 P リン 30.97	16 S 硫黄 32.07	17 Cl 塩素 35.45	18 Ar アルゴン 39.95
4	19 K カリウム 39.10	20 Ca カルシウム 40.08	21 Sc スカンジウム 44.96	22 Ti チタン 47.88	23 V バナジウム 50.94	24 Cr クロム 52.00	25 Mn マンガン 54.94	26 Fe 鉄 55.85	27 Co コバルト 58.93	28 Ni ニッケル 58.69	29 Cu 銅 63.55	30 Zn 亜鉛 65.39	31 Ga ガリウム 69.72	32 Ge ゲルマニウム 72.61	33 As ヒ素 74.92	34 Se セレン 78.96	35 Br 臭素 79.90	36 Kr クリプトン 83.80
5	37 Rb ルビジウム 85.47	38 Sr ストロンチウム 87.62	39 Y イットリウム 88.91	40 Zr ジルコニウム 91.22	41 Nb ニオブ 92.91	42 Mo モリブデン 95.94	43 Tc テクネチウム (99)	44 Ru ルテニウム 101.1	45 Rh ロジウム 102.9	46 Pd パラジウム 106.4	47 Ag 銀 107.9	48 Cd カドミウム 112.4	49 In インジウム 114.8	50 Sn スズ 118.7	51 Sb アンチモン 121.8	52 Te テルル 127.6	53 I ヨウ素 126.9	54 Xe キセノン 131.3
6	55 Cs セシウム 132.9	56 Ba バリウム 137.3	57～71 ランタノイド	72 Hf ハフニウム 178.5	73 Ta タンタル 180.9	74 W タングステン 183.9	75 Re レニウム 186.2	76 Os オスミウム 190.2	77 Ir イリジウム 192.2	78 Pt 白金 195.1	79 Au 金 197.0	80 Hg 水銀 200.6	81 Tl タリウム 204.4	82 Pb 鉛 207.2	83 Bi ビスマス 209.0	84 Po ポロニウム (210)	85 At アスタチン (210)	86 Rn ラドン (222)
	87 Fr フランシウム (233)	88 Ra ラジウム (226)	89～103 アクチノイド	104 Rf ラザホージウム (267)	105 Db ドブニウム (268)	106 Sg シーボーギウム (271)	107 Bh ボーリウム (272)	108 Hs ハッシウム (277)	109 Mt マイトネリウム (276)	110 Ds ダームスタチウム (281)	111 Rg レントゲニウム (280)	112 Cn コペルニシウム (285)	113 Nh ニホニウム (284)	114 Fl フレロビウム (289)	115 Mc モスコビウム (288)	116 Lv リバモリウム (293)	117 Ts テネシン (293)	118 Og オガネソン (294)
	元素		遷移元素									典型元素						

ランタノイド元素	57 La ランタン 138.9	58 Ce セリウム 140.1	59 Pr プラセオジム 140.9	60 Nd ネオジム 144.2	61 Pm プロメチウム (145)	62 Sm サマリウム 150.4	63 Eu ユウロピウム 152.0	64 Gd ガドリニウム 157.3	65 Tb テルビウム 158.9	66 Dy ジスプロシウム 162.5	67 Ho ホルミウム 164.9	68 Er エルビウム 167.3	69 Tm ツリウム 168.9	70 Yb イッテルビウム 173.0	71 Lu ルテチウム 175.0
アクチノイド元素	89 Ac アクチニウム (227)	90 Th トリウム 232.0	91 Pa プロトアクチニウム 231.0	92 U ウラン 238.0	93 Np ネプツニウム (237)	94 Pu プルトニウム (239)	95 Am アメリシウム (243)	96 Cm キュリウム (247)	97 Bk バークリウム (247)	98 Cf カリホルニウム (252)	99 Es アインスタイニウム (252)	100 Fm フェルミウム (257)	101 Md メンデレビウム (258)	102 No ノーベリウム (259)	103 Lr ローレンシウム (262)

演習 誰でもできる
化学濃度計算
実験◎実習の基礎

立屋敷 哲 著

丸善出版

は じ め に

専門，専門基礎として化学系の実験・実習を行う際には，たとえば，決められた濃度の溶液をつくったり，溶液を薄めたりする操作がある．このような操作を行うためには，あらかじめモル計算や％計算をする，希釈の仕方を考えるといったことが必要となる．また，実験結果をまとめる際にも計算を行う必要がしばしばある．高校の化学基礎で学んだ濃度計算が苦手な学生は少なくないが，このような計算・考え方は決して難しくない．

本書は拙著“演習 溶液の化学と濃度計算　実験・実習の基礎”（丸善，2004）の姉妹版であり，この本の主として濃度計算部分を，化学と数学の苦手な学生が，自学自修できるように，つくりかえたものである．

本書では，計算のコツ，概算・暗算法，指数・対数など“計算の基礎”から始めている．また，米国式の化学計算法である“換算係数法（未知数 x を使わない，割り算をしない，単位に着目する方法，間違えないで計算できる方法）”を導入した（通常の計算方法も併記）．加えて，周期表にかかわる知識，イオン・塩の化学式の書き方，命名法の復習も行った．一方，生化学，栄養学，生理学，臨床化学などの実験で多用する比色法，実験・実習とかかわる洗浄の原理，純水についても取り上げた．本書の内容は，数学が得意な学生にとっても専門の学習に必要なレベルであり，初学者でも努力すれば容易に習得可能である．最近，しばしば強調されている Active Learning（反転授業）用の教材として，また，自学自修の力を養うための教材として利用できよう．

本書をつくりあげるまでの 5 年間，不完全な手製教材で学習し，内容改善へのさまざまな意見を出してくれた学生諸姉，本文中の“うさぎちゃん”マークの注のアイデアを提供いただいた坂田優葵さんに謝意を表したい．また，教材作成，授業の補助などで助力いただいた畑 愛，岸田あや香の両氏，これらの仕事とスタディスキルズ（学習法・学習態度・心構え）の文章作成に力添えいただいた三芳 綾氏，読者の息抜きとなる挿絵を提供いただいた中原馨子，深谷めぐみ両氏，出版に際して本書をより良い本とするべく内容の改善などに多大なるご尽力をいただいた丸善出版の長見裕子氏に感謝したい．換算係数法の作成にあたっては T. Smith, D. Vukovich, “Allied Health Chemistry：A Companion”（Prentice Hall, 1997）を参考にさせていただいた．スタディスキルズはこの本に触発されて，本書に導入した．執筆にあたっては，この本やその他のスタディスキルズに関する書籍内容と，筆者の体験に基づくもの（既版拙著や手製テキスト中の文章など）とを合わせて書きかえたものである．原著者たちに感謝する．

大学進学率が50%を超えたこの時代における大学教育の目的の一つは，筆者が勤務する大学の提携校の１つである西オーストラリア州立 Curtin 大学で強調されているように，"Life-long (Self) Education" の基礎をつくることにある．このことと関連して，私たちが一生肝に銘ずべき名言がある．「人間はいくつになっても髪や爪が伸びるように，学んでいれば（一生）成長することができる」（香川 綾：筆者勤務先の創設者）．学生諸氏の健闘を祈りたい．

2018年　向　夏

立屋敷　哲

目　　次

本書で勉強するために

本書の内容

- **実験・実習の濃度計算と関連項目**：モル，モル濃度，酸と塩基，中和滴定，酸化還元，酸化還元滴定，密度とさまざまな％，調味％，希釈，ppm・ppb，pH，緩衝液，光と色・比色法の原理，溶媒抽出と洗浄，イオン交換樹脂と純水の製造，クロマトグラフィー
- **基礎項目**：計算の基礎，有効数字，イオン・塩の化学式，反応式，化学量論計算
- **その他**：m・μ・n，イオン当量濃度（メック mEq/L）とオスモル濃度（医学，栄養学）
- **スタディスキルズ**：学習の心得，ノートのとり方，授業態度，予習復習，記憶法，学び方

換算係数法

本書の目的の１つは換算係数法を学び，この方法で化学計算を行うことである．この方法を次の例で紹介しよう．

例）１ドルは 114 円である．10 000 円は何ドルか．

(1)　１ドル＝114 円 → 換算係数は $\dfrac{114\,\text{円}}{1\,\text{ドル}}$ と $\dfrac{1\,\text{ドル}}{114\,\text{円}}$ である．

“同じものを異なる単位で表したもの”を１つの分数として表す．この分数とその逆分数が換算係数．これを用いた，単位を合わせる解き方が換算係数法である．

(2)　この問題を解くには，単位と意味に着目し，求められる答（単位，意味）に合うように，換算係数を組み合わせる．10 000 円をドルに変換・換算するには，円を消去するために分母に円のある換算係数を用いればよい．

(3)　求めたいものを換算係数との掛け算で表す ➡ $10\,000\,\text{円} \times \dfrac{1\,\text{ドル}}{114\,\text{円}} \rightarrow$ ドル．

数値だけでなく，その単位と意味（何の数値か）も書く．

(4)　分数式の計算では数値だけでなく，単位（意味）も約分する ➡ $\cancel{10\,000}\,\cancel{\text{円}} \times \dfrac{1\,\text{ドル}}{\cancel{114}\,\cancel{\text{円}}}$．

(5)　答にも単位をつける ➡ $\cancel{10\,000}\,\cancel{\text{円}} \times \dfrac{1\,\text{ドル}}{\cancel{114}\,\cancel{\text{円}}} = 87.7\,\text{ドル}$

（式の左右を見比べると，この式が単位的に正しいことがすぐにわかる．なぜなら，単位が合うように式を立てているので，正しくて当然なのである）

換算係数法のいまひとつの例として，10年が何秒かを計算してみる．

$$10\,年 = 10\,\cancel{年} \times \frac{365\,\cancel{日}}{1\,\cancel{年}} \times \frac{24\,\cancel{時間}}{1\,\cancel{日}} \times \frac{60\,\cancel{分}}{1\,\cancel{時間}} \times \frac{60\,秒}{1\,\cancel{分}} = 315\,360\,000\,秒.$$

このようにすれば一目瞭然で，かつ間違いが少ない．米国では，できる学生もできない学生も，全員がこの方法で化学計算を行う．この方法で，できない学生も容易に計算できるようになる．計算が苦手な人は，ぜひともこの方法を身につけてほしい．

学習の心構え

新しい方法を身につけることは容易ではない．新しいことは頭に入りにくい．わかりにくいし，面倒である．しかし，それを行うのが学習であり，本書の目的でもある．これを乗り越えなければ新しいことは身につかない．そもそも，“学ぶ”とは新しいことを身につけることであり，楽なはずがない．“学問に王道なし”である．がんばって乗り越えてほしい．

学習方法・学び方

新しいことを身につけるコツは，誰もが0〜3歳だったころのことを思い起こしてほしい．当時はみな天才で，誰からも教わらずに日本語を話す能力を獲得したのである．また，家族で外国に住むようになったときに，親より先に子どもが外国語を話せるようになることはよくみられる．子どもはなぜ日本語を話す能力を，なぜすぐに外国語が話せるようになるのだろうか？　それは，いずれの場合も，子どもは無意識に，本能的にまわりに追いつこうとして，先入観なくまわりの人をまね，すべてを受け入れるからである．

そもそも，**学ぶ**とはまねぶ（まねる），**学習**とは繰り返しまねるという意味である．学ぶことは，まずは教科書の指示どおりに素直にまねることから始まる．これが上手に学ぶコツである．素直にまねられない，自分式にやろうとするのは大人になった証拠である．しかし，このことが素直に学ぶことを妨げ，新しく学ぶことを難しくしている．まずは，子どもの気持ちで教科書をしっかり読んで理解し，まねぶしてほしい．

じつは，多くの学生が学ぶことの意味を思い違いしている．本書を学ぶにあたり，問題が小・中・高校で学んだ方法で解ければよいわけではない．自分の力で解くことは大切だが，“新しい解き方，考え方を身につける”ことがそれ以上に大切で，学ぶことの本来の目的，本書の目的である．自分勝手に手を抜かず，まずは，筆者を信じて教科書の指示どおりの解き方を学び，身につけること．そのうえで，今後どのような解き方をするか，自分で判断，選択すればよい．

いまひとつの思い違いがある．“問題を解く作業は勉強ではなく，勉強の準備だ”ということである．問題を解いて答が合っていれば誰もが満足するが，これだけでは問題に割いた時間はむだである．問題を解く目的は“間違いや理解していないところを発見すること”にある．間違ったところこそが宝ものである．間違ったところ，学ぶべきところを見出したら，そこを理解・納得するまで身につけること，自らの能力を向上させることが学習である．本書で，換算係数法をはじめとした新しいことを身につけて，自分を伸ばしてほしい．

- どのような科目であっても，教科書は，必ず一度はすみからすみまですべてを読むこと．(本書の記述は懇切丁寧であり，字数が多い．字数が多いのは嫌だという人は多いが，絵ばかりの本では独学の際には理解しにくいはずだ．詳しい説明をしっかり読み，書いてあることを理解して，今後に生かしてほしい)
- 教科書は1回読めばよいのではなく，何度も読み返し，何度も問題を解くこと．
- 本書での1回目の学習では，全問が例題であり答はその解説という性質をもつ．本書は解説書であり，学習書である．また，2回目以降の学習では，本書すべてが演習問題の演習書である．
- できない箇所は100回（～10回）やるつもりで学習すること．「読書百遍義自（おのずか）ら見（あらわ）る」である．学習にあたっては“なぜ”という言葉を忘れないこと．

算数・計算が不得意な人へ

筆者は脳科学者ではないが，ヒトの脳は，足し算，整数，掛け算，指数は得意で直感的に理解できるが，引き算，小数・分数，割り算，対数は不得意で，イメージや理解がしにくくできているものと，長年の経験から信じている．人は他人から教わらなくても話すことができるが，読み書きは教わらないとできるようにはならない．同様に，ヒトの脳が不得意な引き算や，小数・分数，割り算，対数は，小～高校のある時期に，やり方を頭に教え込まなければ誰もできるようにはならない．できない人は，学ぶべき時期に，自分の脳に十分に教え込まなかったので，いまも不得意なままなのだと思われる．いまからしっかりと頭に教えてやれば，必ずできるようになる．がんばって取り組み，苦手意識を克服してほしい．“やればできる”というのが，多くの先輩たちの感想である．

本書を用いた授業の評価［2016年，栄養系1年生前期110人（1クラス）対象］

教科書全体の評価	教科書は学習に，たいへん役に立った40%，役に立った50%，なんともいえない9%，役に立たなかった1%．
換算係数法の評価	換算係数法は学習に，たいへん役に立った58%，役に立った34%，なんともいえない6%，役に立たなかった2%．
各学習項目への評価	それぞれの学習項目が一応できるようになった90%強（90～96%），pH・緩衝液が一応できるようになった70%．
学生の意見・感想	**a.** 教科書が詳しい． **b.** わかりやすく詳しいけど，少し長い． **c.** 文字が多い． **d.** 基礎的なことやイメージがあってわかりやすい． **e.** 教科書を読むことがいちばんのテスト勉強になった． **f.** 換算係数法が役に立った． **g.** 換算係数法をやってから少しわかるようになった，単位ミスがなくなった． **h.** 解き方を覚えたら徐々にわかるようになった． **i.** 換算係数法のやり方を理解するまでは比を用いる方法がやりやすいと思っていたが，理解できたら，比よりはるかにわかりやすかった．

Study Skills〈スタディスキルズ・勉強の仕方〉

本書内に，“良い学習習慣・学習方法・技術（*Study Skills*）を身につけるためのヒント”を示す．このヒントは本書の随所に分散しているが，まず一度，がまんして *Study Skills* 全体を読み通してほしい．その後は，学習に合わせて，内容を再読してほしい（下記目次参照）．なお，自分は勉強ができないと感じている人は，次の先輩たちの感想を読んだあとで“*Study Skills* 6. 勉強ができない理由と，勉強ができるようになるために”を読んでほしい．

学生の意見・感想（本文より抜粋）

a. 初めは教科書の字が多すぎてやる気が出なかったが，真面目にやっていくとほとんど理解でき，重要なことばかりだったので，すごくよかった．初めからきちんとやっておけばよかった．
b. テスト勉強で，いままで飛ばしてきた教科書の補足や豆知識欄も細かく読んだら，ほかのことも理解しやすくなり，もっと早く読めばよかったと思った．
c. 高校まで丸暗記ですませていた化学が，理解する勉強法を心掛けたことで，たった3カ月で理解できるようになった．
d. 教科書を1回読んでわからなくても，何回か読めばわかるようになった．
e. 課題をいちばん初めに解いたとき，ぜんぜんわからず困ったが，2回目，3回目と解いていくうちに，説明文をじっくり読み確認しながら解いていくことで，理解できるようになっていった．
f. 私は寮なので，わからないところは友だちに聞いて理解し，何度も解いた．
g. 恥ずかしがらずにとことん人に聞いて取り組んだら，本当にできるようになった．

諸君もできる！ やる気を出して，取り組んでみよう！

Study Skills の目次

Study Skills　1．何のために学ぶのか，考えてみよう

君たちは何のために大学に進学したのだろうか．もっと学ぶためではないのか．そもそも人は何のために学ぶのだろうか．唐突だが，勉強は，じつは人類の知的財産を次世代が引き継ぐ相続行為である．よって，学ぶことは次の世代を支える若い人の責務である．また，学ぶことは自分が一生を生きるための糧を得る手段を身につけることでもある．それゆえ厳しい言い方だが，この人類の未来に対する責任から逃れようとする人は，人としてあるいは社会の一員として生きることを放棄することに値する．人は自分の能力を生かさなければならないし，伸ばさなければならない．それをもって社会に寄与しなければならない．これが生きるということである．したがって，少なくとも若いうちは誰でも，何かを学ぶ必要がある．それが人間として生きていく義務である．学ぶうえで，能力を人と比較する必要はない．大切なことは，世界に2人といないオンリーワンである自分をどう伸ばすか，どう生きるかである．学ぶ場所や方法，時期はもちろん学校だけに限らない．学び方は多種多様である（“生命科学・食品学・栄養学を学ぶための有機化学 基礎の基礎”（丸善），序文参照）．

実際，この現代社会を生きぬいていくためには，一生勉強していかなければならない．しかし，社会人になれば，高校までのように，いつも誰かが教えてくれるわけではない．大学進学率が50％超えた現代の大学におけるいちばん重要な，一生役に立つ勉強は，勉強の中身そのものではなく，自ら学ぶ力，自己教育する力，自分の力で学ぶことができるようになること（Self-Education）である．自分を一生伸ばしていく（Life-Long Education）のための態度，勉強の仕方，技術を身につけること，その結果として，各自の能力・可能性を伸ばし，社会人として活躍できる基礎を身につけること，ひいてはこれからの自分に自信をつけることである．その要点が，良い学び方を身につけことである．大学の授業はそのトレーニング期間である．得られる知識や考え方，その広がりはこの勉強の余禄（おまけ）でしかない[1]．

若い君たちにはたくさんの伸びしろがある．昨日の自分と今日の自分は違う．毎日が違う．日々進歩，それが大学生である．このことをぜひ，意識してほしい．いまが，大きく伸ばす最後のチャンス．人生でいちばん大切で貴重な時間である．時間を上手に使って，充実した学生生活を送ろう．その見本となるすばらしい先輩がたくさんいる．先輩たちをまねてほしい．また，いわゆる勉強だけでなく，部活やボランティアなどの課外活動，友達づきあい，アルバイト，旅行，読書など，大学生活すべてにおいてチャレンジしよう．大学生活の4年間で一生の基礎を築くために．

学ぼうとする人，自分を伸ばそうと思う人にとっての金言がある．

「人間はいくつになっても髪や爪が伸びるように，
学んでいれば（一生）成長することができる」[2]（香川　綾）

（髪や爪がいつまでも伸びるように人は死ぬまで成長できる）

1）専門基礎としての知識や技術，取得できるさまざまな“免許”は生活の糧・身の糧として大切だが，それ以上に，大学の基礎・教養・専門科目の学習と大学生活を通して，考え方・幅広い視野を身につけること，価値観の多様性を知ることが大切である．その中で，一生役に立つ知恵（生き方，人生の指針，心の糧・精神の支え）を身につけるとともに，心の知能指数EQ（emotional intelligence quotient）の向上を目指してほしい．

2）たとえば，葛飾北斎（浮世絵師）や平櫛田中（彫刻家），奥村土牛（日本画家）の一生を調べてみよ．

［p. 19につづく］

1　単位と計算

君たちは3歳まではみな天才だった．誰からも教わらずに日本語やその他を身につけたのだから．これらは周りを素直にまねることで身につけたのである．同様に，化学計算も，この教科書のやり方を素直にまねれば，容易にできるようになる！　大人としての理解する努力をすればなおさらだ．まずは，四則計算の復習から始めよう．昔から，読み・書き・そろばん（計算）は社会人として必要な基礎能力である[1]．

1）栄養系は，2年間は完全な理系と心得よ．理系のさまざまな講義や実験・実習のみならず（理工系の化学より多い！），調理実習や栄養学ですら，計算力は必須である．

- 文章・問題文をしっかり読むこと
- 数字の写し間違いをしないこと
- 丸暗記で済まそうとせず，やり方を理解しよう

できなかった問
題は印をつけて
おいて，繰り返
し解くこと！

1・1　整数，小数，分数の四則計算

a.　整数・小数の計算

問題 1.1　以下の数式を計算せよ．

(1)　$9-(-5)$　　(2)　$-9+(-5)$

(3)　$-9-(-5)$　　(4)　$-(-2+0.3010)$

(5)　$1-0.0123$　　(6)　$0.3010-2$

(7)　$-9\times(-5)$　　(8)　$2+3\times4$

(9)　$6+(-2)\times4$　　(10)　25×25（概算，暗算法あり）

(11)　25×35（概算，暗算法あり）　　(12)　27×32（概算と暗算）[2]

(13)　$32\div98$（概算と暗算近似値）[2]　　(14)　$32\div102$（概算と暗算近似値）[2]

2）少し高級．

b.　数値に10のべき乗を掛ける〈濃度計算では10のべき乗表示は一般的〉

問題 1.2　以下の数式を計算せよ．

(1)　$0.000\,67\times1000$（$0.000\,67\times10^3$）

(2)　$0.089\times10\,000$[3]（0.089×10^4）

(3)　0.346×1000[3]（0.346×10^3）

(4)　$0.000\,78\times100$[3]（$0.000\,78\times10^2$）

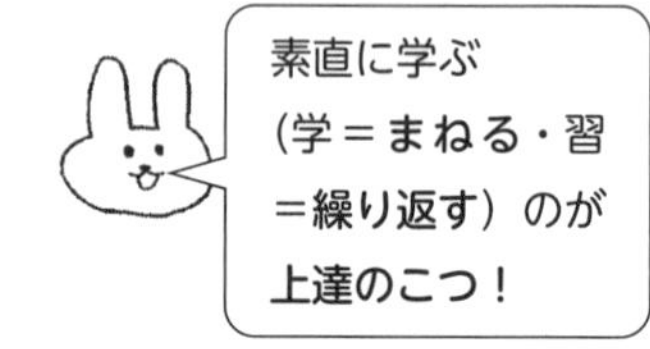

素直に学ぶ
（学＝まねる・習
＝繰り返す）のが
上達のこつ！

3）べき乗（冪乗，累乗）計算では位取りを間違えないように．

c.　数値を10のべき乗で割る〈濃度計算では10のべき乗表示は一般的〉

問題 1.3　以下の分数を小数表示せよ．

(1)　$\dfrac{0.345}{1000}$（$=0.345\div1000$，$0.345\div10^3$，0.345×10^{-3}）

(2)　$\dfrac{0.000\,67}{100}$（$=0.000\,67\div100$，$0.000\,67\div10^2$，$0.000\,67\times10^{-2}$）

(3)　$\dfrac{89}{10\,000}$[3]（$=89\div10\,000$，$89\div10^4$，89×10^{-4}）

(4)　$\dfrac{0.654}{1000}$[3]（$=0.654\div1000$，$0.654\div10^3$，0.654×10^{-3}）

解答

答 1.1

(1) $9-(-5)=9+5=\underline{14}$　(2) $-9+(-5)=-9-5=\underline{-14}$

(3) $-9-(-5)=-9+5=\underline{-4}$　(4) $-(-2+0.3010)=-(-1.6990)=\underline{1.6990}$

(5) $1-0.0123=\underline{0.9877}$　(6) $0.3010-2=\underline{-1.6990}$

(7) $-9\times(-5)=\underline{45}$　(8) $2+3\times4=$[4] $2+12=\underline{14}$　乗除優先

(9) $6+(-2)\times4=$[4] $6+(-8)=6-8=\underline{-2}$

(10) 概算 $20\times30=\underline{600}$，暗算 $25\times25=2\times(2+1)\times100+5^2=$[5] $2\times3\times100+25=\underline{625}$

(11) 概算 $30\times30=\underline{900}$，暗算 $(30-5)(30+5)=$[6] $30^2-5^2=900-25=\underline{875}$

(12) 概算 $30\times30=\underline{900}$，暗算 $27\times32=(28-1)\times32=28\times32-32$
$=(30-2)(30+2)-32=(900-4)$[6] $-32=\underline{864}$

(13) 概算 $\underline{0.32}$，暗算近似値 $0.32+0.32\times0.02$[7] $=\underline{0.326_4}$（厳密解は 0.3265…）

(14) 概算 $\underline{0.32}$，暗算近似値 $0.32-0.32\times0.02$[7] $=\underline{0.313_6}$（厳密解は 0.3137…）

答 1.2

(1) $0.000\,67\times1000$ $(\times10^3)\rightarrow0.000\,67$ の小数点を**右へ 3 桁**ずらす $=\underline{0.67}$

(2) $0.089\times10\,000$ $(\times10^4)\rightarrow0.0890\,00$ の小数点を**右へ 4 桁**ずらす $=890.=\underline{890}$

(3) $0.346\times1000(\times10^3)\rightarrow0.346$ の小数点を**右側に 3 桁**ずらす $=\underline{346}$

(4) $0.000\,78\times100(\times10^2)\rightarrow0.000\,78$ の小数点を**右側に 2 桁**ずらす $=\underline{0.078}$

【解き方】 数値に10の累乗を掛ける場合は，より**大きくなる**ので，**小数点を 0 の数だけ右へずらせ**ばよい．

位取り（小数点の移動）を間違えない！

答 1.3 *

(1) $0.345/1000=00\,000.345$ の小数点を**左側へ 3 桁**ずらす $=\underline{0.000\,345}$

$0.345/1000=\dfrac{0.345}{1000}=\dfrac{0000.345}{1000}=\dfrac{0.000\,345}{1}=\underline{0.000\,345}$（割り算は分数形で計算！）

* **割り算**または**分数の意味**：割られる数（分子）の中に割る数（分母）が何個あるか．または，分子の数を分母の個数に分けたら 1 個分の大きさはどれくらいになるか．この問題では後者．

(2) $0.000\,67/100=000.000\,67$ の小数点を**左側へ 2 桁**ずらす $=\underline{0.000\,006\,7}$

$0.000\,67/100=\dfrac{0.000\,67}{100}=\dfrac{0000.000\,67}{100}=\dfrac{0.000\,006\,7}{1}=\underline{0.000\,006\,7}$

(3) $89/10\,000=000\,089.$ の小数点を**左側へ 4 桁**ずらす $=\underline{0.0089}$

$89/10\,000=\dfrac{89}{10\,000}=\dfrac{89.}{10\,000}=\dfrac{000\,089.}{10\,000}=\underline{0.0089}$

(4) $0.654\div1000=\dfrac{0.654}{1000}$ $(0.654\times10^{-3})=00\,000.654$ の小数点を左側へ **3 桁**ずらす
$=\underline{0.000\,654}$（割り算や 10^{-n} の計算は**分数形にして計算**すると間違えない！）

【解き方】 **分母が 10 の累乗**である分数を小数に変換するには，数値はより**小さくなる**ので，分子の**小数点を分母中の 0 の数だけ左側へずらせ**ばよい．数値を10の累乗で割る場合も，数値はより**小さい値**になるので，**小数点を 0 の数だけ左側へずらせ**ばよい．

4) 計算順序は**乗除**（×÷）が加減（＋－）に**優先**．

5) 次式で $n=2$ なら，$25\times25=2\times3\times100+25=625$：$(n\times10+5)^2=n^2\times10^2+2\times n\times10\times5+5^2=n^2\times10^2+n\times10^2+5^2=n(n+1)\times100+25$．$n=3$ なら，$35\times35=3\times4\times100+25=1200+25=1225$．p.6 の注 2）も参照．

6) $(a+b)(a-b)=a^2-b^2$

7) 2%小さい値で割れば答は約 2%大となり，2%大きい値で割れば答は 2%小となる．10%小さい値では約 10%大，10%大きい値では 10%小．ただし，この近似計算の誤差はしだいに大きくなる．2%の場合は厳密計算値の 0.03%の誤差，10%で 1%，20%では 4%の誤差となる．

この近似計算は，次の代数関数の級数展開式の二次の項までを計算した場合に対応する．

2%大の場合は，$1/(a+x)=1/a-x/a^2+x^2/a^3-\cdots$ より，$32/102=32/(100+2)=32(1/100-2/(100)^2+\cdots)=0.32-0.32\times0.02+\cdots\fallingdotseq0.3136$（厳密解は 0.313 72 と 0.03%の誤差で一致）．

2%小の場合は，$1/(a-x)=1/a+x/a^2+x^2/a^3+\cdots$ より，$32/98=32/(100-2)=32(1/100+2/(100)^2+\cdots)=0.32+0.32\times0.02+\cdots\fallingdotseq0.3264$（厳密解は 0.326 53 と 0.03%の誤差で一致）．

20%大の場合は，$32/120=0.32-0.32\times0.2=0.32-0.064=0.256$（厳密解は 0.267，誤差 $(0.256-0.267)/0.267\times100=-4\%$）．

20%小の場合は，$32/80=0.32+0.32\times0.20=0.32+0.064=0.384$（厳密解は 0.400，誤差 $(0.384-0.400)/0.400\times100=-4\%$）．

d. 分数の計算〈濃度計算，調理実習の調味%計算には分数計算は必須〉[1)]

1) 重要 p.30 の換算係数法は分数形と，その約分がポイント！ 分数を気楽に使えることが鍵.

問題 1.4 以下の小数を分数とせよ（ここでは約分は不要）.

(1) 0.0001　　(2) 0.345

(3) 0.67　　(4) 0.000 008

教科書・ノートの大切なところに黄色マーカーで着色や下線を引く（ただし，線を引き過ぎない！）

問題 1.5 以下の分数を計算せよ（電卓の使用不可）.

分数の割り算の計算法？

(1) $\dfrac{6}{-3}$　　(2) $\dfrac{-3}{-6}$

(3) $\dfrac{1}{2}\div\dfrac{1}{3}$　　(4) $\dfrac{1}{2}\times 6$

(5) $\dfrac{1}{2}\div 6$　　(6) $6\div\dfrac{1}{2}$

(7)[2)] $\dfrac{4}{5}\times\dfrac{7}{8}$　　(8) $\dfrac{3}{5}\times 10$

(9) $12\div\dfrac{2}{3}$　　(10)[3)] $\dfrac{3}{5}+\dfrac{1}{3}$

(11) $-\dfrac{2}{3}+\left(-\dfrac{1}{2}\right)-\dfrac{1}{6}+\dfrac{3}{4}$　　(12) $\dfrac{1}{6}+\dfrac{5}{6}\div\dfrac{2}{3}$

(13)[2)] $\dfrac{1}{12}\times(-3)-6\div\left(-\dfrac{2}{3}\right)$　　(14)[2)] $\dfrac{1}{3}-\left(-\dfrac{1}{2}\right)^2\div\left(-\dfrac{3}{8}\right)$

乗除優先

2) 演算に注意すること.

3) $\dfrac{1}{2}+\dfrac{1}{3}\neq\dfrac{2}{5}$

4) 重要 問題

問題 1.6[4)] $\dfrac{2}{3}=\dfrac{x}{4}$ のとき，x を求めよ.

何かの計算で，比例式 $a:b=c:d$ を考えたい場合には，この比例式の代わりに $\dfrac{b}{a}=\dfrac{d}{c}$ または $\dfrac{a}{b}=\dfrac{c}{d}$ を考えて，この分数式を**たすき掛け**するやり方を行うくせをつけること.

大切なことはテキストやノートの欄外などに書き込もう！ テストに正解を写さない！

問題 1.7 $\dfrac{x}{3}=2$ のとき，x を求めよ.

たすき掛けとは？

問題 1.8[2)] $\dfrac{\left(\dfrac{1}{2}\right)}{\left(\dfrac{3}{4}\right)}$ を簡単にせよ.

解　答

答 1.4

(1) $0.0001=\dfrac{1}{10\,000}$　(2) $0.345=\dfrac{345}{1000}$

(3) $0.67=\dfrac{67}{100}$　(4) $0.000\,008=\dfrac{8}{1\,000\,000}$

答 1.5

(1) $\dfrac{6}{-3}=^{5)}-2$　(2) $\dfrac{-3}{-6}=^{5)}\dfrac{1}{2}$　(3) $\dfrac{1}{2}\div\dfrac{1}{3}=^{6)}\dfrac{1}{2}\times\dfrac{3}{1}=\dfrac{3}{2}$

(4) $\dfrac{1}{2}\times 6=^{5)}3$　(5) $\dfrac{1}{2}\div 6=\dfrac{1}{2}\div\dfrac{6}{1}=^{6)}\dfrac{1}{2}\times\dfrac{1}{6}=\dfrac{1}{12}$

(6) $6\div\dfrac{1}{2}=^{6)}6\times\dfrac{2}{1}=12$　(7) $\dfrac{4}{5}\times\dfrac{7}{8}=^{5)}\dfrac{1}{5}\times\dfrac{7}{2}=\dfrac{7}{10}$

(8) $\dfrac{3}{5}\times 10=^{5)}3\times 2=6$　(9) $12\div\dfrac{2}{3}=^{6)}12\times\dfrac{3}{2}=^{5)}6\times 3=18$

(10) $\dfrac{3}{5}+\dfrac{1}{3}=^{7)}\dfrac{9+5}{15}=\dfrac{14}{15}$

(11) $-\dfrac{2}{3}+\left(-\dfrac{1}{2}\right)-\dfrac{1}{6}+\dfrac{3}{4}=^{7)}\dfrac{-8-6-2+9}{12}=-\dfrac{7}{12}$

(12) $\dfrac{1}{6}+\dfrac{5}{6}\div\dfrac{2}{3}=^{6,8)}\dfrac{1}{6}+\dfrac{5}{6}\times\dfrac{3}{2}=^{5)}\dfrac{1}{6}+\dfrac{5}{2}\times\dfrac{1}{2}=\dfrac{1}{6}+\dfrac{5}{4}=^{7)}\dfrac{2}{12}+\dfrac{15}{12}=\dfrac{17}{12}=\left(1\dfrac{5}{12}\right)$

(13) $\dfrac{1}{12}\times(-3)-6\div\left(-\dfrac{2}{3}\right)=^{6,8)}-\dfrac{3}{12}-6\times\left(-\dfrac{3}{2}\right)=^{5)}-\dfrac{3}{12}+3\times 3=^{5)}-\dfrac{1}{4}+9=8\dfrac{3}{4}$

(14) $\dfrac{1}{3}-\left(-\dfrac{1}{2}\right)^2\div\left(-\dfrac{3}{8}\right)=^{6,8)}\dfrac{1}{3}-\left(\dfrac{1}{4}\right)\times\left(-\dfrac{8}{3}\right)=^{5)}\dfrac{1}{3}+\left(\dfrac{1}{1}\right)\times\left(\dfrac{2}{3}\right)=\dfrac{1}{3}+\dfrac{2}{3}=1$

5)　まず分子と分母の数値を**約分**する．

6)　**分数の割算は**分子と分母を**逆さにして掛ける**．

$$\frac{a}{b}\div\frac{c}{d}=\frac{a}{b}\times\frac{d}{c}$$

（この証明は“演習 溶液の化学と濃度計算”（丸善），p. 222 参照）．

7)　通分する．

$\dfrac{1}{2}+\dfrac{1}{3}=\dfrac{2}{5}$ とする学生がいたのでいま一度注意しよう．

8)　**乗除優先**．四則混合の計算における優先順位を忘れないこと．

答 1.6　$\dfrac{8}{3}$　$\dfrac{2}{3}=\dfrac{x}{4}$ を，$\dfrac{2}{3}\times\dfrac{x}{4}$ と**たすき掛け**して[9]，$3x=8$．よって，$x=\dfrac{8}{3}$

$\dfrac{a}{b}=\dfrac{c}{d}$ **のとき**（両辺に bd を掛けて約分すると），$ad=bc$（**たすき掛け**）となる．

9)　または，両辺×4 として計算．

答 1.7　6：$\dfrac{x}{3}=\dfrac{2}{1}$ のように，**整数の 2** を $\dfrac{2}{1}$ の**分数形に変形して**，たすき掛けする．

$x\times 1=3\times 2=6$ よって，$x=6$（または，両辺に 3 を掛けると $\dfrac{x}{3}\times 3=2\times 3$，$x=6$）

答 1.8　$\dfrac{2}{3}$：外項の積/内項の積として計算，または割り算の形にして計算する（逆さにして掛ける）．

$\dfrac{\left(\dfrac{1}{2}\right)}{\left(\dfrac{3}{4}\right)}=\dfrac{1\times 4}{2\times 3}=^{5)}\dfrac{2}{3}$　または　$\dfrac{\left(\dfrac{1}{2}\right)}{\left(\dfrac{3}{4}\right)}=\dfrac{1}{2}\div\dfrac{3}{4}=^{6)}\dfrac{1}{2}\times\dfrac{4}{3}=^{5)}\dfrac{2}{3}$

$\dfrac{\left(\dfrac{a}{b}\right)}{\left(\dfrac{c}{d}\right)}=\dfrac{ad}{bc}\left(=\dfrac{外項の積}{内項の積}\right)$　$\dfrac{\left(\dfrac{a}{b}\right)}{\left(\dfrac{c}{d}\right)}=\dfrac{a}{b}\div\dfrac{c}{d}=\dfrac{a}{b}\times\dfrac{d}{c}=\dfrac{ad}{bc}$ とも計算できる．

問題 1.9　次の分数と分数式を計算せよ．結果は分数のままでよい．

(1) $\frac{4}{3}=\frac{x}{5}$　($x=$ ？)　　(2)[1] $\frac{4}{3}=\frac{5}{x}$　($x=$ ？)

(3) $\dfrac{\left(\frac{3}{4}\right)}{\left(\frac{5}{7}\right)}$

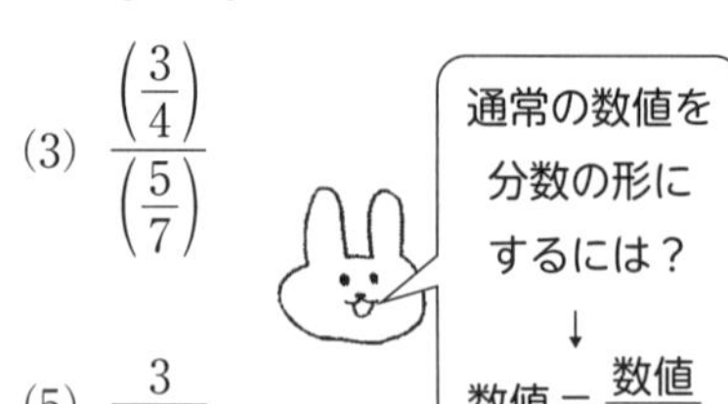

(4) $\dfrac{\left(\frac{1}{2}\right)}{5}$　　分数計算を間違えない

(5) $\dfrac{3}{\left(\frac{3}{4}\right)}$　　(6)[1] $\dfrac{\left(\frac{4}{3}\right)}{\left(\frac{x}{2}\right)}=3$　($x=$ ？)　　たすき掛け

(7)[1] $\dfrac{\left(\frac{1}{3}\right)}{x}=2$　($x=$ ？)　　(8) $\dfrac{\left(\frac{x}{a}\right)}{\left(\frac{c}{b}\right)}=d$　($x=$ ？)

(9)[1] $\dfrac{\left(\frac{1.0}{128}\right)}{0.05x}=\frac{2}{3}$　($x=$ ？)

補充問題：数字に強くなろう　**概算と暗算の演習**

〈繰り返し演習して，この計算法をマスターしよう．一生の財産になる！〉

(1) ① 25×25＝(概算　；暗算法　)　② 55×55＝(　；　)
③ 85×85＝(　；　)　④ 34×36＝(　；　)
⑤ 62×68＝(　；　)

(2) ① 25×35＝(　；　)　② 55×65＝(　；　)
③ 85×95＝(　；　)　④ 37×43＝(　；　)
⑤ 94×106＝(　；　)

(3) ① 25÷99＝(　；　)　② 25÷101＝(　；　)
③ 25÷98＝(　；　)　④ 25÷102＝(　；　)
⑤ 25÷90＝(　；　)　⑥ 25÷110＝(　；　)

答　(**概算と暗算**)：以下は概算値と暗算値

(1)[2] ① 20×30＝600，600＋5×5＝625，　② 50×60＝3000，3000＋5×5＝3025，③ 80×90＝7200，7200＋5×5＝7225，④ 30×40＝1200，1200＋4×6＝1224，⑤ 60×70＝4200，4200＋2×8＝4216

(2)[3] ① 30×30＝900 (20×40)[4]，900－5×5＝875，② 60×60＝3600 (50×70)，3600－5×5＝3575，③ 90×90＝8100(80×100)，8100－5×5＝8075，④ 40×40＝1600，1600－3×3＝1591，⑤ 100×100＝10 000(90×110)，100×100－6×6＝9964

(3)[5] 以下は概算値と近似計算値［(　) は電卓計算］ ① 25÷100＝0.25，0.25＋0.25×0.01＝0.25＋0.0025＝0.2525 (0.2525…)，② 25÷100＝0.25，0.25－0.0025＝0.2475　(0.2475…)，　③ 25÷100＝0.25，　0.25＋0.25×0.02＝0.25＋0.0050＝0.2550 (0.2551…)，④ 25÷100＝0.25，0.25－0.0050＝0.2450 (0.24509…)，⑤ 25÷100＝0.25，0.25＋0.25×0.10＝0.25＋0.025＝0.275(0.277…，1%の誤差)，⑥ 25÷100＝0.25，0.25－0.025＝0.225(0.227…，1%の誤差)

1) この問題は間違いやすいので注意しよう．

2) 答 1.1 の注 5)のやり方．一般に，10 の桁が同じ数字で，1 の桁がともに 5 の 2 桁の数値（①～③）のみならず，1 の桁が足して 10 になる 2 桁の数字の掛け算(④,⑤) も，このように暗算できる．34×36＝30×40＋4×6＝1224，(30＋4)(30＋6)＝30×30＋30×(4+6)＋4×6＝30×30+30×10+4×6＝30×(30+10)＋4×6＝30×40＋4×6　一般式は，$\{(n\times10)+m\}\{(n\times10)+(10-m)\}=(n\times10)^2+(n\times10)(10-m)+m(n\times10)+m(10-m)=(n\times10)^2+(n\times10)\times\{(10-m)+m\}+m(10-m)=(n\times10)\{(n\times10)+10\}+m(10-m)=(n\times10)\{(n+1)\times10\}+m(10-m)=n(n+1)\times100+m(10-m)$

3) 答 1.1 の注 6)のやり方．2 桁の数字で 10 の桁が 1 つだけ違う数値で 1 の桁が足して 10 となる 2 つの数字（例：43，57）の掛け算は 10 の桁の大きい数値の数字 (57) の 10 の桁の 2 乗 (50×50＝2500) から 1 の桁の数値の 2 乗 (7×7＝49) を引いた値となる(2500－49＝2451)．つまり，43×57＝(50－7)×(50＋7)＝$(a-b)(a+b)=a^2-b^2$＝2500－49＝2451．

4) 20×40 よりは，30×30 のほうがより良い概算法であることは理解できよう．②～⑤も同様．

5) 答 1.1 の注 7)のやり方．近似計算では，割る数値が 100 から何%違っているか考え，その%分を補正 (0.25 の 1，2，10%を＋か－) する．

解　答

答 1.9

(1) $\frac{20}{3}$：たすき掛けして，$3\times x=4\times 5$[6]，$3x=20$，$x=\frac{20}{3}$[7]

(2) $\frac{15}{4}$：たすき掛けして，$4\times x=3\times 5$，$4x=15$，$x=\frac{15}{4}$[8]

(3) $\frac{21}{20}$：$\frac{3\times 7}{4\times 5}$[9] $=\frac{21}{20}$ または 分数を割り算の形にして，$\frac{3}{4}\div\frac{5}{7}=\frac{3}{4}\times\frac{7}{5}$[10] $=\frac{21}{20}$

(4) $\frac{1}{10}$：$\frac{\left(\frac{1}{2}\right)}{5}=\frac{\left(\frac{1}{2}\right)}{\left(\frac{5}{1}\right)}$[11] $=\frac{1\times 1}{2\times 5}$[9] $=\frac{1}{10}$ または $\frac{1}{2}\div 5=\frac{1}{2}\div\frac{5}{1}$[11] $=\frac{1}{2}\times\frac{1}{5}$[10] $=\frac{1}{10}$

(5) 4：$\frac{3}{\left(\frac{3}{4}\right)}=\frac{\left(\frac{3}{1}\right)}{\left(\frac{3}{4}\right)}$[11] $=\frac{3\times 4}{1\times 3}$[9] $=4$ または $3\div\frac{3}{4}=3\times\frac{4}{3}$[10] $=4$

(6) $\frac{8}{9}$：$\frac{4\times 2}{3\times x}$[9] $=\frac{8}{3x}=\frac{3}{1}$[11]，$3x\times 3=8\times 1$[6]，$9x=8$，$x=\frac{8}{9}$ または $\frac{\left(\frac{4}{3}\right)}{\left(\frac{x}{2}\right)}=\frac{3}{1}$[11]，

$\frac{4}{3}\times 1=\frac{x}{2}\times 3$[6]，$\frac{4}{3}=\frac{3x}{2}$，$4\times 2=3\times 3x$[6]，$8=9x$，$x=\frac{8}{9}$ または 別法あり[12].

(7) $\frac{1}{6}$：$\frac{\left(\frac{1}{3}\right)}{\left(\frac{x}{1}\right)}$[11] $=\frac{1\times 1}{3\times x}$[9] $=\frac{1}{3x}=\frac{2}{1}$[11]，$3x\times 2=1\times 1$[6]，$6x=1$，$x=\frac{1}{6}$ または $\frac{\left(\frac{1}{3}\right)}{x}=\frac{2}{1}$[11]，

$\frac{1}{3}\times 1=x\times 2$[6]，$x=\frac{1}{6}$ または $\frac{1}{3}\div x=\frac{1}{3}\div\frac{x}{1}$[11] $=\frac{1}{3}\times\frac{1}{x}$[10] $=\frac{1}{3x}=\frac{2}{1}$[11]，

$3x\times 2=1\times 1$[6]，$6x=1$，$x=\frac{1}{6}$[13]

(8) $\frac{acd}{b}$：$\frac{\left(\frac{x}{a}\right)}{\left(\frac{c}{b}\right)}=\frac{x\times b}{a\times c}$[9] $=\frac{bx}{ac}=\frac{d}{1}$[11]，$bx\times 1=ac\times d$[6]，$bx=acd$，$x=\frac{acd}{b}$ または

$\frac{\left(\frac{x}{a}\right)}{\left(\frac{c}{b}\right)}=\frac{x}{a}\div\frac{c}{b}=\frac{x}{a}\times\frac{b}{c}=\frac{bx}{ac}$[9] $=\frac{d}{1}$[11]，以下，同上．または 別法あり[14].

(9) $\frac{15}{64}$：$\frac{\left(\frac{1.0}{128}\right)}{0.05x}=\frac{\left(\frac{1.0}{128}\right)}{\left(\frac{0.05x}{1}\right)}$[11] $=\frac{1.0\times 1}{128\times 0.05x}$[9] $=\frac{1.0}{6.4x}=\frac{2}{3}$，$6.4x\times 2=1.0\times 3$[6]，

$12.8x=3.0$，$x=\frac{3.0}{12.8}=\frac{30}{128}=\frac{15}{64}$ または $\frac{1.0}{128}\div 0.05x=\frac{1.0}{128}\times\frac{1}{0.05x}=\frac{1}{6.4x}=\frac{2}{3}$，

以下，同上．または $\frac{\left(\frac{1.0}{128}\right)}{0.05x}=\frac{2}{3}$，$\frac{1.0}{128}\times 3=0.05x\times 2$[6]，$\frac{3.0}{128}=\frac{0.1x}{1}$[11]，

$128\times 0.1x=3.0\times 1$[6]，$12.8x=3.0$，$x=\frac{3.0}{12.8}=\frac{30}{128}=\frac{15}{64}$[15]

6) たすき掛けする．**たすき掛け**（p.5）は必ず身につけること．xはそのままにして，分母の5のみを左項にたすき掛けするやり方もある（実質，注7）と同じやり方）．

7) 別法：xの分母5を消すために，両辺$\times 5$として計算する．

8) 別法：
両辺$\times x$さらに$\times\frac{3}{4}$

9) **外項の積/内項の積**として計算する．

10) 分数で割る場合は**分数を逆さにして掛ける**．

11) 分子，または分母の整数値を，
$\frac{\text{整数値}}{1}$の**分数形に変える**．

12) 別法1：
両辺$\times\frac{x}{2}$さらに$\times\frac{2}{3}$
別法2：
$\frac{4}{3}\div\frac{x}{2}=\frac{4}{3}\times\frac{2}{x}=\cdots$

13) 別法：
まず，両辺$\times x$とする．

14) 別法：
まず，両辺$\times\frac{ac}{b}$とする．

15) 別法：
まず，両辺$\times 0.05x$とする．

e. 小数の掛け算，割り算

1)　計算に注意すること．とくに分母に小数の割り算は間違いやすい．

問題 1.10　以下の数式を計算せよ．

(1)　0.010×0.022　　(2)[1]　$0.001 \div 50$　　(3)[1]　$4 \div 0.1$　　(4)[1]　$0.0001 \div 0.02$

f. 小数を分母とする分数の計算〈小数で割る計算は間違いやすい！〉

小数で割る場合の計算法？
↓
分数の形にして，分母を整数位1桁の数に変えて計算

問題 1.11[1]　次の(1)～(6)を計算せよ（小数表示せよ）．

(1)　$0.01 \div 0.1$ $\left(\dfrac{0.01}{0.1}\right.$ として計算せよ$\left.\right)$

位取り・小数点の位置を間違えない

(2)　$0.1 \div 0.01$ $\left(\dfrac{0.1}{0.01}\right.$ として計算せよ$\left.\right)$

(3)　$0.0135 \div 0.42$ $\left(\dfrac{0.0135}{0.42}\right.$ として計算せよ$\left.\right)$

小数の分数計算では
分母を整数位1桁の数とする

2)　計算法と位取りに注意すること．

(4)[2]　$768 \div 0.035$ $\left(\dfrac{768}{0.035}\right.$ として計算せよ$\left.\right)$

(5)[2]　$0.768 \div 0.035$ $\left(\dfrac{0.768}{0.035}\right.$ として計算せよ$\left.\right)$

(6)[2]　$0.00\,768 \div 0.035$ $\left(\dfrac{0.00\,768}{0.035}\right.$ として計算せよ$\left.\right)$

g. 電卓を用いた計算：関数電卓の使い方 1（1000 円程度の安価電卓）

3)　問(1)～(4)は有効数字3桁とせよ．p.10の問(5)～(10)の有効数字は問題に合わせよ．つまり，掛け算・割り算はいちばん小さい有効数字に合わせよ（p.28）．

問題 1.12　電卓を用いて以下の計算をせよ[3]．

(1)　$\sqrt{13} + \sqrt{17}$

(2)　$\sqrt{19} - \sqrt{11}$

(3)　$\sqrt{45} - 2\sqrt{5}$（結果は小数で表せ）

(4)　$\sqrt{6} - \sqrt{3}$

(p.10 につづく)

安価な関数電卓の使い方 1
（シャープ EL-501JX，キヤノン F-605G）
$\sqrt{\ }$ の計算：「**数値，$\sqrt{\ }$**」の順で入力

解　答

答 1.10

(1) $0.000\,22$[4] (2.2×10^{-4})　　(2) $\dfrac{0.001}{50}=$[5] $\dfrac{0.000\,10}{5}=0.000\,02\,(2\times10^{-5})$

(3) $\dfrac{4}{0.1}=\dfrac{4\times10}{0.1\times10}$[5] $=\dfrac{40}{1}=40$

(4) $\dfrac{0.0001}{0.02}=\dfrac{0.0001\times100}{0.02\times100}$[5] $=\dfrac{0.01}{2}=\dfrac{0.010}{2}=0.005\,(5\times10^{-3})$

答 1.11

(1) 0.1：(分子と分母に 10 を掛けて分母を 1 にする) $\dfrac{0.01}{0.1}=\dfrac{0.01\times10}{0.1\times10}$[5] $=\dfrac{0.1}{1}=0.1$

または 0.1 で割る = 10 を掛ける（分子の小数点を 1 つだけ右に動かす），

$\dfrac{0.01}{0.1}=0.1\left(\dfrac{0.01}{0.1}=0.01\div0.1=0.01\div\dfrac{1}{10}=0.01\times\dfrac{10}{1}=0.1\right)$

(2) 10：(分子と分母に 100 を掛けて分母を 1 にする) $\dfrac{0.1}{0.01}=\dfrac{0.1\times100}{0.01\times100}$[5] $=\dfrac{10}{1}=10$

または 0.01 で割る=100 を掛ける[6]（分子と分母の小数点を 2 つ右に動かす），

$\dfrac{0.1}{0.01}=\dfrac{0.1000}{0.01}\left(=\dfrac{0.1000\times100}{0.01\times100}=\dfrac{10}{1}\right)=10$

$\dfrac{0.1}{0.01}=0.1\div0.01=0.1\div\dfrac{1}{100}=0.1\times\dfrac{100}{1}=10$

(3) 0.032：$\dfrac{0.0135}{0.42}=\dfrac{0.0135\times10}{0.42\times10}$[7] $=\dfrac{0.135}{4.2}=0.032$

(4) 22 000：$\dfrac{768}{0.035}=\dfrac{768.000}{0.035}=\dfrac{768\times100}{0.035\times100}$[8] $=\dfrac{76\,800}{3.5}=\dfrac{7.68\times10^4}{3.5}\fallingdotseq2.2\times10^4=22\,000$

(5) 22：$\dfrac{0.768}{0.035}=\dfrac{0.768\times100}{0.035\times100}$[8] $=\dfrac{76.8}{3.5}\fallingdotseq22$

(6) 0.22：$\dfrac{0.007\,68}{0.035}=\dfrac{0.007\,68\times100}{0.035\times100}$[8] $=\dfrac{0.768}{3.5}\fallingdotseq0.22$

答 1.12　電卓を用いて以下を計算する（前ページの“関数電卓の使い方 1”参照）．

(1) 7.73：電卓：「**(13, √‾)**[9] **+ (17, √‾) =**」→ 7.728… ≒ 7.73

(2) 1.04：電卓：「**(19, √‾) + (11, √‾, +/−) =**」→ 1.04_2 … ≒ 1.04_2

(3) 2.24：$\sqrt{45}-2\sqrt{5}=\sqrt{(9\times5)}-2\sqrt{5}=3\sqrt{5}-2\sqrt{5}=\sqrt{5}$　電卓：「**5, √‾, =**」≒ 2.23_6

または最初から電卓で「**(45, √‾) − 2 × (5, √‾)**」，

または「**(45, √‾) + (5, √‾) × (2, +/−) =**」，

または「**(45, √‾) + 2 × (5, √‾) +/− =**」

または「**(45, √‾) + (2, +/−) × (5, √‾) =**」→ 2.2360… = 2.23_6 ≒ 2.24

(4) 0.717：電卓：「**(6, √‾) + (3, √‾, +/−) =**」→ 0.7174… ≒ 0.717，

または $\sqrt{6}-\sqrt{3}=\sqrt{3}(\sqrt{2}-1)=1.732\times(1.414-1)=1.732\times0.414=0.7174\cdots$

≒ 0.717

4) 0.0122！！？？
位取りを間違えない．

5) 小数の割り算は，分数の形にした後で，分母を 1 桁の整数に変えて計算する．

6) “10 のべき乗を掛ける”（問題 1.2）と同様．

7) **分母の整数部分が 1 桁になるように**分子・分母に 10 を掛けると（この場合，0.42→4.2），**暗算**で，おおよその分子の数字を分母で割ることができる（0.13÷4≒0.03 と暗算できる）．あとは，きちんと計算，または電卓計算する．

8) 分母の整数部分が 1 桁となるように，分子と分母に×100 とすると，分数の概算ができる．

9) 高級電卓では「**√‾13**」と入力．計算も「**√‾13 + √‾17 =**」と式通りにボタンを押せば計算できる．

（問題 1.12 のつづき）

(5) $3.785 \times \dfrac{1}{4.635}$

(6) $25.6 \times \dfrac{1}{3.1} \times \dfrac{36.9}{50.0}$

(7) $13.4 \times \dfrac{2.3}{4.9} \times \dfrac{27.1}{7.12}$

(8) $\dfrac{48.4}{23.2 \times 0.0109}$

(9) $\dfrac{4.145 \times 2.36}{0.030\,65 \times 1.667}$

(10) $\dfrac{5.470 \times 2.25}{0.567 \times 8.00}$

【電卓を用いた計算 1】

問題 1.13　電卓使用法の学習として，問題 1.2，問題 1.3，問題 1.11 をきちんと関数電卓で計算せよ．

問題 1.2　電卓を用いて計算せよ．

(1) $0.000\,67 \times 1000$ $(0.000\,67 \times 10^3)$　　(2) $0.089 \times 10\,000$ (0.089×10^4)

(3) 0.346×1000 (0.346×10^3)　　(4) $0.000\,78 \times 100$ $(0.000\,78 \times 10^2)$

問題 1.3　電卓を用いて計算せよ．

(1) $0.345 \div 1000 = \dfrac{0.345}{1000}$ (0.345×10^{-3}，小数表示せよ)

(2) $0.000\,67 \div 100 = \dfrac{0.000\,67}{100}$ ($0.000\,67 \times 10^{-2}$，小数表示せよ)

(3) $89 \div 10\,000 = \dfrac{89}{10\,000}$ (89×10^{-4}，小数表示せよ)

(4) $0.654 \div 1000 = \dfrac{0.654}{1000}$ (0.654×10^{-3}，小数表示せよ)

問題 1.11　電卓を用いて計算せよ．

(4) $\dfrac{768}{0.035}$

(5) $\dfrac{0.768}{0.035}$

(6) $\dfrac{0.007\,68}{0.035}$

解　答

（解 1.12 のつづき）

(5) 0.8166[1]：$3.785\times\dfrac{1}{4.635}=3.785(\times 1)\div 4.635$，電卓でこの順に計算 ≒ 0.8166

(6) 6.1[2]：$25.6\times\dfrac{1}{3.1}\times\dfrac{36.9}{50.0}=25.6(\times 1)\div 3.1\times 36.9\div 50.0$，電卓でこの順に計算 $=6.094$ ≒ 6.1

(7) 24[2]：$13.4\times\dfrac{2.3}{4.9}\times\dfrac{27.1}{7.12}=13.4\times 2.3\div 4.9\times 27.1\div 7.12$，電卓でこの順に計算 $=23.94$ ≒ 24

(8) 191[3]：$\dfrac{48.4}{23.2\times 0.0109}=48.4\div 23.2\div$[4] 0.0109，電卓でこの順に計算 $=191.395$ ≒ 191

(9) 191[5]：$\dfrac{4.145\times 2.36}{0.030\,65\times 1.667}=4.145\times 2.36\div 0.030\,65\div$[4] 1.667，電卓でこの順に計算 $=191.45$ ≒ 191[6]

(10) 2.71[5]：$\dfrac{5.470\times 2.25}{0.567\times 8.00}=5.470\times 2.25\div 0.567\div$[4] 8.00，電卓でこの順に計算 $=2.713\cdots$ ≒ 2.71

1) 有効数字 4 桁．

2) 有効数字 2 桁と 3 桁の数字の掛け算，割り算は有効数字 2 桁となる（p. 28）．

3) 有効数字 3 桁．

4) この ÷ に注意（油断すると × としてしまう！）

5) 有効数字 3 桁と 4 桁の数字の掛け算，割り算は有効数字 3 桁となる（p. 28）．

6) 1.91×10^2

答 1.13　電卓を用いた計算 1

答 1.2　(1) 0.67：電卓で問題に書かれているとおりの順に入力，計算すると ＝0.67

(2)～(4) も同様にして計算する．(2) 890　(3) 346　(4) 0.078

または，

(1) 0.67：「**0.000 67**，(**Exp, 3**)[7]，**＝**」→ 0.67

(2) 890：「**0.089**，(**Exp, 4**)，**＝**」→ 890

(3) 346：「**0.346**，(**Exp, 3**)[7]，**＝**」→ 346

(4) 0.078：「**0.000 78**，(**Exp, 2**)，**＝**」→ 0.078

7) 「(**Exp, 3**)」は指数 10^3 のこと．

答 1.3　分数を小数表示（小数表示は「**F⇔E**」[8] を押せば**科学表記**(p. 12) となる）

電卓による計算：

(1) 0.000 345：電卓で問題に書かれているとおりの順に入力，計算すると ＝0.000 345

以下，同様に計算する（これを**科学表記**するには「**F⇔E**」[8] を押す）．

(2) 0.000 006 7

(3) 0.0089（試し算：$\dfrac{89}{10\,000}=\dfrac{89.}{10\,000}=\dfrac{000\,089.}{10\,000}=0.0089$　4 桁下げればよい）

(4) 0.000 654（試し算：同上）または「**0.654**，**÷**，(**Exp, 3**)[7]，**＝**」→ 0.000 654

または「**0.654**，(**Exp, 3, ＋/－**)[9]，**＝**」→ 0.000 654

8) Floating decimal（**浮動小数点**で表した小数表示）⇔ Exponential（指数表記）

F⇔S（科学表記＝指数表記）と表示した電卓もある．

高級電卓はその取扱い説明書を一読すること（シャープ EL-546E では，計算結果に対し，次の操作を行う．F，小数表示：「**SET UP タブ**，**1**，**3**」，E，科学表記：「**SET UP タブ**，**1**，**1**」）．

答 1.11

(4) 22 000[10]：$768\div 0.035$，電卓でこの順に入力，計算すると $=21\,942.8\cdots$ ≒ 22 000，

「**F⇔E**」で → 2.194… 04（$2.194\cdots\times 10^4$ のこと ≒ 2.2×10^4）[2]．

以下も同様にして計算する．

(5) 22：21.94… ≒ 22（2.2×10^1）[2]

(6) 0.22：0.2194… ≒ 0.22（2.2×10^{-1}）[2]

9) 「(**Exp, 3, ＋/－**)」は 10^{-3} のこと．

10) 2.2×10^4 でもよい．

1・2　指数表記と指数計算

a.　指数（科学）表記

数値の指数表記は，環境汚染の話題に出てくるダイオキシンや内分泌攪乱物質などの濃度表示に用いる ppm（$1/10^6$），ppb（$1/10^9$，p. 132），mg，μg，ng，pg（ピコ p，$1/10^{12}$，p. 44）や，pH の水素イオン濃度表示（水素イオン濃度 $[H^+]=10^{-pH}$，p. 160）など，さまざまな講義・実験・実習[1]で登場するので身につけておく必要がある．

1）生理学，生化学，栄養学，食品学，衛生学など（mg・μg は微量必須元素，ビタミンの推奨摂取量にも用いる）．

問題 1.14

（1）2 300 000 は何万か，0.000 002 3 は何万分の 23 か．

（2）2.3×10^6，2.3×10^{-6} はそれぞれいくつくらいの数値か．

指数表記は**科学表記**ともいわれ，たとえば，3.45×10^3 のように表示する．3.45 の部分を**仮数**といい，1 ≦**仮数＜10 の数字で表す**約束である[2]．$\times10^3$ の右上肩の数値 3 を指数という[2]．指数の値が正数の場合，その仮数に 10 を何回掛けるか（10 を何乗するか）ということを示している．たとえば，$10^3\equiv1\times10^3\equiv^{3)}1\times10\times10\times10=1000$

$$2.3\times10^6\equiv2.3\times10\times10\times10\times10\times10\times10=2\,300\,000$$

指数の値が負の場合には仮数を 10 で何回割るかということを意味する．たとえば，

$$10^{-3}\equiv1\times10^{-3}\equiv\frac{1}{10^3}=\frac{1}{10\times10\times10}=\frac{1}{1000}=0.001,$$

$$2.3\times10^{-6}\equiv\frac{2.3}{10^6}=\frac{2.3}{10\times10\times10\times10\times10\times10}=\frac{2.3}{1\,000\,000}=0.000\,002\,3$$

2）3.45×10^3（3.45 ↑ 仮数，3 ↑ 指数）
（整数部分は 1 桁）

3）「≡」は「定義」を意味する記号（このようにおきます，このように約束します，という意味）．たとえば，$10^3\equiv1\times10^3$ は，「10^3 は 1×10^3 と同じこと」という意味．10^{-3} は $1/10^3$ のこと．これは約束であり，10^{-3} をいくら考えても何のことかわからない．

問題 1.15

（1）以下の数値を指数表記せよ．

① 5234 ≡ 5234.　② 0.000 678
③ 120 000　④ 0.000 027
⑤ 278 000　⑥ 0.000 049
⑦ 1278　⑧ 0.001
⑨ 0.000 02

（2）以下の数値を正しい指数表記に変えよ．

① 35×10^3
② 20×10^{-3}
③ 0.020×10^{-3}

仮数の整数位は 1 桁！
$a\times10^b$ のとき，**仮数 a** は整数部分を **1 桁の数値**で表す．

小数点表示 → 指数(科学)表記：小数点の移動を間違えないこと

10 のべき乗の掛け算・割り算：小数点の移動を間違えないこと

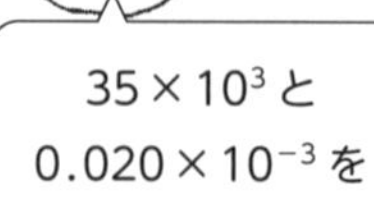

35×10^3 と 0.020×10^{-3} を正しい指数表記に変える

問題 1.16　以下の指数表記された数値を整数，または小数表示せよ．

（1）① 4.21×10^5　② 9.87×10^{-5}
（2）① 2.37×10^5　② 6.59×10^{-4}
（3）① 7.2×10^3　② 1.8×10^{-6}
（4）① 9×10^7　② 1.2×10^{-3}

解 答

答 1.14

(1) 230万，1000万分の23．このように極端に大きな数や小さな数では，数字を見ても，桁を数えないと，いくつくらいの数字かはすぐには判断できない．

(2) (1)と同じ数値を指数で表示したものである．この場合，数値が 10^6 と 10^{-6} の桁，つまり100万の桁と100万分の1の桁の数字，230万と100万分の2.3（1000万分の23）であること，どれくらいの大きさの数値か見ればすぐにわかるので，2.3×10^6 は 2 300 000 より便利．

答 1.15

(1) ① 5.234×10^3：$5234\equiv5234.=$ 小数点を左へ3桁移動[4] $=5.234\times10^3$

② 6.78×10^{-4}：$0.000\,678=$ 小数点を右へ4桁移動 $=6.78\times\dfrac{1}{10\,000}\equiv6.78\times10^{-4}$

③ 1.2×10^5：$120\,000=120\,000.=$ 小数点を左へ5桁移動[5] $=1.2\times10^5$

④ 2.7×10^{-5}：$0.000\,027=$ 小数点を右へ5桁移動 $=2.7\times10^{-5}$

⑤ 2.78×10^5：$278\,000=2.78\times10^5$（左へ5桁移動）[5]

⑥ 4.9×10^{-5}：$0.000\,049=4.9\times10^{-5}$（右へ5桁移動）

⑦ 1.278×10^3：$1278\rightarrow1.278\times10^3$（左へ3桁移動）

⑧ 1×10^{-3}：$0.001=\dfrac{1}{1000}=\dfrac{1}{10^3}\equiv1\times10^{-3}(10^{-3})$

⑨ 2×10^{-5}：$0.000\,02=\dfrac{2}{100\,000}=\dfrac{2}{10^5}\equiv2\times10^{-5}$

(2) ① 3.5×10^4：$35\times10^3=$[6] $(3.5\times10)\times10^3=3.5\times(10^1\times10^3)$
$=3.5\times10^{1+3}=3.5\times10^4$

② 2.0×10^{-2}：$20\times10^{-3}=$[6] $(2.0\times10)\times10^{-3}=2.0\times(10^1\times10^{-3})$
$=2.0\times10^{1-3}=2.0\times10^{-2}$

③ 2.0×10^{-5}：$0.020\times10^{-3}=$[6] $(2.0\times10^{-2})\times10^{-3}=2.0\times(10^{-2}\times10^{-3})$
$=2.0\times10^{-2-3}=2.0\times10^{-5}$

答 1.16 この問題は上記の10のべき乗を掛ける，10のべき乗で割る場合と同一．

よって，

(1) ① 421 000：$4.21\times10^5=4.210\,000\,0\times10^5$，小数点を右へ5桁移動 $=421\,000$．

② 0.000 098 7：$9.87\times10^{-5}=0\,000\,009.87\times10^{-5}$，小数点を左へ5桁移動 $=0.000\,098\,7$

(2) ① 237 000：$2.37\times10^5=2.370\,000$，小数点を右へ5桁移動 $=237\,000$

② 0.000 659：$6.59\times10^{-4}=00\,006.59$，小数点を左へ4桁移動 $=0.000\,659$

(3) ① 7200：$7.2\times10^3=7.2000\times10^3$，小数点を右へ3桁移動する $=7200$

② 0.000 0018：$1.8\times10^{-6}=00\,000\,001.8\times10^{-6}$，小数点を左へ6桁移動 $=0.000\,001\,8$

(4) ① 90 000 000：$9\times10^7=9.000\,000\,00\times10^7$，小数点を右へ7桁移動 $=90\,000\,000$

② 0.0012：$1.2\times10^{-3}=0001.2\times10^{-3}$，小数点を左へ3桁移動 $=0.0012$

言葉と定義にこだわること！
（言葉とその定義，単位の理解が学習の大前提）
言葉の意味，文章の意味をしっかり考え，十分に理解・納得しよう．

4) 小数表示（10進法）の数字を**指数表記**に変換するには，
① 数字（**仮数**）が **1.00… から 9.99… の間の値**になるように**小数点を動かす**（整数位を1桁とする）．
② **指数**部分の数値は小数点を動かした桁数に等しい．
数値が1より大きい値なら**指数の符号**は＋，**1より小さい値**なら－である．

5) p.27，有効数字のルール(5)参照．

6) 有効数字との関連．指数表記では，仮数は整数位1桁で表す約束．
10.0 なら 1.00×10^1
10. なら 1.0×10^1

問題 1.17　次の数値を指数(科学)表記せよ．

(1) 10　　(2) 100 000　　(3) 0.01

(4) 0.000 001　　(5) 45　　(6) 1278

(7) 476.54　　(8) 24 500　　(9) 0.000 082

b. 関数電卓の使い方 2：指数入力と小数表示（浮動小数点）⇔科学表記の変換法

例（**指数入力**）：

① 10^a，10^{-b} の入力 →「(**Exp, *a***)；(**Exp, *b*, ＋/－**)」(＝で小数表示 → F⇔E)

② 小数表示と科学表記の相互変換 →「**数値入力，＝，F⇔E**」(計算の途中で入力する場合は「**＝**」を押す必要はない．再度「**F⇔E**」で再変換．高級電卓の使い方は注 3))

③ 3.56×10^5の入力：「**3.56, (Exp, 5)**」→ 表示：3.56 05 (3.56×10^5 の電卓表示形：科学表記)「＝」→ 表示：356, 000，「**F⇔E**」(この電卓キーの意味は右ページ参照) → 表示：3.56 05 (さらに「**F⇔E**」→ 356, 000)

④ 3.56×10^{-5} の入力：「**3.56, (Exp, 5, ＋/－)**」→ 表示：3.56－05 (3.56×10^{-5} の電卓表示形：科学表記)「**＝**」→ 表示：0.000 035 6，「**F⇔E**」→ 表示：3.56－05 (科学表記)

⑤ 10^5 (≡1×10^5)の入力：「(**Exp, 5**)，**＝**，**F⇔E**」または「**1, (Exp, 5)**，**＝**，**F⇔E**」→ 表示：1.05

電卓の「**F⇔E**」の使い方に慣れること

問題 1.18　以下の指数で示された数値を電卓で表示せよ．

(1) 3.64×10^6　　(2) 8.25×10^{11}　　(3) 3.75×10^5

(4) 4.23×10^{-6}　　(5) 5.346×10^{-8}　　(6) 2.7715×10^{-21}

(7) 1×10^3　　(8) 10^{-5}

【電卓を用いた計算 2】

問題 1.19　電卓使用法の学習として，問題 1.15～1.17 をきちんと関数電卓で計算せよ．

問題 1.15　電卓を使って，以下の数値を正しい科学(指数)表記にせよ．

(1) 5234≡5234.　　(2) 0.000 678　　(3) 120 000

(4) 0.000 027　　(5) 289 000　　(6) 0.000 049

(7)[1] 35×10^3　　(8)[1] 20×10^{-3}　　(9)[1] 0.020×10^{-3}

1) 問(7)～(9)は科学表記の形をしているが，正しい表記 (p.12) ではない．

問題 1.16　電卓を使って，以下の科学表記を整数，または小数表示せよ．

(1) ① 4.21×10^5　　② 9.87×10^{-5}

(2) ① 2.37×10^5　　② 6.59×10^{-4}

(3) ① 7.2×10^3　　② 1.8×10^{-6}

(4) ① 9×10^7　　② 1.2×10^{-3}

解　答

答 1.17

(1) 10 → $1^{2)} \times 10^1$　(2) 100 000 → $1^{2)} \times 10^5$　(3) 0.01 → 1×10^{-2}

(4) 0.000 001 → 1×10^{-6}　(5) 45 → 4.5×10^1　(6) 1278 → 1.278×10^3

(7) 476.54 → 4.7654×10^2　(8) 24 500 → $2.45^{2)} \times 10^4$　(9) 0.000 082 → 8.2×10^{-5}

2) p.27，有効数字のルール(5)参照．

科学表記と小数表示の相互変換：電卓キー「F⇔E」[3] は 科学表記⇔小数表示（小数点表示・10 進法表示）の変換に用いる．ただし，数値を単純に入力しただけでは変換はできない．数値入力後に「＝」キー，さらに「F⇔E」を押す．計算の途中で科学表記を入力する場合は，数値入力直後に「＝」を押す必要はない．

---

3) キヤノン F-605G では「F⇔S」キー．高級電卓の使用法（使用する電卓の取扱い説明書を一読すること）．
シャープ EL-5400 では「FSE」で表示様式変換，シャープ EL-546E では，F，小数表示：「**SET UP** タブ，**1**，**3**」
E，科学表記：「**SET UP** タブ，**1**，**1**」

答 1.18

(1)「**3.64**，(**×**)[4]，(**Exp, 6**)[5]，**＝**[4]」→ 表示：3 640 000,「**F⇔E**」→ 表示：3.64 06（この表示は 3.64×10^6 を意味する）

(2)「**8.25**，(**Exp, 11**)，**＝**」→ 表示：8.25 11[6]（この表示は 8.25×10^{11} のこと）

(3)「**3.75**，(**Exp, 5**)，**＝**」→ 表示：375 000，「**F⇔E**」→ 表示：3.75 05（3.75×10^5 のこと）

(4)「**4.23**，(**×**)[4]，(**Exp, 6,　＋/－**)[7]，**＝**」→ 表示：0.000 004 23，「**F⇔E**」→ 表示：4.23－06

(5)「**5.346**，(**Exp, 8,　＋/－**)，**＝**」→ 表示：0.000 000 053，「**F⇔E**」→ 表示：5.346－08

(6)「**2.7715**，(**Exp, 21,　＋/－**)，**＝**」→ 表示：2.7715－21[6]

(7)「**1**，(**Exp, 3**)，**＝**，**F⇔E**」または「(**Exp, 3**)，**＝**，**F⇔E**」→ 表示：1. 03

(8)「(**Exp, 5, ＋/－**)，**＝**，**F⇔E**」または「**1**，(**Exp, 5, ＋/－**)，**＝**，**F⇔E**」
→ 表示：1. －05（この表示は 1×10^{-5} を意味する）

4)「**×**」なしでも入力可．計算途中なら「**＝**」なしでも可，「**＝**」で F ⇔ E 変換可．

5) 10^6 のこと．

6) 最初から科学表記，10 桁以上で小数表示不可．

7) 10^{-6} のこと．

答 1.19　電卓を用いた計算 2

答 1.15

(1) 5.234×10^3：電卓「**5234**，　**＝**，　**F⇔E**」→ 表示：5.234 03（5.234×10^3）

(2) 6.78×10^{-4}：電卓「**0.000 678**，　**＝**，　**F⇔E**」→ 表示：6.78－04（6.78×10^{-4}）

問(3)～(6)も同様にして計算する．

(3) 1.2×10^5　(4) 2.7×10^{-5}　(5) 2.89×10^5　(6) 4.9×10^{-5}

(7) 3.5×10^4：電卓「**35**，（**Exp, 3**），　**＝**，　**F⇔E**」→ 表示：3.5 04（3.5×10^4 の意）

(8) 2×10^{-2}：電卓「**20**，（**Exp, 3,　＋/－**），　**＝**，　**F⇔E**」→ 表示：2. －02（2×10^{-2}[2] という意味）

(9) 2.0×10^{-5}（問(8)と同様に計算する）

答 1.16

(1) ① 421 000：電卓「**4.21**，（**Exp, 5**），　**＝**」→ 表示：421 000

② 0.000 098 7：電卓「**9.87**，（**Exp, 5, ＋/－**），　**＝**」→ 表示：0.000 098 7

以下も同様にして計算する．

(2) ① 237 000　　② 0.000 659

(3) ① 7200　　② 0.000 001 8

(4) ① 90 000 000　　② 0.0012

問題 1.17　電卓を使って，以下の数値を科学表記せよ．

(1) 10　(2) 100 000　(3) 0.01
(4) 0.000 001　(5) 45　(6) 1278
(7) 476.54　(8) 24 500　(9) 0.000 082

c. 指数（科学）表記の数の掛け算，割り算：指数計算のルール

指数計算の5つのルールを身につけよう！

問題 1.20　以下の x は何か（指数計算の公式を示せ）．

(1) $10^{-a} \equiv 1/x$

(2) $10^a \times 10^b = x$

(3) $10^a \times 10^{-b} = x$

(4) $10^a/10^b = \dfrac{10^a}{10^b} = 10^a \div 10^b = x$

(5) $(a \times 10^b) \times (c \times 10^d) = x$

指数計算ができるようになるには，この5つのルールを何も見ないで書けるようになる必要がある．

問題 1.21　以下の計算をせよ（電卓使用不可）．

(1) $10^3 \times 10^5$

(2) $10^3 \times 10^{-5}$

(3) $\dfrac{10^3}{10^{-5}}$

(4) $\dfrac{10^{-12}}{10^{-7}}$

(5) $10^4 \times 10^9$

(6) $\dfrac{10^4}{10^9}$

(7) $10^{-3} \times 10^{-2}$

(8) $\dfrac{10^{-3}}{10^{-2}}$

問題 1.22　次の計算をせよ（電卓使用不可）．

(1) $(1 \times 10^4) \times (1 \times 10^6)$　(2) $10^4 \times 10^6$
(3) $(2 \times 10^2) \times (3 \times 10^5)$　(4) $(4 \times 10^2) \times (6 \times 10^5)$
(5) $(2 \times 10^4) \times (3 \times 10^{-6})$　(6) $(10^2) \times (10^{-6}) \times (10^4)$

解　答

答 1.17

(1) 1.0×10^1：電卓「**10，＝，F⇔E**」→ 表示：1．01（$= 1 \times 10^1$）[1)]
(2) 1×10^5：電卓「**100 000，＝，F⇔E**」→ 表示：1．05（$= 1 \times 10^5$）[1)]
(3) 1×10^{-2}：電卓「**0.01，＝，F⇔E**」→ 表示：1．−02（$= 1 \times 10^{-2}$）1×10^{-2}
以下も同様にして計算．(4) 1×10^{-6}　(5) 4.5×10　(6) 1.278×10^3
(7) 4.7654×10^2　(8)[1)] 2.45×10^4　(9) 8.2×10^{-5}

1)　p.27，有効数字のルール(5)参照．

解　答

答 1.20　**指数計算の公式**[2)]

(1) $10^{-a} \equiv^{3)} \dfrac{1}{10^{a}}$，$\dfrac{1}{10^{a}} \equiv 10^{-a}$

これは約束！ いくら考えてもわからない．覚えること．

(2) $10^{a} \times 10^{b} = 10^{a+b}$　(3) $10^{a} \times 10^{-b} = 10^{a-b}$

(4) $\dfrac{10^{a}}{10^{b}} = 10^{a} \div 10^{b} = 10^{a} \times 10^{-b} = 10^{a-b}$[4)]

(5) $(a \times 10^{b}) \times (c \times 10^{d})$ の計算は $(a \times c) \times (10^{b} \times 10^{d}) = ac \times 10^{b+d}$ とする．

（まずは仮数同士，指数同士を計算する．その後，仮数を整数位 1 桁とする）

答 1.21

(1) 10^{8} : $10^{3} \times 10^{5}$ $(= (10 \times 10 \times 10) \times (10 \times 10 \times 10 \times 10 \times 10)) = 10^{3+5} = 10^{8}$

(2) 10^{-2} : $10^{3} \times 10^{-5} \left(= (10 \times 10 \times 10) \times \dfrac{1}{10 \times 10 \times 10 \times 10 \times 10} = \dfrac{10 \times 10 \times 10}{10 \times 10 \times 10 \times 10 \times 10}\right)$

$= 10^{3+(-5)} = 10^{3-5} = 10^{-2}$

(3) 10^{8} : $\dfrac{10^{3}}{10^{-5}} = 10^{3-(-5)} = 10^{3+5} = 10^{8}$

または $\dfrac{10^{3}}{10^{-5}} = 10^{3} \div 10^{-5} = 10^{3} \div \dfrac{1}{10^{5}} = 10^{3} \times 10^{5} = 10^{3+5} = 10^{8}$

(4) 10^{-5} : $\dfrac{10^{-12}}{10^{-7}} = 10^{-12-(-7)} = 10^{-12+7} = 10^{-5}$

(5) 10^{13} : $10^{4} \times 10^{9} = 10^{4+9} = 10^{13}$　(6) 10^{-5} : $\dfrac{10^{4}}{10^{9}} = 10^{4-9} = 10^{-5}$

(7) 10^{-5} : $10^{-3} \times 10^{-2} = 10^{-3+(-2)} = 10^{-3-2} = 10^{-5}$

(8) $10^{-1}(0.1)$: $\dfrac{10^{-3}}{10^{-2}} = 10^{-3-(-2)} = 10^{-3+2} = 10^{-1}$ $(= 0.1)$

答 1.22[5)]

(1) 1×10^{10} : $(= (1 \times 10 \times 10 \times 10 \times 10) \times (1 \times 10 \times 10 \times 10 \times 10 \times 10 \times 10))$

$= 1 \times 10^{(4+6)} = 1 \times 10^{10}$

(2) $10^{10} \equiv 1 \times 10^{10}$: $(= (10 \times 10 \times 10 \times 10) \times (10 \times 10 \times 10 \times 10 \times 10 \times 10))$

$= 10^{(4+6)} = 10^{10} \equiv 1 \times 10^{10}$

(3) 6×10^{7} : $(= (2 \times 10 \times 10) \times (3 \times 10 \times 10 \times 10 \times 10 \times 10)$

$= (2 \times 3)^{6)} \times (10 \times 10) \times (10 \times 10 \times 10 \times 10 \times 10)) = (2 \times 3) \times 10^{(2+5)} =^{7)}$

6×10^{7}

(4) 2.4×10^{8} : $(4 \times 10^{2}) \times (6 \times 10^{5}) = (4 \times 6)^{6)} \times (10^{2} \times 10^{5}) = 24 \times 10^{2+5}$

$=^{7)} 24 \times 10^{7} = (2.4 \times 10)^{8)} \times 10^{7} = 2.4 \times 10^{8}$

(5) 6×10^{-2} : $\left(= (2 \times 10 \times 10 \times 10 \times 10) \times \dfrac{3}{10 \times 10 \times 10 \times 10 \times 10 \times 10 \times 10}\right.$

$\left.= \dfrac{2 \times 10 \times 10 \times 10 \times 10 \times 3}{10 \times 10 \times 10 \times 10 \times 10 \times 10 \times 10}\right) = (2 \times 3)^{6)} \times 10^{4+(-6)} =^{7)} 6 \times 10^{-2}$

(6) 1 : $(10^{2}) \times (10^{-6}) \times (10^{4}) =^{7)} 10^{2+(-6)+4} = 1 \times 10^{0} = 10^{0} = 1$

---

2)　なぜこうなるかは“演習 溶液の化学と濃度計算”（丸善），付録を参照．

3)　≡は定義・約束事を意味する記号．

4)　いまひとつの指数計算の公式 $(10^{a})^{b} = 10^{ab}$，$(x^{a})^{b} = x^{ab}$ は，通常の濃度計算，化学計算では出てこないので，気にしなくてよい．

5)　答が過ぎるくらい丁寧に書いてあるが，これは，計算法を暗記するのではなく，公式を再確認，納得してもらうためである．

指数(科学)表記の数の掛け算・割り算：

6)　2 つの**仮数の掛け算**を行う．

分子・分母間で約分した後に計算する．

7)　掛け算では 2 つの**指数同士を足し算**，**割り算**では分子の指数から分母の指数を**引き算**する（p.16 の公式）．

8)　指数表記で仮数が 10 以上になるときは，この仮数を 1〜10 の数字×10 の何乗という形に書き換える．

問題 1.23　次の計算を行い，結果を指数表記せよ（電卓使用不可）．

(1) $\dfrac{1\times10^6}{1\times10^4}$　　(2) $\dfrac{8\times10^7}{2\times10^5}$

(3)[1] $\dfrac{8\times10^4}{3\times10^{-2}}$　　(4)[1] $\dfrac{4\times10^{-3}}{8\times10^2}$

(5)[1] $\dfrac{3}{1.5\times10^6}$　　(6) $\dfrac{10^{-14}}{0.04}$

(7)[1] $\dfrac{10^{-14}}{2\times10^{-2}}$　　(8)[1] $\dfrac{0.023}{1.15\times10^{-3}}$

1) 間違いやすいので要注意．

問題 1.24　次の計算をせよ（電卓使用不可）．

(1) $\dfrac{(3\times10^3)(8\times10^{10})}{(6\times10^4)(1\times10^6)}$　　(2)[1] $\dfrac{(1.5\times10^2)(4.0\times10^6)}{(5.0\times10^{10})(2.5\times10^5)}$

(3)[1] $\dfrac{(7.5\times10^{-3})(9.0\times10^6)}{(1.5\times10^2)(2.5\times10^{-8})}$　　(4) $\dfrac{(2.0\times10^{-6})(4.2\times10^{-2})}{(1.4\times10^{-11})(1.0\times10^5)}$

指数計算：仮数同士，指数同士で計算する．約分を忘れない，整数位は1桁表示！

解答

答 1.23[2]

(1) 1×10^2：$\dfrac{1\times10^6}{1\times10^4}\left(=\dfrac{1\times10\times10\times10\times10\times10\times10}{1\times10\times10\times10\times10}\right)=1\times10^{(6-4)}=1\times10^2$,

または直に，$1\times10^{6-4}=1\times10^2$

(2) 4×10^2：$\dfrac{8\times10^7}{2\times10^5}=\dfrac{8\times10\times10\times10\times10\times10\times10\times10}{2\times10\times10\times10\times10\times10}=\dfrac{8\times100}{2}=4\times10^2$

または，$\dfrac{8\times10^7}{2\times10^5}=\dfrac{8}{2}\times10^{(7-5)}=4\times10^2$

(3)[3] 2.7×10^6：$\dfrac{8\times10^4}{3\times10^{-2}}=\dfrac{8}{3}\times10^{(4-(-2))}=2.7\times10^6\fallingdotseq3\times10^6$[4]

または，割り算は逆さにして掛ければよいので，

$\dfrac{8\times10^4}{3\times10^{-2}}=(8\times10^4)\times\left(\dfrac{1}{3}\times10^2\right)=\dfrac{8}{3}\times10^{(4+2)}=2.7\times10^6\fallingdotseq3\times10^6$[4]

(4)[3] 5×10^{-6}：$\dfrac{4\times10^{-3}}{8\times10^2}=\dfrac{4}{8}\times10^{(-3-2)}=\dfrac{1}{2}\times10^{-5}=0.5\times10^{-5}=(5\times10^{-1})\times10^{-5}$

$=5\times(10^{-1}\times10^{-5})=5\times10^{-1+(-5)}=5\times10^{-6}$

(5)[3] 2×10^{-6}：$\dfrac{3}{1.5\times10^6}=\dfrac{3}{1.5}\times\dfrac{1}{10^6}=2\times10^{-6}$

(6) 2.5×10^{-13}：$\dfrac{10^{-14}}{0.04}=\dfrac{1\times10^{-14}}{4\times10^{-2}}=\dfrac{1}{4}\times10^{-14-(-2)}=0.25\times10^{-12}$

$=(2.5\times10^{-1})\times10^{-12}=2.5\times10^{-13}\fallingdotseq3\times10^{-13}$[4]

(7)[3] 5×10^{-13}：$\dfrac{1\times10^{-14}}{2\times10^{-2}}=\dfrac{1}{2}\times10^{-14-(-2)}=0.5\times10^{-12}=(5\times10^{-1})\times10^{-12}$

$=5\times(10^{-1}\times10^{-12})=5\times10^{-13}$

(8)[3] 2.0×10^1：$\dfrac{0.023}{1.15\times10^{-3}}=\dfrac{0.023}{1.15}\times\dfrac{1}{10^{-3}}=2.0\times10^{-2}\times10^3=2.0\times10^{-2+3}=2.0\times10$

2) 答が過ぎるくらい丁寧に書いてあるが，これは，計算法を暗記するのではなく，公式を再確認，納得してもらうためである．

3) 指数計算を間違いやすいので要確認．

4) 有効数字1桁同士の計算と考えた場合．

答 1.24

(1) $\underline{4\times10^3}$: $\left(\dfrac{(3\times8)}{(6\times1)}\right)\times\left(\dfrac{(10^3\times10^{10})}{(10^4\times10^6)}\right)=\left(\dfrac{(1\times8)}{(2\times1)}\right)\times\dfrac{10^{13}}{10^{10}}=4\times\dfrac{10^{13}}{10^{10}}$

$=4\times10^{13-10}=\underline{4\times10^3}$

(2) $\underline{4.8\times10^{-8}}$: $\dfrac{(1.5\times10^2)(4.0\times10^6)}{(5.0\times10^{10})(2.5\times10^5)}=\dfrac{(3\times4.0)}{(5.0\times5)}\times\dfrac{(10^2\times10^6)}{(10^{10}\times10^5)}=\dfrac{(12)}{(25)}\times\dfrac{10^8}{10^{15}}$

$=0.48\times\dfrac{10^8}{10^{15}}=0.48\times10^{-7}=(4.8\times0.1)\times10^{-7}=4.8\times10^{-1}\times10^{-7}$

$=\underline{4.8\times10^{-8}}$

(3) $\underline{1.8\times10^{10}}$: $\dfrac{(7.5\times10^{-3})(9.0\times10^6)}{(1.5\times10^2)(2.5\times10^{-8})}=\dfrac{(3\times9.0)}{(1.5\times1)}\times\dfrac{10^3}{10^{-6}}=\dfrac{(2\times9.0)}{(1\times1)}\times\dfrac{10^3}{10^{-6}}$

$=18\times10^{3-(-6)}=18\times10^9=(1.8\times10)\times10^9=\underline{1.8\times10^{10}}$

(4) $\underline{6.0\times10^{-2}}$: $\dfrac{(2.0\times10^{-6})(4.2\times10^{-2})}{(1.4\times10^{-11})(1.0\times10^5)}=\dfrac{(2.0\times3.0)}{(1.0\times1.0)}\times\dfrac{10^{-8}}{10^{-6}}=6.0\times\dfrac{10^{-8}}{10^{-6}}$

$=6.0\times10^{-8-(-6)}=\underline{6.0\times10^{-2}}$

Study Skills　学生の意見と感想(1)

濃度計算の授業・教科書と，有機化学の授業・教科書の両方の感想

- 事前に予習すると授業の理解度が上がり，定着もする．宿題はたいへんだが，とても良かった．　〈予習の大切さ〉
- はじめは教科書の字が多すぎてやる気が出なかったが，真面目にやっていくとほとんど理解できるし，重要なことばかりだったので，すごく良かった．はじめからきちんとやっておけば良かった．
- 小さい文字のところがとてもわかりやすかった．小さいから，読まない人が多いと思うが〈これでは困る！〉，教科書の端の小さい文字にとても重要なことが書いてある．　〈教科書を読むことの大切さ〉
- 教科書をすみからすみまで読んで理解することが大切．課題に出されたときにはあまり理解できなかったことが，試験のために総復習したときに意外とすんなりと解けた．さらに考える力がついたからだと思う．
- 化学は高校からずっとやっているが，苦手意識をもっていたので，大学に入ってからも「どうせわからない」という気持ちが少しあった．しかし，テスト前に気合を入れて教科書を読み，問題を解いたら，すごく理解できた．もっと早く，きちんと始めたかった．
- テストのための勉強で，いままで飛ばしてきた教科書の補足や豆知識欄も細かく読んだら，ほかのことも理解しやすくなり，もっと早く読めばよかったと思った．
- 日々の宿題のときは教科書をすべては読まずに問題だけやっていたが，期末テスト前に教科書のすべてを読んだら，とてもわかりやすかった．

[p. 25 につづく]

d. 電卓を用いた指数同士の計算：関数電卓の使い方 3

【関数電卓を用いた計算 3】

問題 1.25 問題 1.21～1.24 を関数電卓で計算せよ[1)].

問題 1.21

(1) $10^3 \times 10^5$　(2) $10^3 \times 10^{-5}$　(3) $\dfrac{10^3}{10^{-5}}$　(4) $\dfrac{10^{-12}}{10^{-7}}$

(5) $10^4 \times 10^9$　(6) $\dfrac{10^4}{10^9}$　(7) $10^{-3} \times 10^{-2}$　(8) $\dfrac{10^{-3}}{10^{-2}}$

問題 1.22

(1) $(1 \times 10^4) \times (1 \times 10^6)$　(2) $10^4 \times 10^6$　(3) $(2 \times 10^2) \times (3 \times 10^5)$

(4) $(4 \times 10^2) \times (6 \times 10^5)$　(5) $(2 \times 10^4) \times (3 \times 10^{-6})$

(6) $(10^2) \times (10^{-6}) \times (10^4)$

問題 1.23

(1) $\dfrac{1 \times 10^6}{1 \times 10^4}$　(2) $\dfrac{8 \times 10^7}{2 \times 10^5}$　(3)[2)] $\dfrac{8 \times 10^4}{3 \times 10^{-2}}$　(4) $\dfrac{4 \times 10^{-3}}{8 \times 10^2}$

(5) $\dfrac{3}{1.5 \times 10^6}$　(6) $\dfrac{10^{-14}}{0.04}$　(7) $\dfrac{10^{-14}}{2 \times 10^{-2}}$　(8) $\dfrac{0.023}{1.15 \times 10^{-3}}$

問題 1.24

(1) $\dfrac{(3 \times 10^3)(8 \times 10^{10})}{(6 \times 10^4)(1 \times 10^6)}$　(2)[2)] $\dfrac{(1.5 \times 10^2)(4.0 \times 10^6)}{(5.0 \times 10^{10})(2.5 \times 10^5)}$

(3)[2)] $\dfrac{(7.5 \times 10^{-3})(9.0 \times 10^6)}{(1.5 \times 10^2)(2.5 \times 10^{-8})}$　(4)[2)] $\dfrac{(2.0 \times 10^{-6})(4.2 \times 10^{-2})}{(1.4 \times 10^{-11})(1.0 \times 10^5)}$

問題 1.26 関数電卓を用いて以下の指数式を計算[1)]せよ（科学表記 $a \times 10^b$ の全指数表示 (1×) 10^c への変換法は p. 166, 167 参照）.

(1) $(3.47 \times 10^{-7}) \times (6.24 \times 10^4)$　(2) $(4.34 \times 10^3) \times (8.75 \times 10^{-8})$

(3) $\dfrac{7.78 \times 10^4}{7.12 \times 10^3}$[2)]　(4) $\dfrac{5.61 \times 10^3}{4.321 \times 10^7}$

(5) $\dfrac{3.27 \times 10^{-8}}{2.185 \times 10^6}$[2)]　(6) $7.60 \times 10^{14} \times \dfrac{14.0}{6.02 \times 10^{23}}$[2)]

(7) $2.15 \times 10^{19} \times \dfrac{180}{6.02 \times 10^{23}}$[2)]　(8) $5.00 \times 10^{14} \times \dfrac{8.65 \times 10^{-22}}{16.0}$[2)]

1) **関数電卓を用いた指数同士の計算**：仮数部分のみ電卓計算，指数部分は暗算する．**電卓計算**では数値や演算キーの押し間違いがよくある．計算結果は概算で妥当性を必ず確認せよ．いかなる計算でも，つねに概算・試し算をする習慣を身につけよう．脳は使わないと退化する（無重力の宇宙での生活では筋肉が極端に退化する）．脳も筋肉と同じからだの一部である．

2) 間違いやすいので要注意！　とくに電卓計算では計算順序も間違いやすいので注意せよ．

電卓：
10^a, 10^{-b} の
入力法？

指数同士の
掛け算,
割り算の
計算法？

解　答

答 1.25　電卓を用いた計算 3

答 1.21　(1) $(1\times)\ 10^{8}$：「(**Exp, 3**), ×, (**Exp, 5**), =, **F⇔E**」→ 表示：1．08[3)]

(2) $(1\times)\ 10^{-2}$：「(**Exp, 3**), ×, (**Exp, 5, +/−**), =, **F⇔E**」→ 表示：1．−2[4)]

(3) 10^{8}：「(**Exp, 3**), ÷, (**Exp, 5, +/−**), =, **F⇔E**」→ 表示：1．8

(4) $(1\times)\ 10^{-5}$：「(**Exp, 12, +/−**), ÷, (**Exp, 7, +/−**), =, **F⇔E**」→ 表示：1．−5

以下同様にして，(5) 10^{13}　(6) 10^{-5}　(7) 10^{-5}　(8) 10^{-1}（= 0.1）

答 1.22

(1) 1×10^{10}：「**1**, (**Exp, 4**), ×, **1**, (**Exp, 6**), =, **F⇔E**」→ 表示：1．10

以下同様にして，(2) $(1\times)\ 10^{10}$　(3) 6×10^{7}　(4) 2.4×10^{8}

(5) 6×10^{-2}　(6) 1

答 1.23

(1) 1×10^{2}：「**1**, (**Exp, 6**), ÷, **1**, (**Exp, 4**), =, **F⇔E**」→ 表示：1．02

→ 1×10^{2}　以下同様にして，(2) 4×10^{2}

(3) 2.7×10^{6}：「**8**, (**Exp, 4**), ÷, **3**, (**Exp, 2, +/−**), =, **F⇔E**」→ 表示：2.66… 06

→ 2.7×10^{6}　以下同様にして，(4) 5×10^{-6}　(5) 2×10^{-6}　(6) 2.5×10^{-13}

(7) 5×10^{-13}　(8) 2.0×10^{1}(20)

答 1.24

(1)「4×10^{3}：「**3**, (**Exp, 3**), ×, **8**, (**Exp, 10**), ÷, **6**, (**Exp, 4**), ÷[5)], **1**, (**Exp, 6**), =, **F⇔E**」

→ 表示：4．03 → 4×10^{3}

以下同様にして，(2) 4.8×10^{-8}　(3) 1.8×10^{10}　(4) 6.0×10^{-2}

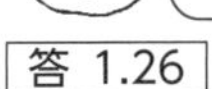

電卓の使い方：10^{a}，10^{-b} の入力 →「(**Exp, a**)；(**Exp, b, +/−**), =, **F⇔E**」

答 1.26

(1) 2.17×10^{-2}：「**3.47**, (**Exp, 7, +/−**), ×, **6.24**, (**Exp, 4**), =, **F⇔E**」→ 表示：2.165… −02．または「**3.47**, ×, **6.24**, (×), (**Exp, 3**[6)], **+/−**), =, **F⇔E**

(2) 3.80×10^{-4}：「**4.34**, (**Exp, 3**), ×, **8.75**, (**Exp, 8, +/−**), =, **F⇔E**」→ 表示：3.7975 −04．または「**4.34**, ×, **8.75**, (×), (**Exp, 5**[6)], **+/−**), =, **F⇔E**」

(3) 10.9：「**7.78**, (**Exp, 4**), ÷, **7.12**(**Exp, 3**), =, **F⇔E**」→ 表示：1.092… 01 → 1.09×10^{1} = 10.9．または「**7.78**, ÷, **7.12**, ×, $10^{(4-3)}$（= **10**）[6)] =」

(4) 1.30×10^{-4}：「**5.61**, (**Exp, 3**), ÷, **4.321**, (**Exp, 7**), =, **F⇔E**」→ 表示：1.298 −04．または「**5.61**, ÷, **4.321**, ×, (**Exp, 4**[6)], **+/−**), =, **F⇔E**」

(5) 1.50×10^{-14}：「**3.27**, (**Exp, 8, +/−**), ÷, **2.185**, (**Exp, 6**), =」→ 表示：1.496… −14．または「**3.27**, ÷, **2.185**, ×, (**Exp, 14**[6)], **+/−**), =」

(6) 1.77×10^{-8}：「**7.60**, (**Exp, 14**), ×, **14.0**, ÷, **6.02**, (**Exp, 23**), =, **F⇔E**」→ 表示：1.767… −8．または「**7.60**, ×, **14.0**, ÷, **6.02**, ×, (**Exp, 9**[6)], **+/−**), =」

(7) 6.43×10^{-3}：「**2.15**, (**Exp, 19**), ×, **180**, ÷, **6.02**, (**Exp, 23**), =, **F⇔E**」→ 表示：6.428… −03．または「**2.15**, ×, **180**, ÷, **6.02**, ×, (**Exp, 4**[6)], **+/−**), =, **F⇔E**」

(8) 2.70×10^{-8}：「**5.00**, (**Exp, 14**), ×, **8.65**, (**Exp, 22, +/−**), ÷, **16.0**, =, **F⇔E**」→ 表示 2.703… −8．

または「**5.00**, ×, **8.65**, ÷, **16.0**, ×, (**Exp, 8**[6)], **+/−**), =, **F⇔E**」

3) 電卓の表示 1．08 は，1×10^{8} を意味する．

4) 電卓の表示 1．−2 は，1×10^{-2} を意味する．

5) 注意　ここは，掛ける「×」ではなく**割る「÷」**　電卓では計算順序を間違いやすいので注意せよ．

6) 仮数部分のみを電卓計算し，指数部分を暗算する．

仮数部分のみ電卓計算，指数部分は暗算しよう！

e. 試し算：答のチェック，答は適切か

電卓計算では，数値や演算キーを押し間違えることがあるので，電卓計算結果は概算で妥当性を確認すべきである．

いつも，概算[1)]・試し算をする習慣を身につけよう[2)]

1) 目の子・目の子算ともいう．調理実習で学ぶ目ばかり・手ばかりに対応している．問題 1.1(10)～(14)を参照．

2) この「**試し算**」で，÷と×を**間違えて**も，すぐに**気づく**ことができる．ぜひ，試し算を身につけてほしい．

問題 1.27 以下の計算結果が正しいか否かをざっとチェックせよ（電卓使用不可．チェックの仕方とその結果を述べよ）．間違っている場合は間違いであることを指摘するだけで，正しい数値を答えなくてもよい．

(1) $\dfrac{7.5\times10^{9}}{4.1\times10^{4}}=1.8\times10^{13}$

(2) $\dfrac{5.3\times10^{-3}}{1.9\times10^{-6}}=2.2\times10^{3}$

(3) $\dfrac{8.5\times10^{7}}{5.5\times10^{4}\times4.5\times10^{2}}=7.0\times10^{5}$

(4) $25\times\dfrac{1}{10\,000}=250{,}000$

1・3 式の変形

ヒトの呼吸にかかわる**気体の法則**の適用，細胞の形の維持や栄養素・老廃物の体内での運搬にかかわる**浸透圧**，食品加工や尿の浸透圧測定などにかかわる**沸点上昇・凝固点降下**の計算，生きるためのエネルギー・体温のもとである**反応熱**などを求めるには，x を含んだ式（方程式）を用いて計算する必要がある[3)]．

3) 就職試験や公務員試験の適性検査（SPI，p. 36 注 1)）のトレーニングにもなる．

a. 一次方程式，正比例と反比例[4)]

4) **気体の法則** p. 24，**浸透圧** p. 112，反応式の係数決定 p. 95，**熱化学**（ヘスの法則）などで使用（“からだの中の化学”（丸善出版）も参照）．

問題 1.28 **一次方程式の解法**

(1) $6x-x$ を簡略化せよ（$6x-x=$ ？）．

(2) $y=ax$（**比例式**）のとき，x の値を求めよ．（$x=$ の形に式を変形せよ．）
　($ax=b$ のとき，$x=$ ？)

(3) $0.1000x=0.001\,200$ のとき，x の値を求めよ．

(4)[5)] $0.024x=0.124$ のとき，x の値を求めよ．

(5)[5)] $0.024x=0.001\,24$ のとき，x の値を求めよ．

(6)[5)] $x\times0.01=1\times(0.1\times0.9)\times(0.006)$ のとき，x の値を求めよ．

(7) 連立方程式，$3x+2y=18$，$x+y=7$ を解け（反応熱計算，反応式の係数 p. 95）．

5) 間違いやすいので注意．

解答

答 1.27

(1) 誤：$\dfrac{7.5\times10^9}{4.1\times10^4}=1.8\times10^{13}$ 指数部分を暗算：$10^9\div10^4=10^5$ なので誤.

仮数部分の 7.5 と 4.1 を比較：約 2 倍 $\left(\dfrac{7.5}{4.1}\fallingdotseq\dfrac{8}{4}=2\right.$ より小$\left.\right)$，1.8 は正.

(2) 誤：$\dfrac{5.3\times10^{-3}}{1.9\times10^{-6}}=2.2\times10^3$ 指数部分：$10^{-3}\div10^{-6}=10^{-3-(-6)}=10^{-3+6}=10^3$ は正.

仮数部分：$\dfrac{5.3}{1.9}\fallingdotseq\dfrac{5}{2}=2.5$ （5 より大きな 5.3 を 2 より小さい 1.9 で割る →

$\dfrac{5.3}{1.9}=2.5$ 以上）→ 2.2 は誤（小さすぎる，2.8 が正）.

(3) 誤：$\dfrac{8.5\times10^7}{5.5\times10^4\times4.5\times10^2}=7.0\times10^5$

指数部分：$10^7\div10^4\div10^2=10^{7-4-2}=10^1$ なので誤.

仮数部分：$\dfrac{8.5}{(5.5\times4.5)}\fallingdotseq\dfrac{8.5}{(5\times5)}=\dfrac{8.5}{25}=\dfrac{17}{50}=\dfrac{34}{100}=0.34$ なので誤.

(4) 誤：$25\times\dfrac{1}{10\,000}=250\,000$. 25 の $\dfrac{1}{10\,000}$ 倍なので答は 25 より小さいはず

（正解は 0.0025）

答 1.28

(1) $5x$：$6x-x=5x$

(2) $\dfrac{y}{a}$：$y=ax\rightarrow x=\dfrac{y}{a}$ $\left(\text{両辺を } a \text{ で割ると，}\dfrac{y}{a}=\dfrac{ax}{a}=x\right)$ $\left(x=\dfrac{y}{a}\right)$[6)]

(3) $0.012\,00$：$0.1000x=0.001\,200$ $x=0.001\,200\div0.1000=0.012\,00$[7)]

または左右を 0.1000 で割ると，$\dfrac{0.1000\,x}{0.1000}=x=\dfrac{0.001\,200}{0.1000}=0.012\,00$[8)]

または左右に 10 を掛けると，$x=0.001\,200\times10=0.012\,00$

(4) 5.2：$x=\dfrac{0.124}{0.024}=\dfrac{12.4}{2.4}=5.166\cdots\fallingdotseq5.2$ （まず分数の形に書いてから考える）

(5) 0.052：$x=\dfrac{0.001\,24}{0.024}=\dfrac{0.124}{2.4}=0.051\,66\cdots\fallingdotseq0.052$ （小数の桁を間違えない！）

(6) 0.054：$x\times0.01=1\times(0.1\times0.9)\times(0.006)$，$x=1\times(0.1\times0.9)\times(0.006)\div0.01$ $=0.054$ または 両辺に 100 を掛けて，$x=1\times(0.1\times0.9)\times(0.006)\times100=0.054$

(7) $x=4$，$y=3$：① $3x+2y=18$，② $x+y=7$

式①の左右から式②×2 をそれぞれ引くと $x=4$. 式②に $x=4$ を代入して，$y=3$.

または式②を変形して，$y=7-x$. これを式①に代入すると，

$3x+2\times(7-x)=x+14=18$.

よって，$x=18-14=4$，$y=7-x=7-4=3$.

6) $ax=b\rightarrow$ $x=\dfrac{b}{a}$！

$\dfrac{a}{b}$ とする人がいる！

7) 1 より小さい数字で割ればより大きくなる.

8) 小数点を右に 1 つ移動.

問題 1.29　一次方程式，比例式と反比例の式などの計算

(1) $3x-6=27$ を解け　　(2) $4x+8=36$ を解け

(3) 気体の体積 V は絶対温度 T ($T/K=t/℃+273$, $0℃=273\,K$) に**正比例**する[1]：$\underline{V=aT}$ (比例式 $y=ax$ と同じ形)．この式を変形すれば $\dfrac{V}{T}=a$(一定値)．したがって，$\boxed{\dfrac{V_1}{T_1}=\dfrac{V_2}{T_2}}$ が成立する．では，$T_1=25℃$ から $T_2=300℃$ に変化したとき，V_1 が 10.00 L だとすると，V_2 は何 L となるか (最初の状態 1：T_1, V_1 (25℃，10.00 L) → 状態 2 に変化：T_2, V_2 (300℃，$V_2=$ ？))．

(4) 気体の体積 V は圧力 P に反比例する[2]：$V=\dfrac{a}{P}$ (反比例式 $y=\dfrac{a}{x}$ と同じ形)．この式を変形すれば，$PV=a$ (一定)．したがって，$\boxed{P_1V_1=P_2V_2}$ が成立する．さて，$P_1=1.0$ 気圧 (大気圧 1 atm，1.013×10^5 Pa[3]) から 40 m の海底 (水深) での圧力 $P_2=5.0$ 気圧に変化したとき，V_1 が 10.0 L だとすると，V_2 は何 L となるか．

(5) pH 計算の基礎：水溶液中の水素イオン濃度 $[H^+]$ mol/L と水酸化物イオン濃度 $[OH^-]$ mol/L の間には $[H^+]\times[OH^-]=1\times10^{-14}(mol/L)^2$ の関係[4] が成立する．① $[OH^-]=1.0(mol/L)$，② $[OH^-]=1\times10^{-3}(mol/L)$ のときの $[H^+]$ を求めよ[5]．

(6) $[H^+][OH^-]=10^{-14}$，① $[OH^-]=1.0$，② $[OH^-]=10^{-3}$ のときの $[H^+]$ を求めよ[6]．

b. 二次方程式：二次方程式の解法・公式の使い方と計算[7]

問題 1.30

(1) $x=18$ のとき，$x^2-6x-16$ を計算せよ．

(2)[8] 二次方程式 $3x^2+7x+1=0$ を解け．ただし，$ax^2+bx+c=0$ の根の公式は，$x=\dfrac{-b\pm\sqrt{(b^2-4ac)}}{2a}$[9] で表される ($\sqrt{\ }$ の計算には関数電卓を使用せよ)．

(3)[8] $x^2=0.74\times(2.00-x)$ の x を，(2) に示した根の公式を用いて求めよ (x は小数で示せ)．

(4)[8] $\dfrac{(x)\times(x)}{(2.00-x)}=0.74$ の x を求めよ．

解答

答 1.29

(1) 11：$3x=27+6=33$，$x=\dfrac{33}{3}=11$ (移項で符号変化，または両辺+6)

(2) 7：$4x=36-8=28$　$x=\dfrac{28}{4}=7$ (移項で符号変化，または両辺−8)

(3) 19.2 L：$T_1=25℃=298\,K$，$T_2=300℃=573\,K$．$\boxed{\dfrac{10.00\,L}{298}=\dfrac{V_2}{573}}$[10] (分数比例式)

たすき掛けして，$298\times V_2=573\times10.00\,L$，

$V_2=\dfrac{573}{298}\times10.00\,L=19.228\cdots\fallingdotseq 19.2\,L\,(19.23\,L)$

---

1) これを**シャルルの法則**という．この法則は下述のボイルの法則とともに間接法による安静時代謝量を求める際に利用される．熱気球の原理でもある．比例式は，このほかに，気体の溶解度に関する**ヘンリーの法則**，浸透圧・**沸点上昇・凝固点降下**などでも出てくる ("からだの中の化学" (丸善出版)，p.115, 138 参照)．

2) これを**ボイルの法則**という．高空 (飛行機，富士山頂)，海底での圧力変化→V も変化する．呼吸の原理，採血の原理．

3) Pa は圧力の単位．天気予報の 1013 hPa (ヘクトパスカル) が 1 気圧のこと (詳しくは "からだの中の化学" (丸善出版)，p.114 参照)．

4) この関係式を**水のイオン積**という (p.159)．

5) 水のイオン積の式は $xy=a$ の形をしており，$[H^+]$ と $[OH^-]$ とは**反比例**の関係 $x=\dfrac{a}{y}$ または $y=\dfrac{a}{x}$ にあることを意味している．

6) 単位は mol/L (p.64)．いまは，単位は無視する．

7) 平衡定数の学習 p.172, 173 に必要．

8) 二次方程式が解けない人，式の変形ができない人がいるので確認のこと．

9) 筆者は公式を暗記．ある学生はすばらしいことに自分で式を導出した．

10) 両辺に 573 を掛けて，$V_2=\sim$，またはたすき掛けして両辺を 298 で割り，$V_2=\sim$．

(4) 2.0 L：$1.0 \times 10.0\,\mathrm{L} = 5.0$[11] $\times V_2$（反比例の式 $P_1V_1 = P_2V_2$），$V_2 = \dfrac{10.0}{5.0} = 2.0\mathrm{L}$

(5) ① 1×10^{-14}：$[\mathrm{OH^-}] = 1.0$ なら，$[\mathrm{H^+}] = 1 \times 10^{-14} \div [\mathrm{OH^-}] = 1 \times 10^{-14} \div 1.0$

② 1×10^{-11}：$[\mathrm{OH^-}] = 1 \times 10^{-3}$ なら，$[\mathrm{H^+}] = 1 \times 10^{-14} \div [\mathrm{OH^-}] = 1 \times 10^{-14}$
$\div (1 \times 10^{-3}) = \dfrac{1 \times 10^{-14}}{1 \times 10^{-3}} = \dfrac{1}{1} \times \dfrac{10^{-14}}{10^{-3}} = 1 \times 10^{-14-(-3)} = 1 \times 10^{-14+3} = 1 \times 10^{-11}$

(6) ① 10^{-14}：$[\mathrm{OH^-}] = 1.0$ なら，$[\mathrm{H^+}] = 10^{-14} \div [\mathrm{OH^-}] = 10^{-14} \div 1 = 10^{-14}$
$(\equiv 1 \times 10^{-14})$

② 10^{-11}：$[\mathrm{OH^-}] = 10^{-3}$ なら，$[\mathrm{H^+}] = 10^{-14} \div [\mathrm{OH^-}] = 10^{-14} \div 10^{-3} =$[12]
$10^{-14} \times 10^{3} = 10^{-14+3} = 10^{-11}$ $(\equiv 1 \times 10^{-11})$ $(10^{-14} \equiv 1 \times 10^{-14}$，$10^{-3} \equiv 1 \times 10^{-3}$，答は(5)と同一)

11) 水深 10 m ごとに 1 気圧増すので，大気圧＋水圧 4 気圧＝5 気圧．

12) $\div 10^{-3}\left(\div \dfrac{1}{10^3}\right) \rightarrow \times \dfrac{10^3}{1} (\times 10^3)$
（逆さにして掛ける）

答 1.30

(1) 200：$x = 18$ では，$x^2 - 6x - 16 = (18)^2 - 6 \times (18) - 16 = 324 - 108 - 16 = 200$

(2) $-0.15, -2.18$：$a = 3, b = 7, c = 1$ を代入，$x = \dfrac{-7 \pm \sqrt{(7^2 - 4 \times 3 \times 1)}}{2 \times 3}$[13] $= \dfrac{-7 \pm \sqrt{37}}{6}$
$=$[14] $\dfrac{-7 \pm 6.08}{6} = -0.15, -2.18$

(3) $0.90, -1.64$：移項して，二次方程式 $x^2 + 0.74x - 1.48 = 0$ の形に変形する．
$ax^2 + bx + c = 0$ で，$a = 1$，$b = 0.74$，$c = -1.48$ なので，$x = \dfrac{-b \pm \sqrt{(b^2 - 4ac)}}{2a}$
$= \dfrac{-0.74 \pm \sqrt{((0.74)^2 - 4 \times 1 \times (-1.48))}}{2 \times 1} = \dfrac{-0.74 \pm \sqrt{(0.5476 + 5.92)}}{2} = \dfrac{-0.74 \pm 2.54}{2}$
$=$[15] 0.90，-1.64

(4) 0.90，-1.64：まず，次のようにして，二次方程式の形に変形する[16]．$\dfrac{(x) \times (x)}{(2.00 - x)} = \dfrac{0.74}{1}$（p. 7 の注 11）参照）とした後，たすき掛け，または問題文の分数式の両辺に $(2.00 - x)$ を掛けて，$x^2 = 0.74 \times (2.00 - x) = 1.48 - 0.74x$，とした後，移項して式を変形すると，$x^2 + 0.74x - 1.48 = 0$．$x$ の求め方と値は上問(3)と同じ．

13) $\dfrac{-7 + \sqrt{(7^2 - 4 \times 3 \times 1)}}{2 \times 3}$ と $\dfrac{-7 - \sqrt{(7^2 - 4 \times 3 \times 1)}}{2 \times 3}$ のこと．

14) 電卓で $\sqrt{\ }$ 計算．

15) この計算でさまざまなミスをおかしたり，$\sqrt{\ }$ を電卓で計算しようとしない人がいるので確認せよ．

16) 正しく変形すること．

Study Skills（p. 19 からのつづき）　学生の意見と感想(2)

・高校まで丸暗記ですませていた化学が，理解する勉強法を心がけたことで，たった 3 カ月で理解できるようになった．

〈理解できると楽しい〉

・13 種類の有機化合物群（有機化学の教科書を参照）を，最初はただ覚えようとしたら，全然頭に入ってこなかったが，教科書を読み，理屈や成り立ちを考えると，自然と覚えられた．（丸暗記ではないので）表をばらばらにしてテストに出されても，埋められる．

〈暗記ではなく，理解することが大切〉

・高校での化学は丸暗記ばかりで，テスト前に一夜漬けで乗り切っていたので，まったくおもしろくなかった．大学での化学は，化合物の名前をつけられるようになり，構造式が読めるようになり，イメージがわくようになり，おもしろかった．化学を履修してよかった．

[p. 31 へつづく]

1・4 有効数字[1)]

1) 有効数字の知識は，化学・生理学・栄養学・食品学・食品衛生学などの理系実験に必須．

有効数字とは
何？
（答はこの横の
本文）

2) どこまでが信頼性のある数値かを示したもの．

3) その測定値が真の値（神様だけが知っている値）にどれだけ近いか．

4) 四捨五入して3となったのだから，もとの数字は，$2.5 \leqq 3 < 3.5$（2.5より大きく，3.5より小さい数字）のはずである．

5) 答1.32のルール1～6を参照．

電卓は実験結果の処理計算をする際にたいへん有用であるが，数値の扱いには十分注意する必要がある．**電卓計算**では10桁前後の数値が表示されるため，たとえば $3 \div 7$ を計算する場合に，$3 \div 7 = 0.428\,571\,428$ という数値をそのまま写して計算結果とする人がいるが，これは**不適切**である．数値として意味のある適切な桁数までを取るべきであるが，どの桁まで取ったらよいだろうか（この場合は $0.4285 \fallingdotseq 0.429 \fallingdotseq 0.4_3$ までで十分．円周率も通常 $\pi = 3.141\,592\,65\cdots \fallingdotseq 3.14$ として扱う）．この桁数を計算の際にどこまでとったらよいかを決めるのが**有効数字**の考え方である．**有効数字は測定値の精密さ**[2)] を示すときに使われる（**精密さ** precision と**正確さ** accuracy[3)]，の違い）．たとえば，棒の長さをはかった結果を3 m，3.0 m，3.00 m，3.000 m と表したとすると，これらの数値は 3 ± 0.5[4)]，3.0 ± 0.05，3.00 ± 0.005，3.000 ± 0.0005 m を意味しており，3.00 m は1 cm の精度，3.000 m は1 mm の精度で長さをはかったことを示している．それぞれ精度（精密さ）が異なる．実験データの計算処理をするためには有効数字の正しい扱い方を理解しておく必要がある[5)]．

問題 1.31 **有効数字は**通常，**4つ取れば十分**である．以下の計算結果，数値を有効数字4桁で表せ．

(1) $92\,593 \div 132\,470$（電卓で計算せよ）

(2) $3.000 \div 7.000$（電卓計算）

(3) π（電卓の「π」を押す）

有効数字の
6つのルール
とは？

a. 有効数字の決め方

問題 1.32 次のそれぞれの数について有効数字の数（桁数）を示せ．

(1) ① 36　　② 2.345

(2) ① 2006　　② 2.0001

(3) ①[6)] 48.00　　② 4.800　　③[6)] 0.4800

(4) ① 0.123　　② 0.001 23　　③ 0.000 012 3

(5) ①[6)] 7300

② 7.3×10^3

③[6)] 7.30×10^3

④ 7.300×10^3

6) 間違いやすいので要注意！

有効数字：どこまでが有効数字か　要確認
76 500.00 = (A) × 10^(B)　答：右⑤
0.001 230 = (B) × 10^(D)　答：右⑥

⑤[6] 76 500.00 を科学表記せよ(76 500.00 = $(A) \times 10^{(B)}$ の A, B はいくつか).
⑥[6] 0.001 230 を科学表記せよ．0.001 230 = $(A) \times 10^{(B)}$ の A, B はいくつか.

(6) ① 1 L = 1000 mL　② 0.2345 mol/L ≡[7] 0.2345 mol/1 L　③ 密度(p.116 参照) 1.23 g/cm^3 ≡ 1.23 g/1 cm^3　④ 0.3456 mol のアンモニア NH_3 中の H 原子数 = 3 × 0.3456 mol

7) ≡とは，≡の左右は同じ意味ということ，定義を表す(p.12 の注 3)も参照).

解　答

答 1.31　それぞれ 5 桁目を四捨五入して，

(1) 0.698 97… ≒ 0.6990[8]
(2) 0.428 571… ≒ 0.4286
(3) 3.141 592… ≒ 3.142

8) 電卓の数値が，0.698 97…となるので，答を 0.6989 として，解答の 0.6990 と違うという人や，電卓の数値を**四捨五入**しないで，電卓の表示値の 4 桁目までを写して，答とする人がいるので，確認せよ．

答 1.32　**有効数字を決める際の 6 つのルール**

(1) ① 36 は有効数字 2 つ，② 2.345 は有効数字 4 つ.
ルール 1：**1〜9 の数はすべて有効数字**になる.

(2) ① 2006 は有効数字 4 つ，② 2.0001 は有効数字 5 つ.
ルール 2：**0 以外の数字に挟まれた 0 は有効数字**になる.

(3) ① 48.00，② 4.800，③ 0.4800 は，いずれも有効数字 4 つ.
ルール 3：**小数点より右側にある 0** は 1 番外側であっても**有効数字**となる.

(4) ① 0.123，② 0.001 23，③ 0.000 012 3 は，いずれも有効数字 3 つ.
ルール 4：**小数点以下の位を示すために使われている 0 は有効数字とならない**.

(5) ① 7300 の有効数字は 2 つ (7250 ≦ 7300 < 7350，7300 の 3 のところがすでに曖昧(あいまい))
ルール 5：**整数で末端から連続している 0** は**有効数字にならない**(問題 1.17 参照).

有効数字と科学(指数)表記：0 が有効数字に含まれるか否かは**科学表記**により明確に示すことができる．たとえば，7300 は次のように②，③，④の 3 種類の有効数字で示すことができる.

② 7.3×10^3 は有効数字 2 つ．$7.3 \times 10^3 \equiv (7.25 \leqq 7.3 < 7.35) \times 10^3$

③ 7.30×10^3 は有効数字 3 つ．$7.30 \times 10^3 \equiv (7.295 \leqq 7.30 < 7.305) \times 10^3$

④ 7.300×10^3 は有効数字 4 つ．$7.300 \times 10^3 \equiv (7.2995 \leqq 7.300 < 7.3005) \times 10^3$

⑤ 76 500.00 は有効数字 7 つ．したがって，$A = 7.650\,000$，$B = 4$ (7.650000×10^4)

⑥ 0.001 230 は有効数字 4 つ．したがって，$C = 1.230$，$D = -3$ (1.230×10^{-3})

(6) **ルール 6**：計算で使う数がすべて測定値とは限らない．**定義で与えられる数**(① 1 L や 1000 mL，% における 100 g や 100 mL，② mol/L の 1 L，③ 密度の定義 (p.116) g/cm^3 の 1 cm^3)，**整数**(④分子式中の元素数，反応式の係数など)は**有効数字の対象としない**(無限桁).

b. 有効数字を考慮した計算〈掛け算・割り算，足し算・引き算でやり方が異なる！〉

1) 掛け算，割り算

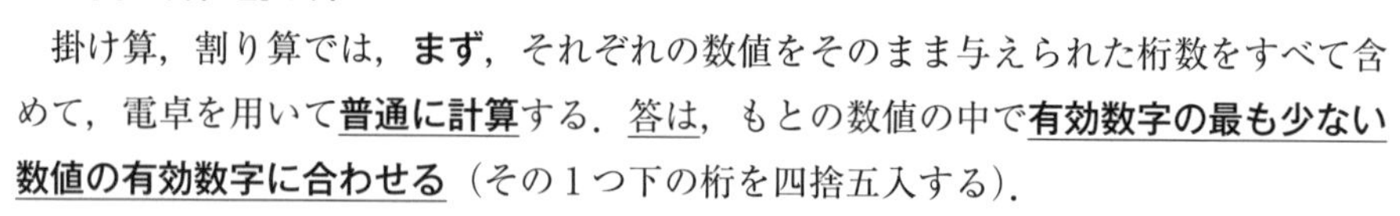

掛け算，割り算では，**まず**，それぞれの数値をそのまま与えられた桁数をすべて含めて，電卓を用いて**普通に計算**する．答は，もとの数値の中で**有効数字の最も少ない数値の有効数字に合わせる**（その１つ下の桁を四捨五入する）．

有効数字の扱いは掛け算・割り算と足し算・引き算でやり方が異なる！どう異なる？

問題 1.33　次の計算式の値を正しい有効数字で答えよ．

(1) 13.6×0.004

(2) 33.0÷5630

まとめ：有効数字を考慮した計算

$\dfrac{0.036\times25.78}{1.4865\times139}$（答：0.0045）　答の桁数に注目！

$0.2\underline{4}+25.\underline{3}+0.127\underline{8}+115.11\underline{2}$（答：140.8）

★ なぜこれらの答となるか，理解しよう．

2) 足し算，引き算

足し算，引き算の計算では，**まず**，それぞれの数値の与えられた桁数をすべて含めて**普通に計算**する．得られた値を四捨五入して，もとの各数値の中で位取りの位が最も大きい位に合わせる（各数値の最下位の桁のうちでいちばん位取りが高い桁，もとの各数値の中で最大の誤差を含むものに合わせる（1つ下の桁を四捨五入））．以上の説明ではわかりにくいので，問題 1·34(1)の具体例を参照してほしい．

右ページの“有効数字の現実的対応法”と“有効数字のより厳密な表示法”も読むこと！

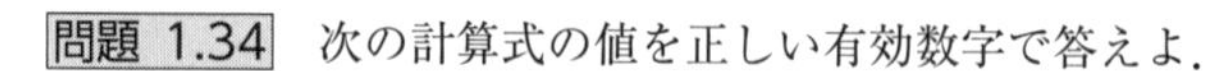

問題 1.34　次の計算式の値を正しい有効数字で答えよ．

(1) $0.2\underline{4}+25.\underline{3}+0.127\underline{8}+115.11\underline{2}$

（式中の各数値の＿部分に±0.5の誤差を含む）

(2) 19.57－1.286

問題 1.35　次の計算を行い，正しい有効数字で答えよ．

(1) 43.67＋27.4＋0.0265　(2) 256－139.48　(3) 1.48×39.1×0.312

(4) 67.84÷4.6　(5) $\dfrac{9.50\times784}{1465}$　(6)[1] $\dfrac{0.036\times25.78}{1.4865\times139}$

1) この問題は電卓計算では間違いやすいので要注意．

補充問題　硫酸 H_2SO_4 の分子量を有効数字を考慮して求めよ．
ただし，原子量は H は 1.0079，S は 32.06，O は 15.999 である．

重要　pp. 1～28 の問題で，できなかったところには印をつけておき，後で繰り返し解くこと．演算・算数はすべての基本である．100 回繰り返すつもりで（いやになるまで）やれば，必ずできるようになる．一生の間，身についている．

解 答

答 1.33

(1) 0.05：13.6×0.004＝0.0544（単純計算値）．13.6 の有効数字は3つ，0.004 の有効数字は1つなので，単純計算値 0.0544 の2つ目を四捨五入して有効数字1つとする．

13.6×0.004 の 0.004 という数値は 0.0035 以上，0.0045 未満の数値を四捨五入して得た値である．したがって，0.004 とは 0.004±0.0005（0.0035 ≦ 0.004＜0.0045）を意味するので，13.6×(0.004±0.0005)＝0.0544±0.0068＝0.054±0.007（0.047〜0.061）．つまり，この計算結果はせいぜい 0.05（0.045 ≦ 0.05＜0.055）程度の精度しかもたない．したがって，答は 0.004 と同じ有効数字をもつ 0.05 でよい）．

(2) 0.005 86（5.86×10^{-3}）：33.0，5630 の有効数字がともに3つなので，単純計算した値 0.005 861… の4つ目を四捨五入して，有効数字3つで表す．

答 1.34

(1) 140.7798≒140.8．(1)の計算式中の数値の中で 25.3 が，各数値の最下位の桁[2] のうちで最高位の桁（小数1位）をもつ数値，各数値中でいちばん大きい誤差をもつ数値である．小数1位で誤差をもつので（25.3±0.05），答は小数1位までで十分：単純計算値である 140.7798 の小数2位を四捨五入して 140.8 とする．

(2) 18.284≒18.28．19.57 がいちばん大きい誤差をもつ．小数2位ですでに誤差を含むので，答は単純計算値である 18.284 の小数3位を四捨五入する[3]．

答 1.35

	(1)	(2)	(3)	(4)	(5)	(6)
単純計算値	71.0965	116.52	18.054 816	14.747 826	5.083 959	0.004 4916
有効数字考慮値	71.1	117	18.1	15	5.08	0.0045
有効数字[4]	小数1位[4a]	整数1位[4b]	3桁[4c]	2桁[4d]	3桁[4e]	2桁[4f]

補充問題・答 98.07：1.0079×2＋32.06＋15.999×4（＝98.0718）≒98.07

有効数字の現実的対応法：手計算で有効数字を適切に扱うには，最終的に求めたい有効数字＋1桁で計算し，最後にいちばん下の桁を四捨五入すればよい．電卓で掛け算・割り算**の計算**を行うときや，実験・実習の結果（データ）を計算処理するときなど，通常は**有効数字4つ**（**4桁**）取れば必要十分である（数値として約 1000 の数を扱えば最下位の1の誤差は 0.1% の精度（1/1000）に対応する．つまり，0.1% の精度とは，678(±0.68)，1234（±1.2)，2345(±2.3)，4567(±4.6)）．目的しだいでは有効数字は3つ，2つとするが，有効数字1つの場合は皆無と思ってよい．わからなければ，**3桁強〜4桁**（**1000 を中心にした値**）**の有効数字**で答えること！

有効数字のより厳密な表示法：999 は有効数字3桁，1001 は4桁と異なるが，実質はともに3桁強である（誤差は数値の逆数で表され，両者は 1/999 と 1/1001 で実質同一）[5]．滴定実験の測容器の精度は 1/1000（0.1%，例：10.00±0.01 mL）なので，測定値のデータ処理は 1000 の数値を目安に扱う．たとえば 2.345 は 2.34_5（2.345±0.0023，つまり，最後の桁の数値は ±2.3 の誤差を含む：0.0023/2.345＝1/1000＝0.1%），0.4567 は 0.456_7（0.4567±0.000 45）のように，0.1%（0.000 45/0.4567＝1/1000≒0.1%）の精度に合わせて4桁目を小さい数字で表すとよい．より正確には，0.4567(5) と表す．誤差の大きさを表す（ ）の中の5は，0.000 45 を四捨五入した値である．

※ 有効数字の概念が，まだよくわからなければ，"演習 溶液の化学と濃度計算 実験・実習の基礎"（丸善出版），pp. 10〜15 を参照してほしい．

2) 25.3 の最下位の桁は小数1位，0.24 の最下位桁は小数2位，0.1278 は小数4位，115.112 は小数3位．これらの最下位桁中で最高位の桁は 25.3 の最下位桁である小数1位．

```
   0.24
  25.3
   0.1278
 115.112
 ---------
 140.7798
≒140.8
```

3) 有効数字の計算に関する詳しい説明は"演習 溶液の化学と濃度計算"（丸善出版）の1章 pp. 12〜15 を参照．

4) 有効数字
a) b)：問題(1), (2)は加減の計算なので，それぞれ誤差がいちばん大きい 27.4, 256 に合わせる．
問題(3)から先は乗除の計算の有効数字．
c)：全数値が3桁なので3桁に合わせる．
d)：4.6(2桁)に合わせる．
e)：9.50, 784(3桁)に合わせる．
f)：0.036(2桁)に合わせる．

5) $\frac{1}{○○○}$ が精度．たとえば，実験値 987 のいちばん下の桁の数値7は，そのもう1つ下の桁の数値を四捨五入して得たものなので（986.5≦987＜987.5）987±0.5，つまり，987 なる数値は1の誤差をもつ．したがって，この実験値の相対誤差（精度）は $\frac{1}{987}\times100$≒0.1% となる．

1・5 換算係数法[1]：測定値の表示法と単位の計算

1) **分数計算**と**約分**を行う操作が，この方法の基本である．

問題 1.36 以下の計算をせよ（分数表示法と分数計算の基礎の確認問題）．

(1) $4.75 \div 0.50$　(2) $4.75/0.50$　(3) $\dfrac{4.75}{0.50}$　(4) $4.75 \times \dfrac{1}{0.50}$

(5) $\dfrac{8}{9} \div 4$　(6) $\dfrac{2}{3} \times \dfrac{3}{4}$　(7) $\dfrac{2}{7} \div \dfrac{3}{4}$　(8) $\dfrac{2}{3} \times \dfrac{5}{4} \times \dfrac{7}{10} \times \dfrac{11}{21}$

a. 測定値の表示法

重さ，長さ，体積などの測定値は，10 g，5 km，20 mL といったように，数値と g，m，L などの単位を組み合わせて表す．ここで，k（キロ）とは $1000 = 10^3$ のことなので[2]，5 km とは 5×10^3 m $= 5 \times 10^3 \times$ m のこと，つまり，5 km とは 1 m を 5000 倍したもの，$5 \times$ k $\times$ 1 m．同様に 20 mL の m（ミリ）とは $\dfrac{1}{1000} = 10^{-3}$ のことだから[3]，20 mL とは $(20 \times 10^{-3}) \times$ L のこと，つまり 20 mL とは 1 L を $20 \times \dfrac{1}{1000}$，$\dfrac{20}{1000}$ 倍したもの，$20 \times$ m（ミリ）$\times$ 1 L である．このように，**測定値（物理量）はつねに（数値 × 単位）で表される**．

2) k の意味は p. 44.

3) m の意味は p. 44.

b. 単位の計算：単位同士の掛け算，割り算〈単位も数字と同様に計算できる〉

「/」の記号は問題 1･36(2) に限らず，つねに割り算・分数を意味する．たとえば自動車が走る速さを時速 40 km，または 40 km/h などと表すが，h とは時間 hour の略であり，「/」は「パー per，またはオーバー over」「毎」と読み，1 時間「あたり」という意味である．そもそも 40 km/h とは，たとえば 120 km の距離を 3 時間で走ったとき，1 時間あたり何 km 走ったかを求めるのに，$120\ \text{km} \div 3\ \text{h} = 120\ \text{km} \times \dfrac{1}{3\ \text{h}} = \dfrac{120\ \text{km}}{3\ \text{h}} = \dfrac{40\ \text{km}}{1\ \text{h}} = \dfrac{40\ \text{km}}{\text{h}} = 40\ \text{km/h}$（平均時速）として求めたものである．速さの単位 km/h が割り算・分数であることが納得できよう．このように，測定値は，$40\ \text{km/h} = \dfrac{40\ \text{km}}{\text{h}} = \dfrac{40 \times \text{k} \times \text{m}}{\text{h}} = \dfrac{40 \times \text{k} \times 1\ \text{m}}{1\ \text{h}}$ のように，数値 × 単位の掛け算・割り算としても表される．「/」は 1/3，2/3 のように分数に用いるだけでなく，単位の表現においても**分数・割り算**を意味するものとして用いられており，単位同士であっても掛け算，割り算を行うことができる（問題 1.37，問題 1.38）．

問題 1.37 東京－名古屋，360 km を 2 時間で走る新幹線の時速は何キロか．

問題 1.38 180 km/h で 5 時間走ると何 km 走ったことになるか．

解　答

答 1.36

(1) 9.5　(2) 9.5　(2)と(3)は同じこと[4]　(3) 9.5　(4) 9.5

(1)〜(4)はすべて同じ意味である．

(5) $\frac{8}{9} \div 4 =^{5)} \frac{8}{9} \times \frac{1}{4} =^{6)} \frac{2}{9}$

(6) $\frac{2}{3} \times \frac{3}{4} =^{6)} \frac{1}{2}$

(7) $\frac{2}{7} \div \frac{3}{4} =^{5)} \frac{2}{7} \times \frac{4}{3} = \frac{8}{21}$

(8) $\frac{2}{3} \times \frac{5}{4} \times \frac{7}{10} \times \frac{11}{21} =^{6)} \frac{11}{3 \times 2 \times 2 \times 3} = \frac{11}{36}$

4) $4.75/0.50 = \frac{4.75}{0.50}$ のこと．4.75/0.50 の／は分数の横線──のこと．

5) 分数を含む**割り算**では，ある数で割る代わりに**割る数の逆数を掛ける**．

6) 分数の計算する際には，まずは分子と分母の数字の約分をする．

答 1.37　180 km/h：速さの定義どおりに，

速さ(時速)＝距離÷時間＝$\frac{距離}{時間} = \frac{360\ \mathrm{km}}{2\ 時間} = \frac{180\ \mathrm{km}}{1\ 時間} = \frac{180\ \mathrm{km}}{\mathrm{h}} = 180\ \mathrm{km/h}$（時間：hour）

答 1.38　900 km：時速の式，$180\ \mathrm{km/h} = \frac{180\ \mathrm{km}}{1\ \mathrm{h}}$ から距離 km を残すには，×h(時間)とすればよい．つまり，$180\ \mathrm{km/h} \times 5\ \mathrm{h} = \frac{180\ \mathrm{km}}{1\ \mathrm{h}} \times 5\ \mathrm{h} = \frac{180\ \mathrm{km} \times 5\ \mathrm{h}}{1\ \mathrm{h}} = \frac{180\ \mathrm{km} \times 5}{1}$
$= 180\ \mathrm{km} \times 5 = 900\ \mathrm{km}$　このように，単位を含めて計算すると，求めるべき値を単位つきで正しく得ることができる．

Study Skills（p. 25 からのつづき）学生の意見と感想 (3)

・(研究室に質問に行って以来) 化学がわかるとすごく嬉しくて，わかる努力をしようと思えた．毎回の宿題でも，わかる努力をしようとすることができた．〈暗記ではなく理解が大切〉
・4月は嫌いで仕方なかったが，問題が解けるようになっていくと好きになっていった．
・予習にちゃんと取り組めば，化学の苦手な人でも楽しくなるはず．わからないところを予習で明確にしておくと，授業を受けやすい．〈予習の大切さ〉
・教科書を1回読んでわからなくても，何回か読めばわかるようになった．正しい勉強の仕方を身につけられたと思う．
・課題をいちばんはじめに解いたときはまったくわからず困ったが，2回目，3回目と解いていくうちに，説明文をじっくり読み，確認しながら解いていくうちに，理解できるようになった．〈繰り返すことの大切さ〉
・わからない問題には印をつけ，何も見ずに何度も解くことが大切だと思う．
・(私は寮なので) わからないところは友だちに聞き，理解し，何度も解いた．〈人に聞くことの大切さ〉
・恥ずかしがらずにとことん聞いて取り組んだら，本当にできるようになった．

[p. 51 へつづく]

c. 換算係数法：単位の換算と，換算係数を用いた計算

換算係数法（unit conversion, factor label method, dimensional analysis）とよばれる，単位に注目した米国式の計算法がある[1]．この方法では変数 x を使わない．したがって式の変形もしない，直感でわかりにくい**割り算をしない**，直感でわかる**掛け算だけ**を用いるやり方であり，数学・化学の不得意な人でも，やり方を身につければ，さまざまな計算を間違えずに，容易に行えるたいへん強力な方法であり，一生役に立つ計算法である[2]．

1）換算係数法の勉強をはじめるにあたっては，まずは本書の序文を読み返すこと．換算係数法は単位換算法，因子・要素ラベル化法，単位分析法・解析法，次元分析法・解析法とも呼称される．この単位（次元，dimension）を合わせる計算法は物理学の基本的な方法である．

2）換算係数法への授業評価（栄養系1年生2016年前期110人）：たいへん役に立った58%，役に立った34%，なんともいえない6%，役に立たなかった2%．
［学生の感想］換算係数法のやり方を理解するまでは比のほうがわかりやすいと思っていたが，理解できたら比よりはるかにわかりやすかった．

換算係数法を身につけよう！数値には，必ず単位をつけること！（数値の意味と項目内容もつける）

序文でも述べたように，本書を初めて用いるときは，すべての問題は例題とみなして，解けない問題では問題の解き方，考え方を学ぶ（新しいことを学ぶのに，問題がすぐ解けるはずがない．つまり，1回目は解説書として学習すること．そのために答が詳しく説明されている）．2度目の学習では，全問題を演習問題として用いること．

問題 1.39　10年は何秒か．計算式を示せ（電卓使用可）．
答を見て換算係数法を学習したら，自分で換算係数法を用いて解いてみること．

問題 1.40　315 360 000 秒は何年か（換算係数法で計算せよ．電卓使用可）．

問題 1.41　光の速さ 3.0×10^{10} cm/秒を km/秒で表せ（換算係数法で計算せよ）．

解　答

答 1.39　315 360 000 秒：この計算を行うには，1年＝365日，1日＝24時間，1時間＝60分，1分＝60秒，を順に考えていけばよい．

10年＝10×365日＝3650日，3650日×24時間＝87 600時間，87 600時間＝87 600×60分＝5 256 000分，5 256 000分＝5 256 000×60秒＝315 360 000秒，まとめて考えれば，10×365×24×60×60＝315 360 000（秒）（計算間違いしやすいので注意が必要）．

換算係数法による計算（単位をつけて計算，分数式の掛け算で表し，単位，数値を約分する方法）：　年→日→時間→分→秒への換算は，次の方法でも行うことができる[3]．

1年＝365日 の両辺を1年で割ると $\dfrac{1\text{年}}{1\text{年}}=\dfrac{365\text{日}}{1\text{年}}$，365日で割ると，

$\dfrac{1\text{年}}{365\text{日}}=\dfrac{365\text{日}}{365\text{日}}=1$．同様に，$\dfrac{24\text{時間}}{1\text{日}}$ と $\dfrac{1\text{日}}{24\text{時間}}$，$\dfrac{60\text{分}}{1\text{時間}}$ と $\dfrac{1\text{時間}}{60\text{分}}$，$\dfrac{60\text{秒}}{1\text{分}}$ と $\dfrac{1\text{分}}{60\text{秒}}$ のように，各単位の間に値が1となる2つの分数が得られる．これらは値が1なので，ある数字にこれらの分数を掛けても値は変化しない．よって，1年＝1年×$\dfrac{365\text{日}}{1\text{年}}$＝1年×$\dfrac{365\text{日}}{1\text{年}}\times\dfrac{24\text{時間}}{1\text{日}}$＝…が成り立つ．$\dfrac{365\text{日}}{1\text{年}}$ は年を日に，$\dfrac{1\text{年}}{365\text{日}}$ は日を年に変換する分数であり，これら分数を（単位の）**換算係数**[4]という．

3）なんとなく屁理屈っぽいが，一読して飲み込むこと．こんな発想をするのだと思うこと．ここでは，なぜ，とは考えない．

4）**換算係数**：ある種の分数とその逆数．同じもの・こと・内容を別の単位・表現で表したものを分数形式で表示したものとその逆数．
［換算係数の例］1年＝365日の「＝」の左（1年）右（365日）は同じ内容を別の単位表現で表したものである．これを分数とした $\dfrac{365\text{日}}{1\text{年}}$ と $\dfrac{1\text{年}}{365\text{日}}$ が換算係数である．

これらの係数を用いて，年 → 日 → 時間 → 分 → 秒の換算を行うと，単位がつぎつぎに約分，消去される．

$$10\,年 = 10\,\cancel{年} \times \frac{365\,\cancel{日}}{1\,\cancel{年}} \times \frac{24\,\cancel{時間}}{1\,\cancel{日}} \times \frac{60\,\cancel{分}}{1\,\cancel{時間}} \times \frac{60\,秒}{1\,\cancel{分}}$$ [5]

$$= 10 \times 365 \times 24 \times 60 \times 60\,秒 = 315\,360\,000\,秒$$

このように，扱う数値を単位込みで計算するくせをつけておくと，複雑な計算でも**間違えない**で行うことができる．また，計算法がわからない場合でも，計算で求めるべき値の単位に一致するように計算する（組み合わせる）．2 種類の換算係数を使い分ければ，**正しい値を得ることができる**．

答 1.40　10 年：

（**換算係数法**）　この換算をするには上と逆の換算係数を用いればよい．すなわち，秒 → 分 → 時間 → 日 → 年の順に変換していくと[6]，

$$315\,360\,000\,秒 = 315\,360\,000\,\cancel{秒} \times \frac{1\,\cancel{分}}{60\,\cancel{秒}} \times \frac{1\,\cancel{時間}}{60\,\cancel{分}} \times \frac{1\,\cancel{日}}{24\,\cancel{時間}} \times \frac{1\,年}{365\,\cancel{日}} = 10\,年$$

（**分数比例式法**：比例関係を分数で表す）　$\frac{60\,秒}{1\,分} = \frac{315\,360\,000秒}{x\,分}$ より，$x = 315\,360\,000$ 秒 ÷ 60 秒/1 分 = 5 256 000 分 → 時間 → 日 → 年とつぎつぎに分数比例式で解く．5 256 000 分 ÷ 60 分/時間 = 87 600 時間．87 600 時間 ÷ 24 時間/日 = 3650 日．3650 日 ÷ 365 日/年 = 10 年（桁数を間違いやすい）．

答 1.41　3.0×10^5 km/秒：

（**換算係数法**）cm → m → km と，cm，m が消去され km となるよう単位を換算する．cm と m との換算係数は，$\frac{100\,\text{cm}}{1\,\text{m}}$ と $\frac{1\,\text{m}}{100\,\text{cm}}$．そこで cm を m にするには $\cancel{\text{cm}} \times \frac{1\,\text{m}}{100\,\cancel{\text{cm}}}$，m と km との換算係数は $\frac{1000\,\text{m}}{1\,\text{km}}$ と $\frac{1\,\text{km}}{1000\,\text{m}}$．m を km にするには $\cancel{\text{m}} \times \frac{1\,\text{km}}{1000\,\cancel{\text{m}}}$ とすればよい（換算係数は消すべき単位を分母，残すべき単位を分子におく）．よって 3.0×10^{10} cm/秒 $= 3.0 \times 10^{10}\,\frac{\cancel{\text{cm}}}{秒} \times \frac{1\,\cancel{\text{m}}}{100\,\cancel{\text{cm}}} \times \frac{1\,\text{km}}{1000\,\cancel{\text{m}}} = \frac{3.0 \times 10^{10}}{10^5}\,\frac{\text{km}}{秒} = 3.0 \times 10^5\,\text{km/秒}$[7]

（**代入法**）1 m = 100 cm より $1\text{cm} = \left(\frac{1}{100}\right)\text{m}$．$3.0 \times 10^{10}$ cm/秒 $= 3.0 \times 10^{10} \times \left(\frac{1}{100}\right)$m/秒 $= 3.0 \times 10^8$ m/秒．$\left(3.0 \times 10^{10}\,\text{cm/秒} \div \frac{100\,\text{cm}}{1\,\text{m}} = 3.0 \times 10^{10}\,\cancel{\text{cm}}/秒 \times \left(\frac{1\,\text{m}}{100\,\cancel{\text{cm}}}\right) = 3.0 \times 10^8\,\text{m/秒}\right)$．1 km = 1000 m より $1\,\text{m} = \left(\frac{1}{1000}\right)$km．$3.0 \times 10^8$ m/秒 $= 3.0 \times 10^8 \times \left(\frac{1}{1000}\right)$ km/秒 $= 3.0 \times 10^5$ km/秒 $\left(3.0 \times 10^8\,\text{m/秒} \div 1000\,\text{m/km} = 3.0 \times 10^8\,\cancel{\text{m}}/秒 \times \left(\frac{1\,\text{km}}{1000\,\cancel{\text{m}}}\right) = 3.0 \times 10^5\,\text{km/秒}\right)$．

5)　計算式と答の数値すべてに必ず単位とラベル・内容（何の数値か）を記載する（数値のみならず，その単位，ラベル・内容同士も計算，約分する）．分数式の掛け算で表す方法なので約分しやすいし，約分する習慣がつく．計算式だけではなく計算式の答にも必ず単位をつける［式中の単位だけを計算し，答の単位が正しいことを確認できることが本法の最大のメリットである（間違えていないかのいちばん簡単なチェック法）］．

6)　換算係数法では，求める答(単位・意味)に合うように換算係数を組み合わせる．つまり，消したい単位を分母とした数を掛ける．
まず，315 360 000 秒の秒を消すために分母に秒のある $\times \frac{1分}{60秒}$ とする．
次に，分を消すために $\times \frac{1時間}{60分}$ とする．以下，同様に計算する．

7)　3.0×10^{10} cm/秒
$= 3.0 \times 10^5$ km/秒
= 30 万 km/秒
= 地球 7.5 周/秒
（地球 1 周 4 万 km = 4000 万 m）
※ 1 m = 北極～赤道の距離の 1/1000 万として定義．

“学ぶ”とは新しいことを身につけることであり，楽なはずがない．米国では，できる学生も，できない学生も，この換算係数法で化学計算を行う．できる学生にもメリットがある．著者自身，最近，この方法を身につけて，そう感じている．全員，ぜひ，身につけてほしい．

d. 換算係数法によるさまざまな問題の計算〈比例式の代わりに用いて計算〉

化学の計算問題は掛けるか割るかだけであり，解き方は，**換算係数法**（単位が合うように機械的に作業する）[1]，**直感法**，**分数比例式法**の3通りがある（ほかにこれらの変法もある）．ここでは，まず換算係数法で解くことができるようになろう（内容が同じものを分数表示）．2章以降で，この換算係数法がいかに便利か実感できるはずである[2]．いまは我慢して，新しいやり方，換算係数法を身につけてほしい．いままで身につけたやり方で解ければよいというわけではない．私たちは「学ぶ」ために（自らの能力を伸ばすために）学習している．新しいことを身につけるのが「学ぶ」ということである．換算係数法に慣れること．

問題 1.42　以下の問題を解け（換算係数法で解いてみよ：何が換算係数かを考える）．

(1) 平均時速 48 km/h で走る自動車は3時間半後には何 km 進むか．

(2) 48 km/h の自動車で東京から名古屋（360 km）に向かうと何時間後に到着するか．

問題 1.43　以下の問題を解け（換算係数法で解いてみよ：何が換算係数かを考える）．

(1) 100 ドルは何円か．(2) 1万円は何ドルか．ただし，1ドル 112.0 円とする．

問題 1.44　以下の問題を解け（換算係数法で解いてみよ：何が換算係数かを考える）．

(1) 米1カップは約 160.[3] g である．米8カップは何 g か．

(2) 1人が1回の食事で食べる米が 90. g のとき，米 2.0 kg は何食分か．

(3) 白米中のタンパク質の含有量は 50. g あたり 3.1 g である．ヒトの1日あたりのタンパク質所要量を 60. g とすると，必要なタンパク質を白米だけから取る場合，1日何 g の白米を食べればよいか．

解　答

答 1.42

(1) 168 km：**換算係数法**　3.5 h を km に変換．換算係数は[4] ① $\dfrac{48\ \text{km}}{1\ \text{h}}$，

② $\dfrac{1\ \text{h}}{48\ \text{km}}$：$3.5\ \text{h} = 3.5\ \text{h} \times \left(\dfrac{48\ \text{km}}{1\ \text{h}}\right)$[5] $= 168\ \text{km}$

（直感法） 48 km/h × 3.5 h[6] $= \dfrac{48\ \text{km}}{1\ \text{h}} \times 3.5\ \text{h} = 168\ \text{km}$.

（分数比例式法） $\dfrac{48\ \text{km}}{1\ \text{h}} = \dfrac{x\ \text{km}}{3.5\text{h}}$[7]，たすき掛け，$x = \dfrac{48\ \text{km} \times 3.5\ \text{h}}{1\ \text{h}} = 168\ \text{km}$

(2) 7.5 h：**換算係数法**　360 km を h に変換．換算係数は(1)の①，②と同様．

$360\ \text{km} = 360\ \text{km} \times \left(\dfrac{1\ \text{h}}{48\ \text{km}}\right)$[8] $= 7.5\ \text{h}$（7.5 時間）

（直感法） 移動距離を1時間に進む距離で割る．$360\ \text{km} \div 48\ \text{km/h} = 360\ \text{km} \times \dfrac{1\ \text{h}}{48\ \text{km}}$

$= 7.5\ \text{h}$.

（分数比例式法） $\dfrac{48\ \text{km}}{1\ \text{h}} = \dfrac{360\ \text{km}}{x\ \text{h}}$，たすき掛け，$x = \dfrac{360\ \text{km} \times 1\ \text{h}}{48\ \text{km}} = 7.5\ \text{h}$

答 1.43　(1) 11 200 円：**換算係数法**　同じもの，つまりドルと円の交換レート[9]が換算係数．1ドル＝112.0 円．換算係数は，① $\dfrac{112.0\text{円}}{1\text{ドル}}$，② $\dfrac{1\text{ドル}}{112.0\text{円}}$.

---

1) 理解して解くという意味では直感法がベストだが，換算係数法（米国式計算法，物理学の計算法）は，算数の得手不得手にかかわらずどんな学生でも，間違えない，公式を覚える必要がない，したがって解き方を忘れることがない，さまざまな計算に一生応用できるやり方である．

2) 式のみでなく答にも必ず単位をつける，単位同士を約分し（数値も約分），答の単位が合っていることを確認することが重要（換算係数法のポイント）である．

3) 160. の“.”はこの数が1の桁まで有効数字であることを意味する．以下，本書では“.”を同様の目的で用いる．

式のみでなく
答にも必ず単
位と項目内容
をつける！

4) 答を見て，その問題文の換算係数が何かをしっかりと確認，納得すること．そうすると，じきに換算係数法が使えるようになる．

何が換算係数か，何が同じものかを考える．

$48\ \text{km/h} = \dfrac{48\ \text{km}}{1\text{時間}}$，1時間に走る距離，48 km 走るのにかかる時間 1時間＝48 km，よって換算係数①②が得られる．

5) 時間 h を km に変換するには分母に h がある換算係数①を掛けて約分すればよい．

$\text{時間} \times \dfrac{?}{?} = \text{km} \rightarrow \dfrac{?}{?} = \dfrac{\text{km}}{\text{時間}}$

ドル $\times \frac{?}{?}$ = 円 → $\frac{?}{?} = \frac{円}{ドル}$[10)]，100 ドル = 100 ~~ドル~~ $\times \frac{112.0円}{1\ ドル}$[10)] = 11 200 円

（直感法） 1 ドルの 100 倍なので 100 倍する．$\frac{112.0\ 円}{1\ ドル} \times 100$ ~~ドル~~[11)] = 11 200 円

（分数比例式法） $\frac{112.0円}{1ドル} = \frac{x\ 円}{100ドル}$，$x$ 円 = $\frac{112.0\ 円 \times 100\ ドル}{1\ ドル}$ = 11 200 円

(2) 89.29 ドル：**換算係数法** 円 $\times \frac{?}{?}$ = ドル．10 000 円 = 10 000 ~~円~~ $\times \frac{1\ ドル}{112.0\ 円}$[12)]

$= 89.28_6 \fallingdotseq$ 89.3 ドル（89 ドル 29 セント）

（直感法） 100.0 円は何ドルか．112.0 円が 1 ドルなので 100.0 円は 1 ドルより少ない

→100 円を 112.0 円で割ればよい．同様に，10 000 円 = $\left(\frac{10\ 000\ 円}{112.0\ 円}\right)$ ドル = 89.29 ドル

（分数比例式法） $\frac{112.0円}{1\ ドル} = \frac{10\ 000円}{x\ ドル}$，$x$ ドル = $\frac{10\ 000\ 円 \times 1\ ドル}{112.0\ 円}$ = 89.29 ドル

答 1.44

(1) 1280.g：**換算係数法** カップ数 → g に換算．1 カップは 160.g．

換算係数は $\frac{160.g}{1カップ}$ と $\frac{1カップ}{160.g}$．カップ $\times \frac{?}{?}$ = g．8 カップ = 8 ~~カップ~~ $\times \frac{160.g}{1カップ}$

= 1280.g

（直感法） 1 カップは 160.g：8 カップは何 g か．8 倍すればよい．$\frac{160.g}{1カップ} \times 8$ カップ = 1280.g.

（分数比例式法） 分数表示の比例式：$\frac{1カップ}{160.g} = \frac{8カップ}{x\,g}$，たすき掛けして

→　$x = \frac{8\ カップ \times 160.g}{1\ カップ}$ = 1280.g

(2) 22 食分：**換算係数法** 2.0 kg → 何食分か．換算係数は $\frac{1食}{90.g}$ と $\frac{90.g}{1食}$．

2.0 kg = 2.0 ~~kg~~ $\times \frac{1000.g}{1\,kg} \times \frac{1食}{90.g}$ = 22.2 食 ≒ 22 食分 $\left(g \times \frac{?}{?} = 食 \rightarrow \frac{?}{?} = \frac{食}{g}\right)$

（直感法） 2 kg を 1 食分で割ればよい．$\frac{2000.g}{(90.g/1食)}$ = 22.2 食 ≒ 22 食分.

（分数比例式法） $\frac{90.g}{1食} = \frac{2000.g}{x食}\left(\frac{1食}{90.g} = \frac{x食}{2000.g}\right)$，$x = \frac{1食 \times 2000.g}{90.g}$ = 22.2

≒ 22 食

(3) 970 g：**換算係数法** タンパク質 g→白米 g．換算係数は $\frac{タンパク質3.1\,g}{白米50.g}$ と，

$\frac{白米50.g}{タンパク質3.1\,g}$．タンパク質 60.g = ~~タンパク質 60.g~~ $\times \frac{白米50.g}{タンパク質3.1\,g}$[13)]

= 白米 967.7 ≒ 白米 970 g（9.7×10^2 g）

（直感法） 直感で，(60./3.1) × 50. = 968 ≒ 970 g.

（分数比例式法） $\frac{タンパク質3.1\,g}{白米50.g} = \frac{タンパク質60.g}{白米x\,g}$，$x = \frac{60.g \times 50.g}{3.1\,g}$ = 967.7

≒ 970 g

6)（前ページ）1 h で 48 km なら，3.5 h ではその 3.5 倍の移動距離．

7)（前ページ）比例で考えるときは，必ず分数比例式として，たすき掛け計算する．比例式，1：48 km = 3.5 h：x km とはしない．比例式では計算を間違える人がいるので注意が必要．

8)（前ページ）km を時間 h に変換するには分母に km がある換算係数②を掛けて約分すればよい．

9)（前ページ）レート rate とは割合，比率，比という意．

10) ドルを円に変換するために，分母にドルがある換算係数を掛ける．

11) この式は，上記の換算係数法の計算法と，掛ける順序が異なるだけ．つまり，直感法は単位を合わせる換算係数法そのものである．

12) 円をドルに変換するために，分母に円がある換算係数を掛ける．
ドルと円など，2 種類の貨幣の交換比の計算は 2 種類の換算係数（b/a, a/b）のどちらかをただ掛けるだけですむ．

13) タンパク質 $\times \frac{?}{?}$ = 白米 → $\frac{?}{?} = \frac{白米}{タンパク質}$

1・6　パーセントと換算係数法[1]

1) スポーツと同様に，新しいことはトレーニングなしにはできるようにはならない．脳も体の一部！
　換算係数法は就職試験時の SPI (synthetic personality inventory，総合適性検査)のテストに役立つ．

a.　%の定義

問題 1.45

(1) **パーセント（%）とは**何か，どういう意味か．その**定義式**も示せ．

(2) 5%とはどういう意味か，説明せよ．

(3) 5%，0.5%[2] を小数で表せ．

問題 1.46　以下の%を分数，小数で表せ．**ここは大切！**

(1) 7%　　(2) 78%　　(3) 0.7%[2]　　(4) 0.2%[2]　　(5) 21%　　(6) 2.1%

2) 間違える人がいる．要注意！

問題 1.47　A クラス 40 人のうちで 6 人が欠席したときと B クラス 30 人のうち 4 人が欠席したときとでは，欠席率はどちらが高いか[3]．

3) 百分率：40 を 100 とみなしたら，6 はいくつになるかという意味．

b.　%と換算係数法

できなかった
問題は印をつ
けて繰り返し
解こう！

問題 1.48

(1) 学生 2300 人のうちの 20%が関東以外出身の学生である．関東以外の学生は何人か．換算係数法で解け．

(2) 関東以外の学生数 460 人が全体の 20%なら，全体の人数は何人か．換算係数法で解け．

解　答

答 1.45　(1) 百分率のこと．全体を百に分けたときの割合（比率）．つまり，**全体を 100 としたとき，その部分がいくつにあたるか**が**%**である．**%**とは，そもそも「**百分のいくつ**」という**分数**の意味である．つまり，per とは「/」，cent とはラテン語で「100」という意味（1 世紀＝century）．○○/100＝$\frac{○○}{100}$ が○○%のこと．

%とは？
%の定義を
しっかり頭に
入れよう！

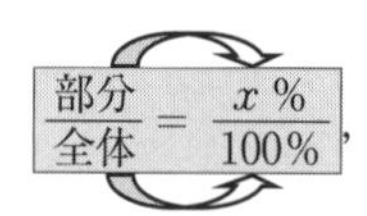

$\frac{部分}{全体}=\frac{x\ \%}{100\%}$，または，これをたすき掛けすると，$x\ \%=\frac{部分}{全体}\times 100\%$，

$部分=全体\times\frac{x\ \%}{100}$＝全体×(小数で表した x %，つまり歩合)

(2) 5%とは，5/(per) 100(cent)＝5/100＝$\frac{5}{100}$ という分数のことである．

→100 分の何個．何個/100．

(部分/全体，全体を 100 とみなしたとき，部分はいくつかが%)

(3) %とは 100 で割った値なので，%の値を小数に変えるには，小数点を左に 2 桁移動すればよい．　$5\%=\frac{5}{100}=\frac{0005.}{100}=0.05$；　$0.5\%=\frac{0.5}{100}=\frac{000.5}{100}=0.005$

答 1.46

(1) 7%は百分の 7，7 パーセント＝7「/」(パー)・「100」(セント)，(小数点を左へ 2 桁移動)＝7/100＝$\frac{7}{100}=\frac{007.}{100}$＝0.07

(2) 78%＝78/100＝$\frac{078.}{100}$＝0.78　　(3) 0.7%＝0.7/100＝$\frac{0.7}{100}=\frac{000.7}{100}$＝0.007

(4) 0.2%＝0.2/100＝$\frac{0.2}{100}=\frac{000.2}{100}$＝0.002　　(5) 21%＝$\frac{21}{100}=\frac{0021.}{100}$＝0.21

(6) 2.1%＝$\frac{2.1}{100}=\frac{002.1}{100}$＝0.021

答 1.47　A クラスが高い：%の定義より，40 人中 6 人は $\frac{6}{40}\times 100\%$＝15%の欠席率．

一方，$\frac{4}{30}\times 100\%$≒13%．

(換算係数法) $\frac{100\%}{40人}$，$\frac{40人}{100\%}$，6 人×$\frac{?}{?}$＝%，$\frac{?}{?}=\frac{\%}{人}$，よって，6 人×$\frac{100\%}{40人}$＝15%

(分数比例式) $\frac{6}{40}=\frac{x}{100}$，たすき掛け（両辺に 100 を掛ける）→ $x=\frac{6}{40}\times 100$＝15%

B クラスも同様にして計算する．

答 1.48

(1) 460 人：

(換算係数法)[4] 全体 100%[5]＝2300 人．換算係数は，① $\frac{全体2300人}{全体100\%}$，② $\frac{全体100\%}{全体2300人}$．

関東以外の学生数は何人かを求めるには，20% → 人数と変換する．①を用いて，関東以外 20%×$\frac{全体2300人}{全体100\%}$＝関東以外の学生数 460 人．

(直感法) 20%とは $\frac{20}{100}$＝0.20 のこと．……の 20%とは「部分」を示しているので，求める値が 2300 より**小さい**ことがわかる → **0.2 を掛ければよい**[6]．

2300 人×20%＝2300 人×$\frac{20}{100}$＝23×20＝460 人[7]

（全体 2300 人×$\frac{部分20}{全体100}$＝部分460 人）

(分数比例式法)[8] 全体が 2300 人，$\frac{20}{100}=\frac{x人}{2300人}$[9]，たすき掛けして，$x$＝460 人

(2) 2300 人：

(換算係数法) 460 人＝20%．換算係数は，① $\frac{460人}{20\%}$，② $\frac{20\%}{460人}$．全体は 100%なので，

全体 100%×$\frac{関東以外460人}{関東以外20\%}$＝全体 2300 人．

(直感法) 460 人が全体の 20%（部分）なので，全体は 460 人より多い．20%＝0.20 を使って 460 より大きい値にするには 0.20 で割ればよさそうである[10]．

460÷0.20＝$\frac{460}{0.20}=\frac{460\times 10}{0.20\times 10}=\frac{4600}{2.0}$＝2300 人（**試し算**：2300×0.20＝460 で OK）．

または，全体 x×0.20＝460 なので，全体 x＝460÷0.20＝(460÷0.10)÷2＝4600÷2＝2300．（または，460÷0.20＝(460÷2)÷0.10＝230×(1/0.1)＝2300．）

(分数比例式法)[8] 部分が 460 人なので，$\frac{20}{100}=\frac{460人}{x人}$[11]，たすき掛けして，$x$＝2300 人

4) 換算係数法 → **換算係数**は何かを考える（換算係数とは同じものに関する異なった単位表現の関係を示した分数式）．最終的に消したい単位を分母，得たい単位を分子とする．→分子と分母は同じものなので（$\frac{○}{△}=1$）となり，ある数字に換算係数を掛けても計算結果は変化しない（換算値に変換される）．

5) %の問題では，
全体＝100%
これは結構重要！

6) 「……の」20%，の「の」は「掛ける，×」という意味．（20%×$\frac{?}{?}$＝人→$\frac{?}{?}=\frac{人}{\%}$）

7) または，2300 人×0.20＝2300×(0.1×2)＝(2300×0.1)×2＝230×2＝460 人

8) **比例式は使わないで，分数式・分数表示を用いること．**通常の比例式から卒業すること．反比例の場合も比例式にしようとしたり，計算を間違えたりする．分数式として，たすき掛けとする（昔の習慣，小学校からの間違い，を修正するのは容易ではないが，新しいやり方を身につければ小学校の間違いを引きずらなくてすむ）．

9) この式は，100%：20%＝2300 人：x 人，または，100%：2300 人＝20%：x 人を分数表示したもの．%の定義に対応する．

10) 0.20 で割る＝460/0.20，これを計算して＝○○≡○○/1．この分母＝1 とは 100%の値を求める，という意味である．

11) この式は 100%：20%＝x 人：460 人，または，100%：x 人＝20%：460 人を分数表示したもの．%の定義に対応している．

問題 1.49

(1) 120 の 35%はいくつか.

(2)[1] 全体の 20%が 500 人なら，全体は何人か.

(3)[1] 35%が 42 なら，もとの数はいくつか.

1) これは結構難しい？

問題 1.50

(1) ある小学校では児童 450 人のうち 81 人が朝食を欠食していた．この小学校における欠食児は全児童の何%か.

(2) ある 36 人のクラスでは 17%が欠食児であった．クラスの中の欠食児は何人か.

(3) ある中学校では 15 人の生徒が欠席しており，この時の欠席率は 3.0%だった．この中学校の全体の生徒数は何人か.

解　答

答 1.49

(1) 42：

（換算係数法） 全体 100% = 120 なので，換算係数は，$\frac{全体\ 120}{全体\ 100\%}$，$\frac{全体\ 100\%}{全体\ 120}$ よって，部分 35% × $\frac{全体\ 120}{全体\ 100\%}$ = 部分 42.

（直感法） 求める数が 120 より**大きいか**，**小さいか**，をまず考える．120（全体）の 35% なので，$120 \times \frac{35}{100} = 42$．（120 より**小さい**から，小さい数 35% = 0.35 を**掛ける**と，120 × 0.35 = 42）[2]

（分数比例式法） 全体 120，その 35%，$\frac{部分\ x}{全体\ 120} = \frac{35}{100}$，たすき掛けして，$x = 42$.

2) または，「の」は「×」の意味なので，120 の 35% = 120 × 0.35）

(2) 2500 人：

（換算係数法） 20% = 500 人なので，換算係数は，$\frac{部分\ 20\%}{部分\ 500\ 人}$，$\frac{部分\ 500\ 人}{部分\ 20\ \%}$，よって，

全体 100% × $\frac{部分\ 500\ 人}{部分\ 20\%}$ = 全体 2500 人

（直感法） 全体が 500 人より多いか，少ないか，を考える．全体は部分より大きい．部分が 500 人なら，全体はこれより**多い**．20% = 0.20 を掛けるか，割るかして，500 より大きい値を得るには**割ればよい**．つまり，500 ÷ 0.20．500 ÷ 0.20 = 500 ÷ (0.10 × 2) = (500 ÷ 0.10) ÷ 2 = 5000 ÷ 2 = 2500 人[3]

（分数比例式法） $\frac{部分\ 20}{全体\ 100} = \frac{部分\ 500}{全体\ x}$[4]，たすき掛けして，全体 $x = \frac{500 \times 100}{20} =$ 2500 人（または，全体 × $\frac{20}{100}$ = 500，全体 = … この計算ができない人は注 5) を参照）

3) または，全体 x「の」20%なので，x「×」0.20 = 500，x = 500/0.2

4) %の定義に対応する.

5) 全体 = 500 ÷ $\frac{20}{100}$ = 500 × $\frac{100}{20}$ = …

または，両辺に $\frac{100}{20}$ を掛けると，全体 = ….
pp. 4〜7, 22, 23 を復習のこと.

(3) 120：

（換算係数法） 35% = 42　よって，換算係数は，$\frac{部分\ 35\%}{部分\ 42}$，$\frac{部分\ 42}{部分\ 35\%}$

もとの数 = 全体 100%　よって，全体 100% × $\frac{部分\ 42}{部分\ 35\%}$ = 全体 120

（**直感法**）もとの数が42より大きいか，小さいか，をまず考える．42は部分．全体はこれより**大きい**から，小さい数0.35で**割ればよい**．$42 \div 0.35 = 42.00 \div 0.35 = 4200 \div 35 = 120$（または，もとの数を x とすると，$x \times 0.35 = 42$，$x = 42 \div 0.35 = \cdots$）

（**分数比例式法**）$\dfrac{35}{100} = \dfrac{\text{部分}\,42}{\text{全体}\,x}$[4]，$x = 120$（または，全体 $x \times 0.35 = 42$，全体 $x = \cdots$）

答 1.50

(1) 18%：

（**換算係数法**）換算係数は $\dfrac{450\,\text{人}}{100\%}$，$\dfrac{100\%}{450\,\text{人}}$．$81\,\text{人} \times \dfrac{?}{?} = \%$，

$81\,\text{人} \times \dfrac{100\%}{450\,\text{人}} = 18\%$（**%の定義に従う方法**）%の定義どおりに，$\% = \dfrac{\text{部分}\,81\,\text{人}}{\text{全体}\,450\,\text{人}} \times 100 = 0.18 \times 100 = 18\%$（または，%の定義式は，$\dfrac{\text{部分}\,81\,\text{人}}{\text{全体}\,450\,\text{人}} = \dfrac{x}{100}$[6]，たすき掛けして整頓すると（または，両辺に100を掛けると），$x = \dfrac{\text{部分}\,81\,\text{人}}{\text{全体}\,450\,\text{人}} \times 100\% = 18\%$）．

6）この式は比例式 450人：100%＝81人：x%または，450人：81人＝100%：x%に対応する．

（**直感法**）部分は100%より小さいから $\dfrac{81}{450} \times 100\% = 18\%$

(2) 6人：

（**換算係数法**）換算係数は，$\dfrac{\text{全体}\,36\,\text{人}}{\text{全体}\,100\%}$，$\dfrac{\text{全体}\,100\%}{\text{全体}\,36\,\text{人}}$．部分(欠食児)17%を人数にしたいので，$\% \times \dfrac{?}{?} = \text{人数}$[7]，(欠食児) $17\% \times \dfrac{\text{全体}\,36\,\text{人}}{\text{全体}\,100\%} =$ (欠食) 6人．

7）$\% \times \dfrac{?}{?} = \text{人数}$ → $\dfrac{?}{?} = \dfrac{\text{人数}}{\%}$

（**直感法**）まず，多いか少ないかを考える．17%＝0.17を用いて(掛けるか，割るかで)
〇より大きい数字を得るには〇÷0.17，小さい数字を得るには〇×0.17．
答：部分は全体36人より**少ない**ので17%＝0.17を**掛けるとよい**．
36×0.17＝6人．(または，36人「の」17%なので，36人「×」0.17＝6人)．

（**分数比例式法**）$\dfrac{\text{部分}}{\text{全体}} = \dfrac{x\,\text{人}}{36\,\text{人}} = \dfrac{17\%}{100\%}$[4]，たすき掛け，欠食児数 $x = 36\,\text{人} \times \dfrac{17}{100} = 6.1 = 6\,\text{人}$

(3) 500人：

（**換算係数法**）人数と%の換算係数は，$\dfrac{\text{欠席}\,15\,\text{人}}{\text{欠席}\,3.0\%} = \dfrac{15\,\text{人}}{3.0\%}$，$\dfrac{3.0\%}{15\,\text{人}}$．

全体の人数を知る・全体100%を人数に変換するには，全体 $100\% \times \dfrac{15\,\text{人}}{3.0\%}$ ＝全体500人．

（**直感法**）15人は全体の0.03．全体は15人より**多い**．1より小さい数字3.0%＝0.03で**割ればよい**．全体の人数＝15人÷0.03＝500人（試し算500×0.03＝15)．(または，全体「の」3.0%が15人なので，全体 x「×」0.03＝15，全体 x＝15/0.03＝500人）

（**分数比例式法**）$\dfrac{\text{部分}}{\text{全体}} = \dfrac{15\,\text{人}}{x\,\text{人}} = \dfrac{3.0\%}{100\%}$[4]，たすき掛け，全体の人数 $x = 15\,\text{人} \times \dfrac{100}{3.0} = 500\,\text{人}$

問題 1.51

(1) 大豆 5.0 g は 1.75 g のタンパク質を含む．大豆中のタンパク質の含有率（大豆 100 g 中の含有量）を求めよ[1]．

(2) 豆腐のタンパク質含有率は 5.0% である（豆腐 100 g あたりの含有量は 5.0 g）．

① 豆腐 250.[2] g 中にはタンパク質は何 g 含まれているか．

② 何丁かの豆腐を合わせてタンパク質が総計 60. g 含まれていたとすると，この豆腐全体は何グラムか．

1) この問題は間違いやすい．含有率%とは 100 g 中の含有量 g，質量%のことである．

2) 本書では，250. のように整数値の 1 の桁の数字に 0. と小数点がある場合は，整数 1 位までが有効数字であるとする．豆腐 100 g の有効数字は p.27 のルール(6)参照．

3) 重要 調理の分野（1～2 桁）と他分野（3～4 桁）の有効数字の違いに留意すること！

c. 調理・調味%と換算係数[3]

塩味（塩分）の調味料には，塩，醤油，みそ，ソース，その他があり，甘味（糖分）の調味料には砂糖，みりんがある．これらの調味料は，塩や砂糖の含有率がわかっていれば，計算（換算）によって，塩や砂糖の分量に置き換えることができる．醤油，みそ，みりんは，塩分や糖分（塩，砂糖の含有率，質量%）がほぼ一定なので，調理では，これらの調味料と塩や砂糖との**換算係数**（答 1.58）を覚えておいて，調味の際の調味料換算に利用している（p. 42，190 参照）．

問題 1.52　ある食材の全重量（廃棄重量込み）は 150. g で，廃棄重量は 20. g だった．

(1) 正味の重量は何 g か．

(2) この食材の**廃棄率**は何%か．

(3) 廃棄率 13% の食材の正味の重量が 500. g ならば，この食材の全重量（廃棄重量込み）は何 g か[4]．

4) この問題は間違いやすい．

★ 4 章ではさまざまな%を学習する．

問題 1.53　**調味%**とは何か．定義を述べよ．

問題 1.54　調味料の重さは，食材の重さ，調味%を用いるとどのように表されるか．

問題 1.55　**内割**%，**外割**%とは何か．また，その定義を述べよ．

解答

答 1.51　(1) 35%：

（**換算係数法**）“同じもの”は大豆 5 g と 1.75 g のタンパク質なので，換算係数は，$\dfrac{\text{タンパク質 } 1.75\text{ g}}{\text{大豆 } 5.0\text{ g}}$ と $\dfrac{\text{大豆 } 5.0\text{ g}}{\text{タンパク質 } 1.75\text{ g}}$．大豆 = 大豆 × $\dfrac{?}{?}$ = タンパク質[5]，大豆をタンパク質に変換：$\cancel{\text{大豆}}\ 100\text{ g} \times \dfrac{\text{タンパク質 } 1.75\text{ g}}{\cancel{\text{大豆}}\ 5.0\text{ g}}$ = タンパク質 35 g（35%）

（**直感法**）%の定義どおり，$\dfrac{\text{タンパク質 } 1.75\text{ g(部分)}}{\text{大豆 } 5.0\text{ g(全体)}} \times 100\%\text{(全体)} = 35\%\text{(部分)}$

（**分数比例式法**）$\dfrac{\text{タンパク質 } 1.75\text{ g}}{\text{大豆 } 5.0\text{ g}} = \dfrac{\text{タンパク質 } x\text{ g}}{\text{大豆 } 100\text{ g}}$[6]，$x = \dfrac{1.75}{5.0}\text{ g} = 35\text{ g}$（35%）

5) 大豆 100 g をタンパク質 g に変換する．

6) %の定義に対応する．また，比例式，大豆 5 g : タンパク質 1.75 g = 大豆 100 g : タンパク質 x g または大豆 5 g : 大豆 100 g = タンパク質 1.75 g : タンパク質 x g に対応する．

(2) ① 12.5 g：

(換算係数法)[7] 換算係数は $\frac{\text{タンパク質 5.0 g(部分)}}{\text{豆腐100 g(全体)}}$ と

$\frac{\text{豆腐 100 g(全体)}}{\text{タンパク質 5.0 g(部分)}}$，~~豆腐~~ 250 g × $\frac{\text{タンパク質 5.0 g}}{\text{~~豆腐~~ 100 g}}$ = タンパク質 12.5 g(部分)

(直感法) 250 g × $\frac{5}{100}$ = 12.5 g 大きいか小さいか. → **小さい**から 5% = 0.05 を**掛ける**[8].

(分数比例式法) $\frac{\text{タンパク質 5.0 g}}{\text{豆腐 100 g}} = \frac{\text{タンパク質 } x \text{ g}}{\text{豆腐 250 g}}$[6]，たすき掛けして，$x$ = 12.5 g

② 1200 g：**(換算係数法)** タンパク質 60. g × $\frac{?}{?}$ = 豆腐 g，~~タンパク質~~ 60. g(部分) ×

$\frac{\text{豆腐 100 g(全体)}}{\text{~~タンパク質~~ 5.0 g(部分)}}$ = 豆腐 1200 g(全体)

(直感法) 豆腐の重さは 60 g より重いか軽いか. **重い**ので，1 より小さい数 5% = 0.05 で**割ればよさそう**. 60 g ÷ 0.05 = 1200 g (試し算：1200 × 0.05 = 60 となり，正しい).
(または，全体 x「の」5% が 60 g なので，全体 x「×」0.05 = 60 g，全体 x = 60/0.05)

(分数比例式法) 1200 g：$\frac{\text{タンパク質 5.0 g}}{\text{豆腐 100 g}} = \frac{\text{タンパク質 60. g}}{\text{豆腐 } x \text{ g}}$[6]．たすき掛けして，

x = 1200 g

7) 豆腐 × $\frac{?}{?}$ = タンパク質
→ $\frac{?}{?} = \frac{\text{タンパク質}}{\text{豆腐}}$

8) または，豆腐全体 250 g「の」5.0% なので，250 g「×」0.05 = 12.5 g

答 1.52

(1) 130 g：正味の重量 = 全重量 150. g − 廃棄重量 20. g = 130. g

(2) 13%：**廃棄率** = $\frac{\text{廃棄重量}}{\text{全重量}}$ × 100 = $\frac{20.\text{g}}{150.\text{g}}$ × 100 ≒ 13%

(3) 570 g：正味率 = 100 − 13 = 87%.

(換算係数法) 全体 100~~%~~ × $\frac{\text{~~正味~~ 500. g}}{\text{~~正味~~ 87~~%~~}}$ = 全体 574.7 g ≒ 全体 570 g.

(直感法) 全重量は正味重量より大きい. $\frac{\text{正味重量 500 g}}{0.87}$ = 574.7 g ≒ 全重量 570 g

(分数比例式法) $\frac{\text{正味500. g}}{87\%} = \frac{\text{全体 g}}{100\%}$[6]，全体 g = 正味 500. g × $\frac{100}{87}$ = 574.7 g ≒ 570 g[9]

9) (別法) 全重量を x とすると，x g = 廃棄重量 + 正味の重量 = 全重量 x g × 0.13 + 500 g，x = 574.7 ≒ 570 g (次ページ注 8) も参照).

答 1.53　**調味%**[10] = $\frac{\text{調味料の重さ g}}{\text{食材だけの重さ g}}$ × 100%

答 1.54　調味料の重さ g = 食材だけの重さ(g) × $\frac{\text{調味\%}}{\text{食材 100\%}}$

10) 通常の%と調味%
溶質 g▒　溶媒 g□
質量%(w/w = g/g)
$\frac{\text{部分 g}}{\text{全体 g}}$ × 100%
= $\frac{\text{溶質 g▒}}{\text{溶液 g▒}}$ × 100%
全体 = 溶液 g
　= 溶質 g + 溶媒 g
　(= 調味料 g + 食材 g)
部分 = 溶質 g (調味料 g)
調味%(w/w = g/g)
= $\frac{\text{調味料 g▒}}{\text{食材 g□}}$ × 100%
≠ $\frac{\text{部分 g▒}}{\text{全体 g▒}}$ × 100%

答 1.55

内割%[9]：高校までに学んだ**通常の%**(**質量**%(w/w))のこと. 分子が調味料の重さ. 分母は全体(食材 + 調味料)の重さ.

外割%[9]：**調味%**のこと. 分子が調味料. 分母は食材のみの重さ. 全体の重さではない[11]. 答 1.53 を参照.

11) 調味% を求めるにあたっては，汁物では汁の量のみ，煮物は煮る魚・具材などだけで考えるのが約束である (p.192 参照). レシピの食材重量は廃棄率を考慮済みの重量である.

問題 1.56　以下の問いに答えよ．

(1) 濃い口醤油の塩分は15%である．塩1gを含む醤油の量は何gか．

(2) 信州みその塩分は12%である．塩1gを含む信州みその量は何gか．

(3) 300 mLの水に塩分含有率46%のコンソメの素を5g溶かしたら調味%で何%の塩分濃度になるか．

(4) 500 mLの水を調味%で0.8%の塩分濃度にするには何gの食塩が必要か[1]．

(5)[2] 米重量の1.5%塩分濃度になるように調味料を加えて炊飯したら米の2.2倍量の白飯ができた．白飯の塩分濃度は調味%で何%か．

(6)[2] 乾燥わかめ100.gを水で戻すと何gになるか．ただし，食品成分表によると，乾燥わかめの水分含量は素干しで12.7%，水戻しで90.2%[3]である．

問題 1.57　(1) スープ600g中に3.4gの塩分が含まれている．調味%を求めよ．

(2) だし500 mL (500 g) の0.6% (調味%) の塩分を塩分12%のみそで調味する場合，みそは何g必要か．これは大さじ[4]で何杯分か．

(3) かぼちゃ400gを6% 糖分 (砂糖：みりん＝2：1)，0.6% 塩分 (塩：醤油＝3：1) で調味する．それぞれ何g必要か．これらは大さじ・小さじで何杯か．

問題 1.58　表中の( )に適切な換算値を入れよ〈この値は調理実習の基礎知識！〉

調味料	砂糖・小麦	油	**水**	塩・醤油・みそ†・みりん
小さじ1杯‡	( )g	( )g	(__)g((__)mL)	( )g・( )g・( )g・( )g
大さじ1杯‡	( )g	( )g	(__)g((__)mL)	( )g・( )g・( )g・( )g
小さじ1杯	醤油・みその塩，みりんの砂糖への換算値			( )g・( )g・( )g
大さじ1杯	醤油・みその塩，みりんの砂糖への換算値			( )g・( )g・( )g

† 塩分は13%，12%，5%と異なる．ここでは12%として求めよ．
‡ **大さじ**＝**小さじ**×3，小さじ＝大さじ÷3(×1/3)

解　答

答 1.56　(1) 醤油6.7g：~~塩1g~~ × $\frac{\text{醤油}100\text{g}}{\text{~~塩15g~~}}$[5] ＝醤油6.7g　$\left(\frac{\text{塩}15\text{g}}{\text{醤油}100\text{g}}=\frac{\text{塩}1\text{g}}{\text{醤油}x\text{g}}\right)$

(2) 8.3g (1)と同様にして，8.3g

(3) 0.8%：調味%なので，{塩の量(5g×0.46)/水300g[6]}×100＝0.76_7[7] ≒0.8%[8]

(4) 4g：水500g×(塩0.8g/水100g)[9]＝4g (水500 mL＝500 g)

(5) 0.7%：1.5%/2.2＝0.7%[8,10] (0.68%)，または1.5%塩分濃度とは100gの米に1.5gの塩，炊飯米(めし)の重量は220gなので塩分濃度＝$\frac{1.5\text{ g}}{220\text{ g}}$×100＝0.7%[8]．

(6) 890g：乾燥わかめ100gから水分を完全に除いた無水わかめ＝100－12.7＝87.3g．水戻しわかめ100g中の無水わかめの重量は100－90.2＝9.8g．

(換算係数法) ~~乾燥わかめ~~100g× $\frac{\text{~~無水わかめ~~}87.3\text{g}}{\text{~~乾燥わかめ~~}100\text{g}}$ × $\frac{\text{水戻しわかめ}100\text{g}}{\text{~~無水わかめ~~}9.8\text{g}}$

＝水戻しわかめ891g≒890g[8] (8.9倍)[11]

(直感法) 無水わかめの量は吸水で変化しないので，水戻しわかめ (無水9.8g) は乾燥わかめ (無水87.3g) の87.3/9.8g(無水わかめ量比)＝8.9倍[11]に増える．よって，100×8.9＝890g．

(分数比例式法) $\frac{\text{水戻しわかめ}100\text{g}}{\text{無水わかめ}9.8\text{g}}=\frac{\text{水戻しわかめ}x\text{g}}{\text{無水わかめ}87.3\text{g}}$，$x$＝890g[11]

1) 桁を間違いやすい．0.8%とは100g中に何gのことか．

2) できない人が多い．

3) 生わかめの水分含有率は89.0%．つまり，生のわかめと水戻しわかめはほぼ同一である．

4) みその大さじ1杯は18g (答1.58を見よ)．

5) 塩分15%とは醤油100g中に塩15gが溶けているということ．通常の% (質量% (内割%))．醤油・全体量を求めるには0.15で割ってもよい．

6) 水の密度＝1 g/mLなので，水300 mL＝300 g．

7) 質量% (内割%) ならば0.75_4%≒0.8%．

8) **最重要** **有効数字の扱い**は，調理実習とほかの実験・実習とでは**まったく異なる**．調理実習では1桁(2桁)，計量スプーンに換算することが前提，ほかの実験・実習では3~4桁 (0.1%の精度，1000の数字を扱う (p.29下，2章以降参照))．その理由はピペット，メスフラスコなどの測容器を用いた精度の高い実験を前提としているためである．

9) 0.8%とは0.8g/100g．

10) 米の重さが2.2倍となったので濃度は$\frac{1}{2.2}$となる．

11) "調理のためのベーシックデータ第4版"(女子栄養大学出版部)では14倍となっている．水戻し条件に依存して水分含量は90~96%に変化するので，最大20倍程度になる．

答 1.57　(1) 0.6%：調味%の定義，$\frac{\text{調味料 g}}{\text{食材 g}}\times 100=\frac{3.4}{600-3.4}\times 100=0.57\fallingdotseq 0.6\%$[8)]

(2) 25 g，1.4 杯：

(換算係数法) 塩分 0.6%＝$\cancel{\text{だし}}\,500\text{ g}\times\frac{\text{塩 }0.6\text{ g}}{\cancel{\text{だし}}\,100\text{ g}}=\text{塩 }3.0\text{ g}$，塩 3.0 g → みそ：

$\cancel{\text{塩 }3.0\text{ g}}\times\frac{\text{みそ }100\text{ g}}{\cancel{\text{塩 }12\text{ g}}}$[12)] ＝みそ 25 g．$\cancel{\text{みそ }25\text{ g}}\times\frac{\text{大さじ 1 杯}}{\cancel{\text{みそ }18\text{ g}}}$[12)] ≒みそ大さじ 1.4 杯

(直感法) $\frac{\text{塩 }0.6\text{ g}}{\cancel{100\text{ g}}}\times\cancel{500\text{ g}}=\text{塩 }3\text{ g}$[13)]．みそは塩 3.0 g より大きい．$12\%=\frac{12}{100}=0.12$ を用いて 3.0 より大きい数を導き出す．$\frac{\text{塩 }3.0\text{ g}}{0.12}=\text{みそ }25\text{ g}$，$\frac{\text{みそ }25\text{ g}}{\text{みそ }18\text{ g/大さじ 1 杯}}=$ 大さじ 1.4 杯（または，みそ x g×0.12＝塩 3 g，みそ x＝25 g）．

(分数比例式法) $\frac{\text{塩 }z\text{ g}}{500\text{ g}}=\frac{\text{塩 }0.6\text{ g}}{100\text{ g}}$，塩 $z=3$ g．$\frac{\text{塩 }3.0\text{ g}}{\text{みそ }x\text{ g}}=\frac{\text{塩 }12\text{ g}}{\text{みそ }100\text{ g}}$（たすき掛け，式の変形）みそ $x=25$ g，$\frac{\text{みそ }25\text{ g}}{\text{みそ }18\text{ g}}=\frac{\text{みそ大さじ }y\text{ 杯}}{\text{みそ大さじ 1 杯}}$，$y\fallingdotseq 1.4$ 杯

(3)[14)] 砂糖 16 g，[大さじ 2 杯弱(1.8 杯)]；みりん[糖分 8 g，大さじ 1.3 杯]；食塩 1.8 g，小さじ 0.3 杯；醤油塩分 0.6 g[小さじ 0.6 杯]．

(換算係数法) 糖分 6%[14)]＝$\text{食材 }400\text{ g}\times\frac{\text{砂糖 }6\text{ g}}{\text{食材 }100\text{ g}}=\text{糖分 }24\text{ g}$．$\text{糖分 }24\text{ g}\times\left(\frac{2}{2+1}\right)=$ 砂糖 16 g．$\cancel{\text{砂糖}}\,16\text{ g}\times\frac{\text{大さじ 1 杯}}{\cancel{\text{砂糖}}\,9\text{ g}}$[15)] ≒砂糖大さじ 1.8 杯≒2 杯弱，糖分 $24\text{ g}\times\left(\frac{1}{2+1}\right)=$ 砂糖 8 g．$\cancel{\text{砂糖 }8\text{ g}}\times\frac{\text{みりん }6\text{ g}}{\cancel{\text{砂糖}}\,2\text{ g}}$[15)] $\times\frac{\text{大さじ 1 杯}}{\text{みりん }18\text{ g}}$[15)] ＝みりん大さじ 1.3 杯．

塩分 0.6%[14)]＝$\text{食材 }400\text{ g}\times\frac{\text{塩 }0.6\text{ g}}{\text{食材 }100\text{ g}}=\text{塩 }2.4\text{ g}$．$\text{塩 }2.4\text{ g}\times\left(\frac{3}{3+1}\right)=$ 塩 1.8 g．

$\cancel{\text{塩 }1.8\text{ g}}\times\frac{\text{塩小さじ 1 杯}}{\cancel{\text{塩 }6\text{ g}}}$[15)] ≒塩小さじ 0.3 杯，$2.4\text{ g}\times\left(\frac{1}{3+1}\right)=$ 塩 0.6 g．

$\cancel{\text{塩 }0.6\text{ g}}\times\frac{\text{醤油小さじ 1 杯}}{\cancel{\text{塩 }1\text{ g}}(0.9\text{ g})}$[15)] ≒醤油小さじ 0.6 杯(0.67 杯)[16)]．

(分数比例式法) $\frac{\text{糖分 }x\text{ g}}{\text{食材 }400\text{ g}}=\frac{\text{砂糖 }6\text{ g}}{\text{食材 }100\text{ g}}$，$x=24$ g．$\text{糖分 }24\text{ g}\times\left(\frac{2}{2+1}\right)=$ 砂糖 16 g．

$\frac{\text{砂糖 }16\text{ g}}{\text{大さじ }x\text{ 杯}}=\frac{\text{砂糖 }9\text{ g}}{\text{大さじ 1 杯}}$[15)]，$x=\frac{16\text{ g}}{9\text{ g}}\fallingdotseq 2$ 杯．$\text{糖分 }24\text{ g}\times\left(\frac{1}{2+1}\right)=$ 糖分 8 g．

$\frac{\text{砂糖 }8\text{ g}}{\text{みりん大さじ }x\text{ 杯}}=\frac{\text{砂糖 }6\text{ g}}{\text{みりん大さじ 1 杯}}$[15)] $\left(\text{または，}\frac{\text{砂糖 }8\text{ g}}{\text{みりん大さじ }x\text{ 杯}\times 18\text{ g}}=\frac{\text{砂糖 }2\text{ g}}{\text{みりん }6\text{ g}}\right.$[15)]$\left.\right)$．$x=\frac{4}{3}$ 杯．塩分も同様にして求める．

答 1.58　下表は調理実習の基礎知識である（小さじ 3 杯が大さじ 1 杯に対応）要記憶[16)]．

調味料	砂糖・小麦	油	水	塩・	醤油・	みそ†・みりん
小さじ 1 杯	3 g・3 g	4 g	5 g(5 mL)	6 g・	6 g・	6 g・ 6 g
大さじ 1 杯	9 g・9 g	12 g	15 g(15 mL)	18 g・	18 g・	18 g・18 g
小さじ 1 杯	醤油・みその塩，みりんの砂糖への換算値				1 g(0.9)・	0.7 g†・ 2 g
大さじ 1 杯	醤油・みその塩，みりんの砂糖への換算値				3 g(2.7)・	2.2 g†・ 6 g

† 塩分 12%の場合．

重要　以上のすべての問題で解けなかった問題は，答を見て納得したら，答を隠してもう一度解く．ここまでやって，初めて「勉強した」ことになる．できるようになるには，できなかった問題に印をつけておき，あとで再度解いてみる必要がある．

12) 0.12 で割ることと同じ．全体(みそ)×0.12＝塩 3.0 g，全体(みそ)＝塩 3.0 g÷0.12＝25 g．みそ大さじ 1 杯/18 g は答 1.58 の表を見よ．

13) または，500 g「の」0.6%，$500\text{ g}\times\frac{\text{塩}0.6\text{ g}}{100\text{ g}}=3\text{ g}$

14) 問題文の%は調味%に関する%なので調味%のことである．この問題は理解しづらいかもしれない．換算係数法の計算式中の $\frac{2}{2+1}$，砂糖：みりん＝2：1 のとき，砂糖の量(2)を求めるための分数式．

15) 問題 1.58，答 1.58 の表を見よ．

16) **数値の覚え方**：小さじ 1 杯，水を基準 5 g（水，酢，酒）に，密度 2 割大 6 g（塩・醤油・みそ・みりん：水に沈む），密度 2 割小 4 g（油：水に浮く），ふんわり盛り・軽い・密度 4 割小 3 g（砂糖・小麦粉））と，3，4，5，6 の 4 個の数字を，このように調味料に合わせて覚えればよい（密度は p. 116, 120 を参照）．

★調味%のより詳しい学習は p. 190 参照．

1・7　大きさ・倍率・桁数を表す接頭語

G, M, k, h, da, d, c, m, μ, n, p これらの接頭語はさまざまな分野で用いられている．必須栄養素のビタミン・ミネラルの推奨量の単位は mg，μg，衛生学で学ぶ有毒元素 As，Cd，Pb 量の ppm は μg/g(mg/kg)である．mm，cm，km，dL，hPa，MHz は社会でふつうに用いられている[1]．

測定値は数値と単位（数値と大きさを表す接頭語と単位）で表す約束である．

測定値＝数値×単位＝数値×接頭語×単位　　〈**k，m，μ… は数値である！**〉

20 mL＝20×mL＝20×m×L；　5 μg＝5×μg＝5×μ×g

---

a.　接頭語 m，μ などの読み方と意味，相互の関係

問題 1.59

(1) 長さの基本単位はメートル m である．km，cm，mm の**キロ k**，**センチ c**，**ミリ m** の意味を述べよ．

(2) 体積の単位デシリットル dL は何 mL か．**デシ d** の意味を述べよ．

(3) 天気予報の気圧単位・ヘクトパスカルの**ヘクト h**[2] の意味を述べよ．

(4) 生物の細胞の大きさなどを記述するときの単位・μ（ミクロン）[3]，**マイクロ μ** の意味を述べよ（マイクロ・ミクロには微小という意味もある．例：マイクロバス）．

(5) 最近ハイテク関連でよく聞くナノテクノロジー，ナノワールドのナノ＝nm（ナノメートル）の**ナノ n** の意味を述べよ．

G, M, k, (h, da, d, c), m, μ, n, p という単位の前の接頭語は，すべて大きさ・倍率を表したものである．

thouthand（千），million（百万），billion（10 億），trillion（1 兆）など，西洋では **10^3 がひと単位**．10,000,000,000,000 の「,」の位置を見よ（3 桁表示！）．ちなみに，東洋式（中国式）は 10^4 がひと単位である．10 0000 0000 0000（10^4＝万，10^8＝億，10^{12}＝兆）

問題 1.60[4]　(T)，G，M，k，h，da，d，c，m，μ，n，p，(f)の読み方は何か．

h，da，d，c を除き，10^3 ずつ異なる！

問題 1.61　倍率を表す接頭辞の憶え方[5] を述べよ．〈**記憶せよ！**〉[6]

問題 1.62　(1) mg と g，g と mg，(2) μg と g，g と μg，(3) μg と mg，mg と μg の関係式を示せ．〈これは基本である．**暗記せよ！**〉[6]

1) k(キロ)を 100，m(ミリ)を 0.01 と思っている人がいるが，1 km は何 m かを考えること．定規で 1 mm と 1 m を比較してみよう．
1 kg のイメージがないから 1 kg＝100 g と思う人がいるが 1 km の実感があるから 1 km＝100 m とは誰も思わない．

2) ヘクトとは土地の広さを表す単位ヘクタール（ヘクト・アール）ha の h と同じ意味である．
1 ha（ヘクタール）＝100 a（アール，1 a＝100 m^2）

3) 長さの単位マイクロン/ミクロン＝μm（マイクロメートル）

k(キロ)，d(デシ)
c(センチ)，
m(ミリ)，
μ(マイクロ)，
n(ナノ)って何？

4) 基礎知識．**記憶せよ．**

5) 遠山 啓 先生伝を著者が補足した語呂合せ．
10^{12}, 10^9, 10^6, 10^3, (10^2, 10^1, 10^{-1}, 10^{-2})
10^{-3}, 10^{-6}, 10^{-9}, 10^{-12}, 10^{-15}

6) p. 106 の記憶法を読んでみよう！

解　答

答 1.59

	記号	読み	意味[7]（数値）	使用例
	T	テラ	10^{12}	パソコンメモリー 1Tバイト
	G	ギガ	10^9	パソコンメモリー 1Gバイト
	M	メガ	10^6	パソコンメモリー 1Mバイト
(1)	k	キロ	$10^3 = 1\times10^3 = 1000$	1 km = 1000 m
(3)	h	ヘクト	100	1 ha（ヘクタール） = 100 a（アール）
	da	デカ	10	
(2)	d	デシ	$\frac{1}{10} = \frac{1}{10^1} \equiv 10^{-1} = 0.1$	1 dL（デシリットル） = 0.1 L = 100 mL
(1)	c	センチ	$\frac{1}{100} = \frac{1}{10^2} \equiv 10^{-2} = 0.01$	1 cm = (1/100) m = 0.01 m
(1)	m	ミリ	$\frac{1}{1000} = \frac{1}{10^3} \equiv 10^{-3} = 0.001$	1 mm = (1/1000) m = 0.001 m
(4)	μ	マイクロ	$\frac{1}{1\,000\,000} = \frac{1}{10^6} \equiv 10^{-6} = 0.000\,001$	1 μm（マイクロメートル） = 100万分の1 m
(5)	n	ナノ	$\frac{1}{10^9} \equiv 10^{-9}$	1 nm（ナノメートル） = 10億分の1 m
	p	ピコ	10^{-12}	1 pm（ピコメートル） = 1兆分の1 m
	f	フェムト	10^{-15}	1 f（フェムト）秒 = 1000兆分の1秒

7）km, mm, μm など，単位（この場合m（メートル））の前の接頭語（倍率を表す**数値**を記号で表したもの）は（h, da, d, c）を除き，すべて**10^3ずつ異なる**.

T, G, M, k,
h, da, d, c,
m, μ, n, p
の読み方と
意味を覚え
よう.
10³が基本！

答 1.60　（テラ），ギガ，メガ，キロ，ヘクト，デカ，デシ，センチ，ミリ，マイクロ，ナノ，ピコ，（フェムト）

答 1.61　**「（ギガ メガへ）キロ**キロと**ヘクト デカ**けたメートルが，**デシ**に見られて**センチ ミリ**ミリ，さらに落ち込み**マイクロ ナノ**よ，**ピコ**っ！」（意味は上表参照）[8]

（G（ギガ），M（メガ），k（キロ），h（ヘクト），da（デカ），d（デシ），c（センチ），m（ミリ），μ（マイクロ），n（ナノ），p（ピコ））[7]

8）（TGM）khdadcmμn→きょろきょろと周りを見まわしながら同僚の「へく」さんと出かけた「めーとる」さんが，へくさんの弟子と思われてセンチメンタルになり，めそめそしている？　さらに落ち込んで「私の気持ちはまっ黒」なのですよと言っていると，警報音がピコッと鳴った．ギガ，メガ…などの言葉の由来は“演習 溶液の化学と濃度計算”（丸善）参照．キロキロからミリミリは80年以上も前からの覚え方である．

答 1.62

(1) m（ミリ）とは $1/1000 = 10^{-3} = 0.001$ のことなので，$1\ \mathrm{mg} = 1\times(1/1000)\ \mathrm{g}$ $= 1\times10^{-3}\ \mathrm{g}$[9]，これを1000($10^3$)倍して，1000 mg = 1 g，$1\ \mathrm{g} = 1000(1\times10^3)\ \mathrm{mg}$[9].

別解（目視比較法，p. 49）：　1 mg =（　　）g　　　1 g =（　）mg

　m = 10^{-3} を代入 →　1×10^{-3} g =（　　）g　　　1 g =（　）$\times10^{-3}$ g

式の左右を目視比較 →　　　(10^{-3})　　　(10^3)　($10^3\times10^{-3} = 1$)

(2) μ（マイクロ）とは $1/10^6 = 10^{-6}$ のことなので，$1\ \mathrm{\mu g} = (1/10^6)\ \mathrm{g} = 1\times10^{-6}\ \mathrm{g}$[9]，これを 10^6 倍して，$10^6\ \mathrm{\mu g} = 1$ g，$1\ \mathrm{g} = 1\times10^6\ \mathrm{\mu g}$[9]（m, μ, n は**$10^3$ずつ異なる**）.

別解（目視比較法，p. 49）：　1 μg =（　　）g　　　1 g =（　）μg

　μ = 10^{-6} を代入 →　1×10^{-6} g =（　　）g　　　1 g =（　）$\times10^{-6}$ g

式の左右を目視比較 →　　　(10^{-6})　　　(10^6)　($10^6\times10^{-6} = 1$)

(3) $1\ \mathrm{\mu g} = 1\ \mathrm{\mu g}\times\frac{1\ \mathrm{g}}{10^6\ \mathrm{\mu g}}\times\frac{10^3\ \mathrm{mg}}{1\ \mathrm{g}} = 1\times10^{-3}\ \mathrm{mg}$[9,10]，$1\ \mathrm{mg} = 1\ \mathrm{mg}\times\frac{1\ \mathrm{g}}{10^3\ \mathrm{mg}}\times\frac{10^6\ \mathrm{\mu g}}{1\ \mathrm{g}}$ $= 10^3\ \mathrm{\mu g}$[9,10]

別解（目視比較法，p. 49）：　　1 μg =（　　）mg　　　1 mg =（　）μg

m = 10^{-3}，μ = 10^{-6} 代入 → 1×10^{-6} g =（　　）$\times10^{-3}$ g　　1×10^{-3} g =（　）$\times10^{-6}$ g

式の左右を目視比較　→　　　(10^{-3})　　　(10^3)

9）1 mg = (A) g，1 g = (B) mg の A, B の値は 10^3 か 10^{-3}．それぞれ値を入れて考えてみればよい．

　1 μg = (A) g，1 g = (B) μg；1 μg = (A) mg，1 mg = (B) μg もまったく同様に考える．

10）m と μ のどちらが大きいか考えれば，1000倍なのか，1/1000倍なのかが判断できる．m, μ, n は 10^3 ずつ異なる！

問題 1.63　下表の空欄を埋めよ．〈**これは基本．必ず暗記・記憶すること！**〉[1)]

	kg	g	mg	μg	ng
1 kg ＝	**1 kg**	(　g)	(　mg)	(　μg)	(　ng)
1 g　＝[2)]	(　kg)	**1 g**	(　mg)	(　μg)	(　ng)
1 mg＝	(　kg)	(　g)	**1 mg**	(　μg)	(　ng)
1 μg ＝	(　kg)	(　g)	(　mg)	**1 μg**	(　ng)
1 ng ＝	(　kg)	(　g)	(　mg)	(　μg)	**1 ng**

1)　この表を，丸暗記ではなく，考えて，正しく埋められるようにすること．p. 106 の記憶法を参照．

2)　k, m, μ, n は覚える！1 g は何 k, m, μ, ng かできるようになること．1 g＝(　)mg＝(　)$\times 10^{-3}$ g：直感で(　)の中の値を求める．または，(　)を x とおいて，$x = 1\ \mathrm{g}/10^{-3}\ \mathrm{g} = 10^3 = 1000$（式の変形で求める）．

問題 1.64

(1) 1 mg，1 μg，1 ng，1 kg は何 g か．1 g は何 mg，何 μg，何 ng，何 kg か．

(2) 1 cm，1 mm，1 μm，1 nm，1 km は何 m か．1 m は何 cm，何 mm，何 μm，何 nm，何 km か．

(3) 1 L の定義を述べよ．

(4)[3)] 1 mL は何cm^3か．1 cm^3 は何 cc か．1cc は何 mL か．

(5)[3)] 1 dL は何 L，何 mL か．1 mL，1 μL は何 L か．1 L は何 dL，何 mL，何 μL か．

(6)[3)] 1 m^3 は何cm^3か，何 mL か，何 L か．

(7)[3)] $\dfrac{1.5\ \mathrm{g}}{1000\ \mathrm{mL}} = \dfrac{x\ \mathrm{mg}}{1\ \mathrm{mL}}$ である．x の値はいくつか．

(8)[3)] $\dfrac{0.10\ \mathrm{g}}{\mathrm{L}} = \dfrac{x\ \mathrm{mg}}{\mathrm{L}}$ である．x の値はいくつか．

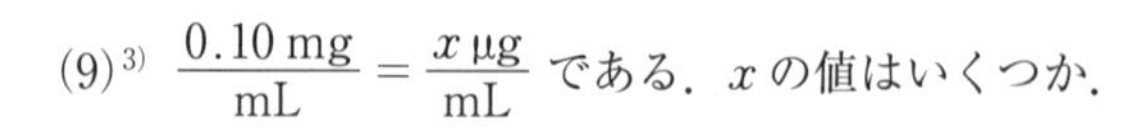

(9)[3)] $\dfrac{0.10\ \mathrm{mg}}{\mathrm{mL}} = \dfrac{x\ \mu\mathrm{g}}{\mathrm{mL}}$ である．x の値はいくつか．

3)　間違いやすいので要注意．

解　答

答 1.63

	kg	g	mg	μg	ng
1 kg	1　kg	10^3　g	10^6　mg	10^9　μg	10^{12} ng
1 g	10^{-3} kg	1　g	10^3　mg	10^6　μg	10^9　ng
1 mg	10^{-6} kg	10^{-3} g	1　mg	10^3　μg	10^6　ng
1 μg	10^{-9} kg	10^{-6} g	10^{-3} mg	1　μg	10^3　ng
1 ng	10^{-12} kg	10^{-9} g	10^{-6} mg	10^{-3} μg	1　ng

答 1.64

(1) m, μ, n, k の定義より，1 mg＝(1/1000) g＝0.001 g＝1×10^{-3} g，1 μg＝(1/ 10^6) g＝1×10^{-6} g，1 ng＝(1/ 10^9) g＝1×10^{-9} g，1 kg＝1000 g＝10^3 g．各式の両辺を 1000，10^6，10^9，1/1000 倍して[4)]，1 g＝1000 mg＝10^3 mg＝10^6 μg＝10^9 ng＝1/1000 kg＝0.001 kg＝1×10^{-3}kg

4)　$10^{-3}\times 1000 = 10^{-3}\times 10^3 = 1$，$10^{-6}\times 10^6 = 1$，$10^{-9}\times 10^9 = 1$，$10^3\times 10^{-3} = 1$．

(2) c, m, μ, n, k の定義より 1 cm = (1/100) m = 0.01 m = 1 × 10^{-2} m，1 mm（ミリ）= (1/1000) m = 0.001 m = 1 × 10^{-3} m，1 μm = 1 × 10^{-6} m，1 nm = 1 × 10^{-9} m，1 km = 1 × 10^{3} m (= 1000 m)．それぞれの式の両辺を 100, 1000, 10^6, 10^9, 10^{-3} (= 1/1000) 倍すると[5]，1 m = 100 cm = 1000 mm = 10^3 mm = 10^6 μm = 10^9 nm = 1 × 10^{-3} km (= 1/1000 km)．

(3) 1 L とは 10 cm × 10 cm × 10 cm の立方体の体積（1 立方 dm，dm^3）のこと．
よって，1 L ≡ 10 cm × 10 cm × 10 cm = 1000 cm^3．

(4) 1 mL = 1 cm^3 ≡ 1 cc：1 L = 1000 cm^3 なので，1 cm^3 = (1/1000) L = 1 mL．
1 cm^3 ≡[6] 1 立方 cm ≡ 1cubic（立方）centimeter ≡ 1cc，つまり 1 mL = 1 cm^3 ≡ 1 cc．

(5) 1 dL = (1/10) L = 0.1 L，1dL = 100 mL，1 mL = (1/1000) L = (1/10^3) L = 1 × 10^{-3} L = 0.001 L，1 μL = 1 × 10^{-6} L．
dL，mL，μL の定義式を 10，10^3，10^6 倍して[5]，1 L = 10 dL = 1000 mL = 1 × 10^6 μL．

(6) 1 m^3 とは 1 m × 1 m × 1 m の体積のこと．したがって，1 m^3 = 1 m × 1 m × 1 m = 100 cm × 100 cm × 100 cm = 10^6 cm^3 = 1 × 10^6 mL．1 L = 1000 cm^3 = 1 × 10^3 cm^3．
（直感法） 1 m^3 = 10^6 cm^3/(10^3 cm^3/L) = 1 × 10^3 L = 1000 L．
（換算係数法） $1\,m^3 = \cancel{1\,m^3} \times \dfrac{10^6\,\cancel{cm^3}}{\cancel{1\,m^3}} \times \dfrac{1\,L}{1000\,\cancel{cm^3}} = 1000\,L$．
（分数比例式法） 1 m^3 = 10^6 cm^3 = x L の x を求める．1 L = 1000 mL = 1000 cm^3 なので，$\dfrac{1\,L}{1000\,cm^3} = \dfrac{x\,L}{10^6\,cm^3}$[7]．たすき掛けして，1000 cm^3 × x_L = 1 L × 10^6 cm^3．
x_L = 1 L × 10^6 cm^3/1000 cm^3 = 1000 L．よって，1 m^3 = x L = 1000 L．

(7) 1.5：**（換算係数法）** $\dfrac{1.5\,g}{1000\,mL} = \dfrac{1.5\,\cancel{g}}{1000\,mL} \times \dfrac{1000\,mg}{1\,\cancel{g}}$[8] $= \dfrac{1500\,mg}{1000\,mL} = \dfrac{1.5\,mg}{1\,mL}$．よって，$x$ = 1.5．**（代入法）** 1.5 g = 1.5 × g = 1.5 × 1000 mg[9] = 1500 mg，$\dfrac{1.5\,g}{1000\,mL} = \dfrac{1500\,mg}{1000\,mL} = \dfrac{1.5\,mg}{1\,mL} = \dfrac{x\,mg}{1\,mL}$，$x$ = 1.5．または，問題文中の式をたすき掛けして，x mg × 1000 mL = 1.5 g × 1 mL．
$x = \dfrac{1.5\,g \times 1\,mL}{1000\,mL} = \dfrac{(1.5 \times \cancel{1000}\,mg)^{9)} \times 1\,\cancel{mL}}{\cancel{1000\,mL}} = 1.5mg$．

(8) 100：**（換算係数法）** $\dfrac{0.10\,g}{L} = \dfrac{0.10\,\cancel{g}}{L} \times \dfrac{1000\,mg}{1\,\cancel{g}}$[8, 10] $= \dfrac{100\,mg}{1\,L}$．よって，x = 100．
（代入法） 0.10 g = 0.10 × g = 0.10 × 1000 mg[9] = 100 mg，x = 100．または，問題文中の式の両辺を比較すると，x mg = 0.10 g = 0.10 × g = 0.10 × 1000 mg[9] = 100 mg．x = 100．

(9) 100：**（換算係数法）** $\dfrac{0.10\,\cancel{mg}}{mL} \times \dfrac{1\,\cancel{g}}{10^3\,\cancel{mg}} \times \dfrac{10^6\,\mu g}{1\,\cancel{g}}$[8, 10, 11] $= \dfrac{100\,\mu g}{1\,mL}$，$x$ = 100．または，$\dfrac{0.10\,mg}{mL} = \dfrac{0.10\,\cancel{mg}}{mL} \times \dfrac{1000\,\mu g}{1\,\cancel{mg}}$[8, 12] $= \dfrac{100\,\mu g}{1\,mL}$，$x$ = 100．
（代入法） 0.10 mg = 0.10 × m × g = 0.10 × 10^{-3} × g = 0.10 × 10^{-3} × 10^6 μg[11] = 0.10 × 10^{-3+6} μg = 0.10 × 10^3 μg = 1.0 × 10^2 μg (= 100 μg)．x = 100．または，1 mg = 1000 μg を用いて，0.10 mg = 0.10 × mg = 0.10 × 1000 μg[12] = 100 μg，x = 100．

5) 10^{-2}×100 = 10^{-2}×10^2 = 1，10^{-3} × 1000 = 10^{-3} × 10^3 = 1，10^{-6}×10^6 = 1，10^{-9} × 10^9 = 1，10^3 × 10^{-3} = 1

6) ≡は定義・約束を示す記号．≡の左右が同じものであることを示す．

7) この分数式は，1000 cm^3 が 1 L なら，10^6 cm^3 は何 L か（x L）を示す比例式，1000 cm^3 ：1 L = 10^6 cm^3 : x L，または，1000 cm^3 ：10^6 cm^3 = 1 L ：x L を分数式としたものである．

8) 換算係数法（要・換算係数の知識）
$\dfrac{10^3\,mg}{1\,g}$，$\dfrac{1\,g}{10^3\,mg}$，$\dfrac{10^6\,\mu g}{1\,g}$，$\dfrac{1\,g}{10^6\,\mu g}$，$\dfrac{10^3\,\mu g}{1\,mg}$，$\dfrac{1\,mg}{10^3\,\mu g}$

9) g = 1 g = 1000 mg を代入．

10) g = 1 g = 1000 mg

11) g = 1 g = 10^6 μg

12) mg = 1 mg = 1000 μg

b. k, m, μ, n の変換・換算[1]

問題 1.65[2] 以下の問いに小数表示と指数（科学）表記で答えよ．

(1) ① 10 kg,　② 10 mg,　③ 100 μg はそれぞれ何 g か．

(2)[3] 10 mg は何 μg か．　(3)[3] 100 μg は何 mg か．

補充問題 以下の問いに小数表示と指数（科学）表記で答えよ．

(1) 15 mg＝(①　　)g＝(②　　)μg, 75 μL＝(③　　)mL＝(④　　)L

(2) 52 m＝(①　　)km, 0.5 km＝(②　　)cm, 35 mL＝(③　　)L＝(④　　)dL

1) 間違える学生が多い．指数計算ができることが前提の問題．
問題 1.20（公式）参照：
(2) $10^a \times 10^b = 10^{a+b}$
(3) $10^a \times 10^{-b} = 10^{a-b}$
(4) $10^a \div 10^b = 10^{a-b}$

2) k, m, μ, n の大小関係を考える．

3) 間違いやすい．

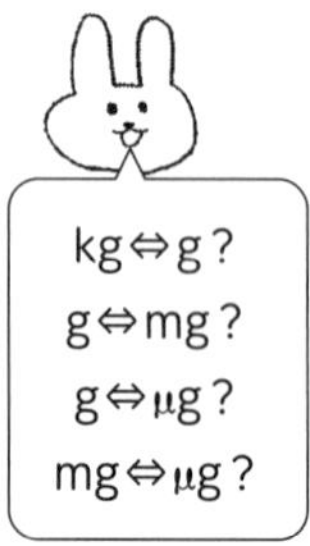

解　答

答 1.65 (1) ① 10 000 g, 1×10^4 g：（**換算係数法**）換算係数は，ⓐ $\frac{1000\ \text{g}}{1\ \text{kg}}$, ⓑ $\frac{1\ \text{kg}}{1000\ \text{g}}$.

10 kg の kg が消去されるように，kg が分母に来るように換算係数ⓐを選ぶ．

$10\ \text{kg} = 10\ \text{kg} \times \left(\frac{1000\ \text{g}}{1\ \text{kg}}\right) = 10\,000\ \text{g} = 1\times10^4\ \text{g}$. ⓑでは単位は消去し合わない．

（**代入法**）（k の定義[4] を代入）$10\ \text{kg} = 10\times\text{k}\times1\ \text{g} =^{4)} 10\times10^3\times1\ \text{g}$

$= 1\times10^1\times10^3\times1\ \text{g} = 1\times10^{1+3}\times1\ \text{g} = 1\times10^4\ \text{g}\,(10\,000\ \text{g})$

② 0.01 g, 1×10^{-2} g：（**換算係数法**）換算係数は，ⓒ $\frac{1000\ \text{mg}}{1\ \text{g}}$, ⓓ $\frac{1\ \text{g}}{1000\ \text{mg}}$.

$10\ \text{mg} = 10\ \text{mg}\times\left(\frac{1\ \text{g}}{1000\ \text{mg}}\right) = \frac{1}{100}\ \text{g} = \frac{1}{10^2}\ \text{g} = 1\times10^{-2}\ \text{g} = 0.01\ \text{g}$.

（**代入法**）（m の定義[5] を代入）$10\ \text{mg} = 10\times\text{m}\times1\ \text{g} =^{5)} 10\times10^{-3}\ \text{g} = 1\times10^{-2}\ \text{g}\,(0.01\ \text{g})$

③ 0.0001 g, 1×10^{-4} g：（**換算係数法**）換算係数は，ⓔ $\frac{10^6\ \mu\text{g}}{1\ \text{g}}$, ⓕ $\frac{1\ \text{g}}{10^6\ \mu\text{g}}$.

$100\ \mu\text{g} = 100\ \mu\text{g}\times\left(\frac{1\ \text{g}}{10^6\ \mu\text{g}}\right) = 1\times\frac{1}{10^4}\ \text{g} = 1\times10^{-4}\ \text{g} = 0.0001\ \text{g}$

（**代入法**）（μ の定義[6] を代入）$100\ \mu\text{g} = 100\times\mu\times1\ \text{g} =^{6)} 100\times10^{-6}\ \text{g} = 1\times10^{2-6}$

$= 1\times10^{-4}\ \text{g}\ (0.0001\ \text{g})$

(2) 10 000 μg, 1×10^4 μg：（**換算係数法**）換算係数は，ⓖ $\frac{1000\ \mu\text{g}}{1\ \text{mg}}$, ⓗ $\frac{1\ \text{mg}}{1000\ \mu\text{g}}$.

10 mg → μg にⓖを用いると $10\ \text{mg} = 10\ \text{mg}\times\frac{1000\ \mu\text{g}}{1\ \text{mg}} = 10\,000\ \mu\text{g}\ (1\times10^4\ \mu\text{g})$

または，ⓓ, ⓔを用いて，10 mg → g → μg：$10\ \text{mg} = 10\ \text{mg}\times\left(\frac{1\ \text{g}}{1000\ \text{mg}}\right)\times\left(\frac{10^6\ \mu\text{g}}{1\ \text{g}}\right)$

$= 10\times\frac{10^6}{10^3}\ \mu\text{g} = \frac{10\times10^6}{10^3}\ \mu\text{g} = \frac{10^7}{10^3}\ \mu\text{g} =^{7)} 10^{7-3}\ \mu\text{g} = 1\times10^4\ \mu\text{g}$.

換算係数法：① 分数同士の掛け算で表す．② 数値の単位と意味（何の数値か）も書く．③ 計算では，数値のほか，単位・意味も約分する．④ 同じものを違う単位・表現で表したものを1つの分数で表す．この分数とその逆分数が換算係数である．⑤ 問題を解くには，単位と意味に着目し，答の単位・意味に合うように換算係数を組み合わせる．

4) $\text{k} = 1000 = 1\times10^3 = 10^3$.
1 kg＝100 g？
1 L＝100 mL？
（k（キロ）＝100 と間違う者がいるが，1 kg ではなく 1 km を思い起こすこと．）

5) $\text{m} = 0.001 = 1\times10^{-3} = 10^{-3} = 1/10^3 = 1/1000$.
（m（ミリ）＝0.01（1/100）と思っている人がいるので要注意．）

6) $\mu = 0.000\,001 = 1\times10^{-6} = 10^{-6} = 1/10^6$ ＝百万分の1

7) 指数・指数計算の不得意な人は p. 12〜23 の問題を繰り返し解くこと！
（できなかったところに印をつけ，そこを20回行うつもりで取り組もう．その気で頑張れば，誰にでも容易に克服可能である．）

この方法は，実質的には，10 mg = 10 × mg の mg に mg = 1000 μg を代入，または，10 mg = 10 × mg の mg に mg = $\frac{1}{1000}$ g，この g に g = 10^6 μg を代入するのと同じであるが，なぜそういう計算の仕方をするのかという理屈をあまり考えないで，単位を合わせるだけで正しい結果を得ることができる計算法であり，より複雑な計算を行なう場合には，間違いを起こしにくい強力な方法である．

(**代入法**) (m, μ の定義を代入) 10 mg = 10 × m × g =[8] 10 × 10^{-3} × 1 g =[9] 10 × 10^{-3} × 10^6 μg = 10^1 × 10^{-3} × 10^6 μg = 1 × 10^{1-3+6} μg = 1 × 10^4 μg = 10 000 μg．または，mg は μg の 1000 倍なので 1 mg = 1000 μg (1 mg = 10^{-3} g = 10^{-3} × 10^6 μg = 10^{-3+6} μg = 10^3 μg = 1000 μg)，10 mg = 10 × 1 mg = 10 × 1000 μg = 1 × 10^4 μg[10]

(**目視比較法**) 変換前後の左辺，右辺の単位を g 表示し，両者を比較して求める方法：本法は実質的には代入法と同じだが，1 mg = 10^{-3} g，1 μg = 10^{-6}g (m, μ の定義) のみを用い，1 g = 10^3 mg，1 g = 10^6 μg なる関係式を用いない点が代入法と異なる．また，本法は指数計算ができること (注 1) の(2), (3)) が前提である．

10 mg を μg に変換することは，10 mg = (　)μg，の(　)を求めることである．

左辺 = 10 mg = 10 × 10^{-3} g = 10^1 × 10^{-3} g = 10^{1-3} g = 1 × 10^{-2} g (10 mg を g 単位で表す)．

右辺 = (　)μg = (　) × 10^{-6} g　((　)μg = を g 単位で表した)．

左辺 = 右辺なので，1 × 10^{-2} g = (　) × 10^{-6} g．左右の〜の部分の比較・**目視**により，(　) に入れるべき数値，10^4 = 10 000，を見出す[11] (指数の掛け算は指数部分の足し算：$10^a \times 10^b = 10^{a+b}$，$10^a \times 10^{-b} = 10^{a-b}$)．つまり，10 mg = 1 × 10^4 μg (10 000 μg)．

(3) 0.1 mg，1 × 10^{-1} mg：(**換算係数法**) 換算係数は，100 μg → g → mg にはⓕ, ⓒを用いて，100 μg = 100 μg × $\left(\frac{1\text{ g}}{10^6\text{ μg}}\right) \times \left(\frac{1000\text{ mg}}{1\text{ g}}\right) = 1 \times \frac{10^5}{10^6}$ mg = $\frac{1}{10}$ mg = 0.1 mg.

または，100 μg → mg にⓗを用いて，100 μg = 100 μg × $\frac{1\text{ mg}}{1000\text{ μg}}$ = 0.1 mg.

(**代入法**) μg は 10^{-3} mg(1/1000 mg)なので，100 μg = 100 × 10^{-3} mg = 0.1 mg.

または，100 μg = 100 × μ × g =[12] 100 × 10^{-6} g =[13] 100 × 10^{-6} × 10^3 mg = 1 × 10^2 × 10^{-6} × 10^3 mg = 1 × 10^{2-6+3} mg = 1 × 10^{-1} mg = 0.1 mg

(**目視比較法**) 100μg = (　)mg.

左辺 = 100 μg = 100 × 10^{-6} g = 1 × 10^{-4} g.

右辺 = (　)mg = (　) × 10^{-3} g.

左辺 = 右辺より，1 × 10^{-4} g = (　) × 10^{-3} g．よって，(　) = 10^{-1} = 0.1.

つまり，100 μg = 0.1 mg (1 × 10^{-1} mg)．

8) m = 10^{-3} を代入する．

9) 1 g = 1 × 10^6 μg を代入する．

10) または 10 mg = x μg，x = 10 × m/μ = 10 × 10^{-3}/10^{-6} = 10×10^3 = 10^4 = 1×10^4

★ k，m，μ の大きさをイメージできることが大切．
1 kg (1 L 牛乳パック)，
1 km
1 g (1 円硬貨の重さ)，
1 m (メートル)
1 mg (1 円硬貨の 1/1000)，
1 mm = 1 m の 1/1000
1 μg，0.0001 mg
1 μm = 0.001 mm
1 ng，0.000 001 mg = 0.001 μg
1 nm = 0.000 001 mm

11) 1 より大きいか小さいかを考える．
小 = (　)×大なら(　)は 1 より小，大 = (　) × 小なら(　)は 1 より大．

12) μ = 10^{-6} を代入する．

13) g = 10^3 mg を代入する．

補充問題・答

(1) ① 0.015，1.5 × 10^{-2}　② 15 000，1.5 × 10^4　③ 0.075，7.5 × 10^{-2}
④ 0.000 075，7.5 × 10^{-5}

(2) ① 0.052，5.2 × 10^{-2}　② 50 000，5 × 10^4　③ 0.035，3.5 × 10^{-2}
④ 0.35，3.5 × 10^{-1}

問題 1.66　以下の問いに小数表示と科学表記で答えよ[1]．

1) 単位の大小関係に注意する．答はより大きくなるか，小さくなるかをまず考える．
m，c，k の定義・意味と桁数に注意する．

(1) 76 mL は何 L か．

(2) 234 mm は何 m か．

(3) 4.8 m は何 cm か．

(4) 1.2 km は何 cm か．

(5) 3.17 kg は何 g か．

(6) 8.65×10^5 mg は何 kg か．

(7) 0.1 dL は何 mL か．

★間違えないこと！
1 L ≠ 100 mL
1 kg ≠ 100 g
1 g ≠ 100 mg
$1\ \mathrm{mg} \neq \frac{1}{100}\ \mathrm{g}$
1 mL ≠ 0.01 L
1 dL = ？

換算係数法の計算
↓
単位，項目内容を必ず記載しよう！

0.1 g＝(　)mg のように 0.1×大きい単位＝(　)×小さい単位のときは(　)の中は 0.1 より大きい数値とわかる．0.1 g＝(　)mg では，$\mathrm{m}=10^{-3}$，$0.1=10^{-1}$ なので，$10^{-1}\ \mathrm{g}=(\quad)\times10^{-3}\ \mathrm{g}$，(　)は $10^2=100$ とわかる．0.1×10^{-3}，$0.1\div10^{-3}$，$0.1/10^{-3}$ の計算がわからなければ，すべてを小数か指数に変えてから考えること．割り算は分数にして考えること．

解　答

答 1.66

(1) 0.076 L，7.6×10^{-2} L：$76\ \mathrm{mL}\times\frac{1\ \mathrm{L}}{1000\ \mathrm{mL}}=\frac{76\ \mathrm{L}}{1000}=0.076\ \mathrm{L}$．または，76 mL ＝ 76×10^{-3} L ＝ 0.076 L（7.6×10^{-2} L）

(2) 0.234 m，2.34×10^{-1} m：$234\ \mathrm{mm}\times\frac{1\ \mathrm{cm}}{10\ \mathrm{mm}}\times\frac{1\ \mathrm{m}}{100\ \mathrm{cm}}=\frac{234\ \mathrm{m}}{10\times100}=\frac{234\ \mathrm{m}}{1000}=$ 0.234 m．または，$234\ \mathrm{mm}\times\frac{1\ \mathrm{m}}{1000\ \mathrm{mm}}=0.234\ \mathrm{m}$．または，$\mathrm{m}=10^{-3}$ なので，234 mm ＝ 234×10^{-3} m ＝ 0.234 m（2.34×10^{-1} m）．

(3) 480 cm：$4.8\ \mathrm{m}\times\frac{100\ \mathrm{cm}}{1\ \mathrm{m}}=4.8\times100\ \mathrm{cm}=480\ \mathrm{cm}$（$4.8\times10^2$ cm）．

(4) 120 000 cm，1.2×10^5 cm：$1.2\ \mathrm{km}\times\frac{1000\ \mathrm{m}}{1\ \mathrm{km}}\times\frac{100\ \mathrm{cm}}{1\ \mathrm{m}}=1.2\times1000\times100\ \mathrm{cm}=1.2\times100\,000\ \mathrm{cm}=120\,000\ \mathrm{cm}$（$1.2\times10^5$ cm）．または，1.2 km ＝ 1.2×10^3 m ＝ 1200 m，$1200\ \mathrm{m}\times\frac{100\ \mathrm{cm}}{1\ \mathrm{m}}=120\,000\ \mathrm{cm}$（$1.2\times10^5$ cm）．

(5) 3170 g，3.17×10^3 g：$3.17\ \mathrm{kg}\times\frac{1000\ \mathrm{g}}{1\ \mathrm{kg}}=3.17\times1000\ \mathrm{g}=3170\ \mathrm{g}$（3.17 kg ＝ 3.17×10^3 g）

(6) 0.865 kg，8.65×10^{-1} kg：$(8.65\times10^5\ \mathrm{mg})\times\frac{1\ \mathrm{g}}{1000\ \mathrm{mg}}\times\frac{1\ \mathrm{kg}}{1000\ \mathrm{g}}=\frac{8.65\times10^5\ \mathrm{kg}}{1000\times1000}$ $=\frac{8.65\times10^5\ \mathrm{kg}}{10^6}=8.65\times10^{5-6}\ \mathrm{kg}=8.65\times10^{-1}\ \mathrm{kg}=0.865\ \mathrm{kg}$．または，$8.65\times10^5$ mg ＝ $8.65\times10^5\times10^{-3}$ g ＝ 8.65×10^2 g，$8.65\times10^2\ \mathrm{g}\times\frac{1\ \mathrm{kg}}{1000\ \mathrm{g}}=0.865\ \mathrm{kg}$（$8.65\times10^{-1}$ kg）

(7) 10 mL，1×10^1 mL：$0.1\ \mathrm{dL}=0.1\ \mathrm{dL}\times\frac{0.1\ \mathrm{L}}{1\ \mathrm{dL}}=0.01\ \mathrm{L}=0.01\ \mathrm{L}\times\frac{1000\ \mathrm{mL}}{1\ \mathrm{L}}=10\ \mathrm{mL}$（$1\times10^1$ mL）．または，1 dL ＝ 0.1 L ＝ 100 mL なので，0.1 dL ＝ 0.1 × 100 mL ＝ 10 mL（1×10^1 mL）

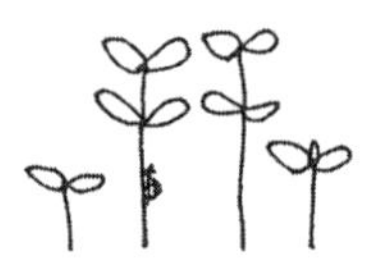

Study Skills（p. 1 と p. 31 からのつづき） 2. よく学ぶために

「よく学ぶ」とは？
先輩の言葉を読んで自分なりに考えてみよう．下の余白に自分なりの言葉で“学ぶ”ポイントを書き出してみよう．

先輩の言葉：“大学 1, 2 年生では定期試験前に過去問が回ってきて，暗記で試験を乗り切れた．しかし，国家試験のための 4 年生 1 年間の理解する勉強をしてみて，何も頭に残らなかった 1, 2 年の勉強はもったいなかった．”

こうならないように，以下のことを生かして学習しよう．

勉強とは，“勉めて強いる”と書くように，楽しいはずがない．前向きに学ぶために，以下のことを考えよう．

(1) **なぜ学ぶのか**：これはすでに述べたとおりであるが，改めて具体的に考えてみよう．学校に行きたくても行けない発展途上国の子どもや若者たちが学校に行きたい，勉強したいと思う気持ちは切実である．なぜ学びたいのだろうか．意欲のもとは，おそらく，素朴な知的好奇心，自分を伸ばしたい，良い生活をしたいと思う向上心，将来の夢・職業に向かって努力する心である．君たちも将来の夢，どのような人になりたいか，どのような人生を送りたいか，どのような仕事をしたいかを考えてみよう．夢があると，勉強が嫌になりそうになっても，乗り越えることができる．

(2) **学び方**：いままでしっかりと勉強してこなかった人は，高校までの勉強に対する考え方・勉強法から早く抜け出すこと．丸暗記は勉強ではない．理解・納得し，自分のものとして，応用できるようになることが勉強である．覚える学習・丸暗記から理解する（応用が利く）学習へと勉強の仕方を変えよう．理解しようと心がけよう．理解できれば，どのような学習も楽しくなるものである．知的好奇心も芽生えてくるし，力もついてくる．知らない言葉を電子辞書やネットなどで調べることで，知る楽しさも体験してほしい．自分でさまざまなことを工夫・応用できるようになる真の力を身につけよう．

(3) **能率よく，着実に学ぶ**：大学での学習は，次の注意を生かして，能率よく，より短時間で，しかし着実に行うこと！　① 大学生は，大学の学習以外にもやるべきこと，学ぶこと，体験すべきことがたくさんある（よく学びよく遊べ）．② この先の一生の基礎として充実した学生生活を送るために，学習以外のことを行う時間を上手につくろう．③ 授業中に寝ることはいちばんの時間の無駄使いである．授業時間を有効に生かし，後で勉強する時間を少なくする（自由な時間を増やす）のがいちばん上手な時間の使い方である．

(4) スケジュール表をつくり，実行する：たとえば，毎日，毎週，1 学期間の目標を設け，それぞれのスケジュールをつくり，実現可能なスケジュール表を人目にふれるように壁に張り出そう．そうすれば，目先の目標に向かって，嫌でも努力するようになる．なお，予定表には無理をせず，息抜き・気分転換の時間も入れておこう．

【目標を書いてみよう】

・私は今学期終了までに「……」

【1 日のスケジュールをたててみよう】

平日

0：00　　12：00　　24：00

休日

＊学生のコメント p. 19, 25, 31 を読んでみよう！

[p. 55 へつづく]

2　mol(モル)，モル濃度，ファクター

酸性・塩基性（アルカリ性）[1] については小学校から学んでいるので，読者はよく知っていよう．この酸性・塩基性の強さは，たとえば胃液の pH（ピーエイチまたはピーエッチ）1〜2，血液の pH 7.4，レモンの pH 3 のように，しばしば pH の値で表される．この pH は水素イオン H^+ のモル濃度をもとにした値である（p. 160）．このように，化学の分野のみならず，からだの科学・生命科学である生理学，生化学，臨床栄養学や食品の科学である食品学，調理学，それらの関連分野である衛生学，微生物学などの分野を学ぶうえでも，mol（物質の量を表す単位），および**モル濃度** mol/L（1 L 中に何 mol の目的物質が溶けているか，物質量 mol を用いた溶液の濃度表示法）の知識は必須である[2]．

1) 塩酸，炭酸，水酸化ナトリウム，アンモニア水，石灰水，リトマス紙，BTB 溶液など．

2) mEq・メック/L（医学・臨床栄養学分野で電解質濃度を表す単位，p. 112 参照），オスモル/kg 溶媒・オスモル/L（浸透圧，p. 114 参照）など．

デモ実験：グルコース（ブドウ糖）*1 をなめてみよう．食塩 NaCl（塩化ナトリウム）*2，KCl（塩化カリウム）と Na_2SO_4（硫酸ナトリウム）をなめてみよう（しょっぱさのもとは Na^+ か Cl^- か？）．

＊1　脳のエネルギーのもと，からだのエネルギーのもと．病院での静脈栄養点滴の中身．血糖（体細胞にエネルギーのもとであるグルコースを運搬）．

＊2　血液，細胞外液の浸透圧維持に関与．

問題 2.1　(1) **分子量**とは何か，説明せよ．(2) **式量**とは何か，説明せよ．

問題 2.2　グルコース（ブドウ糖）$C_6H_{12}O_6$ の分子量，硫酸ナトリウム Na_2SO_4 の式量を計算せよ．原子量は表紙裏の周期表を見よ（計算は電卓を用いてよい）．

解　答

答 2.1

(1) 分子の体重．分子式中の原子の原子量（原子の体重，原子番号ではない！）の総和．

(2) 化学式中の原子の原子量の総和．物質の構成単位が分子でないとき，分子量の代わりに式量（＝化学式量）という言葉を使う．ここでは分子量と式量は同じと思ってよい（p. 54 も参照）．

答 2.2

180.16：$C_6H_{12}O_6$ ＝ C の原子量 × 6 ＋ H の原子量 × 12 ＋ O の原子量 × 6
＝ 12.01 × 6 ＋ 1.008 × 12 ＋ 16.00 × 6 ＝ 180.156 ≒ 180.16

142.05：Na_2SO_4 ＝ Na の原子量 × 2 ＋ S の原子量 × 1 ＋ O の原子量 × 4
＝ 22.99 × 2 ＋ 32.07 × 1 ＋ 16.00 × 4 ＝ 142.05（高血圧：Na^+ の代替物は K^+）[3]

3) 腎臓病では，Na^+, K^+ の摂取を抑えることで，これらのイオンの吸収，排泄を行う腎臓に負担をかけないようにする必要がある．

2・1　mol(モル)とは何か

問題 2.3　私たちがみかんやりんごの量（数）を知りたいときには 1 個，2 個，……，と個数を数える．では，米や砂糖の量（数）はどのように表すか．

解　答

答 2.3　米や砂糖のように小さくて数が多いものの場合には，1粒，2粒，……，と数える代わりに，米や砂糖何 g とその重さで量（数）を表すか，または計量カップ・計量スプーン何杯と容積で表す．みかんやりんごでも数が多いとみかん何 kg とか，りんご何箱とかのように，やはり，重さや箱の数・容積で表す．

mol(モル)とは物質の量（**物質量**）**を表す単位**である．物質の量を表す場合，その構成原子，分子，イオンの数を1個，2個，……，と数えれば，分子の個数○○個とその物質の量を厳密に定義できる．しかし，私たちにとって原子・分子はあまりにも小さく目に見えないので，数えることは不可能である．そこで化学者が考えたのが，米や砂糖の場合と同様に，原子・分子の数を数える代わりに重さをはかる，重さで量を表すことだった．

原子・分子の重さ（体重）は原子量・分子量（水素原子の何倍の重さか）としてすでにわかっていたので，原子量・分子量・式量にグラム(g)をつけて，原子・分子の世界もグラム単位で量を表すこととした．たとえば，分子量 g の水の量は分子量 18 に g をつけて 18 g，分子量 g の 2 倍の水は 18×2＝36 g といった具合である．

こうして原子量 g・分子量 g をひとかたまりとして原子・分子の世界の物質量を表すことができるようになった．この“**ひとかたまり**＝原子量 g・分子量 g の重さの物質量”を**1山**“1 mol(モル)(の数の原子・分子の集合体)”とよぶ．たとえば，180 g の水は水分子の 10 mol（10 山）である．**mol とは**ギリシャ語の *mole* **1山**，**ひとかたまり**という言葉からきている．したがって 1 mol とは，たとえば八百屋の店先にかご入りで売られているみかんの1山，または紅茶を飲むときに入れる砂糖のスプーン1杯分（1山）と同じ意味である[4]．

4)　米国の教科書や日本の高校の教科書では，mol は鉛筆のダースと同じ概念であると説明されている．しかし，鉛筆は水に溶けないので，後述のモル濃度を理解するうえではこのたとえは不都合である．

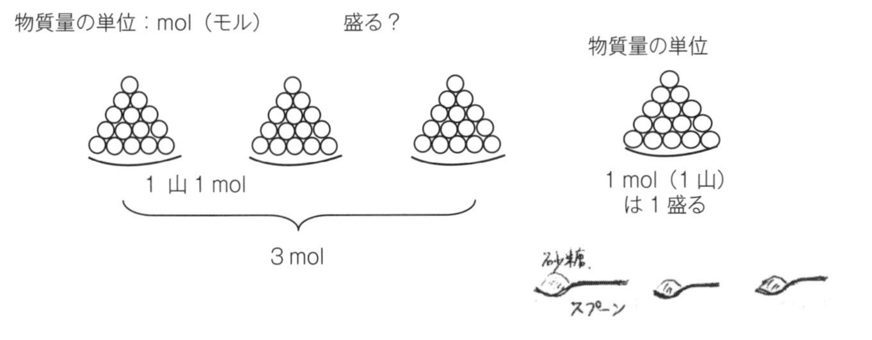

原子量・分子量はいちばん軽い元素の原子である水素原子 H の重さを 1（H＝1，厳密には ^{12}C＝12)[5] とした相対質量であり，分子量 18 の水分子は水素原子の 18 倍の重さがあることを意味している．したがって，「水素 1 g 中に含まれている水素原子の数と水 18 g 中に含まれている水分子の数は同じである」（この文章の意味を理解せよ）．つまり，どのような物質であれ，1 mol 中には同じ数の原子・イオン・分子・組成式で表される物質単位が含まれていることになる．しかし，この“1 mol(モル)”中に**何個の粒子が含まれているか**，この 1 mol の粒子の個数を**アボガドロ定数**とよぶが，当時はその値は明らかではなかった．

5)　この宇宙にいちばん多く存在する元素でかついちばん軽い元素は水素である．そこで水素の重さを基準（H＝1）としてほかの元素の（相対的な）重さを表す．これがドルトン (Dalton) によって歴史的に最初に定義された原子量である．現在では炭素の同位体の中で最も存在度の多い，^{12}C の原子 1 個の質量を 12（12 原子質量単位）として定義されている（“生命科学・食品学・栄養学を学ぶための 有機化学の基礎の基礎”（丸善），p. 13 も参照のこと．

時代が進み，実験的にアボガドロ定数 6.02×10^{23} 個が求められた現在では“分子量 g の物質量 1 mol(モル) = 6.02×10^{23} 個の分子集合体”として扱うことができる．そこで，純物質の重さをはかることは分子数を数えることと等価である．たとえば，1.8 g の水 = 0.1 × 分子量 g の水 = 0.1 mol(モル) = $0.1\times6.02\times10^{23}$ 個の水分子 = 6.02×10^{22} 個の水分子のことである．

現在では**アボガドロ定数 6.02×10^{23} 個の粒子からなる物質の量 = 1 mol**（**1 モル**）と定義している．1 mol の分子数 = **アボガドロ定数 = 6.02×10^{23} 個/mol**．ただし，実際に役立つ定義は，「1 mol = **分子量・式量にグラム g をつけた物質量**」である．1 mol の物質量（重さ，1 山の重さ）を**モル質量**とよぶ．

問題 2.4　モルとは何か．

2・2　1 mol（1 山）の重さ・モル質量

1 山 (1 mol)
の重さは？
その単位？

問題 2.5
（1）1 mol（1 山）の重さ はどのように表されるか．
（2）水の 1 mol の重さはいくつか．

問題 2.6　物質量の 1 mol（ひと山）の重さを**モル質量**という．つまり **1 mol の重さ = 分子量 g**（グラム）= **モル質量**である．
（1）モル質量の単位は何か．（2）水のモル質量はいくつか．単位も示せ．

解　答

答 2.4　物質量モル mol とは 1 山のこと．スプーン 3 山の砂糖 = 3 mol の砂糖．

答 2.5
（1）**1 mol の重さ = 分子量 g = 式量 g**（1 mol = 6.02×10^{23} 個の分子）
（2）18.02 g：H_2O の分子量 = 2 H + O = 2 × 1.008 + 1 × 16.00 ≒ 18.02．
　　したがって，水の 1 mol の重さ = 18.02 g

モル質量
$\frac{g}{mol}$ (g/mol)

答 2.6
（1）モル質量の単位は g/mol，

$$\text{モル質量} = \text{分子量 g/mol} = \text{式量 g/mol}\left(=\frac{\text{分子量 g}}{1\ \text{mol}}=\frac{\text{式量 g}}{1\ \text{mol}}\right).$$

（2）水のモル質量 = 18.02 g/mol $\left(=\frac{18.02\ \text{g}}{\text{mol}}=\frac{18.02\ \text{g}}{1\ \text{mol}}\right)$

Study Skills（p. 51 からのつづき） 3. 学習の心構え・授業心得

Active Learning（能動的学習），Mastery Learning（習熟学習）

教わる・教えてもらうのではなく，自ら学ぶ態度（active learning）・力を身につけること．理解しようと努力しなければ理解はできない．記憶しようと努力しなければ記憶もできない．でも，じつは“努力”とは大げさで，ちょっとした心がけをするか，しないかである．

コーネル式ノートのとり方（p. 72）：下の余白に自分なりの言葉でポイントをまとめてみよう．

【心構え】

① 勉強しないで，できるはずがない：君たちは天才ではない．勉強をしないでできないのは当たり前．教科書の解説を 1 回読んだだけで新しい考え方や，いままでわからなかったことが理解できるはずがない．問題を一度解いただけで，できるようになるはずがない．これからは 10 回読む，10 回問題を解くつもりで取り組んでほしい．“高校で学習していない”“わからない”を免罪符・逃げの口実にしてはいけない．繰り返し読み演習する努力なくして，できるはずがないのだから．君たちは“学ぶ，何かを身につける”ために進学したはずである．何度も読んだり，図書館で調べたり，辞書を引いたり，友人・教員に質問したりして自ら学ぶこと，わかろうと努力することが勉強することである．できない人は人より努力しよう．勉強すること，学ぶことが楽なはずはない．面倒だ，苦しいを通り抜ければ，新しいことを“知る喜び”“理解する喜び”を必ず感じるはずだ．その時点では，君たちには最も大切な“何か”[1] が身についたはずである．新しいことを理解した喜び，できるようになった喜びをぜひとも感じてほしい．

② “なぜ”という言葉を忘れない（考える，調べる）：勉強すること＝“知ること，覚えること”ではない．教科書を読む時間は，勉強に必要な知識を得るため，勉強の準備であり，必ずしも“勉強している”わけではない．問題を解く，レポートを書く時間も勉強のうちではない．勉強の目的は，理解して自分のものとすること，そのゴールは，応用が効くことである．ちなみに，勉強した概念はすでに自分が知っていることと関連づけて理解できなければ，理解したことにはならない．すぐに忘れるし，応用・活用もできない．

③ 教科書は隅から隅まで読む：一字一句を理解する．自分の中にイメージをつくる．イメージができれば，頭に残り，応用も効く．学んだことを自分の言葉で人に説明することができる．説明できなければ学んだことにはならない．また内容を理解した，自分のものとしたとはいえない．したがって，イメージができなければ“学んだ”とはいわない（mastery learning）．

④ 基礎科目は理解だけでは不十分：修得＝身につける＝自分で使えるようになる，応用できること，自分の武器とすることが必要．このためには繰り返しのトレーニングが必須である．

⑤ 能力を人と比較する必要はない：評価すべき内容は自己の学習達成度であり，能力の評価・人との能力の比較評価ではない．いまからでも遅くない．大学の 4 年間はまさに自分の可能性を高めるための時間であり，一生の基礎づくりである．要はその気になるかならないか，やるかやらないかである．意欲をもってチャレンジしよう！

1) 自ら学ぶ力，やり遂げる力，自信．“教わる”のではなく，“自ら学ぶ，自学自修”“自己教育，自ら自分を伸ばす”ことは“自立”した人間となる大切な条件の一つである．

学生のコメント p. 19, 25, 31 も読んでみよう！

［p. 65 へつづく］

2・3　質量（g）から物質量(mol，何山か)，物質量（mol，〇〇山）から質量（g）を求める

モル計算がわからない，不得意という話をよく聞く．**じつはモル計算は簡単である！** 基本は3つ［問題 2.7，問題 2.18（p. 64），問題 2.24（p. 68)］．ほんとうに簡単か，以下，考えてみよう．

1山（1 mol）の重さはどうやって求める？

問題 2.7　スプーン1杯（1山）の砂糖の重さは5gだった．

（1）スプーン2杯（2山），5杯，10杯はそれぞれ何gか．0.1杯（0.1山），0.5杯は何gか．

（2）10g，50g，100gの砂糖はスプーン何杯（何山）か．0.5g，1gの砂糖は何杯分か．

この問題の〇〇杯，〇〇山が，〇〇 molのことである．以下，具体例を解いてみよう．

a. 1 mol（1山）の重さ（モル質量）を求める

問題 2.8　食塩（塩化ナトリウム NaCl）の1 mol（1山）は何gか[1)]．

1）表紙裏の周期表より原子量は Na＝22.99，Cl＝35.45.

問題 2.9　以下の設問に答えよ（原子量は表紙裏の周期表を調べよ）．

（1）空気の2割を占める酸素ガス分子 O_2 の1山（モル質量）は何gか．

（2）空気の8割を占める窒素ガス分子 N_2 の1山（モル質量）は何gか．

（3）メタン CH_4（台所のガス）の1山（モル質量）は何gか．

（4）ブタンガス（カセットガスコンロのガス）C_4H_{10} のモル質量は何gか．

（5）二酸化炭素[2)] CO_2 の1山（モル質量）は何gか．

（6）砂糖（スクロース）$C_{12}H_{22}O_{11}$ の1山は何gか（C＝12.01，H＝1.008）．

（7）酸化鉄(Ⅲ) Fe_2O_3(鉄の赤さび)のモル質量は何gか(Fe＝55.85，O＝16.00)．

（8）硫酸アルミニウム $Al_2(SO_4)_3$（製紙，製革，染色，浄水，媒染剤，収れん剤などに使用）の1山の重さ（モル質量）は何gか（Al＝26.98，S＝32.07）．

2）CO_2 は水に溶けて水分子と反応して炭酸 H_2CO_3（$H_2CO_3 \longrightarrow H^+ + HCO_3^-$）を生じるので**炭酸ガス**ともいう．

解　答

答 2.7

（1）10g，25g，50g，0.5g，2.5g

（換算係数法） 換算係数は，$\frac{\text{砂糖 5 g}}{\text{スプーン 1 杯}}$，$\frac{\text{スプーン 1 杯}}{\text{砂糖 5 g}}$．スプーン 10杯＝$\cancel{\text{スプーン}}$ 10 $\cancel{\text{杯}}$ × $\frac{\text{砂糖 5 g}}{\cancel{\text{スプーン 1 杯}}}$ ＝砂糖 50g，スプーン2，5，0.1，0.5杯の重さも同様に解く．それぞれ，10g，25g，0.5g，2.5g．

（直感法） 1杯5gなので2杯は直感的に5g×2＝10g．5杯，10杯も同様に25g，50gとわかる．単位つきで表すと $\frac{\text{砂糖 5 g}}{\cancel{\text{砂糖スプーン 1 杯}}}$[3)] × $\cancel{\text{砂糖スプーン}}$ 10 $\cancel{\text{杯}}$ ＝砂糖 50g．同様に0.1杯は5g×0.1＝0.5g，0.5杯は5g×0.5＝2.5gまたは $\frac{5\text{ g}}{\cancel{\text{杯}}}$ ×0.5 $\cancel{\text{杯}}$ ＝2.5g（換算係数法と同じ，掛け算の順序が異なるだけ）．

3）1杯あたり5gという意味．

（**分数比例式法**）　$\dfrac{\text{砂糖 } 5\,\text{g}}{\text{スプーン } 1\text{ 杯}} = \dfrac{x\,\text{g}}{\text{スプーン } 10\text{ 杯}}$，たすき掛けして計算すると，$x = 50$ g.

2，5，0.1，0.5 杯の場合も同様.

(2)　2杯，10杯，20杯，0.1杯，0.2杯：

（**換算係数法**）　砂糖 100 g＝砂糖 100 g × $\dfrac{\text{スプーン } 1\text{ 杯}}{\text{砂糖 } 5\,\text{g}}$＝スプーン 20 杯，

砂糖 1 g × $\dfrac{\text{スプーン } 1\text{ 杯}}{\text{砂糖 } 5\,\text{g}}$＝スプーン 0.2 杯

砂糖 10 g，50 g，0.5 g がスプーン何杯かも同様に解く.

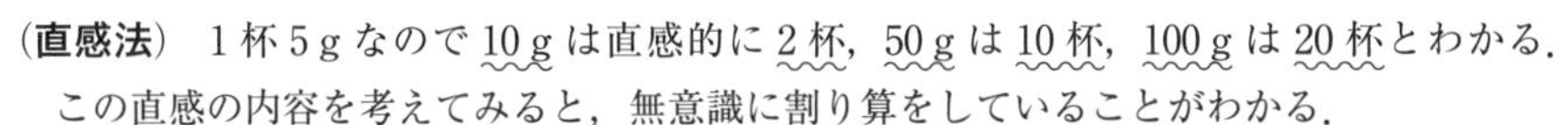

（**直感法**）　1 杯 5 g なので 10 g は直感的に 2 杯，50 g は 10 杯，100 g は 20 杯とわかる．この直感の内容を考えてみると，無意識に割り算をしていることがわかる．

10 g ÷ 5 g＝2 杯，50 g ÷ 5 g＝10 杯，100 g ÷ 5 g＝20 杯[4]，単位をつけると，砂糖 100 g の場合には，砂糖 100 g ÷（砂糖 5 g/砂糖スプーン 1 杯）＝砂糖 100 g ÷ $\dfrac{\text{砂糖 } 5\,\text{g}}{\text{砂糖 } 1\text{ 杯}}$

＝砂糖 100 g × $\dfrac{\text{砂糖 } 1\text{ 杯}}{\text{砂糖 } 5\,\text{g}}$＝砂糖 20 杯（砂糖 20 山）．同様に，0.5 g は直感的に 0.1 杯，

1 g は 0.2 杯とわかる．単位をつけて，1 g ÷ (5 g/1 杯)＝1 g × $\dfrac{1\text{ 杯}}{5\,\text{g}}$＝0.2 杯（0.2 山）．

（**分数比例式法**）　$\dfrac{\text{砂糖 } 5\,\text{g}}{\text{スプーン } 1\text{ 杯}} = \dfrac{\text{砂糖 } 100\,\text{g}}{\text{スプーン } x\text{ 杯}}$，$x = 20$ 杯．10，50，0.5，1 g も同様.

答 2.8　58.44 g：1 mol とは 1 山のこと．1 山（1 mol）の重さ≡モル質量＝分子量 g[5]＝式量 g[6]．Na，Cl の原子量[7]は周期表参照（Na＝22.99，Cl＝35.45）．

NaCl の式量＝Na＋Cl＝22.99＋35.45＝58.44．よって，NaCl の 1 mol は 58.44 g

答 2.9

(1)　32.00 g/mol：O＝16.00，O_2＝16.00×2＝32.00，32.00 g/mol

(2)　28.02 g/mol：N＝14.01，N_2＝14.01×2＝28.02，28.02 g/mol

(3)　16.04 g/mol：C＝12.01，H＝1.008，CH_4＝12.01＋1.008×4＝16.04，
16.04 g/mol

(4)　58.12 g/mol：4×12.01＋10×1.008＝58.12，58.12 g/mol

(5)　44.01 g/mol：12.01＋16.00×2＝44.01，44.01 g/mol

(6)　342.30 g/mol：12×12.01＋22×1.008＋11×16.00＝342.296≒342.30，
342.30 g/mol

(7)　159.70 g/mol：2×55.85＋3×16.00＝159.70，159.70 g/mol

(8)　342.17 g/mol：2×26.98＋3×32.07＋12×16.00＝342.17，342.17 g/mol

4)　**割り算・分数の意味.**
①割り算 $a \div b$＝分数 a/b は，分子の値・数・量 a を分母の大きさの量 b で分ける操作・分子 a が分母 b の何個分になるかを求める演算である.
②分数のいまひとつの意味は，分子の値 a を分母の数 b の組に小分けしたときの 1 組あたりの大きさ・数・量を求める演算である.

5)　分子の体重.

6)　NaCl のように分子でないものの組成式 NaCl の重さ，ここでは分子量と同じと考えてよい.

7)　原子の体重（H＝1（厳密には ^{12}C＝12）としたときの原子の相対質量）.

分子量と気体の体積：分子量＝分子の体重．気体の体積は 1 mol＝22.4 L（標準状態：0℃，1.013×10^6 Pa≡1 気圧（1 atm）で気体の種類によらずほぼ一定）．したがって気体の重さ・密度（単位体積あたりの重さ）は分子の体重・分子量の順になる．$CH_4 < N_2 < O_2 < CO_2 < C_4H_{10}$，つまり，$CH_4$ は空気より軽く・浮く，CO_2，C_4H_{10} は空気より重く・沈む[8]（空気の組成は N_2 約 78%，O_2 約 21%，Ar 1% なので，空気の平均分子量≒28.02×0.78＋32.00×0.21＋39.95×0.01≒29.0）.

8)　したがって，メタンガス（都市ガスの主成分）のガス漏れでは，ガスが上層部に上昇するので窓を開ける．プロパン・ブタンガス（LP ガスの主成分）では低い床面や場所にたまるので扉，ガラス戸など床面に接している部分から開ける必要がある．ほうきで掃き出す．電気掃除機を使用すると爆発する危険性がある.

b. 物質量（mol）から試料の重さ g を求める ［mol→g：mol を g に変換する］

問題 2.10 NaCl（式量 58.44）1.000，2.000，10.00，0.1000，0.2000 mol は何 g か．

モル mol のイメージをもつこと：イメージがわかないから難しく感じるだけである．mol とは 1 山という意味なので，ここでは問題 2.7 のように，1 mol＝スプーン 1 山（1 杯）の砂糖というイメージで考える．この**スプーン 1 山（1 杯）の重さが換算係数**．1 山（1 mol）が何 g かをまず考える．1 山が 5 g ならば 10 mol は 50 g と直感でわかる．**何倍になるか**だけである．つまり，**掛ければよい**．

molから
重さgを求め
るには？

問題 2.11

(1) メタン CH_4 の 0.50 mol は何 g か．
(2) 酸素分子 O_2 の 0.25 mol は何 g か．
(3) 0.25 mol の窒素分子（ガス）N_2 は何 g か．
(4) 二酸化炭素 CO_2 の 0.20 mol は何 g か．
(5) ブタン C_4H_{10} の 0.125 mol は何 g か．
(6) 0.125 mol のグルコース（ブドウ糖）$C_6H_{12}O_6$ は何 g か（分子量 180.16）．
(7) 0.65 mol のエタノール（お酒のアルコール）C_2H_6O は何 g か（分子量 46.07）．
(8) 金属元素のアルミニウム Al，鉄 Fe，銀 Ag，金 Au の原子番号と 1 mol の重さを周期表（表紙裏）で調べ，これらをそれぞれの金属の密度，2.70，7.86，10.5，19.3 g/cm^3 と比較せよ．比較すると何がわかるか考えてみよ（密度が 4〜5 以下の Al，Mg，Be，Ti，アルカリ金属，アルカリ土類金属を軽金属という）．

モル質量
って何？

解　答

答 2.10 58.44，116.9，584.4，5.844，11.69 g：（**換算係数法**）[1] 食塩 NaCl のモル質量（式量 g）＝58.44 g，換算係数は ① $\frac{\text{NaCl } 58.44\text{ g}}{\text{NaCl } 1\text{ mol}}$，② $\frac{\text{NaCl } 1\text{ mol}}{\text{NaCl } 58.44\text{ g}}$．NaCl の物質量 mol を重さ **g に変換する**には $\text{mol}\times\left(\frac{?}{?}\right)=\text{g}\rightarrow\cancel{\text{mol}}\times\left(\frac{\text{g}}{\cancel{\text{mol}}}\right)$[2] ＝g なので換算係数 ① を用いる．

NaCl 10.00 mol の質量(g)＝$\cancel{\text{NaCl}}\ 10.00\ \cancel{\text{mol}}\times\left(\frac{\text{NaCl } 58.44\text{ g}}{\cancel{\text{NaCl}}\ 1\ \cancel{\text{mol}}}\right)$＝NaCl 584.4 g．

NaCl 0.2000 mol の質量＝$\cancel{\text{NaCl}}\ 0.2000\ \cancel{\text{mol}}\times\left(\frac{\text{NaCl } 58.44\text{ g}}{\cancel{\text{NaCl}}\ 1\ \cancel{\text{mol}}}\right)\fallingdotseq$ NaCl 11.69 g．

つまり，**試料の質量 g＝物質量($\cancel{\text{mol}}$)×モル質量$\left(\frac{\text{g}}{\cancel{\text{mol}}}\right)$**[3]．

（**直感法**）[4] 1 山（1 mol）58.44 g（58.44 g/mol），2，10 山（mol）は，問題 2.7 と同様に，2，10 倍すればよい．1 山の重さ（モル質量，分子量・式量 g/mol）×山の数(mol)，$\frac{58.44\text{ g}}{1\ \cancel{\text{mol}}}\times 2\ \cancel{\text{mol}}=116.88\text{ g}$，$\frac{58.44\text{ g}}{1\ \cancel{\text{mol}}}\times 10.00\ \cancel{\text{mol}}=584.4\text{ g}$．

同様に，0.2000 山（0.2000 mol）は 0.2000 倍して $\frac{58.44\text{ g}}{1\ \cancel{\text{mol}}}\times 0.2000\ \cancel{\text{mol}}\fallingdotseq 11.69\text{ g}$．

試料の質量 g＝モル質量$\left(\frac{\text{g}}{\cancel{\text{mol}}}\right)$×物質量($\cancel{\text{mol}}$) → 掛ければよい（換算係数法と同じ，順序が逆なだけ）．

1) 単位が合うように計算する．

2) mol を消去するため分母に mol，答を g とするため分子に g をおく．

3) モル質量とは，$\left(\frac{\text{分子量 g}}{\text{mol}}\right)$，$\left(\frac{\text{式量 g}}{\text{mol}}\right)$ のこと．

4) イメージを浮かべ直感で求める．

(**分数比例式法**)[5] $\frac{58.44\ \mathrm{g}}{1\ \mathrm{mol}} = \frac{x\ \mathrm{g}}{0.2000\ \mathrm{mol}}$ この分数式は，1 mol：58.44 g＝0.2000 mol：x g，または 58.44 g：1 mol＝x g：0.2000 mol，1 mol：0.2000 mol＝58.44：x g と同じ，つまり，1 mol が 58.44 g なら 0.2000 mol は何 g かという意味である（比例式を分数式で表しただけ）.

上式を**たすき掛け**すると（左の分数の分子×右の分数の分母＝右の分数の分子×左の分数の分母，つまり，＝の両端の分数を×字型に掛け合わせると）[6]，58.44 g×0.2000 mol＝x g×1 mol．この式を x＝と変形すると，

$$x\ \mathrm{g} = \frac{58.44\ \mathrm{g} \times 0.2000\ \mathrm{mol}}{1\ \mathrm{mol}} = \frac{58.44\ \mathrm{g}}{1\ \cancel{\mathrm{mol}}} \times 0.2000\ \cancel{\mathrm{mol}} = 11.688\ \mathrm{g} \fallingdotseq 11.69\ \mathrm{g}$$

つまり，直感法，換算係数法，分数比例式法[7] はともに，

（掛け算の順序が違うだけ）

$$\text{物質の質量 g} = \text{物質量}(\cancel{\mathrm{mol}}) \times \left(\frac{\text{式量 g}}{1\ \cancel{\mathrm{mol}}}\right) = \text{物質量}(\cancel{\mathrm{mol}}) \times \text{モル質量}\left(\frac{\mathrm{g}}{1\ \cancel{\mathrm{mol}}}\right)$$

$$\text{物質の質量 g} = \left(\frac{\text{式量 g}}{1\ \cancel{\mathrm{mol}}}\right) \times \text{物質量}(\cancel{\mathrm{mol}}) = \text{モル質量}\left(\frac{\mathrm{g}}{1\ \cancel{\mathrm{mol}}}\right) \times \text{物質量}(\cancel{\mathrm{mol}})$$

答 2.11

(1) 8.0 g：メタンの分子量[8] は 16.04 なので，$0.50\ \cancel{\mathrm{mol}} \times \frac{16.04\ \mathrm{g}}{1\ \cancel{\mathrm{mol}}} = 8.02\ \mathrm{g} \fallingdotseq 8.0\ \mathrm{g}$

(2) 8.0 g：酸素分子の分子量は 32.00 なので，$0.25\ \cancel{\mathrm{mol}} \times \frac{32.00\ \mathrm{g}}{1\ \cancel{\mathrm{mol}}} = 8.00\ \mathrm{g} \fallingdotseq 8.0\ \mathrm{g}$

(3) 7.0 g：窒素分子の分子量は 28.02 なので，$0.25\ \cancel{\mathrm{mol}} \times \frac{28.02\ \mathrm{g}}{1\ \cancel{\mathrm{mol}}} = 7.01\ \mathrm{g} \fallingdotseq 7.0\ \mathrm{g}$

(4) 8.8 g：二酸化炭素の分子量は 44.01 なので，$0.20\ \cancel{\mathrm{mol}} \times \frac{44.01\ \mathrm{g}}{1\ \cancel{\mathrm{mol}}} \fallingdotseq 8.8\ \mathrm{g}$

(5) 7.3 g：ブタンの分子量は 58.12 なので，$0.125\ \cancel{\mathrm{mol}} \times \frac{58.12\ \mathrm{g}}{1\ \cancel{\mathrm{mol}}} = 7.2_7\ \mathrm{g} \fallingdotseq 7.3\ \mathrm{g}$[9]

(6) 22.5 g：$0.125\ \cancel{\mathrm{mol}} \times \frac{180.16\ \mathrm{g}}{1\ \cancel{\mathrm{mol}}} = 22.52\ \mathrm{g} \fallingdotseq 22.5\ \mathrm{g}$

(7) 30. g：$0.65\ \cancel{\mathrm{mol}} \times \frac{46.07\ \mathrm{g}}{1\ \cancel{\mathrm{mol}}} = 29.95 \fallingdotseq 30.\ \mathrm{g}$

(8) アルミニウム $_{13}\mathrm{Al}$ の原子量は 26.98 より，$1\ \cancel{\mathrm{mol}} \times \frac{26.98\ \mathrm{g}}{1\ \cancel{\mathrm{mol}}} = 26.98\ \mathrm{g}$．同様にして，鉄 $_{26}\mathrm{Fe}$＝55.85g，銀 $_{47}\mathrm{Ag}$＝107.9 g，金 $_{79}\mathrm{Au}$＝197.0 g．何がわかるかは右欄の注[10]を参照.

原子番号	13,	26,	47,	79；	原子量 27,	56,	108,	197；	密度 2.7,	7.9,	10.5,	19.3
元素/Al 比	1	2.0	3.6	6.1；	1	2.1	4.0	7.3；	1	2.9	3.9	7.1†

† 銀と金では原子番号・原子量の違いに対応して，密度は大きく異なる（p. 116，“アルキメデスの逸話”参照）

5) 比例関係を分数式で表示し計算する．**比例式でなく分数式で表す**こと．比例式から卒業せよ．比例式は後の勉強に役立たない．

6) または，両辺に 0.2000 mol を掛ける．

7) これらの3種類の解法のうち自分にとって最も考えやすいものの1つを用いて計算できればよい．以下の問題についても同様である．ただし，換算係数法もぜひ身につけてほしい．

8) 以下，分子量は自分で計算するか，または答 2.9 を見よ．

9) ここの有効数字が，なぜ3桁の 7.27 ではなく，2桁の 7.3 なのか，は p. 29 の下の補足説明を参照のこと．

10) 本ページ最下表より：原子量，密度ともに，原子番号の比にほぼ対応している．

詳しく見ると，原子量は原子番号の大きい銀，金でより大きくなっている（これらの元素では中性子の数・比率が増えていることがわかる）．

また，密度はほぼ原子量の比に一致しているが，鉄のみが異常に大きい．これは鉄が（d 電子数が多く）金属結合が強い・原子同士の結合距離が短い（この中ではいちばん硬い）ことを示している．密度が原子量の比に一致している理由は，重さは原子番号の増大に対応して増大する一方で，重さのもとの原子核は原子全体に比べきわめて小さく，原子核が重くなっても原子のサイズはあまり変わらないからである．

c. 試料の重さgから物質量mol(何山か)を求める [g→mol：gをmolに変換する][1)]

1) mol→gはできてもg→molができない人は少なくない．その理由は，この計算がじつは割り算であり，ヒトの脳は割り算が苦手だからである．割り算は小学校のうちにきちんと脳に教え込まないと，直感で理解できるようにはならない．一方，換算計数法は，この割り算も，式の変形が必要なxも使わないので，誰でも間違えずに計算できる方法である．

2) 分子でないもののいわば分子量が(化学)**式量**・(組成)式量．式量＝分子量と思ってよい．

3) じつはこの直感は，たとえば584.4は58.44の○倍かと掛け算で考えたのである．

4) 100gは5gが1個，2個，…，として，100gが5g×20個に対応すること，つまり100÷5＝20と理解できる．

問題 2.12　NaClの式量[2)]は58.44である．食塩の58.44g，116.88g，584.4g，5.844g，11.70gは何モル（何山）か．この順に答えよ．

解　答

答 2.12　1.000，2.000，10.00，0.1000，0.2002 mol：

（直感法）　本問は問題2.7，○gの砂糖はスプーン何杯分かと同じ．まず直感を使う．直感を大切にする．〈直感はどの人間にもある能力．これを使っていない人は使うトレーニングをしよう〉

食塩58.44，116.88，584.4，5.844，11.70gはそれぞれ何山か，直感でわかるはずである（1，2，10，0.1，0.2山）．君たちはじつは無意識に重さを58.44gで**割った**のである(何倍になるかを直感で理解している)[3)]．つまり，何山か（何モルか）を求めるには山の重さ○○gをスプーン1杯（1山1mol）の重さ58.44で**割ればよい**．

ピンとこない人は以下の例を考えるとよい：　ある大きさ（重さ100g）の塩の山がある．スプーン1杯（1山）5gとすると100gは何山か．また1gの塩の山は何山か．

100gの塩の山がスプーン何杯分（何山＝何mol）になるかを知るためには，実際に手を動かしてこの山をスプーンではかりとり，数えればよい．このことを，手を動かす代わりに計算で行うとすると，塩の山の重さ100gをスプーン1杯（1山＝1mol）の重さ（5g）で**割ればよい**ことがわかるだろう[4)]．1gの塩の山についても同じく**割ればよい**はずである．

(試料の重さ)	(1山の重さ)　何山(mol)か？	求め方：重さ÷1杯の重さ
100 g	5 g　→　20山	$\frac{100\ \mathrm{g}}{5\ \mathrm{g}}$＝20山(mol)．
1 g	5 g　→　0.2山	$\frac{1\ \mathrm{g}}{5\ \mathrm{g}}$＝0.2山(mol)となる．

100gは何mol(山)かを考える．
100gはスプーン何山(杯)か？
何molか

つまり，スプーンの杯数(物質量mol)＝塩の山の重さ÷スプーン1杯の重さ

$$=\frac{\text{塩の山の重さ g}}{\text{スプーン1杯の重さ g}}=\frac{100\ \mathrm{g}}{5\ \mathrm{g}}=20\text{杯}(20\ \mathrm{mol}).$$

$$\mathrm{mol}=\frac{\text{塩の山の重さ g}}{\text{スプーン1杯の重さ(式量) g}}$$

$$\text{物質量 mol}=\left(\frac{\text{試料の重さ g}}{\text{1山の重さ(モル質量) g}}\right)\mathrm{mol}$$

本問では，塩 58.44 g，116.88 g，584.4 g，5.844 g，11.70 g は，それぞれ，

$\frac{58.44}{58.44}=1.000\text{ mol}$，$\frac{116.88}{58.44}=2.000\text{ mol}$，$\frac{584.4}{58.44}=10.00\text{ mol}$，$\frac{5.844}{58.44}=0.1000\text{ mol}$，

$\frac{11.70\text{ g}}{58.44\text{ g}}=0.2002\text{ mol}$(山)．単位をつけて計算すると，物質量 mol $=\frac{11.70\text{ g}}{58.44\text{ g/mol}}$[5)]

$=11.70\text{ g}\div\frac{58.44\text{ g}}{1\text{ mol}}$[5)] $=11.70\cancel{\text{g}}\times\frac{\text{mol}}{58.44\cancel{\text{g}}}=\frac{11.70}{58.44}\text{ mol}=0.2002\text{ mol}$[6)]．

(換算係数法) NaCl の質量 g と物質量 mol の換算係数は，

① $\frac{\text{NaCl }58.44\text{ g}}{\text{NaCl }1\text{ mol}}$，② $\frac{\text{NaCl }1\text{ mol}}{\text{NaCl }58.44\text{ g}}$．　NaCl の重さ g を mol へと換算するには，

$\text{g}\times\left(\frac{?}{?}\right)=\text{mol}$，$\cancel{\text{g}}\times\left(\frac{\text{mol}}{\cancel{\text{g}}}\right)=\text{mol}$ なので，換算係数 ② を用いる[7)]．

食塩 11.70 g の物質量(mol) $=\text{NaCl }11.70\cancel{\text{g}}\times\left(\frac{\text{NaCl }1\text{ mol}}{\text{NaCl }58.44\cancel{\text{g}}}\right)$[8)] $=\text{NaCl }\frac{11.70}{58.44}\text{ mol}$

$=\text{NaCl }0.2002\text{ mol}$　$\left(\text{物質量 mol}=\frac{\text{試料の質量}}{\text{モル質量}}\text{ mol}\right)$

$$\text{試料の重さ}\cancel{\text{g}}\times\left(\frac{1\text{ mol}}{\text{モル質量}\cancel{\text{g}}}\right)=\text{mol}$$

(分数比例式法) 1 mol が 58.44 g のとき，11.70 g は何 mol か（比例関係）を分数式として表す．求める物質量 mol を x mol とおくと，

$\frac{58.44\text{ g}}{1\text{ mol}}=\frac{11.70}{x\text{ mol}}$，　または　$\frac{1\text{ mol}}{58.44\text{ g}}=\frac{x\text{ mol}}{11.70\text{ g}}$[9)]．

$$\frac{\text{モル質量 g}}{1\text{ mol}}=\frac{\text{試料の重さ g}}{x\text{ mol}}$$

この式をたすき掛けしたあと変形すると，

物質量 x mol $=\frac{11.70\text{ g}\times1\text{ mol}}{58.44\text{ g}}$[8)] $=\frac{11.70}{58.44}\text{ mol}=0.2002\text{ mol}\left(\frac{\text{試料の質量}}{\text{モル質量}}\text{ mol}\right)$．

つまり，直感法，換算係数法，分数比例式法のいずれも，

$$\text{物質量 mol}=\left(\frac{\text{試料の質量 g}}{\text{1 山の重さ(モル質量) g}}\right)\text{mol}\quad\left(=\left(\frac{\text{試料の質量 g}}{\text{分子量(式量) g}}\right)\text{mol}\right)$$

$$\left(\text{mol}=\frac{\text{試料の質量 g}}{\text{モル質量 g/mol}}=\text{試料の質量 g}\div\frac{\text{モル質量 g}}{\text{mol}}\right.$$

$$\left.=\text{試料の質量 g}\times\frac{\text{mol}}{\text{モル質量 g}}=\left(\frac{\text{試料の質量 g}}{\text{モル質量 g}}\right)\text{mol}\right)$$

まとめ：計算は公式に頼らない，公式に代入しない！

計算するときはいつも，上の問題を解いたときの考え方，「スプーン 1 杯は何 g か」「スプーン○○杯は△△ g」を繰り返す．するといつの間にか考え方（公式）が頭に入り，使えるようになる．

5) NaCl のモル質量 (g/mol) = 1 mol の重さ = 分子量(式量) g.

6) 直感法のもっと詳しい学習は“演習 溶液の化学と濃度計算”(丸善)を参照.

7) NaCl 11.70 g の g が消去できる換算係数，分母に g があるものを掛ける.

8) 「換算係数法」の解き方は「分数比例式法」の解き方とじつはまったく同じである.

「換算係数法」では割り算や x を使わないで，その代わりに 2 種類の換算係数を考え，そのどちらが答の要求する単位に合うかを判断する．なぜそういう計算になるか（比例式の意味など）を考えない，機械的なやり方である．しかしながらできあがった計算式を眺めれば，その意味が容易に理解できるはずである.

9) この分数の意味は，1 mol ： 58.44 g = x mol ： 11.70 g，58.44 g ： 1 mol = 11.70 g : x mol，または，58.44 g : 11.70 g = 1 mol : x mol

問題 2.13　次の問いに換算係数法，直感法，分数比例式法で答えよ．

(1) NaOH の 0.835 g は何 mol か（原子量は H = 1.008，O = 16.00，Na = 22.99）．

(2) NaOH の 0.0687 mol は何 g か(Na，O，H の原子量は表紙裏の周期表参照)．

問題 2.14　原子量は，C = 12.01，H = 1.008，O = 16.00，Al = 26.98，Fe = 55.85，Ag = 107.9，Au = 197.0，Pb = 207.2，U = 238.0 である．以下の問いに直感法で答えよ．

(1) 100. g[1] の金属アルミニウム Al，金属鉄 Fe はそれぞれ何 mol か．

(2) 100. g[1] の銀 Ag，金 Au，鉛 Pb，ウラニウム U はそれぞれ何 mol か．

(3) 500. mL[1]（= 500. g[1]）の水(H_2O)は何 mol か．

(4) 250. g[1] のグルコース（ブドウ糖 $C_6H_{12}O_6$）は何 mol か．

(5) ブタン（卓上ガスコンロのカセットガス，C_4H_{10}）の 250. g[1] は何 mol か．

1)　ここの数値は整数 1 位までが有効数字であるとする．以下，本書では，たとえば 100. の小数点をこの意味で用いることとする．

d. 粒子・分子の数を求める［mol，g → 粒子・分子数］

問題 2.15　酒 1 合（180 mL）中にはアルコール（エタノール C_2H_5OH）が 27.0 g 含まれている（原子量は C = 12.01，H = 1.008，O = 16.00）．

(1) このエタノールは何 mol か．

(2) エタノール分子は何個含まれているか[2]．

(3) 0.250 mol のエタノールは何 g か．

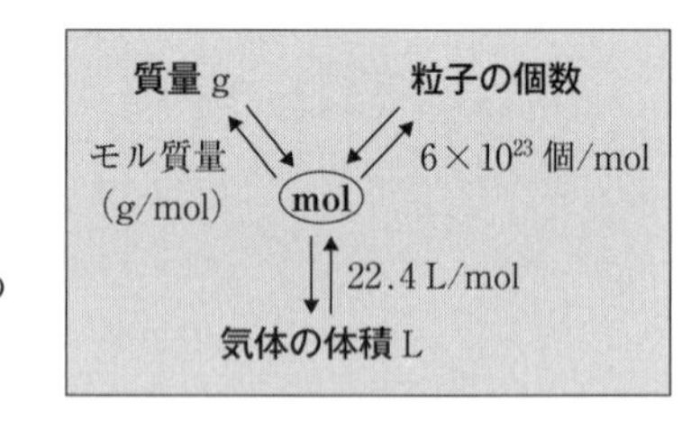

2)　1 mol の物質はすべて 6.02×10^{23} 個の粒子よりできている．1 mol = 6.02×10^{23} 個の分子が存在する（**アボガドロ定数 = 6.02×10^{23} 個/mol**）．

問題 2.16　(1) 5.75 mol のメタンは何分子のメタン CH_4 に対応するか．

(2) 1 滴の水（0.0500 mL = 0.0500 g）は何分子の水 H_2O に対応するか．

(3) 2.15×10^{21} 個のアンモニア NH_3 は何 g か．

e. 気体の g，mol，体積もやり方は同じ（1 mol = 22.4 L[3]）〈この項は省略可〉

問題 2.17　気体の体積は気体の種類によらず標準状態[3]で 1 mol あたり 22.4 L である．

(1) 5.00 L のメタンは何 g のメタン CH_4 に対応するか．

(2) 5.00 g のアンモニア NH_3 は何 L か．

3)　標準状態：0℃，1 気圧（1 atm，1.013×10^5 Pa・1013 hPa）

解　答

答 2.13　(1) 0.0209 mol：(**換算係数法**)　NaOH のモル質量は 40.0，換算係数は，

① $\dfrac{40.0\ \text{g}}{1\ \text{mol}}$ と ② $\dfrac{1\ \text{mol}}{40.0\ \text{g}}$．g → mol なので，$0.835\ \text{g}\times\dfrac{1\ \text{mol}}{40.0\ \text{g}}$[4] = 0.0209 mol.

(**直感法**)　何 mol（山）か，試料の重さを 1 山の重さ（式量）で割ると，

$\left(\dfrac{0.835\ \text{g}}{40.0\ \text{g}}\right)$ mol = 0.0209 mol　(**分数比例式法**)　$\dfrac{40.0\ \text{g}}{1\ \text{mol}}=\dfrac{0.835\ \text{g}}{x\ \text{mol}}$，$x$ = 0.0209 mol.

4)　答と単位が合うように②を掛ける．

(2) 2.75 g：(**換算係数法**)　mol→g，$0.0687\ \text{mol} \times \dfrac{40.0\ \text{g}}{1\ \text{mol}}$[5] $= 2.75\ \text{g}$.

(**直感法**) 1 mol は 40.0 g．5 mol はその 5 倍，0.1 mol は 0.1 倍 = 4.0 g，0.0687 mol は 0.0687 倍，$\dfrac{40.0\ \text{g}}{1\ \text{mol}} \times 0.0687\ \text{mol} = 2.75\ \text{g}$　(**分数比例式法**)　$\dfrac{40.0\ \text{g}}{1\ \text{mol}} = \dfrac{y\ \text{g}}{0.0687\ \text{mol}}$，$y = 2.75\ \text{g}$

5) 答と単位が合うように①を掛ける.

答 2.14

(1) Al の 100 g，$\dfrac{100.}{26.98} = 3.7_1\ \text{mol}$，Fe の 100 g，$\dfrac{100.}{55.85} = 1.79\ \text{mol}$

(2) Ag，$\dfrac{100.}{107.9} = 0.92_7\ \text{mol}$；Au，$\dfrac{100.}{197.0} = 0.50_8\ \text{mol}$；Pb，$\dfrac{100.}{207.2} = 0.48_3\ \text{mol}$；U，$\dfrac{100.}{238.0} = 0.42_0\ \text{mol}$

(3) $H_2O = 18.01_6$，$\dfrac{500.}{18.01_6} = 27.7_5\ \text{mol}$

(4) $C_6H_{12}O_6 = 180.16$，$\dfrac{250.}{180.16} = 1.39\ \text{mol}$

(5) $C_4H_{10} = 58.12$，$\dfrac{250.}{58.12} = 4.30\ \text{mol}$

答 2.15

(1) 0.586 mol：分子量 = 46.07　(**換算係数法**)　g → mol，換算係数は，

① $\dfrac{46.07\ \text{g}}{1\ \text{mol}}$，② $\dfrac{1\ \text{mol}}{46.07\ \text{g}}$．$27.0\ \text{g} \times \dfrac{1\ \text{mol}}{46.07\ \text{g}}$[6] $= 0.586\ \text{mol}$．(**直感法**)　mol の定義より，$\left(\dfrac{27.0\ \text{g}}{46.07\ \text{g}}\right)\text{mol} = 0.586\ \text{mol}$．(**分数比例式法**)　$\dfrac{46.07\ \text{g}}{1\ \text{mol}} = \dfrac{27.0\ \text{g}}{x\ \text{mol}}$，$x = 0.586\ \text{mol}$.

6) 答と単位が合うように分母に g のある②を掛ける.

(2) 3.53×10^{23} 個：(**換算係数法**)　mol → 個数．換算係数は，③ $\boxed{\dfrac{6.02 \times 10^{23}\ \text{個}}{1\ \text{mol}}}$，④ $\boxed{\dfrac{1\ \text{mol}}{6.02 \times 10^{23}\ \text{個}}}$．エタノールは，$0.586\ \text{mol} \times \dfrac{6.02 \times 10^{23}\ \text{個}}{1\ \text{mol}}$[7] $= 3.53 \times 10^{23}$ 個

①②，③④を一緒に用いると $27.0\ \text{g} \times \dfrac{1\ \text{mol}}{46.07\ \text{g}} \times \dfrac{6.02 \times 10^{23}\ \text{個}}{1\ \text{mol}} = 3.53 \times 10^{23}$ 個.

7) 分母に mol のある③を用いる.

(**直感法**)　$\dfrac{6.02 \times 10^{23}\ \text{個}}{1\ \text{mol}} \times 0.586\ \text{mol} = 3.53 \times 10^{23}$ 個.

(**分数比例式法**)　$\dfrac{6.02 \times 10^{23}\ \text{個}}{1\ \text{mol}} = \dfrac{y\ \text{個}}{0.586\ \text{mol}}$，$y = 3.53 \times 10^{23}$ 個.

(3) 11.5 g：(**換算係数法**)　$0.250\ \text{mol} \times \dfrac{46.07\ \text{g}}{1\ \text{mol}}$[8] $= 11.5\ \text{g}$

(**直感法**)　$\dfrac{46.07\ \text{g}}{1\ \text{mol}} \times 0.250\ \text{mol} = 11.5\ \text{g}$

(**分数比例式法**)　$\dfrac{46.07\ \text{g}}{1\ \text{mol}} = \dfrac{z\ \text{g}}{0.250\ \text{mol}}$，$z = 11.5\ \text{g}$.

8) 分母に mol のある換算係数①を用いる.

答 2.16

(1) 3.46×10^{24} 個：$5.75\ \text{mol} \times \dfrac{6.02 \times 10^{23}\ \text{個}}{1\ \text{mol}}$[7] $= 3.46 \times 10^{24}$ 個の分子.

(2) 1.67×10^{21} 個：$\left(\dfrac{0.0500\ \text{g}}{18.01_6\ \text{g}}\right)\text{mol}$[9] $\times \dfrac{6.02 \times 10^{23}\ \text{個}}{1\ \text{mol}} = 1.67 \times 10^{21}$ 個

(3) 0.0608 g：$(2.15 \times 10^{21}\ \text{個}) \times \dfrac{1\ \text{mol}}{6.02 \times 10^{23}\ \text{個}}$[10] $\times \dfrac{17.03\ \text{g}}{1\ \text{mol}}$[11] $= 0.0608\ \text{g}$

9) まず，0.0500 g を mol に変換．H_2O の分子量は 18.01_6.

10) 分子に mol のある④を用いる.

11) NH_3 の分子量.

答 2.17

(1) 3.58 g：$5.00\ \text{L} \times \boxed{\dfrac{1\ \text{mol}}{22.4\ \text{L}}} \times \dfrac{16.04\ \text{g}}{1\ \text{mol}}$[12]

(2) 6.58 L：$5.00\ \text{g} \times \dfrac{1\ \text{mol}}{17.03\ \text{g}} \times \boxed{\dfrac{22.4\ \text{L}}{1\ \text{mol}}}$

12) CH_4 の分子量.

2・4　モル濃度

a.　モル濃度（mol/L）[1] とは

問題 2.18　砂糖のスプーン6杯分を2カップ分の紅茶に加えて溶かした．この紅茶の中の砂糖の濃さはどれだけか．

問題 2.19　モル濃度とは何か，意味・定義を述べよ．モル濃度を表す単位を示せ．

b.　物質量 mol と溶液の体積 L からモル濃度 mol/L を求める

問題 2.20

(1)　水酸化ナトリウムの 3.00 mol を溶かして 1.00 L の水溶液をつくった．この溶液のモル濃度はいくつか．

(2)　砂糖（ショ糖）の 0.500 mol を溶かして 4.00 L の水溶液をつくった．この溶液のモル濃度はいくつか．

(3)　0.100 mol の塩化ナトリウム（食塩，NaCl）を水に溶かして 200.0 mL とした．この溶液のモル濃度はいくつか．

(4)　0.150 mol の炭酸水素ナトリウム（重曹ともいう，$NaHCO_3$）を水に溶かして 250.0 mL とした．この溶液の濃度は何 mol/L か．

(5)　0.400 mol のエタノール（酒のアルコール）を溶かして 2.50 L とした．この溶液のエタノール濃度は何 mol/L か．

1)　モル濃度 mol/L を昔は **M** で表示した．現在でも M を使用する教員，分野，職場があるので知っておくとよい．
0.1 mol/L ≡ 0.1 M
（≡は＝と同じ．定義・約束を意味する記号）

モル濃度とは？
定義・単位？
モル濃度の
計算法？

デモ実験：炭酸水素ナトリウムを触ってみよう．熱分解，溶解度，液性（家庭でも使用する重曹パワー？）

解　答

答 2.18　濃さはどれだけかといわれても，どう表現してよいかわからないかもしれない．これは，紅茶1カップあたりにスプーン3杯分の砂糖が溶けている $\dfrac{\text{砂糖スプーン 3 杯}}{\text{紅茶 1 カップ}}$ と表現すればよい．

答 2.19　モル濃度とは，溶液の濃度を mol 単位で表したもの．溶液 1 L（1 カップ）中に溶けている物質量 mol（1 L に何山溶けているか）で表す．単位は mol/L．
答 2.18 の，砂糖スプーン ○杯/1 カップとまったく同じ．

いわば，砂糖スプーン 1 杯（1 山，1 mol）が容積 1 L の大型の紅茶カップに溶けている砂糖濃度を $\dfrac{1\ \text{mol}}{1\ \text{L}} = 1\ \text{mol/L}$[2] と表す．砂糖 6 杯が 2 カップに溶けている場合は，$\dfrac{\text{砂糖 6 杯}}{\text{2 カップ}} = \dfrac{6\ \text{mol}}{2\ \text{L}} = \dfrac{3\ \text{mol}}{1\ \text{L}} = 3\ \text{mol/L}$（$= \dfrac{\text{3 杯}}{\text{1 カップ}}$，紅茶 1 カップあたりにスプーン 3 杯分の砂糖が溶けている）である[3]．

つまり，ある物質量 mol を溶かして一定の体積 L にしたときのモル濃度は，

2)　1 L 中に 1 mol 溶けているという意味．
モル濃度の定義は，「1 L に溶かす」ではなく，「溶かして全体を 1 L とする」である．

3)　溶液中の物質量 mol と溶液の体積 L との間の換算係数でもある．

モル濃度(mol/L) $= \dfrac{\text{物質量 mol}}{\text{体積 L}} = \dfrac{\left(\dfrac{\text{物質の質量 g}}{\text{分子量 g}}\right)\text{mol}^{4)}}{\text{体積L}}$

砂糖の杯数（物質量 mol）をカップの数(**体積** L）で**割ったもの**であり[5]，定義どおりに，分子に mol，分母に L として計算する：$\dfrac{\text{mol}}{\text{L}} = \dfrac{\square\ \text{mol}}{\bigcirc\ \text{L}}$[5] $= \triangle\text{mol/L} \equiv \dfrac{\triangle\ \text{mol}}{1\ \text{L}}$[5]．

答 2.20[6]　(1) 3.00 mol/L：$\dfrac{\text{mol}}{\text{L}} = \dfrac{3.00\ \text{mol}}{1.00\ \text{L}} = 3.00\ \text{mol}/(1.00\ \text{L}) = 3.00\ \text{mol/L}$

(2) 0.125 mol/L：$\dfrac{\text{mol}}{\text{L}} = \dfrac{0.500\ \text{mol}}{4.00\ \text{L}} = 0.500\ \text{mol}/(4.00\ \text{L}) = 0.125\ \text{mol/L}$

(3) 0.500 mol/L：$\dfrac{\text{mol}}{\text{L}} = \dfrac{0.100\ \text{mol}}{(200.0/1000)\ \text{L}} = \dfrac{0.100\ \text{mol}}{0.2000\ \text{L}} = 0.500\ \text{mol/L}$

(4) 0.600 mol/L：$\dfrac{\text{mol}}{\text{L}} = \dfrac{0.150\ \text{mol}}{(250.0/1000)\ \text{L}} = \dfrac{0.150\ \text{mol}}{0.2500\ \text{L}} = 0.600\ \text{mol/L}$

(5) 0.160 mol/L：$\dfrac{\text{mol}}{\text{L}} = \dfrac{0.400\ \text{mol}}{2.5\ \text{L}} = 0.160\ \text{mol/L}$

4）または，物質の質量 g $\times \dfrac{1\ \text{mol}}{\text{分子量 g}}$

5）体積 L で割る→1 L に換算している（比例式で 1 L 換算している）のと同じである．

単位をつけて計算をするくせをつけること！

6）公式を覚えて公式に代入はよくない．イメージ法，または換算係数法を用いる．言葉の定義のみをしっかり記憶すれば，あとは単位を合わせるだけでよい．ここではモル濃度を求めるのだから，モル濃度＝mol/L＝…として解く．

Study Skills（p. 55 からのつづき）　ノートのとり方（1）

ノートをとる理由：ノートは自分だけの大切な財産

① ノートをとりながら授業を聞くと，話の何を記録すべきかを注意しながら聞くことになり，話の要点を頭に残すことができる（視聴覚，動画教材の学習でも同様）．教員の説明を聴かないで，たんに黒板を写す作業をするだけでは，何が書いてあるかすら理解できない．

② ノートをとっていれば，授業内容を後で確認・復習でき，授業の全体像をつかむこともできる．授業中に理解できなかったことを，後で質問することもできる．

＊下の余白に自分でポイントをまとめてみよう（コーネル式ノートのとり方）．

授業中のノートのとり方：

① 授業ノートにルーズリーフは用いない．ルーズリーフは破れたり，長い間には紛失したりする可能性がある．世界に1つしかない自分の手作りの授業記録，お金で買えない自分だけの貴重な財産がなくなれば，取り返しがつかない．

② 毎日のノートの最初に日付を書く．〈日付を書くと復習の際などにいろいろと便利〉

③ 短時間で講義ノートをとるには，自分式の言葉の短縮表現や略記を使うとよい（たとえば→例，ex）．速く書けるようになること，話の要点をメモできるようになることは，身につけるべき大切な学習技術である（能力アップになる）．講義中にメモをブラインドタッチ[1]でパソコン入力できると，社会人になっても会議などでたいへん便利である（能力のランクアップ）．

④ ノートは詰めて書かないで，空白をたくさん取ること．ノートに小さい字で詰め込んで書くと，あとで読み返そうにも読み返せない[2]．また，授業の途中で，以前にとったノート部分に新しいことを書き加える必要が出てきた場合にも，書き加えるスペースがない．あとで講義ノートをまとめたくても書き込む場所がない．

1）キーボードを見ないで入力すること．

2）ノートをとっても何が書いてあるか理解できないし，試験の際にもノートを見ないだろう．これではノートを取る意味，授業に出る意味がない．

[p. 72 へつづく]

c.　試料の重さ g と溶液の体積 L からモル濃度 mol/L を求める［g，L→mol/L］

g→mol
の求め方？
mol，L→
モル濃度
の求め方？

問題 2.21　食塩 100.0 g を水に溶かして 2.000 L にした．この NaCl 水溶液のモル濃度を求めよ．ただし，NaCl の式量は 58.4 である．

問題 2.22　6.00 g の水酸化ナトリウム NaOH を純水に溶かして 400.mL とした．この NaOH 水溶液のモル濃度を求めよ．ただし，NaOH の式量は 40.0 である．

問題 2.23　13.5 g のグルコース（ブドウ糖，砂糖の親戚）を溶かして 350 mL とした．グルコース水溶液のモル濃度を求めよ．グルコースの分子量は 180.16[1]．つまり，グルコースの 1 山の重さ＝グルコース 1 mol の重さ＝モル質量＝180.16 g.

1)　ブドウ糖 $C_6H_{12}O_6$ ＝12.01×6＋1.008×12＋16.00×6＝180.156≒180.16

> **まとめ：計算の手順**
> ① 試料の重さ g から物質量 mol を求める，② 定義 mol/L（分子に mol，分母に L）どおりにモル濃度を求める（1 L 中に何 mol，何山溶けているか）．

補充問題　水を含まない純度 100% の硫酸 H_2SO_4 1.20 g を水に溶かして 250.0 mL とした．この溶液のモル濃度を求めよ．

解　答

答 2.21　0.856 mol/L：
求めるもの：モル濃度→単位は mol/L（1 L 中に何 mol・何山溶けているか）
① 100.0 g は何 mol か：

（換算係数法[2]）　g → mol ⇒ $\cancel{g} \times \dfrac{mol}{\cancel{g}}$ = mol とする．

換算係数 $\dfrac{mol}{g}$ は $\dfrac{1\ mol}{モル質量\ g}$[3]．試料 $100.0\ \cancel{g} \times \dfrac{1\ mol}{モル質量\ 58.4\ \cancel{g}}$[3] $= 1.71_2$ mol

（直感法）　1 mol（1 山）が 58.4 g，100.g は $\dfrac{100.0\ \cancel{g}}{58.4\ \cancel{g}}$ mol（100 g は 1 山の何倍か）

$= \dfrac{試料の重さ\ \cancel{g}}{1\ 山の重さ(モル質量)\ \cancel{g}}\ mol = 1.71_2\ mol.$

（分数比例式法）　$\dfrac{58.4\ g}{1\ mol} = \dfrac{100.0\ g}{x\ mol}$[4]　$\left(\dfrac{x\ mol}{1\ mol} = \dfrac{100.0\ g}{58.4\ g}\right)$．$x = 1.71_2$ mol

② モル濃度を求める：1.71_2 mol を 2.000 L に溶かしたので，

$$モル濃度 = \frac{mol}{L} =^{5)} \frac{物質量\ mol}{体積\ L} = \frac{1.71_2\ mol}{2.000\ L} = 0.856\ mol/L$$

答 2.22　0.375 mol/L：① 6.00 g は何 mol か：　NaOH のモル質量 40.0 g/mol

（換算係数法）　$6.00\ \cancel{g} \times \dfrac{1\ mol}{40.0\ \cancel{g}} = 0.150_0\ mol.$

2)　計算の意味を考えない方法，計算の元データと計算結果の間で，ただ単位を合わせるだけ（このやり方は数学的にはたんなる式の代入にほかならない．$\dfrac{1\ mol}{モル質量\ g}$ は 1 g あたりの物質量 mol を示している．したがって，(試料の重さ g)×(この換算係数) は試料の重さ g に 1 g あたりの mol を代入していることになる)．

3)　モル質量 (g/mol) ＝分子量 g/mol

4)　比例式ではなく，分数式を用いる．
1 mol ： 58.4 g＝x mol ： 100.0 g，1 mol ： x mol＝58.4 g：100.0 g，の代わりに，
$\dfrac{58.4\ g}{1\ mol} = \dfrac{100.0\ g}{x\ mol}$ のような書き方に慣れること．このほうが視覚に訴えるし，分数自体が意味をもつ（ここでは式の左側はモル質量）．

（直感法） $\dfrac{6.00\ \mathrm{g}}{40.0\ \mathrm{g}}\ \mathrm{mol} = \underline{0.150_0\ \mathrm{mol}}$

（分数比例式法） $\dfrac{40.0\ \mathrm{g}}{1\ \mathrm{mol}} = \dfrac{6.00\ \mathrm{g}}{x\ \mathrm{mol}}$，$x = \underline{0.150_0\ \mathrm{mol}}$

② モル濃度を求める：$\dfrac{\mathrm{mol}}{\mathrm{L}} =$ [5] $\dfrac{0.150_0\ \mathrm{mol}}{\left(\dfrac{400}{1000}\right)\mathrm{L}} = \dfrac{0.150_0\ \mathrm{mol}}{0.400\ \mathrm{L}} = 0.375\ \mathrm{mol/L} \equiv \dfrac{0.375\ \mathrm{mol}}{1\ \mathrm{L}}$

答 2.23 0.214 mol/L：① グルコース 13.5 g は何モルか：グルコースの分子量 180.16 グルコース 1 山＝グルコース 1 mol＝180.16 g.

（換算係数法） 13.5 g グルコース × $\dfrac{1\ \mathrm{mol}\ \text{グルコース}}{180.16\ \mathrm{g}\ \text{グルコース}}$ ＝ 0.0749 mol グルコース

（直感法） $\left(\dfrac{13.5\ \mathrm{g}}{180.16\ \mathrm{g}}\right)\mathrm{mol} = \underline{0.0749\ \mathrm{mol}}$

（分数比例式法） $\dfrac{180.16\ \mathrm{g}}{1\ \mathrm{mol}} = \dfrac{13.5\ \mathrm{g}}{x\ \mathrm{mol}}$．$x\ \mathrm{mol} = \underline{0.0749\ \mathrm{mol}}$

② モル濃度を求める：0.0749 mol が 350. mL に溶けているので，定義どおりに，

モル濃度 $= \dfrac{\mathrm{mol}}{\mathrm{L}} =$ [5] $\dfrac{0.0749\ \mathrm{mol}}{0.350\ \mathrm{L}} = 0.214\ \mathrm{mol/L}$

（分数比例式法）1 L に溶けている量を y mol とすると，$\dfrac{0.0749\ \mathrm{mol}}{0.350\ \mathrm{L}} = \dfrac{y\ \mathrm{mol}}{1\ \mathrm{L}}$ [6] より，

$y\ \mathrm{mol} = 0.214\ \mathrm{mol}$．つまり，この溶液のモル濃度は 0.214 mol/L.

（上記の分数比例式の左辺をそのまま計算すると，この分数比例式を用いて計算しなくても，計算結果は mol/L，つまり 1 L あたりに溶けている物質量 mol（y の値）を求めたことになる）[5]

試料の重さ g と溶液の体積 L，モル質量から，モル濃度の定義に基づいてただちにモル濃度を求めるには，

$$\boxed{\text{モル濃度} = \frac{\mathrm{mol}}{\mathrm{L}} = \frac{\left(\dfrac{\text{物質の質量}}{\text{モル質量}}\right)\mathrm{mol}}{\text{体積 L}}} = \frac{\left(\dfrac{13.5\ \mathrm{g}}{180.16\ \mathrm{g}}\right)\mathrm{mol}}{0.350\ \mathrm{L}} = 0.214\ \mathrm{mol/L}$$

または換算係数法を用いて，

$$\frac{\mathrm{mol}}{\mathrm{L}} = \frac{\left(\text{物質の重さ g} \times \dfrac{1\ \mathrm{mol}}{\text{モル質量 g}}\right)}{\text{体積 L}} = \frac{\left(13.5\ \mathrm{g} \times \dfrac{1\ \mathrm{mol}}{180.16\ \mathrm{g}}\right)}{0.350\ \mathrm{L}} = 0.214\ \mathrm{mol/L}$$

補充問題・答 0.0489 (0.048_9) mol/L：H_2SO_4 の式量は 98.086 ≒ 98.1（原子量は表紙裏の周期表を参照）.

$$\text{モル濃度} = \frac{\mathrm{mol}}{\mathrm{L}} = \frac{\left(1.20\ \mathrm{g} \times \dfrac{1\ \mathrm{mol}}{98.1\ \mathrm{g}}\right)}{\left(\dfrac{250.0}{1000}\right)\mathrm{L}} = 0.0489\ \mathrm{mol/L}$$

5) 定義・単位どおりに，分子を物質量 mol，分母を溶液の体積（L 単位）で表す．この分数をそのまま計算すると，比例式で 1 L あたりの物質量 mol を計算しなくても（左ページの分数比例式法），計算結果は自動的に mol/L，つまり 1 L に換算した・1 L あたりに溶けている物質量 mol を求めたことになる．

6) 比例式は，0.350 L 中に 0.0749 mol あるなら，1 L 中には y mol ある，と読む．

分数式は比例式と同じに読むこともできるが，「0.350 L 中に 0.0749 mol 溶けている溶液と 1 L 中に y mol 溶けている溶液は同じ濃度である」ことを示した式である．つまり，$\dfrac{0.0749\ \mathrm{mol}}{0.350\ \mathrm{L}}$ は濃度を表している．分数式は比例式より式の意味が明白であり，慣れれば分数式が便利である．

d.　モル濃度 mol/L と溶液の体積 V L から，溶質の物質量 mol と重さ g を求める

[mol/L，L → mol → g]

問題 2.24　紅茶カップにスプーン3杯分（3山）の砂糖を溶かした紅茶がある．このカップを5カップ持ってきたら，

(1) 5カップ全体でスプーンに何杯分（何山）の砂糖が溶けているか．

(2) (1)の砂糖は全体で何 g か．スプーン1杯（1山）の砂糖は5 g とする．

mol/L とL
↓
mol，g
の求め方？

問題 2.25　0.200 mol/L の希塩酸 HCl 50.0 mL 中には，

(1) 何 mol の HCl，(2) 何 g の HCl が含まれるか（HCl の分子量 36.46）．

問題 2.26　1.50 mol/L のグルコース（ブドウ糖）溶液 400. mL つくるには，

(1) 何 mol のグルコースが必要か．

(2) 何 g のグルコースが必要か．グルコースの分子量（式量）= 180.16 ≒ 180

解　答

答 2.24

(1) 15 杯：**(直感法)** 1カップに砂糖3杯が溶けているから，5カップでは3杯×5 = 15杯．つまり，砂糖3杯を1Lの紅茶カップに溶かしたもの（3 mol/L の溶液）を5L（紅茶5カップ）持ってきたら，この中には砂糖が，$\frac{\text{砂糖 3 杯}}{\text{1 カップ}} \times 5\ \text{カップ} =$ 砂糖 15 杯

$\left(\frac{\text{3 杯(mol)}}{1\ \text{L}} \times 5\ \text{L} = \text{砂糖 15 杯(mol)}\right)$ あることがわかる．

つまり，$\text{濃度}\ \frac{\text{mol}}{1\ \text{L}} \times \text{体積 L} = \text{物質量 mol}$

(2) 75 g：**(直感法)**　1杯5 g なので，砂糖全体の15杯（山，mol）の重さは，

5 g×15 = 75 g，または，$\frac{5\ \text{g}}{1\ \text{杯}} \times 15\ \text{杯} = \frac{\text{モル質量 g}}{1\ \text{mol}} \times \text{物質量 mol} = \text{重さ g} = 75\ \text{g}$

答 2.25

(1) 0.0100 mol：mol/L とLから物質量 mol を求める．

(換算係数法)　$\frac{\text{mol}}{\text{L}}$ → mol とするには　→ $\frac{\text{mol}}{\text{L}} \times (\text{L})$[1] = mol.

0.200 mol/L，HCl 50.0 mL 中の HCl = $\frac{0.200\ \text{mol}}{\text{L}} \times \left(\frac{50.0}{1000}\right) \text{L} = 0.0100\ \text{mol}$.

つまり，$\text{濃度}\ \frac{\text{mol}}{\text{L}} \times \text{体積 L} = \text{物質量 mol}$　（直感法と同じ）

1)　$\frac{\text{mol}}{\text{L}} \times (?) = \text{mol}$
式の左辺の分母のLを消去するために（?）にはLが必要．

(直感法)　0.200 mol/L（1Lに0.200 mol 溶けている，1カップに0.200山溶けている）なら，50.0 mL = 0.0500 L（0.0500カップ）中には，1カップの0.0500杯分，

$\frac{0.200\ \text{山}}{1\ \text{カップ}} \times 0.0500\ \text{カップ} = 0.0100\ \text{山} = 0.0100\ \text{mol}$ 溶けていることがわかる[2]．

2)　答 2.24 の①と同じ考え方．

（分数比例式法） 0.200 mol/L＝1 L に 0.200 mol 溶けている．50.0 mL＝$\left(\frac{50.0}{1000}\right)$ L ＝0.0500 L 中に溶けている量を x mol とすると，$\frac{0.200\ \text{mol}}{1\ \text{L}}=\frac{x\ \text{mol}}{0.0500\ \text{L}}$ が成立．

たすき掛けして，$x\ \text{mol}=\frac{0.200\ \text{mol}}{\cancel{\text{L}}}\times 0.0500\ \cancel{\text{L}}=\underline{0.0100\ \text{mol}}$

(2) 0.365 g：物質量 mol から重さ g を求める．

（換算係数法） mol→g とするには，$\text{mol}\times\left(\frac{?}{?}\right)=\text{g}$．→$\cancel{\text{mol}}\times\frac{\text{g}}{\cancel{\text{mol}}}$[3] ＝g

$0.0100\ \cancel{\text{mol}}\times\frac{36.46\ \text{g}}{1\ \cancel{\text{mol}}}=\underline{0.365\ \text{g}}$．→ 物質量 $\cancel{\text{mol}}\times\frac{\text{モル質量 g}}{1\ \cancel{\text{mol}}}$＝試料の重さ g

（直感法） 1 山（1 mol）の重さ・モル質量（分子量・式量 g）は 36.46 g なので，0.0100 mol の重さはその 0.0100 倍，$\frac{36.46\ \text{g}}{1\ \cancel{\text{mol}}}\times 0.0100\ \cancel{\text{mol}}=\underline{0.365\ \text{g}}$．

（分数比例式法） 0.0100 mol が y g だとすると，$\frac{36.46\ \text{g}}{1\ \text{mol}}=\frac{y\ \text{g}}{0.0100\ \text{mol}}$，

つまり，$\frac{\text{モル質量 g}}{1\ \text{mol}}=\frac{\text{試料の重さ}}{\text{物質量 mol}}$ よって，$y\ \text{g}=\frac{36.46\ \text{g}}{1\ \cancel{\text{mol}}}\times 0.0100\ \cancel{\text{mol}}=\underline{0.365\ \text{g}}$[4]．

【参考】 mol/L と L から直接（一つの式で）g を求める（mol/L，L → g）：換算係数法を用いると，$\left(\frac{\cancel{\text{mol}}}{\cancel{\text{L}}}\right)\times\left(\frac{\cancel{\text{L}}}{1}\right)\times\left(\frac{\text{g}}{\cancel{\text{mol}}}\right)=\text{g}$ なので，$\left(\frac{0.200\ \cancel{\text{mol}}}{\cancel{\text{L}}}\right)\times\left(\frac{50.0\ \cancel{\text{L}}}{1000}\right)\times\left(\frac{36.46\ \text{g}}{\cancel{\text{mol}}}\right)$ ＝$\underline{0.365\ \text{g}}$

3) 式の左辺の mol を消去するために分母に mol，答を g とするために分子に g が必要．

4) この場合も，当然ながら，試料の重さ g＝物質量 $\cancel{\text{mol}}\times\frac{\text{モル質量 g}}{1\ \cancel{\text{mol}}}$ となる．

答 2.26 (1) 0.60_0 mol：mol/L と L から物質量 mol を求める．

（換算係数法） mol/L → mol へ変換：$\frac{\text{mol}}{\cancel{\text{L}}}\times\cancel{\text{L}}=\text{mol}$[1] より，

$\frac{1.50\ \text{mol}}{\cancel{\text{L}}}\times 0.400\ \cancel{\text{L}}=\underline{0.60_0\ \text{mol}}$．

（直感法） 400. mL＝0.400 L．$\frac{1.50\ \text{mol}}{1\ \cancel{\text{L}}}\times 0.400\ \cancel{\text{L}}$[5] ＝$\underline{0.60_0\ \text{mol}}$

（分数比例式法） $\frac{1.50\ \text{mol}}{1\ \text{L}}=\frac{x\ \text{mol}}{0.400\ \text{L}}$ より，$x=\frac{1.50\ \text{mol}}{\cancel{\text{L}}}\times 0.400\ \cancel{\text{L}}=\underline{0.60_0\ \text{mol}}$．

(2) 108 g：mol から重さ g を求める．

（換算係数法） 0.60_0 mol → g へ変換：$\cancel{\text{mol}}\times\frac{\text{g}}{1\ \cancel{\text{mol}}}=\text{g}$ 換算係数 $\frac{180.\ \text{g}}{1\ \text{mol}}$，$\frac{1\ \text{mol}}{180.\ \text{g}}$ の前者を用いて，$0.60_0\ \cancel{\text{mol}}\times\frac{180.\ \text{g}}{1\ \cancel{\text{mol}}}=\underline{108\ \text{g}}$

（直感法） 0.60_0 mol の重さ＝$\frac{180.\ \text{g}}{1\ \cancel{\text{mol}}}\times 0.60_0\ \cancel{\text{mol}}$[6] ＝$\underline{108\ \text{g}}$

（分数比例式法） $\frac{180.\ \text{g}}{1\ \text{mol}}=\frac{y\ \text{g}}{0.60_0\ \text{mol}}$，$y=\frac{180.\ \text{g}}{1\ \cancel{\text{mol}}}\times 0.60_0\ \cancel{\text{mol}}$[6] ＝$\underline{108\ \text{g}}$

【参考】 または換算係数法を用いて，mol/L，L → g を一度にまとめて計算する方法もある[7]．

5) 1 L に 1.5 mol が溶けているから，0.4 L 中にはその 0.4 倍量が溶けているはず．

6) 1 mol が 180 g なら，0.6 mol はその 0.6 倍のはず．

7) mol/L→g を一度にまとめて計算すると，$\frac{1.50\ \cancel{\text{mol}}}{\cancel{\text{L}}}\times\frac{0.400\ \cancel{\text{L}}}{1}\times\frac{180.\ \text{g}}{1\ \cancel{\text{mol}}}=\underline{108\ \text{g}}$，または，0.400 L→g への変換を考えると，$0.400\ \text{L}=0.400\ \text{L}\times\frac{1.50\ \cancel{\text{mol}}}{1\cancel{\text{L}}}\times\frac{180.\ \text{g}}{1\ \cancel{\text{mol}}}=\underline{108\ \text{g}}$

問題 2.27　0.50 mmol/L の NaOH 40. mL には，① 何 mmol，② 何 μmol，③ 何 mol の NaOH が含まれているか（m，μ がわからない人は pp. 44〜50 を要復習）.

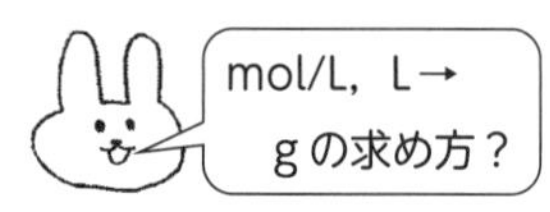

e. モル濃度 mol/L，溶液の体積 L から重さ g を求める[1]

問題 2.28　(1) 0.235 mol/L のシュウ酸 $H_2C_2O_4$ を 250 mL つくるには，何 g の試薬特級シュウ酸 $H_2C_2O_4 \cdot \underline{2\,H_2O}$ が必要か．ただし，$H_2C_2O_4$ の式量は 90.04，$H_2C_2O_4 \cdot \underline{2\,H_2O}$ の式量は 126.07 である[2].

(2) 0.235 mol/L シュウ酸溶液 250.0 mL 中にはシュウ酸 $H_2C_2O_4$ が何 g 含まれるか.

問題 2.29　0.250 mol/L の食塩水 200 mL をつくるには何 g の NaCl が必要か[3].

補充問題　塩化バリウム二水和物 $BaCl_2 \cdot 2\,H_2O$ を用いて，1.000 mol/L の塩化バリウム水溶液の 2.000 L を調製する方法を述べよ（原子量は表紙裏の周期表を参照）.

問題 2.30　NaCl の式量 = 58.44，アボガドロ定数 = 6.02×10^{23} 個/mol である.

(1) 2.00 mol/L 食塩水 200 mL 中には，① 何 g の NaCl，② 何個の NaCl が溶けているか[3].

(2) 0.234 μmol/L の NaCl 15.0 mL には何 ng(ナノグラム)の NaCl が溶けているか.

f. mol と mol/L から溶液の体積 L を求める

問題 2.31　0.30 mol の H_2SO_4 を得るには 2.0 mol/L 希硫酸溶液の何 mL が必要か.

解　答

答 2.27　① 0.020 mmol，② 20 μmol，③ 2.0×10^{-5} mol　：　$0.50\,\mathrm{m}\dfrac{\mathrm{mol}}{\cancel{\mathrm{L}}} \times \dfrac{40.}{1000}\cancel{\mathrm{L}} = \dfrac{20.}{1000}\,\mathrm{mmol} = 0.020\,\mathrm{mmol}$（$2.0 \times 10^{-2}$ mmol[4]）= $20. \times 10^{-3}$ mmol[4] = $20. \times 10^{-3} \times 10^{-3}$ mol[4] = $20. \times 10^{-6}$ mol[4] = 20. μmol[4] = $20. \times 10^{-6}$ mol[4] = 2.0×10^{-5} mol.

または，2.0×10^{-2} mmol =[4] $2.0 \times 10^{-2}\,\cancel{\mathrm{m}}\mathrm{mol} \times \dfrac{10^{-3}\,\mathrm{mol}}{1\,\cancel{\mathrm{m}}\mathrm{mol}} = 2.0 \times 10^{-5}\,\mathrm{mol}$

=[4] $2.0 \times 10^{-5}\,\cancel{\mathrm{mol}} \times \dfrac{10^{6}\,\mu\mathrm{mol}}{1\,\cancel{\mathrm{mol}}} = 2.0 \times 10^{1}\,\mu\mathrm{mol} = 20\,\mu\mathrm{mol}$.（補足[5]）

答 2.28　(1) 7.41 g：**（直感法・換算係数法）** $\dfrac{0.235\,\mathrm{mol}}{1\,\cancel{\mathrm{L}}} \times \left(\dfrac{250.0\,\mathrm{mL}}{1000\,\mathrm{mL}}\right)\cancel{\mathrm{L}} = 0.0588\,\mathrm{mol}$,

$0.0588\,\cancel{\mathrm{mol}} \times \dfrac{126.07\,\mathrm{g}}{1\,\cancel{\mathrm{mol}}} = 7.41\,\mathrm{g}$，または直接 $\dfrac{0.235\,\cancel{\mathrm{mol}}}{1\,\cancel{\mathrm{L}}} \times 0.2500\,\cancel{\mathrm{L}} \times \dfrac{126.07\,\mathrm{g}}{1\,\cancel{\mathrm{mol}}} = 7.41\,\mathrm{g}$.

（分数比例式法）　$\dfrac{0.235\,\mathrm{mol}}{1\,\mathrm{L}} = \dfrac{0.235\,\mathrm{mol}}{1000\,\mathrm{mL}} = \dfrac{x\,\mathrm{mol}}{250\,\mathrm{mL}}$ より，$x = 0.0588$ mol.

$\dfrac{126.07\,\mathrm{g}}{1\,\mathrm{mol}} = \dfrac{y\,\mathrm{g}}{0.0588\,\mathrm{mol}}$，$y = 7.41\,\mathrm{g}$

(2) 5.29 g：$H_2C_2O_4$ が何 g かという質問なので[6]，分子量 90.04 を用いて 0.0588 mol の質量を計算する．$90.04\,\mathrm{g}/\cancel{\mathrm{mol}} \times 0.0588\,\cancel{\mathrm{mol}} = 5.29\,\mathrm{g}$

1) 問題文中に g を求めよとだけ書いてあり，まずは mol を求めよ，と書いてない場合.

2) 試薬特級シュウ酸，$H_2C_2O_4 \cdot 2H_2O$ を用いるので，式量は後者を用いる.
　$2H_2O$ を**結晶水**といい，物質を水溶液から取り出すときにシュウ酸分子 1 個あたり水分子 2 個を伴った形で結晶（固体）となったもの.
　$H_2C_2O_4 \cdot 2H_2O$ の 1 mol 中に $H_2C_2O_4$ が 1 mol 含まれているので，式量は 126.07 を用いる．126.07 g の $H_2C_2O_4 \cdot 2H_2O$ をはかれば，その中に 1 mol，90.04 g の $H_2C_2O_4$ が含まれることになる，つまり 1 mol の $H_2C_2O_4$ を採取したことになる．p. 130 補充問題も参照.

デモ実験：試験管中の試薬特級シュウ酸を加熱して無水物とする．→結晶の粉化と試験管内上部の水滴を確認する.

3) まずは mol を求め，次に g，個数を求める.
mol/L，L → mol
mol → g
mol → 個数

4) 位取りの計算を苦手にしない．指数(科学)表記と技術表示（10^3 単位での表示）の相互変換！
1 mmol = 1×10^{-3} mol，
1 mol = 1×10^{6} μmol

5) この問題は 0.50 mmol/L × 40 mL = 20 × m × mmol = 20 × m^2 mol = 20 μmol のように，m をそのまま扱って計算してもよい（m：ミリ，は 1/1000，0.001 を意味する数値）．また，mol を mmol で表した場合には，mmol/mL の分子・分母の m は互いに約分できる：$\cancel{\mathrm{m}}\mathrm{mol}/\cancel{\mathrm{m}}\mathrm{L}$ = mol/L.

答 2.29 2.92 g[7]：(**直感法・換算係数法**) $0.250\ \dfrac{\text{mol}}{\text{L}} \times \dfrac{200}{1000}\ \text{L} = 0.0500\ \text{mol}$

$0.0500\ \text{mol} \times \dfrac{58.44\ \text{g}}{1\ \text{mol}} \fallingdotseq 2.92\ \text{g}\ \left(0.250\ \dfrac{\text{mol}}{\text{L}} \times 0.200\ \text{L} \times \dfrac{58.44\ \text{g}}{1\ \text{mol}} \fallingdotseq 2.92\ \text{g}\right)$

(**分数比例式法**) $\dfrac{0.250\ \text{mol}}{1\ \text{L}} = \dfrac{x\ \text{mol}}{0.200\text{L}}$ より，$x = 0.500\ \text{mol}$ $\dfrac{58.44\ \text{g}}{1\ \text{mol}} = \dfrac{y\ \text{g}}{0.500\ \text{mol}}$，

$y = 2.92\ \text{g}$

6)(前ページ) さまざまな日本語表現に惑わされないこと．文章の意味を正しく捉えられるようになることが肝心．

7) 求め方：mo/L，L→mol→g，の順に計算する．

補充問題・答 488.5 g の $BaCl_2 \cdot 2H_2O$ を水に溶かして 2.000 L とする：$BaCl_2 \cdot 2H_2O$ の式量は $244.232 \fallingdotseq 244.2_3$（原子量は，Ba = 137.3，Cl = 35.45，H = 1.008，O = 16.00）．
$1.000\ \text{mol/L} \times 2.000\ \text{L} = 2.000\ \text{mol}$ $2.000\ \text{mol} \times 244.2_3\ \text{g/mol} = 488.5\ \text{g}$

答 2.30 (1) ① 23.4 g： まずは何 mol かを求める．

(**換算係数法**) $2.00\ \dfrac{\text{mol}}{\text{L}} \times \dfrac{200}{1000}\ \text{L} = 0.400\ \text{mol}$．(**直感法**) 1 L = 1000 mL に 2.00 mol 溶けている．200 mL 中には，$2.00\ \text{mol} \times \dfrac{200\ \text{mL}}{1000\ \text{mL}} = 0.400\ \text{mol}$．(**分数比例式法**) $\dfrac{200\ \text{mL}}{1\ \text{L}} = \dfrac{200\ \text{mL}}{1000\ \text{mL}} = \dfrac{x\ \text{mL}}{200\ \text{mL}}$，$x = 2.00\ \text{mol} \times \dfrac{200\ \text{mL}}{1000\ \text{mL}} = 0.400\ \text{mol}$．

次に，mol を質量 g に換算する．(**換算係数法**) $0.400\ \text{mol} \times \dfrac{58.44\ \text{g}}{1\ \text{mol}} \fallingdotseq 23.4\ \text{g}$．

またはモル濃度から直接，$\dfrac{2.00\ \text{mol}}{1\ \text{L}} \times \dfrac{200}{1000}\ \text{L} \times \dfrac{58.44\ \text{g}}{1\ \text{mol}} = 23.376\ \text{g} \fallingdotseq 23.4\ \text{g}$

(**直感法**) 1 mol が 58.44 g なので，0.400 mol は，$\dfrac{58.44\ \text{g}}{1\ \text{mol}} \times 0.400\ \text{mol} = 23.4\ \text{g}$

(**分数比例式法**) $\dfrac{58.44\ \text{g}}{1\ \text{mol}} = \dfrac{x\ \text{g}}{0.400\ \text{mol}}$，$x = 0.400\ \text{mol} \times \dfrac{58.44\ \text{g}}{1\ \text{mol}} \fallingdotseq 23.4\ \text{g}$．

② 2.41×10^{23} 個： (**換算係数法**) $0.400\ \text{mol} \times \dfrac{6.02 \times 10^{23}\ \text{個}}{1\ \text{mol}} = 2.41 \times 10^{23}\ \text{個}$．

またはモル濃度から直接，$\dfrac{2.00\ \text{mol}}{1\ \text{L}} \times \dfrac{200}{1000}\ \text{L} \times \dfrac{6.02 \times 10^{23}\ \text{個}}{1\ \text{mol}} = 2.41 \times 10^{23}\ \text{個}$．

(**直感法**) 1 mol が 6.02×10^{23} 個．0.400 mol はその 0.400 倍，
$0.400 \times (6.02 \times 10^{23}) = 2.41 \times 10^{23}$ 個．(**分数比例式法**) $\dfrac{6.02 \times 10^{23}\ \text{個}}{1\ \text{mol}} = \dfrac{x\ \text{個}}{0.400\ \text{mol}}$

$x = 0.400\ \text{mol} \times \dfrac{6.02 \times 10^{23}\ \text{個}}{1\ \text{mol}} = 2.41 \times 10^{23}\ \text{個}$．

(2) 205 ng：$\left(\dfrac{0.234\ \mu\text{mol}}{1\ \text{L}} \times 15.0\ \text{mL}\right) \times \dfrac{58.44\ \text{g}}{1\ \text{mol}} = (3.51 \times \mu \times \text{m}) \times 58.44\ \text{g}$

$= 205 \times 10^{-6} \times 10^{-3}\ \text{g} = 205 \times 10^{-9}\ \text{g} = 205\ \text{ng}$

問題 2.28，2.30 の詳しい解法は"演習 溶液の化学と濃度計算"（丸善）を参照．

答 2.31 150 mL：

(**換算係数法**) mol → L なので，$0.30\ \text{mol} \times \dfrac{1\ \text{L}}{2.0\ \text{mol}} = 0.15\ \text{L} = 150\ \text{mL}$

(**直感法**) 2.0 mol が 1 L に溶けていれば，0.30 mol は 1 L の 3.0/20. の体積に溶けている（0.30 mol/2.0 mol = 3.0/20.）．1 L × 3.0/20. = 0.15 L = 150 mL．

(または必要量を x mL として，$0.30\ \text{mol} = \dfrac{2.0\ \text{mol}}{\text{L}} \times \left(\dfrac{x}{1000}\ \text{L}\right)$，$x = 150\ \text{mL}$)

(**分数比例式法**) $\dfrac{2.0\ \text{mol}}{\text{L}} = \dfrac{2.0\ \text{mol}}{1000\ \text{mL}} = \dfrac{0.30\ \text{mol}}{x\ \text{mL}}$ より，$x = 150\ \text{mL}$

Study Skills（p. 65 からのつづき）ノートのとり方（2）

1）ノートの左側と下に空欄を設け，左欄にキーワードなど，下欄にそのページの要点などをまとめる．普通のノートを用い，折り目を付けて使用してもよい．

⑤ コーネル式ノート[1]をとる：コーネル大学式のノートの取り方は，ノートのページ右2/3～3/4に講義の記録をとる．左1/3～1/4はあとでキーワードなどを記入するために空けておき，授業の後で復習するときに記入する．ノートの下も空けておき，復習時のまとめに用いる．このキーワード・まとめは，頭の整頓にもなるし，ミニテストや試験勉強をするときの助けとなる［ノートを両開きで用い，片方を授業ノート，もう一方を復習用とする方法もある（筆者の学生時代の先生，平田義正先生のアドバイス）］．

2）授業中の“ここは重要”“ここはしっかりと学習しておくこと”“ここは教科書には載っていない”“ここは試験に出す”など教員の言葉を聞き逃さないこと．試験勉強では必ず見直すこと！　ヒントがかくれている．

⑥ メモ魔たれ[2]：何でもメモをとる，記録する習慣を身につける．メモをとると，授業中の教員の話し，講演などを聴くとき漠然と聞き流すのではなく，注意深く聴くようになる．板書だけでなく，教員の話も，わからないところも含めて（⑦参照），しっかりとノートをとる．断片的な単語・言葉だけの記録でもメモをとらないよりはましである．わからないところには“？”をつけておく．

⑦ 理解できなかった授業内容・メモ内容のノートの部分には“？”を記入しておき，あとで再度考えるとよい．また，わからないことが教科書のどこに説明してあるかを探してみること．そのうえで必要なら，クラスメイトや教員に教えてもらうこと．

Study Skills　4.　学習の方法

コーネル式ノートのとり方：下の余白に自分でポイントをまとめてみよう．

まずは1科目でもよいから，良い勉強法を実践しよう．

① 教科書を用いて予習する：授業がずっとわかりやすくなる．教科書を隅から隅まで読む！　教科書の文章の中で大切な箇所に線を引く，キーワードに黄色で色をつける，本の余白部分に書き込む，問題を解く（p. 78 の予習の仕方を参照）．

② 急がば回れ・自分で調べよう：わからない語句・事項は，まずは自分で調べる．自分で調べることが理解する，頭に詰め込むための早道である．調べて，読み，書き写す．目で見て，手を動かす．音読すれば口を動かし，さらに耳で聞く作業もしていることになる．頭を多重に使って刺激しているので頭にも残りやすい．頭だけを使うのではなく，からだで理解する・憶えることが重要である．わからないことがあったらすぐ電子辞書を引く（短くまとまっている），高校の教科書・国語辞典・百科事典・理化学辞典・化学大辞典，インターネットなどを見る（インターネットなどで調べたらコピー＆ペーストしないで，自分の言葉でより短くまとめ直すことが大切である）．「習う」だけでは不十分である．プラスα，自分でつくり出す・加え足すものが必要．自分で調べることは自主的・自立的・主体的な未知への学び・取り組みの第一歩である．

③ キーワード・基本事項は理解したうえで覚える：単なる丸暗記ではなく，自らの中にイメージができており，自らの言葉で人に説明できること．覚え方にもテクニックがある[1]．

1）いつもメモ用紙を持ち歩き，メモをとる（スマホを利用する）．p. 106 も参照．

君たちは自分で思うよりすでに多くのことを知っている．この既存の知識に新しい知識を足して知識を体系化し，再度頭にたたき込む．既存の知識に関連させて新しい知識を抵抗なく吸い取る．ものを知り，考えるための基礎知識や理論，基本概念（言葉・キーワードで表される！）を学び，自分のものとする（理解・記憶して使えるようにする）

ことで，新しいこと・わからないことを，人から教わらなくとも，自らの力で理解し，考えることができる基礎，ものの見方・考え方・論理思考の基礎を身につけることができる．

④ 繰り返すこと・十分に演習すること：がまんして，乗り越えよう．演習を行うことにより，身につき・応用が効く学習（Masterly Learning）となる．わからなければ何度も繰り返し勉強する．問題が解けなければ答を読み，理解・納得する（その場で答を隠してすぐに解いてみる，例題についても同様）．いまひとつピンとこなくてもそれはそれでOK．解けなかった問題に印をつけておき，あとで再度解いてみる．解けた問題は二度解く必要はない．解けなければ再度答を読む（その場で答を隠してすぐに解いてみる）．問題に二度目の印をつけて，あとで三度目を試みる．このように，解けない問題は時間をおいて何度も繰り返す．すると，理解できなかったこともだんだんわかってくるものである（からだで理解する）[3]．

学ぶことの本質は自分で使えるようにする・実践できること．十二分に演習して使い方を身につけないと実際には使えない．演習する（手を動かす）ことにより理解は深まる．「からだ」で理解しないとほんとうに理解したことにはならない．演習ならびに繰り返すことの重要性をぜひとも認識してほしい（スポーツ，ゲームと同じ）．

3） 授業中に行う豆テストは，わかったつもりになっていることも，じつはわかっていなかったり，もっとしっかり学習する必要があることを実感してもらうためである．

⑤ 友だちと教え合おう〈グループ学習の勧め〉：自分1人で勉強することが基本だが，自分の力だけで理解できない場合は遠慮なく友だち（や教員）に聞くとよい[4]．聞くこと・教わることは，じつは，聞く相手・教えてくれる相手に教えることでもある．

勉強したことは，そのことを自分の言葉で人に説明できなければ，ほんとうに学んだ・理解したとはいえない．丸暗記していても人には説明できない．人を理解させるためには自分が十分に理解していなければならない．人に教えることで，自分が必ずしも十分には理解していないこと，しっかりと理解する勉強をする必要性に気づくことができる．それがより深い理解へとつながり，学んだことを真に自分のものとすることができる．また，たんなる知識・覚えたことはすぐに忘れてしまうが，人に教えることで頭にも残る．そこで，自ら進んで人に教えるとよい．人からも感謝され，友人もできる．また，ときどきグループで一緒に勉強し，教え合うとよい．人と一緒に勉強すると，良い学び方・取り組み方のほか，さまざまなことを互いに学び合うことができる．良いことづくめである．なかには友だちをつくるのが苦手な人やいない人もいるだろう．苦しいかもしれないが耐えてがんばること．耐える力を身につけることは，自分の能力を大きく伸ばすことでもある．自らの内面を見つめ，自らを伸ばすチャンスである．評価の高い名著を読むことで，ほかの人たちの生き方，疑似体験ができる．今後生きていくための大きな財産となる．深みのある人間として大きく成長するチャンスである．がんばってみよう．

4） 人から教わったら，後で必ず教科書を読み直し，線を引いたり，色をつけるなどして，わかったことを本で確認する．確認しないと結局忘れてしまい，理解したことにならない．

⑥ 学習態度の良い友だちがいれば，その行動をまねよう：人の良いところは大いにまねて自分のものとしよう（貪欲たれ！）．行動なしには何事も身につかない．行動することで，いままでと違う学び方を身につけることができる．

⑦ 授業は休まない：理系科目の学習は積み重ねである（ただし，出席しても授業を聞かないでは無意味）．授業を休んだら，きちんとノートを取っている人に見せてもらい（筆者も学生時代に実践），次の授業の前までにそれらを自習する．

p. 19, 25, 31 の学生のコメントをもう一度読んでみよう！

[p. 78 へつづく]

2・5　ファクター：溶液のモル濃度の2つの表し方

中和滴定など，さまざまな方法で分析を行う際には，しばしば，分析値の標準となる濃度が正確にわかった溶液，**標準液**を調製する必要がある．

標準液として 0.1000 mol/L の NaCl 溶液を 100 mL つくる場合には，純度 100%の NaCl 結晶（式量 58.44）の 0.5844 g を正確にはかり取り，これを溶かして，メスフラスコ中で液量を 100.0 mL とする必要がある．しかし，0.5844 g をぴったりとはかり取るのは面倒である．したがって，このような場合には，約 0.6 g を 0.1 mg の桁まで精密に（たとえば，0.6085 g のように）はかり取って溶液を 100.0 mL 調製した後，計算でこの溶液の濃度を求めるのがふつうである（0.1041 mol/ L*）．

$$* \ \frac{\text{mol}}{\text{L}} = \frac{\left(\dfrac{0.6085\ \text{g}}{58.44\ \text{g}}\right)\text{mol}}{\left(\dfrac{100.0\ \text{mL}}{1000\ \text{mL}}\right)\text{L}} = \frac{0.01042\ \text{mol}}{0.1000\ \text{L}} = 0.1041\ \frac{\text{mol}}{\text{L}} = 0.1041\ \text{mol/L}$$

$$= (0.1000 \times 1.041)\ \text{mol/L}$$

または，0.5844 g で 0.1000 mol/L となるので，0.6085 g では，

$$0.1000\ \text{mol/L} \times \frac{0.6085\ \text{g}}{0.5844\ \text{g}} = 0.1000 \times 1.041 = 0.1041\ \text{mol/L}.$$

このほうがずっと能率的であり，通常，濃度を 0.1000 mol/L のように厳密に合わせて調製することは不必要である．約 0.1 mol/L の溶液でかつ，濃度が正確に求まっていれば必要十分である．

上の例で，調製した標準液の濃度を 0.1041 mol/L と，そのまま表現してもよいが「0.1 mol/L の溶液を調製したのだが，少しだけずれた濃度になってしまった」という示し方で，0.1[1] mol/L（$F = 1.041$）と書き表す場合が多い．この意味は，つくろうと思った濃度の 1.041 倍の溶液ができてしまった，4.1%だけ濃い液ができたということである（溶液の**真の濃度**は $0.1 \times F = 0.1 \times 1.041 = 0.1041$ mol/L）．この F をその溶液の**ファクター** factor とよぶ[2]．ファクターとは単純に「**倍率**」（つくろうと思った濃度の何倍になったか）という意味である（F を力価（タイター）[3] という場合もある）．

F* は 1.000 に近い数字**（$0.900 < F < 1.100$）になるのがふつうである．F* が 1.3 以上や 0.7 以下ということはまずない**．そのときは計算や価数（p. 88 参照）の間違いである可能性が高い（例：150 cm の大きさの人形をつくりなさいといわれて，皆さんは 100 cm や 200 cm の人形をつくるだろうか．150 cm ぴったりとはいかないかもしれないが，145～155 cm くらいの範囲には入るだろう．この場合の F（予定された大きさ 150 cm からどれくらいずれたか，何倍になったか（0.9～1.1 倍））は，$F = \frac{145}{150} = 0.967$，$F = \frac{155}{150} = 1.033$ である）．

> **まとめ：溶液濃度の表現法は2通りある〈これは約束〉：**
> 例1　① 0.1034 mol/L，② 0.1 mol/L（$F = 1.034$）
> 例2　① 0.0986 mol/L，② 0.1 mol/L（$F = 0.986$）

1)　この 0.1 は有効数字の対象としない（有効数字は無限大）．後ろのファクター F で有効数字が決まる．

2)　ファクター F の意義は p. 138，p. 139 を参照．

$$F = \frac{\text{実測濃度 } C}{\text{予定濃度 } C_0}$$

$$(\text{例}) \quad = \frac{0.1034}{0.1} = 1.034$$

3)　力価，タイター（titer：滴定 titration 由来）とは，もともとは標準物質で滴定することにより決定された標準液の強さ，すなわち溶液の滴定濃度を意味する．その溶液のファクター F を力価ということもある．また，力価はこの標準液中に含まれる物質の量 mg や，これと化学的に当量なほかの物質の量で表される場合もある（p. 76, 107, 138 の別解 3，p. 139 の別解 3，0.1 mol/L の NaOH 溶液の力価＝クエン酸 6.40 mg/mL など）．

問題 2.32 **ファクター F とは何か**．また，F と，つくろうと思った溶液の予定濃度 C_0（たとえば，0.1 mol/L）と実際にできた溶液の濃度 C（たとえば，0.1034 mol/L）の関係式を示せ．

ファクターって何？
F を用いた濃度の表し方？

問題 2.33 約 0.1 mol/L の NaCl 溶液の濃度を分析したところ，その濃度は 0.0976 mol/L だった．(1) この 0.1 mol/L 溶液 NaCl 溶液のファクター F はいくつか．(2) この溶液の濃度を F を用いて表せ．

問題 2.34 0.2 mol/L の溶液をつくるつもりでいたが，実際には 0.1950 mol/L の濃度の溶液ができた．(1) この溶液のファクター F はいくつか．(2) この溶液の濃度を F を用いて表せ．

問題 2.35 0.05 mol/L 溶液をつくるつもりが，実際には 0.0507 mol/L の溶液ができた．(1) この溶液のファクター F はいくつか．(2) 溶液の濃度を F を用いて表せ．

問題 2.36 約 0.1 mol/L の NaOH 溶液をつくるつもりで NaOH（式量 40.00）5.85 g を水に溶解して 1.500 L とした．(1) この水溶液の正確なモル濃度を求めよ．(2) この濃度を F を用いて表せ．

問題 2.37 (1) 0.1000 mol/L の NaCl 溶液を 100.0 mL 調製するのに必要な NaCl の重さは何 g か．(2) 実験ではかり取った NaCl の重さは 0.6085 g だった．これを溶かして 100.0 mL とした溶液の濃度を求めよ．(3) この溶液のファクター F を求めよ．(4) この溶液の濃度を F を用いて表せ．NaCl の式量は 58.44 である．

解　答

答 2.32 **調製濃度 C が予定濃度 C_0 の何倍になったか**示す**倍率**．$C = C_0 \times F$，$F = \dfrac{C}{C_0}$ [2)]

ファクター F とは，"倍率"という意味．予定濃度の何倍かを示したもの．値は 0.9〜1.1．表し方の約束を守ろう！

答 2.33 (1) $F = 0.976$：0.0976 mol/L = 0.1 mol/L × F，$F = 0.976$
(2) 0.1 mol/L（$F = 0.976$）：(0.1 mol/L 溶液の本当の濃度はその 97.6% だった．2.4% 薄い溶液ができた．真の濃度 = 0.1 mol/L × F = 0.1 × 0.976 = 0.0976 mol/L)

答 2.34 (1) F = (0.1950 mol/L)/(0.2 mol/L) = 0.975．つくろうと思った濃度の 0.975 倍液．(2) 0.2 mol/L（$F = 0.975$）：(真の濃度は 0.2 mol/L × 0.975 = 0.1950 mol/L)
(真の濃度 C = 0.1950 mol/L = C_0F = 0.2 mol/L × F，$F = 0.975$)

答 2.35 (1) $F = 1.014$：　F = (0.0507 mol/L)/(0.05 mol/L) = 1.014
(2) 0.05 mol/L（$F = 1.014$）：(真の濃度は 0.05 × F = 0.05 × 1.014 = 0.0507 mol/L)
(真の濃度 C = 0.0507 mol/L = C_0F = 0.05 mol/L × F，F = 0.0507/0.05 = 1.014)

答 2.36 (1) 0.0975 mol/L：$\left(\dfrac{5.85\ \mathrm{g}}{40.00\ \mathrm{g}}\right)$ mol/1.500 L　(2) 0.1 mol/L（$F = 0.975$）

答 2.37 (1) 0.5844 g，(2) 0.1041 mol/L，(3) 1.041，(4) 0.1 mol/L（$F = 1.041$）：
(1) $\dfrac{0.1000\ \mathrm{mol}}{\mathrm{L}} \times \left(\dfrac{100.0}{1000}\right)\mathrm{L} \times \dfrac{58.44\ \mathrm{g}}{\mathrm{mol}} = 0.5844\ \mathrm{g}$

(2) $\left(\dfrac{0.6085\ \text{g}}{58.44\ \text{g}}\right)$ mol/$\left(\dfrac{100.0}{1000}\right)$ L = 0.1041 mol/L $\left(\dfrac{0.6085\ \text{g}}{0.5844\ \text{g}} = 1.041,\ 0.1\ \text{mol/L} \times 1.041\right)$

(3) $F = 0.1041/0.1000 = 1.041$　　(4) 0.1 mol/L（$F = 1.041$）この書き方は約束！

【まとめ】

問題 2.38 次の問いに答えよ．

(1) 物質量 mol＝？（物質量 mol を，試料の質量 g とモル質量（分子量 g/mol）を用いて，以下の方法で示せ．① 直感法（砂糖がスプーン何杯分かを考える)，② 換算係数法を用いる，③ 分数比例式法（比例関係を分数式で表す））

(2) モル濃度とは何か説明せよ．その単位も示せ．モル濃度のイメージも示せ．

(3) モル濃度＝？（モル濃度を物質量 mol と体積 L を用いて表せ．また，試料の質量 g とモル質量（分子量 g/mol）と体積 L を用いて表せ）

(4) 物質量 mol＝？（物質量 mol をモル濃度 mol/L と体積 L を用いて表せ）

(5) 試料の質量 g＝？（試料の質量 g を，モル質量（分子量 g/mol）と物質量 mol を用いて表せ．また，モル質量 g/mol とモル濃度 mol/L と体積 L を用いて表せ）

(6) 溶液の体積 L＝？（溶液の体積 L を，物質量 mol とモル濃度 mol/L を用いて表せ）

ファクター F の利用例（具体例は p.138，p.139 参照）

1. 金属鉄 0.5585 g（式量 55.85）を塩酸に溶かし 100.0 mL とすると，1 mL 中に 5.585 mg の Fe が含まれる 0.1000 mol/L 溶液ができる．すると，これと濃度が異なる 0.1 mol/L（F＝1.023）や 0.1 mol/L（F＝0.986）溶液の 1 mL 中に含まれる Fe も，ファクターを用いて，(5.585 ×F) mg（5.585 mg×1.023＝5.713 mg，5.585 mg×0.986＝5.507 mg）として，ただちに計算できる．

2. 酢酸の水溶液を 0.1 mol/L（F＝1.000）の NaOH で滴定する場合，NaOH の 1.00 mL で中和される酢酸（式量 60.0）の質量は 6.00 mg/mL である（NaOH の 0.1000 mol/L×1 mL＝0.1000 mmol[1]．これと中和する酢酸は 0.1000 mmol．その質量は 0.1000 mmol×60.0 g/mol＝6.00 mg[1]）．これより，0.1 mol/L（任意の F の値）の NaOH 溶液で酢酸を滴定する際に，この NaOH の 1 mL で中和される酢酸の質量は(6.00×F)mg/1 mL NaOH となる．

すると，酢酸を含む任意の試料溶液を中和するのに要した 0.1 mol/L の NaOH が V mL（実験値）であれば，この NaOH 濃度（0.1 F mol/L）が実験を行う個々人で異なっていても，試料溶液中に含まれる酢酸の質量は，上記のように原理に基いて最初から計算しなくても，それぞれの実験に用いた NaOH の F を用いて，(6.00×F×V) mg と求めることができる．つまり，試薬の F と滴定値 V からただちに試料溶液中の酢酸の含有量(mg)を計算できる．

---

1) ミリ m，$\frac{1}{1000}$ (0.001) を，そのまま記号 m のままで扱い，計算すると便利．

解　答

答 2.38　(1) ① 物質量 mol $= \dfrac{\text{試料の質量 g}}{\text{モル質量}\left(\dfrac{\text{g}}{\text{mol}}\right)} = \boxed{\left(\dfrac{\text{試料の質量}}{\text{モル質量}}\right)}\text{mol}$

② 物質量 mol $= \boxed{\text{試料の質量}\ \cancel{\text{g}} \times \dfrac{1\ \text{mol}}{\text{モル質量}\ \cancel{\text{g}}}}$，③ $\dfrac{1\ \text{mol}}{\text{モル質量 g}} = \dfrac{x\ \text{mol}}{\text{試料の質量 g}}$

(2) 1 L 中に何 mol（山）の物質が溶けているか示したもの．mol/L $\boxed{\left(\dfrac{\text{mol}}{\text{L}}\right)}$

3 mol/L＝スプーン 3 杯の砂糖/紅茶カップ（1 L の紅茶カップにスプーン 3 杯分の砂糖が溶けている）

(3) $\boxed{\text{モル濃度}\ \dfrac{\text{mol}}{\text{L}} = \dfrac{\text{物質量 mol}}{\text{体積 L}} = \dfrac{\left(\dfrac{\text{試料の質量 g}}{\text{モル質量 g}}\right)\text{mol}}{\text{体積 L}}}$

$= \boxed{\left(\dfrac{\text{試料の質量}\ \cancel{\text{g}} \times \dfrac{1\ \text{mol}}{\text{モル質量}\ \cancel{\text{g}}}}{\text{体積 L}}\right)}$

(4) 物質量 mol $= \boxed{\text{モル濃度}\ \dfrac{\text{mol}}{\cancel{\text{L}}} \times \text{体積}\ \cancel{\text{L}}} = (\text{モル濃度} \times \text{体積})\text{mol}$

(5) 試料の質量 g $= \boxed{\text{モル質量}\ \dfrac{\text{g}}{\cancel{\text{mol}}} \times \text{物質量}\ \cancel{\text{mol}}} = (\text{モル質量} \times \text{物質量})\text{g}$

$= \boxed{\text{モル質量}\ \dfrac{\text{g}}{\cancel{\text{mol}}} \times \left(\text{モル濃度}\ \dfrac{\cancel{\text{mol}}}{\cancel{\text{L}}} \times \text{体積}\ \cancel{\text{L}}\right)} = (\text{モル質量} \times \text{モル濃度} \times \text{体積})\text{g}$

(6) 溶液の体積 L $= \text{物質量}\ \cancel{\text{mol}} \times \left(\dfrac{1}{\text{モル濃度}\left(\dfrac{\text{L}}{\cancel{\text{mol}}}\right)}\right) = \left(\dfrac{\text{物質量}}{\text{モル濃度}}\right)\text{L}$

まとめ：モル計算

このまとめが説明できるようになること！（イメージがわく，単位がわかる）

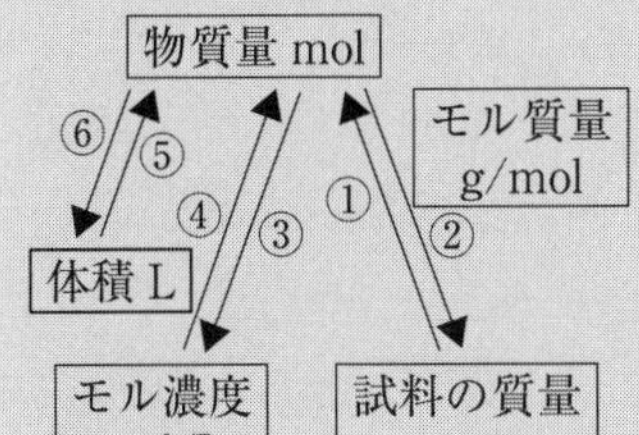

＊ **必ず，一度 mol に変換する：**

g → mol/L なら：g ① →[2] mol → ③ mol/L

mol/L → g なら：$\left(\dfrac{\text{mol}}{\text{L}}\right)$ ④ → mol →[2] ② g

L → g なら：L ⑤ →[3] mol →[2] ② g

g → L なら：g ① →[2] mol →[3] ⑥ L

① 試料の質量 $\cancel{\text{g}} \times \left(\dfrac{1\ \text{mol}}{\text{モル質量}\ \cancel{\text{g}}}\right)^{2)} =$ 物質量 mol

② 物質量 $\cancel{\text{mol}} \times \left(\text{モル質量}\ \dfrac{\text{g}}{\cancel{\text{mol}}}\right)^{2)} =$ 試料の質量 g

③ 物質量 mol ÷（体積 L）$= \dfrac{\text{物質量 mol}}{(\text{体積L})} =$ モル濃度 $\dfrac{\text{mol}}{\text{L}}$

④ モル濃度 $\dfrac{\text{mol}}{\cancel{\text{L}}} \times (\text{体積}\ \cancel{\text{L}}) =$ 物質量 mol

⑤ 体積 $\cancel{\text{L}} \times \left(\text{モル濃度}\ \dfrac{\text{mol}}{\cancel{\text{L}}}\right)^{3)} \to$ 物質量 mol

⑥ 物質量 mol ÷ $\left(\text{モル濃度}\ \dfrac{\text{mol}}{\text{L}}\right) =$ 物質量 $\cancel{\text{mol}} \times \left(\dfrac{\text{L}}{\text{モル濃度}\ \cancel{\text{mol}}}\right)^{3)} =$ 体積 L

2)　モル質量 g/mol の換算係数は，$\dfrac{\text{g}}{\text{mol}}$ と $\dfrac{\text{mol}}{\text{g}}$

3)　モル濃度 mol/L の換算係数は，$\dfrac{\text{mol}}{\text{L}}$ と $\dfrac{\text{L}}{\text{mol}}$

どうすれば以下の変換ができる？
① g→mol
② mol→g
③ mol→mol/L
④ mol/L→mol
⑤ mol, mol/L→L

Study Skills（p. 73 からのつづき）　5.　具体的学習法

コーネル式ノートのとり方（p. 72）：下の余白に自分でポイントをまとめてみよう．

A.　教科書の予習（宿題）の仕方

① 読む前に宿題範囲の全体にざっと目を通す：学習すべき全体像，難易度をつかむ．予習に必要な時間を見積もる．意味のわからない語句をチェックする．

② 教科書に線を引く＊：カギとなる概念を色づけする．必要なら，空欄にキーワードなどを書き込む．

＊ 教科書への線・アンダーラインの引き方：頭に残したいほんとうに大切なところ・キーワードのみを，まず黄色などの薄い色で着色し，線も少なめに引く[1]．2 度目に学習したときに，必要があれば，着色，下線を追加したり，より大切と感じたキーワード，単語に，より濃い色で着色するとよい．

［学生の意見］　いままでは教科書の文章を粗末にし，公式などに目をつけていたが，文章にも注目してマーカーをつけながら学習したら，自分でも驚くくらい理解が容易になり，理屈もわかるようになった．

---

1) 後で，拾い読み（速読）して，短時間で復習できるように，キーワードのみを着色，文節単位で下線を引く．文章全体に色や下線をつけない．これでは，復習時に文章全体を読む破目になり，能率が悪い．

③ わからないときの乗り越え方：理解できないところは“読書百遍意自見”[2] を思い出して，何度も繰り返し読むこと．難しい内容は声を出して読む．目で見て声を出して耳で聞くことで 3 つの器官を使うことになり，見るだけより理解しやすく，頭にも残りやすくなる（からだで理解する）．3〜5 回読んでもわからないところには“？”をつけて，さしあたり飛ばすとよい（あとで読み直すと理解できることが多い）．辞書を引く（電子辞書），調べる（百科事典，インターネットなど）．友人・教員に教えてもらう．

2) “読書百遍義自見”（読書百遍義(ぎ)自(おの)ずから見(あらわ)る）；どんなに難しい書でも何度も繰り返して読めば，意味が自然に明らかになる（『三国志』魏志一董遇・裴松之注）．新しいことを学ぶのに，1 回読んだだけでわかるはずがない．われわれは天才ではない．少なくとも数回は読み直してみるべきである．

④ 宿題の演習問題は答を丸写ししない：例題・問題を解くことは，トレーニングを重ねること．例題の説明を読み終わったら，説明を見ないでその例題を自分でノートに解いてみる．演習問題も，答を隠して自分で解いてみる．必要なら解く途中で説明文をカンニングしてもよい．自分で解かないとテストではできない．解けなかった例題と問題には印をつけておき（例題が問題より重要！），後日，再度・三度解く．できなかった問題は何度も繰り返すことが肝要である．

⑤ 宿題ノート（や豆テスト）の採点時，テストで間違った（×の）ところに正解を書き込まない（答は直接目に入らない用紙の下方や裏側に書く）：×のところが大切な財産！　×のところは後で繰り返し解き，理解・マスターすること．答を問題のところに書くと，ただそれを丸暗記してしまう．×のみで答がなければ，答は何かを考えることができ，よい復習となる（見るたびに演習していることになる）．

〜まず実践してみたい＜予習の方法＞をあげてみよう〜

・

・

・

・

〜このページ内容を読み，このページに「線引き」「色づけ」「書き込み」をしてみよう〜

宿題範囲を読み終わった後：

① 教科書の理解できなかったところに戻る．再度理解する努力をしてもまだよくわからければ，その左端または右端の空白部分に“？”をつけておき，次の授業中の説明で理解する．または教員，友達に質問する．

② 教科書の宿題範囲について，おのおのの節や項のタイトル，本の空白部に自分で書き込んだ中身を確認しながら見直す（タイトルはいちばん短いまとめである）．これらをもとに，おのおのの節や項で学んだキーワードや内容を思い出せなければ，その部分を復習する．

③ 教科書で勉強した内容の要点をノートにまとめる．読んだ中身を思い出すのに役立つ絵や図表をつくるといった工夫の仕方もある．

④ 勉強したその概念を自分自身の言葉で表現してみる．“人に説明できること”が理解した，勉強したということ．丸暗記しても人には説明できない．

B. 授業の受け方

【授業開始前】

① 10 分前〜5 分前までの取り組みのすすめ：前回の授業ノート，宿題ノートや豆テストでの間違った問題や教科書のキーワードなどの要点をざっと眺め復習する．こうすることで，頭に残す・記憶作業になる，日々の試験勉強になる，学習したことが身につく．

② 次の 5 分間の取り組みのすすめ：その日の授業で学ぶ予定の教科書の範囲・項目・キーワードをざっと眺める．予習の利点：（予習宿題などで）予備知識をもっていると授業が受けやすく，理解しやすい．わかりにくいところをあらかじめ知っておけば，授業中にその部分を注意して聞くことができる（予習の大切さ）．

【授業中・良い授業態度】

① 私語厳禁：私語は授業を聞きたい人，授業に集中したい人に迷惑をかける．人に迷惑をかけることをしない（大人・社会人としてのマナーである）．どうしてもいま話をしたければ，教室から出て行って話すか，筆談をする．

② 教員の投げかけに言葉や動作で応答する（双方向授業の重要性）：授業をただ聞くだけでなく，積極的な気持ちで学習する．教員の説明を理解したときはうなずくなど，教員との意思の疎通をはかる．質問には応答する．そうすることで授業に集中でき，眠くもならない．一方，教員は学生の反応がないと，授業を理解しているか，授業の説明についてきているか判断できないので，授業を進めにくく良い授業ができない．

③ 豆テスト（や宿題ノート）の採点時の注意は左ページの⑤と同じ．解き方が正しくなかった場合，×をつけるだけで間違った答を消さない！

④ 授業で理解できないところは後で確認するために，ノートにメモと？を記しておく．

⑤ 授業に集中できないとき，眠たくなったときの対策：
〈授業中に寝ることはいちばん時間の無駄使いである〉
・トイレに行くふりをして，教室外で気分転換してくる（顔を洗う，体操する）．

・眠気対策〈※自己責任で可〉
授業時間を有効に生かし，後で勉強する時間を減らす（自由な時間を増やす）のがいちばん上手な時間の使い方である．

・5 分間だけ寝る（隣の人にメモを渡して 5 分後に起こしてもらう，振動型目覚ましを利用する）.
・授業中に内職をする（前回の授業や他科目の授業の学習内容を，下線や着色，書き込んだりした教科書・ノートのキーワードやメモを見て，復習する．または，次回の予習，宿題をする）．これは時間の有効利用であり，寝るよりはまし．ただし，授業で何をやっているのかは必ず聞いておき，大切なことはしっかりとメモをすること（授業のメモを取りながら上手に内職を行っている学生が実際にいる！）

⑥ 授業終了時まで，授業内容を聞きもらさない．ノートをとる．授業終了時間が近づくと，またチャイムが鳴った後は，授業を聴かない人が多いが，授業の終わりほど教員は大切なことをいうことが多い．チャイムが鳴っても「伝えたい内容」ということである．

C. 復習の仕方

【授業直後の復習の重要性】

① 今日は何を勉強したか?!　授業終了直後に記録したノートと教科書を見直して，この授業で何を学んだのか，授業の主題は何だったか，何がいちばん大切だったか，キーワードは何かを，瞬時，考えてみる（いちばん簡単にすむ重要な復習）.

② 授業の直後，授業内容を忘れないうちにノートを見直し，意味がわかるように書き込み補充し，できる限り完全なノートとする（ノートの整理・復習）．わからないところ，聞き逃したところはクラスメートに確認する．真の自分のノートとするためにノートに線を引く（p. 78 の教科書への線の引き方を参照），マーカーで色をつける，コーネル式ノートの左欄にキーワード，下の空欄にまとめを書き込む．このようなノート（や教科書）は**自分の**大切な**財産**となり，後日，豆テスト，定期試験，4 年次の国試勉強などで復習するときにも大いに役立つ．勉強しやすく，短時間で復習できる，内容も確認しやすい.

③ 理解できない概念があれば，あとで再度学習する．それでもわからなければ，教えてもらうこと．手を抜きたければ，すぐに教えてもらう（ただし，その分，身につきにくい）．理系科目の学習は，積み重ね学習である．つまり，新しい学習項目は前回までの学習知識を前提にしているので，前回の分が理解できていないと，そのあとの授業が全部わからない破目になる.

④ 毎回の授業の宿題，豆テスト，配布プリントは，いつでも見直せるように，整理・整頓しておく.

【自宅での復習】

（コーネル式）ノート・教科書を十分活用し(見直し)，学んだことを自分のものとする．ノート中のキーワード・まとめ，教科書の下線部・着色部・書き込み，豆テストの間違ったところは，毎日の復習時や授業中の豆テスト，定期試験の準備学習に利用する(これらは授業中の内職にも利用できる（上記，B. 項⑤の 3 項目)).

＊ p. 19, 25, 31 の学生のコメントも読んでみよう！

D.　定期試験の準備

① 前ページC. 項④に同じ．宿題，豆テスト，配布プリントを，いつでも見直せるように，日々の復習の際に整理・整頓する．

② 豆テストや試験は，一通り勉強しただけではできないのがふつうである．内容を完全に理解していないと（自分の言葉で人に説明できるか），また，演習を繰り返していないとできない．一度学習してできなかった教科書の問題には印をつけておき，できるようになるまで，時間をおいて繰り返し解く．試験前には，教科書・ノートのまとめ，書き込み，キーワードのほか，できなかった問題を必ず復習しておくこと．英語には“overlearn”なる言葉があり，米国の本では定期試験の試験勉強として学習内容を過ぎるくらいに十二分に学習することの重要性が強調されている．

やればできる！
なせば成る！
（為せば成る，為さねば成らぬ何事も成らぬは人の為さぬなりけり：上杉鷹山（ようざん））

③ 過去問：定期試験前には多くの新入生は不安になるが，幸い（？）先輩からの過去問が回ってくる，または，問題を教えてくれる教員もいるので，その暗記をもって試験勉強とする学生が多い．しかし，当然ながら，このような取り組みは勉強とはいわない．試験終了後には何も残らず，費やした時間をすべてドブ（下水溝）に捨てるようなものである（p. 51 の先輩の言葉を思い起こすこと）．過去問は学習の重要ポイントを知るためにはたいへん有用である．本当の手抜きの試験勉強法は，過去問の丸暗記ではなく，過去問のポイントをしっかり理解・納得して，関連する演習問題を少なくとも1題は解くことである．

[p. 106 へつづく]

補充問題　周期表：（　）中に適切な元素名（言葉！元素記号ではない），語句，数値を入れよ．なお，イオンの価数と原子価（手の数）はそれぞれイオン・水素化合物の具体例を1つずつ示すこと．

周期表の族番号と単原子イオンの価数の関係，原子価（結合の手の数）の関係は，しっかりと頭に入れておこう！

族番号	1	2	3〜12	13	14	15	16	17	18族
元素名	（水素 H）								（ヘリウム He）
	（　）	（　）		（　）	（　）	（　）	（　）	（　）	（ネオン Ne）
	（　）	（　）		（　）	（　）	（　）	（　）	（　）	（アルゴン Ar）
	（　）	（　）					（　）	（　）	（クリプトン）
								（　）	（キセノン）
族の名称	[　]							[　]	[　]
イオンの価数	（　）	（　）		（　）			（　）	（　）	（　）
具体例	（　）	（　）		（　）			（　）	（　）	（－）
結合の手の数（原子価）					（　）	（　）	（　）	（　）	（　）
具体例（水素化合物）					（　）	（　）	（　）	（　）	（－）

	6族	7	8	9	10	11	12族
以下の元素の名称[1]	Cr（　），	Mn（　），	Fe（　），	Co（　），	Ni（　），	Cu（　），	Zn（　）
	Mo（　）						

1）Cr, Mn, Fe,（Co）, Cu, Zn, Mo, Se, I はヒトの微量必須元素．

答　p. 83 の答 2.40 の表と答 2.49，および表紙裏の周期表を参照．

2・6　補充：周期表と元素・原子，イオン，酸と塩基，塩の化学式と名称

さまざまな化学計算について学ぶ前に，まず，化学の基礎知識について復習しよう[1]．

基礎知識のまとめ（“ゼロからはじめる化学”（丸善），pp. 1〜21，23〜29，89〜97 参照）

●周期表

問題 2.39　周期表の暗記法を述べよ（1〜20 番元素まで）（答 2.39）．

問題 2.40　答 2.39 をもとに周期表(1〜20 番元素)を元素記号と元素名で書け(答 2.40)．

問題 2.41　**同族元素**[2] について説明し，そのグループ名 4 種類を述べよ（答 2.41）．

問題 2.42　**アルカリ金属**の元素記号，元素名，族番号，イオンの価数を述べよ（答 2.42〜45，2.61）．

問題 2.43　**アルカリ土類金属**（広義：○族元素すべて，狭義：○族の第 4 周期以降の元素）の元素記号，元素名，族番号，イオンの価数を述べよ（答 2.42〜45，2.61）．

問題 2.44　**ハロゲン** 4 種類の元素記号と元素名，族番号，イオンの価数（答 2.42〜45，2.61）．

問題 2.45　**貴ガス**の元素記号と元素名，族番号，イオンの価数（答 2.42〜45，2.61）．

問題 2.46　**金属元素**と**陽性元素**について説明せよ（答 2.46）．

問題 2.47　非金属元素と陰性元素について説明せよ（答 2.47）．

問題 2.48　典型元素について説明せよ（答 2.48）．

問題 2.49　**遷移元素**[3] を説明せよ．Cr, Mn, Fe, Co, Ni, Cu, (Zn), Mo の元素名（答 2.49）．

問題 2.50　**原子の構造**について説明せよ（答 2.50）．

問題 2.51　**原子量**について説明せよ（答 2.51）．

問題 2.52　**原子番号**について説明せよ（答 2.52）．

問題 2.53　**質量数**について説明せよ（答 2.53）．

問題 2.54　**陽子**について説明せよ（答 2.54）．

問題 2.55　**中性子**について説明せよ（答 2.55）．

問題 2.56　**電子**について説明せよ（答 2.56）．

問題 2.57　**同位体**について説明せよ（答 2.57）．

デモ実験：H_2, O_2, Na, Cl_2 の実験．Mg, Fe, Cu, Zn, Sn, S, I_2 を触る．

●化学結合とイオン・分子，酸と塩基の化学式

問題 2.58　**オクテット則**について説明せよ（答は注 4）と“ゼロからはじめる化学”，p. 93, 94）．

問題 2.59　**陽イオン**，**陰イオン**，**イオン結合**について説明せよ（答は注 5)）．

問題 2.60　価電子，**最外殻電子**とは何か．最外殻電子数と族の関係（答は注 6)と答 2.60）．

問題 2.61　**イオンの価数**：族番号とイオンの価数との関係を述べよ．例もあげよ（答 2.61）．(H, Na, Ca, Cl, O, Al, K, Mg の各原子から生じる単原子イオンの化学式を示せ，答 2.61）

問題 2.62　陽イオン，陰イオンのでき方について説明せよ（答は注 7)）．

問題 2.63　**共有結合**と**原子価**について説明せよ．C, N, O, H, Cl の原子価を示し，その水素化合物をあげよ（答は注 8, 9）と答 2.63 および“ゼロからはじめる化学”，p. 95, 96）．

問題 2.64　酸化数と**最高酸化数**[10] 周期表と最高酸化数の関係を説明せよ（答 2.64）．

問題 2.65　1, 2, 13〜17 族元素の酸化物の化学式を示し（**交差法**，p. 85），この酸化物から生じる塩基と**オキソ酸**[11] の化学式を導け[12]（答 2.65）．

---

1)　中和滴定の計算では酸と塩基，中和反応式の知識が必要である．そのもととなるイオンや塩の化学式が書けない人も多い．高校で学んだ基礎知識を復習する．

2)　**同族元素**：周期表の縦の並び・同じ列の元素のこと．family 元素．元素の性質が互いに類似．

3)　**遷移元素**：3〜11 族の元素のグループ名．すべて金属元素．周期表の縦より横同士で性質が類似．

4)　**オクテット則**：原子の一番外側の電子殻の電子が 8 個組（貴ガスと同じ）で安定になるという考え方．原子から生じるイオンの価数や各元素の共有結合の価数がこれで説明できる．オクトとは 8 のこと．

5)　**陽イオン**は＋電荷，**陰イオン**は－電荷をもった微粒子．Na^+, Cl^- など (p. 85)．**イオン結合**：陽イオンと陰イオンが＋－の電気的引力で結合すること．

6)　**価電子**：化学結合することができる最外殻電子（いちばん外側の電子殻の電子）．

7)　陽，陰イオンは原子が電子を失う，得ることにより生じる（“ゼロからはじめる化学”（丸善），p. 11, 93）．

8)　**共有結合**とは 2 つの原子が互いに 1 個の不対電子を出し合い生じた電子対を共有することでできる結合．

9)　**原子価**：共有結合の価数，共有結合できる手の数，不対電子数．

10)　**酸化数**：化合物やイオンを構成する原子の電子数が原子に比べて何個不足しているか示したもの．電子不足数．電子を他から奪う力の尺度，最高酸化数とは最外殻の電子をすべて失った状態での電荷数．

11)　**オキソ酸**：非金属元素が酸素と化合して生じる酸，H_2SO_4 など．注 12) も参照．

解　答

答 2.39　「水兵リーベ僕のお船，名前があるんだ，シップス・クラークか」

答 2.40　以下の周期表が元素記号と元素名[13]で書けること

族名[**答 2.41**] [**答 2.42～2.45**]	アルカリ金属	アルカリ土類金属	遷移元素 [**答 2.49**]	典型元素（1, 2, 12～18 族） [**答 2.48**]				**ハロゲン**	**貴ガス**
周期＼族番号	1	2	3～11(12)	13	14	15	16	17	18
第 1 周期	(H)	□：金属元素[**答 2.46**]			：非金属元素[**答 2.47**]				He
第 2 周期	Li	Be		B	C	N	O	F	Ne
第 3 周期	Na	Mg		Al	Si	P	S	Cl	Ar
第 4 周期	K	Ca	…	…	…	ヒ素	Se	Br	クリプトン
第 5 周期	…	…	…	…	…	…	テルル	I	キセノン
最外殻電子数[**答 2.60**]	1	2		3	4	5	6	7	8
最外殻電子数（8 個，オクテット）となるために必要な電子数					4	3	2	1	0
イオンの価数[**答 2.61**]	+1	+2		+3			−2	−1	0
単原子イオン[**答 2.61**]	Na^+, K^+, H^+	Mg^{2+}, Ca^{2+}	Fe^{2+}, Fe^{3+}	Al^{3+}			O^{2-}, S^{2-}	F^-, Cl^-, Br^-, I^-	
原子価[**答 2.63**]	(H は 1)				4	3	2	1	0
水素化合物[**答 2.63**]					CH_4	NH_3	H_2O	HCl	
最高酸化数[**答 2.64**]	+1	+2		+3	+4	+5	+6	+7	0

元　素	Na	K	Ca		B	Al	C	N	P	S	Cl	
酸化物[**答 2.65**]	Na_2O	K_2O	CaO		B_2O_3	Al_2O_3	CO_2	N_2O_5	P_2O_5	SO_3	Cl_2O_7	
[答 2.65]＋H_2O化学式を足し合わせる	$Na_2H_2O_2$	$K_2H_2O_2$	CaH_2O_2		$H_2B_2O_4$		H_2CO_3	$H_2N_2O_6$	$H_2P_2O_6$	H_2SO_4	$H_2Cl_2O_8$	
塩基とオキソ酸[**答 2.65**] [答 2.65]＋H_2O	NaOH	KOH	$Ca(OH)_2$		HBO_2 H_3BO_3	$Al(OH)_3$	H_2CO_3	HNO_3	HPO_3 H_3PO_4	H_2SO_4	$HClO_4$	

13)　H 水素，He ヘリウム，Li リチウム，Be ベリリウム，B ホウ素，C 炭素，N 窒素，O 酸素，F フッ素，Ne ネオン，Na ナトリウム，Mg マグネシウム，Al アルミニウム，Si ケイ素，P リン，S 硫黄，Cl 塩素，Ar アルゴン，K カリウム，Ca カルシウム，Se セレン，Br 臭素，I ヨウ素．

答 2.46　金属元素：金属としての性質をもつ．陽イオンになりやすい＝陽性元素[14]である．（配位結合形成・金属錯体の形成）塩基性酸化物をつくる．

答 2.47　非金属元素：上記周期表中の灰色部の元素群．金属の性質をもたない．陰イオンになりやすい＝陰性元素[14]．共有結合形成・分子の形成．酸性酸化物をつくる．

答 2.48　典型元素：1, 2, 12, 13～18 族元素．族元素同士で性質類似（アルカリ金属，アルカリ土類金属，ハロゲン，貴ガス）

答 2.49　遷移元素：3～11 族，Sc(スカンジウム)，Ti(チタン)，V(バナジウム)，Cr(クロム)，Mn(マンガン)，Fe(鉄)，Co(コバルト)，Ni(ニッケル)，Cu(銅)，(Zn(亜鉛，12 族))，Mo(モリブデン)[15]

答 2.50　原子：モモの実＋スイカモデル（原子核(陽子，中性子)＋電子)，軌道モデル（原子核と K，L，M，N 電子殻）[“ゼロからはじめる化学”（丸善），pp. 89～91]

答 2.51　原子量：原子の体重，その元素を構成する異なった質量数の複数の同位体核種の質量の同位体組成平均値：Cl の原子量は $^{35}Cl \times 0.75 + {}^{37}Cl \times 0.25 = 35.5$)

答 2.52　原子番号：原子を重さの軽い順序に並べたその順序（陽子の数に等しい）

答 2.53　質量数：陽子数＋中性子数(陽子と同じ質量)⇔原子量

答 2.54　陽子：正電荷＋1 をもつ原子核構成素粒子

答 2.55　中性子：無電荷で質量が陽子と同じ原子核の構成素粒子

答 2.56　電子：負電荷−1 をもつ単位粒子，原子中には陽子の数と同数が存在．質量は陽子の約 1/2000．

答 2.57　同位体：陽子数は同じだが原子の質量数（(陽子＋中性子)数），つまり中性子数が異なる核種．原子の化学的性質は原子中の電子数に依存している．電子数は陽子数で定まっているので原子（化学的性質の異なる物質の構成素粒子）は陽子の数で区別される．中性子の数が違っても同じ元素（重さは違うが同じ化学的性質）である．

12)　金属元素の酸化物（例：Na→Na_2O）は塩基性酸化物である（水と反応して塩基を生じる）：

$$Na_2O + H_2O \longrightarrow 2\,NaOH$$

非金属元素の酸化物（例：S→SO_3）は酸性酸化物である（水と反応して酸を生じる）：

$$SO_3 + H_2O \longrightarrow H_2SO_4$$

14)　陽性元素：1, 2 族元素など，金属元素．陽イオンになりやすい．陽性は周期表の左下の元素が最も大きい．

陰性元素：16, 17 族元素などの非金属元素．陰イオンになりやすい．共有結合をつくりやすい．陰性は周期表の右上の F が最も大きい（電子を引きつける大きさの尺度・電気陰性度の大きさは，F＞O＞N＝Cl＞C＞H＞Na，周期表の右上→左下の順に小さくなる）．

15)　Cr, Mn, Fe, Cu, Zn, Mo, Se, I はヒトの微量必須元素．

問題 2.66　① 原子量とは何か．② 原子番号とは何か．③ 金属元素の特徴を 3 つ述べよ．④ 非金属元素の特徴を 3 つ述べよ．

問題 2.67　29 番元素である銅の同位体 ^{63}Cu の ① 質量数，② 原子番号，③ 陽子数，④ 中性子数，⑤ 電子数を答えよ．

問題 2.68　以下の物質の分子式を書け(以下はいずれも分子であり，原子ではない)[1]．
① 水素，② 酸素，③ 窒素，④ 塩素(殺菌・漂白)，⑤ 塩化水素(水溶液は塩酸)，⑥ **水**，⑦ **アンモニア**，⑧ **メタン**，⑨ 二酸化炭素（炭酸ガス）

1)　原子は寂しがり屋．分子とは複数の原子が共有結合で手をつないだもの．原子 1 個だけで安定に存在するのは貴ガスだけである(単原子分子)．

問題 2.69　**食塩**の ① 化学名，② 化学式，食塩を構成する陽イオンの ③ 名称と ④ 化学式，陰イオンの ⑤ 名称と ⑥ 化学式を示せ（食塩に関するこれらの知識は基本として丸暗記せよ．塩，強酸，強塩基は水に溶けてイオンに解離（電離）する）．
① 塩の化学名，② 化学式，③ 陽イオンの名称，④ 化学式，⑤ 陰イオンの名称，⑥ 化学式

（命名法は，必要なら“ゼロからはじめる化学”の演習 1.11, 1.14（p. 18〜21）も参照のこと）

デモ実験：塩化ナトリウム ($NaCl$)，硫酸ナトリウム (Na_2SO_4) をなめる．“口は化学の窓，五感は化学の窓！”（筆者作）．いまの学校では化学の学習に活字・目しか使っていない．鼻・舌も使おう．

問題 2.70　以下の**単原子イオンの化学式**を示せ[2]（イオンの価数と元素の族番号の関係は？，p. 81, 83 表）．① カルシウムイオン，② カリウムイオン，③ マグネシウムイオン，④ アルミニウムイオン，⑤ フッ化物イオン，⑥ 臭化物イオン，⑦ ヨウ化物イオン，⑧ 酸化物イオン，⑨ 硫化物イオン．

イオンの名称の付け方？
イオンの価数の求め方？
塩の化学式の求め方？
交差法？

問題 2.71　Ca^{2+}，K^{+}，Mg^{2+}，Al^{3+}，F^{-}，Br^{-}，I^{-}，O^{2-}，S^{2-} の**単原子イオンの名称**を述べよ（$NaCl$ を参考に考えよ）．

問題 2.72　化学式 CH_4，$CaCl_2$，AlF_3，K_2O，Fe_2O_3 の元素記号の右下の数値の意味を述べよ．

問題 2.73　**イオン性化合物**の**化学式**の**書き方**を，酸化アルミニウムを例に説明せよ．**交差法**とは何か．

問題 2.74　以下の**イオン性化合物**（塩，酸化物）の**化学式**を書け[2]（$NaCl$ を参考に考えよ．陽，陰イオンの価数に注意せよ．陽イオンと陰イオンの電荷の総和は 0．交差法！）．
① ヨウ化カリウム，② 塩化カルシウム，③ 酸化銅(Ⅱ)[3]，④ 酸化二銅[4]，⑤ 酸化銅(Ⅰ)，⑥ 酸化アルミニウム，⑦ 塩化鉄(Ⅱ)，⑧ 塩化鉄(Ⅲ)，⑨ 三酸化二鉄，⑩ 酸化鉄(Ⅲ)，⑪ 酸化鉄(Ⅱ)

問題 2.75　**イオン性化合物**の**命名法**と**名称**：① $CaCl_2$，② Fe_3O_4，③ AlF_3，④ $FeCl_2$，⑤ $FeCl_3$，⑥ Na_2S，⑦ FeO，⑧ Fe_2O_3 の名称を述べよ（$NaCl$ を参考に考えよ）．

2)　間違える人が多い．

3)　複数の価数をもつ元素では，これらを区別するため，価数を元素記号の後にローマ数字で示す．$Cu(Ⅰ) = Cu^{+}$，$Cu(Ⅱ) = Cu^{2+}$，$Fe(Ⅱ) = Fe^{2+}$，$Fe(Ⅲ) = Fe^{3+}$ など．

4)　酸化二銅とは，一酸化二銅，銅原子 2 個に酸素原子 1 個の比でできた化合物 Cu_2O のこと．O は 2− だから，Cu は +1 だとわかる．つまり，酸化二銅は酸化銅(Ⅰ)と同じものである．三酸化二鉄も同様に考える．

解　答

答 2.66　① p.82 の問題 2.51；p.83 の答 2.51，② 問題 2.52；答 2.52，③ 問題 2.46；答 2.46，④ 問題 2.47；答 2.47 を見よ．

答 2.67　① 63，② 29，③ 29，④ 34(63 − 29 = 34)，⑤ 29(原子番号 = 陽子数 = 電子数)

答 2.68　基礎として要記憶　① H_2，② O_2，③ N_2，④ Cl_2，⑤ HCl[5]，⑥ **H_2O**，⑦ **NH_3**，⑧ **CH_4**，⑨ CO_2[6]（⑤と⑨の化学式は名称から，⑥〜⑧は原子価から推定できる）

答 2.69　① 塩化ナトリウム，② NaCl，③ ナトリウムイオン，④ Na^+，⑤ 塩化物イオン，⑥ Cl^-

答 2.70[7]　① Ca^{2+}[8]，② K^+，③ Mg^{2+}，④ Al^{3+}，⑤ F^-，⑥ Br^-，⑦ I^-，⑧ O^{2-}，⑨ S^{2-}

答 2.71　**イオンの命名法**［いつも NaCl **塩化ナトリウム**をもとに考えること！　Na^+ ナトリウムイオン → 陽イオンの名称は元素名＋イオン］：Ca^{2+} カルシウムイオン，K^+ カリウムイオン，Mg^{2+} マグネシウムイオン，Al^{3+} アルミニウムイオン，Cl^- 塩化物イオン[9] → 陰イオンの名称は**○○化物イオン**），F^- フッ化物イオン，Br^- 臭化物イオン，I^- ヨウ化物イオン，O^{2-} **酸化物イオン**，S^{2-} 硫化物イオン．

★ 化学式に電荷があればイオン，イオンなら化学式に電荷がある！ 根本知識

答 2.72　元素記号の右下の数値は，その元素の原子の個数を示している[10]．
CH_4 は C 原子 1 個と H 原子 4 個よりなる（C の原子価は 4[11]，H の原子価は 1），
$CaCl_2$ は Ca 原子 1 個と Cl 原子 2 個よりなる（Ca^{2+} が 1 個と Cl^- が 2 個で全体の電荷は 0），
AlF_3 は Al 原子 1 個と F 原子 3 個よりなる（Al^{3+} が 1 個と F^- が 3 個で全体の電荷は 0），
K_2O は K 原子 2 個と O 原子 1 個よりなる（K^+ が 2 個と O^{2-} が 1 個で全体の電荷は 0），
Fe_2O_3 は Fe 原子 2 個と O 原子 3 個よりなる（Fe^{3+}[12] 2 個と O^{2-} が 3 個で全体の電荷は 0），

答 2.73　**交差法**：酸化アルミニウム → 酸化物イオン O^{2-}（16 族），アルミニウムイオン Al^{3+}（13 族）→ Al_2O_3（右図のやり方を行う）
つまり，陽イオンと陰イオンの価数を逆に使うことで，酸化アルミニウム Al_2O_3 の O^{2-} と Al^{3+} の電荷の最小公倍数を取り，＋と−の電荷が中和するように化学式を決定している（Al が 2 個と O が 3 個で (3+) × 2 + (2−) × 3 = 0 となる）．
酸化カルシウム CaO では → O^{2-} と Ca^{2+} → Ca_2O_2 → CaO[13]

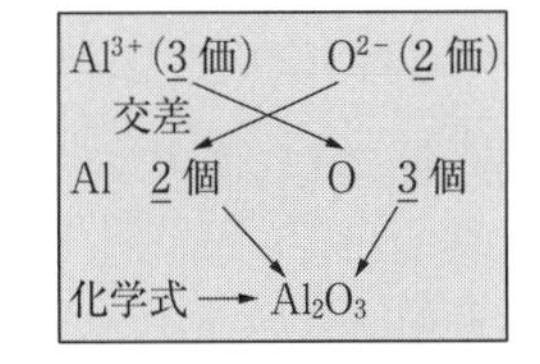

（p.101 の補充解説，および p.115 も参照のこと）

答 2.74　塩化ナトリウム NaCl からわかるように，陽イオン（＋イオン）を前，陰イオンを後に書くのが**イオン性化合物の化学式の書き方**の約束（名称は元素記号と逆）．
KI，$CaCl_2$，CuO，Cu_2O，Cu_2O，Al_2O_3，$FeCl_2$，$FeCl_3$，Fe_2O_3，Fe_2O_3，FeO

（p.101 の補充解説，および p.115 も参照のこと）← 交差法 ← 電荷の総和は 0

答 2.75　**イオン性化合物の命名法**：① 陰イオン部分（塩化物イオン → 塩化）を前，陽イオン部分の元素名（カルシウム）を後に命名．→ 塩化カルシウム[14]
② （酸化物イオン → 酸化）を前，陽イオン元素・鉄を後．元素の数を元素に対応する名の前につける（四酸化，三鉄）．→ 四酸化三鉄（酸化二鉄(Ⅲ)鉄(Ⅱ)）[15]
③ フッ化アルミニウム[14]，④ 塩化鉄(Ⅱ)，二塩化鉄，⑤ 塩化鉄(Ⅲ)，三塩化鉄，
⑥ （硫化物イオン）硫化ナトリウム[14]，⑦ 酸化鉄(Ⅱ)，⑧ 酸化鉄(Ⅲ)，三酸化二鉄．

（p.91 注 12），p.101 の補充解説，および p.115 も参照のこと）

5）塩化水素の名称の意味を考えれば HCl とわかる．

6）二酸化炭素とは 2 個の酸素がくっついた炭素という意味．CO 一酸化炭素，SO_2 二酸化硫黄も同様．

7）1 個の原子からできたイオン・単原子イオンの価数は周期表の族番号からわかる．p.81，83 の表（1，2，13，16，17，18 族のイオンの価数は，＋1，＋2，＋3，−2，−1，0）

8）イオンの価数（荷数）は元素記号の右肩に書く．電荷 3+，2+，+，−，2−，3− は +，− の単位電荷が 3，2，1 個あるという意味．数値ではないので +3，+2，+1，−1，−2，−3 とは書かない．また 1+，1− とも書かない．

9）塩素化合物，フッ素化合物，臭素化合物，ヨウ素化合物，酸素化合物，硫黄化合物の構成イオンの意．

10）CH_4 は共有結合性化合物（分子），その他はすべてイオン性化合物．

11）原子価 = 手の数，共有結合できる数．

12）O は 2−（約束として覚えること）だから，Fe_2O_3 で全体が無電荷となるためには Fe は 3+ である必要がある．

13）CaO の場合，公約数の 2 で割る．

14）p.91 注 12），p.101 下を参照．

15）磁性酸化鉄，Fe_3O_4 = Fe_2O_3 + FeO，Fe (III) が 2 個と Fe(II) が 1 個からなる．

3 中和反応と濃度計算

3・1 中和とは

酸が出す H^+ は酸(す)っぱいもとであり，青リトマス紙を赤くしBTB（ブロモチモールブルー）を黄色にするもと，酸性のもとである．塩基が出す OH^- はぬるぬるのもとで，苦味のもとであり，赤リトマス紙を青くしBTBを青色にするもと，塩基性（アルカリ性）のもとである．

酸と塩基の中和反応とは，酸が出す酸性のもとである H^+ の数（物質量 mol）と，塩基が出す塩基性のもとである OH^- の数（物質量 mol）とが等しくなり，酸と塩基がともに上記のおのおのの特性を失い，水分子と塩を生じる反応のことである．つまり，中和反応とは H^+ の物質量 mol $=$ OH^- の物質量 mol となり，酸と塩基由来の H^+ と OH^- のすべてが水分子となること（$H^+ + OH^- \longrightarrow H_2O$）である．

酸と塩基はからだの中にも存在する．胃液中の胃酸は塩酸であり，膵液・腸液は炭酸水素ナトリウム（重炭酸ナトリウム，重曹ともいう）[1] の水溶液である．胃液の膵液・腸液による中和反応が，十二指腸から空腸（小腸の上半分）で起こっている[1]．中和反応は食酢中の酢酸など，酸塩基の分析に使用する（中和滴定，p. 100）．

1) 炭酸水素イオンは炭酸の**共役塩基**であり，ブレンステッド・ローリーの定義に基づくと**塩基**（H^+ を受け取るもの）である：
$HCO_3^- + H^+ (\rightarrow H_2CO_3) \longrightarrow H_2O + CO_2$
共役塩基：ブレンステッド・ローリーの定義によれば，H^+ を放出するのが**酸**，H^+ を受け取るのが**塩基**である．そこで，酸 HA が $HA \longrightarrow H^+ + A^-$ と H^+ を放出して生じた A^- は，$H^+ + A^- \longrightarrow HA$（逆反応）と，$H^+$ を受け取ることができるので塩基である．この A^- を酸 HA の共役塩基という．

デモ実験：(**酸**)酢酸，シュウ酸，クエン酸，塩酸をなめる（酸っぱさを比較する）．梅干しやレモンの酸っぱさのもとはクエン酸である．食酢，せっけん水，植物灰や重曹の水溶液の pH を万能 pH 試験紙で調べる．金属と酸の反応も示す．

a. 酸とは

問題 3.1 酸とは何か．

問題 3.2 酸っぱい・酸性のもと，ぬるぬる・苦味・塩基性（アルカリ性）のもとは何か．

問題 3.3

(1) **無機酸**（無機化合物）[2] 5種類（食塩・N・S・C・P の酸；必ず覚えること！）と，**有機酸** 3種類（有機化合物[2]：食酢の酸，酸葉（すいば）の酸，レモンの酸）の**名称**と**化学式**を述べよ（レモンの酸は名称のみで可）．

(2) (1)で述べた酸を強酸，中くらいの強さの酸，弱酸に分類せよ．

(3) 強酸，弱酸の違いについて説明せよ*．この性質を示すたとえ話も示せ．

* 弱酸の塩が加水分解（例：$CH_3COONa + H_2O \rightarrow CH_3COOH + OH^-$）を起こす理由は弱酸の性質（答 3.3(3)，および p. 159 の注 8), 10)）に基づいている．緩衝液の原理（p. 172）も弱酸の性質をもとに理解できる．

2) 炭素を含む化合物を**有機化合物** organic compound，それ以外を**無機化合物** inorganic compound という．炭素の酸化物や炭酸塩などは無機化合物．

5種類の無機酸の名称は？その化学式？

解答

答 3.1 **酸**とは，**なめると酸っぱい**味がするもの，水に溶けて H^+ を放出し，塩基と反応して塩と水を生じる物質（アレニウス，ブレンステッド・ローリーの定義）[3]．

答 3.2 酸っぱい・酸性のもとは H^+（**水素イオン**），ぬるぬる・苦味・塩基性（アルカリ性）のもとは OH^-（**水酸化物イオン**）である．

答 3.3 (1) 下表のとおり 重要〈以下の酸の名前と化学式・**太字は理屈抜きに覚えよう**〉

	酸	説明
無機酸	**塩　酸** **HCl**	塩化水素ガス HCl の水溶液．胃液の成分（胃酸）．塩酸は食塩 NaCl から生じた酸なる意？（$NaCl + H_2SO_4 \longrightarrow HCl + NaHSO_4$）
	硝　酸 **HNO_3**	硝石（KNO_3）から生じた酸の意？（$KNO_3 + H_2SO_4 \longrightarrow HNO_3 + KHSO_4$）窒素酸化物から生じた酸：$N \longrightarrow N_2O_5$[4]，$N_2O_5 + H_2O \longrightarrow H_2N_2O_6$（$2\,HNO_3$）．野菜中に硝酸塩として存在．
	硫　酸 **H_2SO_4**	硫黄（いおう）S の酸，硫黄が酸化されて生じた酸（$S \longrightarrow SO_3$[4]，$SO_3 + H_2O \longrightarrow H_2SO_4$）
	炭　酸 **H_2CO_3**[5]	炭素 C の酸という意．炭素が酸化されて生じた二酸化炭素 CO_2（炭酸ガス，呼気成分）が水と反応し生じた酸（$CO_2 + H_2O \longrightarrow H_2CO_3$）．炭酸飲料に含まれる．
	リン酸 **H_3PO_4**[6]	リン P の酸，リンが酸化されて生じた酸（$P \longrightarrow P_2O_5$[4]（P_4O_{10}），$P_2O_5 + H_2O \longrightarrow H_2P_2O_6$（$2\,HPO_3$，メタリン酸），$HPO_3 + H_2O \longrightarrow H_3PO_4$）
有機酸	**酢　酸** **CH_3COOH**	食酢の酸という意．食酢の主成分．穀物の発酵やエタノールの酸化により生じる（エタノール $CH_3CH_2OH \longrightarrow CH_3CHO$（アセトアルデヒド）$\longrightarrow CH_3COOH$（酢酸））．
	シュウ酸[7] **$(COOH)_2$** **$H_2C_2O_4$**	カタバミ科植物オキザリス *Oxalis* の酸．シュウ酸 oxalic acid とはタデ科植物（酸葉（すいば），すかんぽともよぶ）の酸なる意．化学式は $(COOH)_2$ と $H_2C_2O_4$ のどちらでも可．
	クエン酸	レモン・柑橘類の酸の意．酸のもとカルボキシ基 -COOH が **3 個**ある有機酸，トリカルボン酸（tri-carboxylic acid）．TCA 回路（クエン酸回路）の名の由来物．

(2) **強酸**[8]：HCl，H_2SO_4，HNO_3，（過塩素酸 $HClO_4$）
中位の強さの酸：シュウ酸（pK_a 1.2），リン酸（pK_a 2.4），クエン酸（pK_a 2.9）[9]
弱酸：**乳酸**（pK_a 3.8），酢酸（pK_a 4.8），炭酸（pK_a 6.4）[9]

(3) 強酸がはるかに酸っぱい（H^+ を多数放出する，H^+ が酸っぱさのもと）．弱酸はそれほど酸っぱくない．強酸の解離度[10] ≒ 1.0（ほぼ 100% 解離），弱酸の解離度 ≪ 1.0
強酸のたとえ：いつも別々に行動する相互尊重型夫婦（例：$HCl \longrightarrow H^+ + Cl^-$，HCl はほぼすべてイオンに解離する）[10]，
弱酸のたとえ：いつも一緒にいる仲の良い夫婦（例：$CH_3COOH \rightleftarrows CH_3COO^- + H^+$，$CH_3COOH$ はほとんどが CH_3COOH のままで，わずかしかイオンに解離しない）[10]．
弱酸の解離と弱酸イオンの塩が生じるときのたとえ：いつも一緒にいる仲のいい若い農民夫婦（弱酸，CH_3COOH）の妻（H^+）が悪代官・殿様（強塩基 OH^-）に連れて行かれ，夫婦が無理やり引き離されてしまった（$CH_3COOH + OH^- \longrightarrow H_2O + CH_3COO^-$）．

3) 塩基の定義は p.86 の注 1) と p.92 答 3.13，および注 4) を参照．

4) 酸化物の化学式は交差法 p.85 で求める．

5) $H_2CO_3 \longrightarrow H_2O + CO_2$ 炭酸は不安定．水溶液中には H_2CO_3 としてはわずかしか存在しない．

6) リン酸は生体・生物を分子レベルで勉強する現代生物学，医学などでは最も重要な酸である．遺伝子 DNA，生体エネルギーの素 ATP，そのほか多くの生体内の重要な物質や骨・歯がリン酸化合物である．

7) ホウレンソウ中に塩として存在．灰汁（あく）のもと．染色，なめし革，漂白，分析化学に利用される．Ca^{2+} と反応し，水に溶けにくい難溶性塩，シュウ酸カルシウム $Ca(COO)_2$ をつくる（Ca のからだへの吸収を阻害）．腎臓結石はこの塩．生化学で学ぶクエン酸回路のオキサロ酢酸のオキサロはシュウ酸（oxalic acid）HOOC-COOH（p.89 下）のアシル基．（アシル基とはカルボン酸（cabroxylic acid）RCOOH の R-CO- 部分のこと．ここでは HOOC-CO- の意）．

8) HCl，H_2SO_4，HNO_3 が強酸であることは覚えよ．それ以外は弱酸と思ってよい．

9) 酸解離定数 K_a（p.172）の対数値，$-\log K_a = pK_a$ が小さいほど，より強い酸である．これらの pK_a は 25℃の値．

10) 酸の解離反応は p.89，解離度は p.159 の注 8)，9) と 11) の図，参照のこと．

b. 酸の価数 重要

問題 3.4

(1) 酸の価数とは何か．

(2) 塩酸，硝酸，硫酸，炭酸，リン酸，酢酸，シュウ酸，クエン酸は何価の酸か．

酸の解離反応式（H^+ が取れる式）も書け．この際に生じる多原子陰イオン[1]（下述）の名称も述べよ．

（i） **多原子イオンの電荷**[2]　　これらのイオンはもとの酸からH^+が取れた数だけ－の電荷となる[2]．反応式 $H_2SO_4 \longrightarrow 2\,H^+ + SO_4^{2-}$ の左側の H_2SO_4 は無電荷（もともと電荷ゼロ）なので，反応式の右側も全体としての電荷は＋－でゼロになるはずである．したがって，生じたイオン SO_4^{2-} は，取れた H^+ の数の分の正電荷（$2\,H^+$，＋が2個）に対応する負電荷－2をもつ．H_3PO_4 から $3\,H^+$（＋が3個）が取れると残りは PO_4 だが，$3\,H^+$ と電荷を合わせて全体はゼロとなる必要があるので PO_4^{3-}[2]．

酸分子中のHがH^+として解離する際には－電荷を残してH^+として解離するので（$H \longrightarrow H^+ + ⊖$，図3.1），$H^+$が取れたイオンは－の電荷をもつ．生じた酸の陰イオンは解離したH^+の数と同じだけの数の－，負電荷をもつ（図3.1，図3.2）．したがって，$H_3PO_4 \longrightarrow H^+$ なら残りは $H_2PO_4^-$（$H_3PO_4 \longrightarrow H^+ + H_2PO_4^-$），$H_3PO_4 \longrightarrow 2\,H^+$ なら残りは HPO_4^{2-}（$H_3PO_4 \longrightarrow 2\,H^+ + HPO_4^{2-}$），$H_3PO_4 \longrightarrow 3\,H^+$ なら残りは PO_4^{3-}（$H_3PO_4 \longrightarrow 3\,H^+ + PO_4^{3-}$）となる（図3.2）．

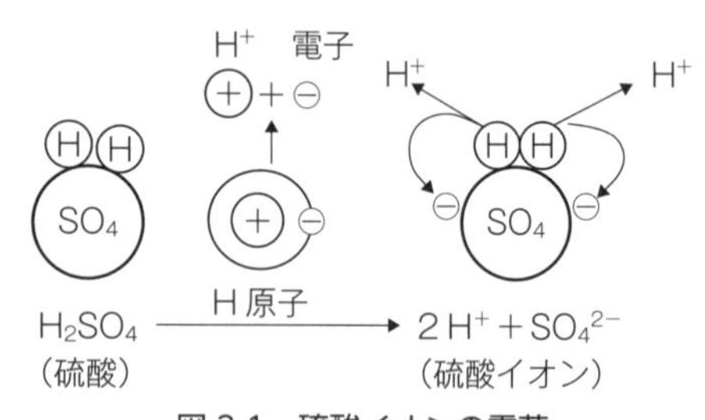

図3.1　硫酸イオンの電荷

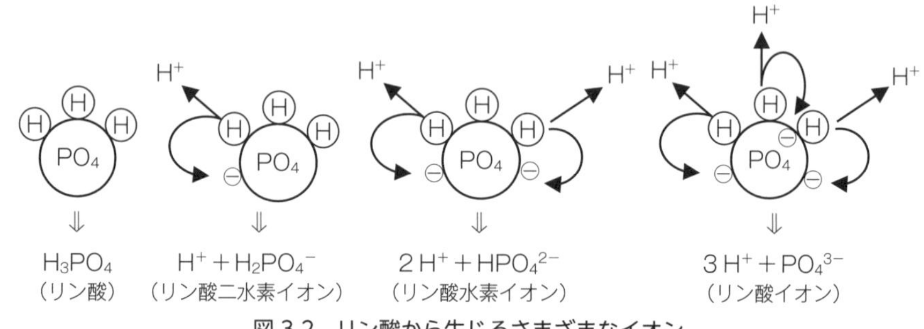

図3.2　リン酸から生じるさまざまなイオン

問題 3.5　以下の多原子陰イオンの化学式を書け〈イオンの電荷に注意．**記憶せよ！**〉

① **硫酸イオン**[3]　② 炭酸イオン　③ **炭酸水素イオン**[3]（重炭酸イオン）[4]

④ リン酸イオン　⑤ **リン酸水素イオン**　⑥ **リン酸二水素イオン**[3]

⑦ 硝酸イオン　（答は答3.4の表および問題3.6の対応する番号に記載）

問題 3.6　以下の多原子陰イオンの名称を書け[5]〈**記憶せよ！**〉

① $\mathbf{SO_4^{2-}}$，② CO_3^{2-}，③ $\mathbf{HCO_3^-}$，④ PO_4^{3-}，⑤ $\mathbf{HPO_4^{2-}}$，⑥ $\mathbf{H_2PO_4^-}$，⑦ NO_3^-

⑧ CH_3COO^-，⑨ $(COO^-)_2$ または $C_2O_4^{2-}$　（答は答3.4表と問題3.5に記載）

---

1) **多原子イオン**：硫酸イオン SO_4^{2-} のように，複数の原子が共有結合で結びついてひとかたまりとなったイオンをいう．SO_4^{2-} のS原子と4個のO原子は共有結合で結びつけられて（下図），SO_4 のままで1つのイオンとして振る舞う．2－はこのイオンの価数（電荷数）．

2) 多原子イオンの電荷は，SO_4^{2-} のように原子団の後に上付き添え字で表す．2－とは，－の単位電荷が2つあるという意味であり，電荷を－2とは書かない（下図）．

硫酸 $H_2SO_4 \longrightarrow 2\,H^+ + SO_4^{2-}$

H_2SO_4　H-O-S(=O)(=O)-O-H

SO_4^{2-}　⁻O-S(=O)(=O)-O⁻

リン酸 $H_3PO_4 \longrightarrow 3\,H^+ + PO_4^{3-}$

H_3PO_4　H-O-P(=O)(-O-H)-O-H

PO_4^{3-}　⁻O-P(=O)(-O⁻)-O⁻

3) 丸暗記でなく言葉の意味を考えよ．名称通りに化学式を書け．〇〇酸イオンの化学式中にはH原子は1個も存在しない．〇〇酸水素イオンならHが1個，〇〇酸二水素イオンならHが2個存在する．p.106の記憶法も参照．

4) 医学分野の用語．

5) 丸暗記でなく，言葉の意味，化学式の示す意味を考えよ．化学式通りに名前をつけよ．

解 答

答 3.4

(1) 酸の価数：1 個の酸分子が放出することができる水素イオン H^+ の数.

(2) 答は下表を見よ．2 価，3 価の酸では，条件に応じて H^+ は 1 個ずつ段階的に取れる（解離する）が，塩基性では，解離した H^+ は，$H^+ + OH^- \longrightarrow H_2O$ のように OH^- とただちに反応・結合し，水分子に変化するので，すべての H^+ が解離する[6].

6) p.87 最下 4 行のたとえ話を参照のこと.

表中の太字は記憶せよ！

酸	価数	解離反応式 要理解	多原子陰イオン 要記憶
塩 酸	**1 価**	$HCl \longrightarrow H^+ + Cl^-$	**塩化物イオン**（解離度[7] $\alpha \fallingdotseq 1.0$，解離度 ≒ 100%）
硝 酸	**1 価**	$HNO_3 \longrightarrow H^+ + NO_3^-$	**硝酸イオン**（野菜に多く含まれている）[8]
硫 酸	**2 価**	$H_2SO_4 \longrightarrow H^+ + HSO_4^-$ $HSO_4^- \longrightarrow H^+ + SO_4^{2-}$ 全体としては $H_2SO_4 \longrightarrow 2H^+ + SO_4^{2-}$，1 個の H_2SO_4 から 2 個の H^+ を生じる.	硫酸水素イオン **硫酸イオン**（からだの細胞内液中に含まれている）
炭 酸	**2 価**	$H_2CO_3 \longrightarrow H^+ + HCO_3^-$ $HCO_3^- \longrightarrow H^+ + CO_3^{2-}$ 全体としては，$H_2CO_3 \longrightarrow 2H^+ + CO_3^{2-}$，1 個の H_2CO_3 から 2 個の H^+ を生じる.	**炭酸水素イオン**（**重炭酸イオン**[4]，血液の pH 制御[8]） **炭酸イオン**（$CaCO_3$ 石灰石，大理石，貝殻，卵殻成分）
リン酸	**3 価**	H_3PO_4 の H_3 は H が 3 個の意．H_3 はとれて $3H^+$ となる. $H_3PO_4 \longrightarrow H^+ + H_2PO_4^-$ $H_2PO_4^- \longrightarrow H^+ + HPO_4^{2-}$ $HPO_4^{2-} \longrightarrow H^+ + PO_4^{3-}$ 全体としては $H_3PO_4 \longrightarrow 3H^+ + PO_4^{3-}$，1 個の H_3PO_4 から 3 個の H^+ を生じる.	 **リン酸二水素イオン**（細胞内液中のイオン）[8] **リン酸水素イオン**（細胞内液中のイオン）[8] **リン酸イオン**（リン酸イオンは骨，歯の成分）
酢 酸 （図 3.3(a)）	**1 価**	$CH_3COOH \longrightarrow H^+ + CH_3COO^-$	**酢酸イオン** 酢酸 CH_3COOH などの有機酸（**カルボン酸**）[9] では，解離して H^+ となる H は COOH の H のみ（**カルボキシ基** −COOH は**有機酸のもと**），CH_3COO^- の CH_3 の H は H^+ とはならない！ C-H 結合は簡単には切れない（ヘキサン C_6H_{14}，石油などはなめても酸っぱくない）！ 酢酸 CH_3COOH は 1 価の酸，4 価の酸ではない！
シュウ酸 （図 3.3(b)）	**2 価**	$(COOH)_2$[9] $\longrightarrow 2H^+ + (COO^-)_2$	**シュウ酸イオン**（灰汁（あく）成分，$H_2C_2O_4 \longrightarrow 2H^+ + C_2O_4^{2-}$ とも記す．1 分子から $2H^+$ を生じる．ホウレンソウなど野菜類に含有）
クエン酸 （図 3.3(c)）	**3 価**	カルボン酸，酸の素の −COOH が 3 個ある. $HOOC\text{-}CH_2\text{-}C(OH)(COOH)\text{-}CH_2\text{-}COOH$，1 分子から 3 個の H^+ を生じる[9].	

7) **解離度**とは，イオンに分かれている割合のこと．p.159 の注 8)，9)，11) および答 6.3 の“電解質”参照.

8) HCO_3^-/H_2CO_3 は血液・細胞外液中の pH を制御，$HPO_4^{2-}/H_2PO_4^-$ は細胞内液の pH を制御している．以下に炭酸，硝酸分子の構造式を示す．硫酸とリン酸は左ページの注 2) を参照のこと.

炭酸：H-O-C(=O)-O-H　硝酸：H-O-N=O（N→O）（矢印は配位結合 N:⟶□Ö: を示す，p.93 注 8) 参照）

9) RCOOH を**カルボン酸**，−COOH を**カルボキシ基**といい，−COOH から H^+ が少しだけ取れる．弱い酸である（1 mol/L 溶液の解離度 $\alpha \fallingdotseq 0.01$，1% 程度，この意味は酢酸分子 100 個のうち，1 個のみが $H^+ + CH_3COO^-$ に別れ，残りの 99 個は CH_3COOH のままということである）．なぜ H^+ を放出できるかについては“生命科学・食品学・栄養学を学ぶための 有機化学 基礎の基礎”（丸善），p.124 参照.

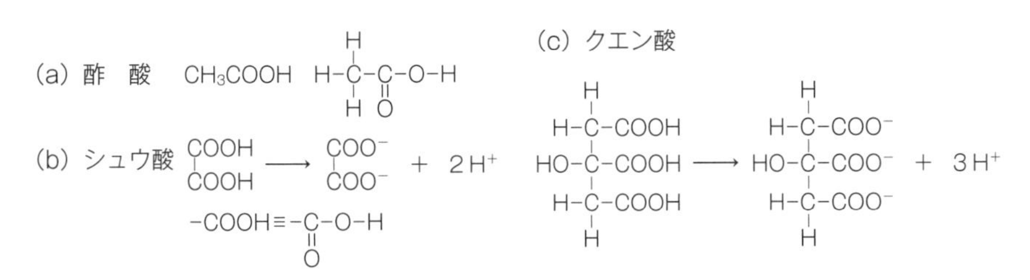

図 3.3 酢酸，シュウ酸，クエン酸の構造式

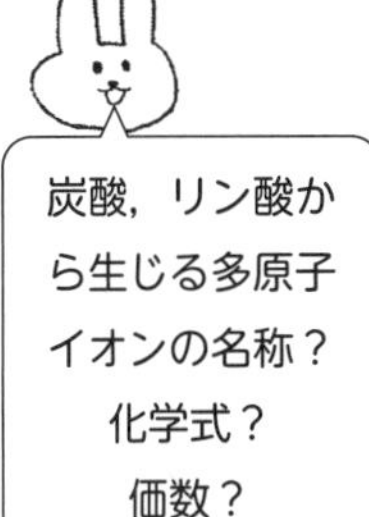

炭酸，リン酸から生じる多原子イオンの名称？
化学式？
価数？

（ii）オキソ酸[1]，オキソ酸イオン[2]とその塩

問題 3.7　C，N，P，S 原子からできたオキソ酸[1]の化学式とその名称を述べよ．
　また，Cl のハロゲン化水素酸の化学式とその名称を述べよ（オキソ酸の化学式の導き方は p. 83，87 参照．答は右ページの表参照）．

問題 3.8　C，N，P，S 原子からできたオキソ酸イオン[2,3]の化学式と名称を述べよ（各 2，1，3，2 種類のイオンがある，答は右ページの表参照）[4]．

【ヒント】　オキソ酸イオン（オキソ酸の H がすべて解離して取れたイオン）は，H が H^+ として取れた分だけ（$H \rightarrow H^+ + ⊖$）負電荷をもつ（p. 88 の図）．したがって，オキソ酸から H が 1 個取れれば ○$^-$，2 個取れれば △$^{2-}$，3 個取れれば □$^{3-}$ となる．
リン酸水素イオン（リン酸の H が 1 個残っている）：H が 2 個取れたので価数は △$^{2-}$．
リン酸二水素イオン（リン酸の H が 2 個残）：H が 1 個取れたので価数は ○$^-$．

問題 3.9　Na_2SO_4 の名称と命名法を述べよ．

多原子イオンの名称の
つけ方？
化学式・電荷の決め方？

問題 3.10　C, N, P, S 原子からできたオキソ酸のナトリウム塩[3]の化学式とその名称を述べよ（答は右ページの表参照）．

【ヒント】　オキソ酸から H が取れた数だけの負電荷をもつイオンができるので，この取れた H の（H^+ となった）数だけ，負電荷を中和するのに必要な陽イオンの電荷が必要となる（負電荷と正電荷が中和するように陽，陰イオンの数を決める．交差法 p. 85 も参照）．

	ナトリウム Na^+ 塩	カルシウム Ca^{2+} 塩
オキソ酸のイオンが ○$^-$ なら	Na○	Ca(○)$_2$
△$^{2-}$ なら	Na_2△	Ca△
□$^{3-}$ なら	Na_3□	Ca_3□$_2$

問題 3.11[4]　次の塩の化学式を書け〈陽イオン，陰イオンの電荷に注意せよ〉

【ヒント】　交差法（p. 85 参照）で化学式を求める．化学式中の多原子イオンは（　）でくくる．多原子イオンの数は（　）の下につける．

① 炭酸水素カルシウム　② 炭酸カルシウム　③ 硝酸カルシウム
④ リン酸カルシウム　⑤ リン酸水素カルシウム　⑥ リン酸二水素カルシウム
⑦ 硫酸水素カルシウム　⑧ 硫酸カルシウム　⑨ 炭酸アルミニウム
⑩ リン酸アルミニウム　⑪ 硫酸アルミニウム　（答は問題 3.12 の番号に対応）

問題 3.12　以下の多原子イオンの塩の名称を示せ．

（塩・イオン性化合物の化学式に対するイメージをもつためには p. 115 参照のこと）

① $Ca(HCO_3)_2$[5]　② $CaCO_3$　③ $Ca(NO_3)_2$　④ $Ca_3(PO_4)_2$
⑤ $CaHPO_4$　⑥ $Ca(H_2PO_4)_2$　⑦ $Ca(HSO_4)_2$　⑧ $CaSO_4$
⑨ $Al_2(CO_3)_3$　⑩ $AlPO_4$　⑪ $Al_2(SO_4)_3$

（答は問題 3.11 の番号に対応）

★ p. 101 の補充解説も参照[6]．

---

1)　オキソとは酸素のこと．オキソ酸（酸素酸）とは酸素と化合して生じた酸（非金属酸化物からできた酸，p. 87 のリン酸など）
　酸の化学式は元素の族番号に対応する最高酸化数（p. 82），酸の名称の一部は元素名から予測できる（C：炭の酸，P：リンの酸，S：硫黄の酸）．なお，酸っぱい味のもとは H^+ なので，酸の化学式中には必ず H 原子がある．

2)　オキソ酸イオンは多原子イオン（p. 88，注 1））の一種である．
　オキソ酸イオンは酸の化学式から H^+ が 1 つずつ取れることにより生じる．化学式中に残った H の数が，
0 個なら…酸イオン，
1 個なら…酸水素イオン，
2 個なら…酸二水素イオン
という名称になる．
　…酸イオンの化学式中には H はない．…酸水素イオンなら化学式中に H が 1 つ，…酸二水素イオンなら H が 2 つある．

3)　オキソ酸イオンの負電荷はもとの酸から H^+ が取れた数と等しい．もとの酸から H^+ が取れた分だけ多原子イオンに負電荷 − が残り，その価数の陰イオンとなる．その Na 塩の化学式中には H^+ が取れた数だけ Na^+ がある．

4)　間違いやすい．ヒントを見よ．

5)　右ページ下の注 5) を見よ．p. 101 に補充解説もあり．

6)　Na^+, Cl^- を知っていると，塩の化学式が判れば，あとのイオンの価数は芋づる式にわかる．$NaHCO_3$ より HCO_3^-，$CaCl_2$ より Ca^{2+}，Ca^{2+} より $CaSO_4$ の SO_4 は SO_4^{2-} とわかる（正電荷数＝負電荷数）．

解　答

オキソ酸とそのイオン，ナトリウム塩

答 3.7，答 3.8，答 3.10 は下表を参照のこと[7]（p. 89 も参照のこと）．

オキソ酸（およびハロゲン化水素酸 HCl）とそのイオン，ナトリウム塩の化学式と名称（式の下）

オキソ酸：H_2CO_3[8]		HNO_3		H_3PO_4		H_2SO_4		HCl[8]	
名称：**炭酸**		**硝酸**		**リン酸**		**硫酸**		**塩酸**	
イオン	塩	イオン	塩	イオン	塩	イオン	塩	イオン	塩
HCO_3^-[9]	$NaHCO_3$[10]	NO_3^-	$NaNO_3$	$H_2PO_4^-$[9]	NaH_2PO_4	HSO_4^-	$NaHSO_4$	Cl^-	$NaCl$
炭酸水素イオン[11]	炭酸水素ナトリウム[10]	硝酸イオン	硝酸ナトリウム	**リン酸二水素イオン**	リン酸二水素ナトリウム	硫酸水素イオン	硫酸水素ナトリウム	**塩化物イオン**	**塩化ナトリウム**
CO_3^{2-}	Na_2CO_3	…	…	HPO_4^{2-}[9]	Na_2HPO_4	SO_4^{2-}[9,12]	Na_2SO_4	…	…
炭酸イオン	炭酸ナトリウム	…	…	**リン酸(一)水素イオン**	リン酸水素(二)ナトリウム	**硫酸イオン**	**硫酸ナトリウム**	…	…
…	…	…	…	PO_4^{3-}	Na_3PO_4	…	…	…	…
…	…	…	…	リン酸イオン	リン酸ナトリウム	…	…	…	…

答 3.9　硫酸ナトリウム*：$Na_2SO_4 \longrightarrow Na(Na^+)$ ナトリウムイオン，SO_4（SO_4^{2-}）硫酸イオン → NaCl 塩化ナトリウムからわかるように，塩の名称は陰イオン（塩化物イオン）を前，陽イオン（ナトリウムイオン）を後とする約束なので，○○酸（硫酸）が前，ナトリウム（イオン）が後 → 硫酸ナトリウム[13]（○化△△，○○酸△△（△△は陽イオンの名称からイオンを除く．p. 101 の補充解説も参考のこと）．

* Na_2SO_4 を硫酸ナトリウムとよぶが，ここの“硫酸”は硫“酸”H_2SO_4 ではなく，硫酸“イオン”SO_4^{2-} のことである．硫酸ナトリウムという名称からこの中に硫酸が含まれる（硫酸ナトリウムは硫酸と同様にこわい薬品）と思ったり，SO_4 を硫酸と勘違いしてしまう人がいる．硫酸ナトリウムはナトリウムイオンと硫酸イオンから生じた塩（えん）の一種，食塩（塩化ナトリウム，NaCl）と同類である．

---

5)　$Ca(HCO_3)_2$ の(　)は(　)内がひとかたまりの多原子イオンであることを示す．また，(　)の外の下付きの数値は（　）内の多原子イオンの数を示している．これは水分子 H_2O の 2 が H の個数を示しているのと同じである．$Ca(HCO_3)_2$ を $Ca\,2\,HCO_3$（$Ca\,2(HCO_3)$ とは書かない．$Ca\,2\,HCO_3$ と書けば $Ca_2(HCO_3)$，Ca が 2 個，または，$Ca(2\,H)CO_3$ と誤解されるかもしれない．

組成式 Fe_2O_3 で Fe が 2 個であることを示すのに $2\,FeO_3$ と書いたら，これは $2(FeO_3)$，FeO_3 が 2 個あることになる．Fe2O_3 と書けば，式の意味を理解してもらえない．Fe が 1 個と O_3 が 2 個のことと思われるかもしれない．Fe_2O3 や Fe2O_3 では，何のことか理解できない．K_2O の場合も，2 KO と書けば 2(KO)，KO が 2 個あるという意味になる．HCO_3^- のような多原子イオンの数も，H_2O，Fe_2O_3，K_2O などの場合と同じく $Ca(HCO_3)_2$ のように（多原子イオン）の右下につける．

なお，金属を表す場合は，たとえば Fe と書く約束だが，鉄原子を意味する Fe と，元素名の Fe と，金属（単体）を意味する Fe の区別はつかない．金属 Fe と書いてあれば，「Fe」は，多数の Fe 原子が金属結合で集合したもの（多数の Fe の原子核＋多数の自由電子の集合体 Fe_∞＝金属）を組成式（物質がどのような元素からできているかを示した化学式）で表したものである．炭素 C も，金属の場合と同様である．つまり，すす（無定形炭素），グラファイト（黒鉛），ダイヤモンドを化学式（組成式）で書けば，たんに「C」となる．この C は C 原子の無限集合体 C_∞ を意味している．ただし，反応式中では単体の Fe や C は 1 個の Fe，C，つまり，単体の鉄・金属鉄中の鉄原子 1 個として扱う．例：$2\,Fe + O_2 \longrightarrow 2\,FeO$（金属中の 2 個の Fe 原子と 1 個の O_2 分子が反応）．この場合，$Fe_2 + O_2 \longrightarrow 2\,FeO$ とは書かない．Fe_2 とすれば分子を意味することになる．もちろん，$Fe + O_2 \longrightarrow FeO$ とも書かない．これでは反応式の左右で原子数が一致しない．

7)　名称は本表の次行．

8)　ハロゲン化水素酸．オキソ酸ではない．

9)　オキソ酸イオン：HCO_3^- は細胞外液，$H_2PO_4^-$，HPO_4^{2-}，SO_4^{2-} は細胞内液（細胞質）中で陽イオンの電荷の中和，浸透圧，pH の調節を行う．リン酸塩は骨や歯の構成物である．

10)　医学分野では重炭酸ナトリウム，または重炭酸ソーダともいう（重曹）．ふくらし粉の成分，膵液・腸液の成分．イオンは血液中に含まれて pH 調整に役立っている．

11)　医学分野では重炭酸イオンともいう．

12)　オキソ酸イオンの価数は，① 酸の化学式（要記憶）をもとに考える．$H_2SO_4 \longrightarrow 2\,H^+ + SO_4$ イオン．陽イオンの電荷の総数と陰イオンの電荷の総数が一致する必要があるので，$2\,H^+$ の＋が 2 個に対応して，SO_4 イオンは−2，つまり SO_4^{2-} となる．

② N, P, S, Cl の族番号（最高酸化数）をもとに考える．S は 16 族→S^{6+}，O は O^{2-} なので，SO_4 イオンは，$(+6)+(-2)\times 4=-2$ より SO_4^{2-}．

13)　化学の世界では，SO_4 が硫酸イオン SO_4^{2-} を意味することは常識と考え，わざわざ硫酸二ナトリウムとはいわない．二は省略する約束．答 2.75（p. 85）の $CaCl_2$，AlF_3，Na_2S も同様である．つまり，Ca^{2+}，Al^{3+}，S^{2-}，Cl^-，F^-，Na^+ は常識と考え，二塩化……，三フッ化……，硫化二ナトリウムとはいわない．

c.　塩基とは

問題 3.13　塩基とは何か．

問題 3.14

(1)　強塩基，弱塩基とは何か．

(2)　代表的な強塩基（強アルカリ）の名称と化学式を２つあげよ．

(3)　代表的な弱塩基の名称と，その化学式を書け（尿中の成分である尿素 $(NH_2)_2CO$，H−N−C−N−H（各 N に H，C に =O），（化粧品などに利用）が分解して生じるもの，虫刺され薬成分の１つ）．

d.　塩基の価数

問題 3.15

(1)　塩基の価数とは何か．

(2)　①　次の化合物は何価の塩基か．根拠となるイオン解離式も書け[1]．

水酸化ナトリウム，水酸化カリウム，水酸化カルシウム，
水酸化バリウム[2]，アンモニア

②　周期表とイオンの価数の関係も述べよ．

問題 3.16　多原子イオンの中には，水酸化ナトリウム，アンモニアなどの塩基から生じたものも存在する．以下の多原子イオンの化学式を書け．イオンの電荷（価数）も正しく書くこと．

(1)　**アンモニウムイオン**　　(2)　**水酸化物イオン**

オキソニウムイオン：酸性のもと H^+ は正しくは H_3O^+（オキソニウムイオン）である．($H^+ + H_2O \longrightarrow H_3O^+$：$H_2O$ の H−Ö−H の非共有電子対が H^+ に配位結合したもの．

H−Ö−H（O に H^+ が配位）

問題 3.17　以下の多原子イオンの名称を書け．

(1)　$\mathbf{NH_4^+}$　　(2)　$\mathbf{OH^-}$　　（答は問題 3.16 の(1)，(2)を見よ）

解　答

答 3.13　塩基とは，酸と反応して塩をつくる物質・塩[3]のもと（基）．NaOH，NH_3 など．水に溶けて OH^- を生じる（アレニウスによる塩基の定義[4]）．ぬるぬる，苦味，赤リトマス紙を青くする塩基性（アルカリ性）のもとは，**水酸化物イオン OH^-**．

★水酸化物イオン OH^- は必ず記憶せよ．OH なので水素，酸素でできたという意味で，古くは OH を水酸基と呼称していた（基とはグループの意，現在の化学命名法規則ではヒドロキシ基とよぶ）．また，Cl^- を塩化物イオンとよぶように，**OH^- を水酸化物イオン**という（例：NaOH ⟶ 水酸化ナトリウム）．H_2O という**ブレンステッド酸**[5]から H^+ が取れて生じたのがこのイオンである．$H_2O \longrightarrow H^+ + OH^-$（厳密には，$H_2O + H_2O \longrightarrow H_3O^+ + OH^-$）．

デモ実験：植物灰，せっけん，住居用洗剤，塩素系殺菌・漂白剤の溶液の pH をフェノールフタレイン，万能 pH 試験紙で調べる．また，酢酸，塩酸と固体 NaOH を回覧し，希薄水溶液を実際に指でさわる，なめてみる．アンモニア水の pH を調べる．

代表的塩基
の名称？
その化学式？

要記憶

1)　下記の塩基のうち，アンモニア以外の水酸化アルカリは，すべて水に溶かすと陽イオンと陰イオンに分かれて溶ける（強電解質であり，ほぼ 100% 電離する（電離度 $\alpha \fallingdotseq 1$），右表のイオンの解離式参照）．水酸化マグネシウムは水に溶けにくいので弱塩基である．

2)　Ba（バリウム）は２族元素：Be，Mg，Ca，Sr（ストロンチウム），Ba．

3)　塩とは酸の水素原子 H を金属（金属イオン），または NH_4^+ のような陽イオンで置き換えた化合物の総称．酸を塩基で中和するとき，生じるもの．代表例は NaCl．水に溶けると陽イオンと陰イオンに解離する（分かれる）．

4)　ブレンステッド・ローリーによる塩基の定義では，H^+ を受け取るもの．

5)　p. 87 の答 3.1 参照．

答 3.14

(1) **強塩基**：強い塩基性・アルカリ性を示すもの，アルカリ性・塩基性の基である OH^- をたくさん放出するもの，水に溶かすと pH が 13〜14 になるもの[6]．
弱塩基：弱い塩基性を示すもの，OH^- を少ししか放出しないもの，水に溶かしても pH が 12 程度までにしかならないもの．

(2) **強塩基**：**水酸化ナトリウム NaOH**，**水酸化カリウム KOH**（油脂の平均分子量を調べる方法であるけん化価の測定・定義に用いられる），**水酸化カルシウム $Ca(OH)_2$**，水酸化バリウム $Ba(OH)_2$．NaCl がじつは Na^+ と Cl^- を意味するように，この OH は **OH^- のこと**を意味する．〈記憶せよ〉

(3) **弱塩基**：**アンモニア NH_3** 常温で気体であり，水によく溶ける（アンモニア水），特異な刺激臭（アンモニア臭）をもつ．アンモニアの親戚にはアンモニアの H を R(C) で置き換えた**アミン RNH_2，$RR'NH$，$RR'R''N$** がある（塩基性を示す有機化合物，アミンとはアンモニアに似ているという意味．RNH_2 の $-NH_2$ を**アミノ基**という）[7]．

6) 強酸，**強電解質**，**弱電解質**の説明は p.87 の下から 10 行，p.159 の注 8) と 10)，11)，答 6.3 の (1) を参照のこと．

7) $>$NH をイミノ基という．

答 3.15

(1) 塩基の価数：1 個の塩基が放出することができる**水酸化物イオン OH^-** の数（**アレニウス**による**定義**．または，受け取ることができる H^+ の数：**ブレンステッド**による塩基の**定義**）．

(2) ① **太字は要記憶！**

塩基	価数	イオン解離式	
水酸化ナトリウム	1 価	**NaOH** $\longrightarrow Na^+ +$ **OH^-**	ナトリウムイオン
水酸化カリウム	1 価	**KOH** $\longrightarrow K^+ + OH^-$	カリウムイオン
水酸化カルシウム	2 価	$Ca(OH)_2 \longrightarrow Ca^{2+} + 2\,OH^-$	カルシウムイオン
水酸化バリウム	2 価	$Ba(OH)_2 \longrightarrow Ba^{2+} + 2\,OH^-$	バリウムイオン
アンモニア（水）	1 価	**NH_3** $+ H_2O \longrightarrow$ **NH_4^+** $+ OH^-$	**アンモニウムイオン**

② イオンの価数と周期表の族の関係：1 族 ＋1 (Na^+，K^+)，2 族 ＋2 (Ca^{2+}，Ba^{2+})．

答 3.16

(1) **NH_4^+**：NH_4^+ は中性分子の NH_3（の $-\underset{|}{N}-$ の非共有電子対 H–N̈–N）に **H^+ が 1 個**くっついた**配位結合**したものである[8]．したがって，H の数は 4 個 (NH_4)．また H^+ の分だけイオン全体として＋となる ($NH_3 + H^+ \longrightarrow NH_4^+$)[8]．

8) 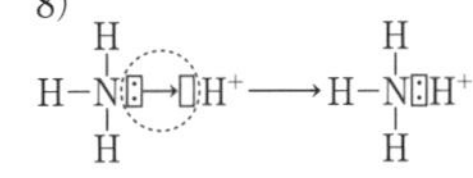
"生命科学・食品学・栄養学を学ぶための有機化学基礎の基礎"（丸善），p.85 参照．アンモニウムイオンの詳細は "ゼロからはじめる化学"（丸善），p.97 注 24) 参照．

NH_3，NH_4^+ の知識はからだの科学に必要．ヒトの血液中に少量溶けている．体内でタンパク質（アミノ酸）から生じたからだにとって有害な NH_3，NH_4^+ を尿素 $H_2N-CO-NH_2$ に変換して排泄．植物の窒素肥料（硫安 $(NH_4)_2SO_4$，硝安，尿素）の原料．

(2) **OH^-**：水酸化物イオンの価数は $O^{2-} + H^+ \longrightarrow OH^-$ と考えることができる．丸暗記でも可．

3・2　酸と塩基との反応：中和反応と反応式・塩

中和反応はヒトのからだの中でも起こっている（十二指腸における胃液の膵液・腸液による中和，せっけん洗顔後の肌につける化粧水による中和）．そのほか，火山地帯の酸性水や工場排水の中和剤による中和，酸性土壌の畑の生石灰 CaO による中和[1]，トイレのアルカリ性汚れの酸性剤 HCl による洗浄，料理のしめ鯖など[2] 身のまわりにもさまざまな例がある．食酢中の酢酸の含有量など，酸・塩基の量を定量分析（中和滴定，p. 100）するときに利用する．中和反応式について復習する前に準備として，まずは化学反応式の書き方を復習しよう．

1)　$CaO + H_2O \longrightarrow Ca(OH)_2$（消石灰）のように塩基を生じる．

2)　魚の青臭さのもとであるトリメチルアミン $(CH_3)_3N$ の酢酸による中和．虫さされ薬中のアンモニアの役割も虫毒のギ酸の中和反応である．

反応式の書き方？
塩・酸化物の
化学式？

a.　反応式の書き方（$2H_2 + O_2 \longrightarrow 2H_2O$ を例として，係数の求め方を示す）

水素が酸素と反応して水を生成する反応は，$2H_2 + O_2 \longrightarrow 2H_2O$ と表される．化学式の前の数値・係数は，反応にあずかる物質の粒子数を示しており，通常この係数は整数とし，係数 1 は省略する（$2H_2 + 1O_2 \longrightarrow 2H_2O$ とは書かない）．このように反応物の化学式を左辺，生成物の化学式を右辺に記し → でつないだものを（**化学**）**反応式**という．反応式 $2H_2 + O_2 \longrightarrow 2H_2O$ は，水素ガスと酸素ガスから水ができることだけでなく，水素 2 分子と酸素 1 分子から水 2 分子を生じることをも示している．化学反応では物質間で原子の組換えが起こるので，反応の進行により物質は別の物質へと変化するが，原子そのものは不変である．したがって，反応物に含まれる各元素の原子数は生成物中の原子数と等しくなければならない．たとえば，$2H_2 + O_2 \longrightarrow 2H_2O$ という化学反応では，水素分子と酸素分子は水分子へと変化するが，反応の前後で水素原子は水素原子のまま，酸素原子は酸素原子のままである．左辺の水素原子 H の数は $2H_2$，つまり H_2 が 2 分子，H_2 とは H 原子 2 個が手をつないだものだから $2 \times 2 = 4$ 個で H 原子は計 4 個，右辺は $2H_2O$ だから H 原子は 4 個である．同様に，酸素原子 O の数は左で O_2，右で $2H_2O$ と，ともに 2 個である[3]．

3)　O_2 とは O 原子 2 個が手をつないだもの，$2H_2O$ とは H_2O が 2 分子 $2H_2O_1$ のこと．O_1 が 2 個なので O の原子数は 2 個，$2H_2O_1$ の O_1 の「1」は，通常は H_2O のように省略して記載しない．

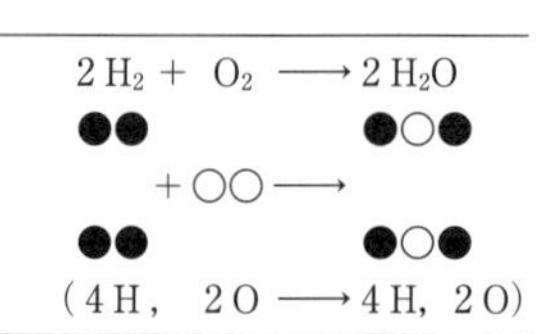

反応式の係数は，反応の前後，反応式の左辺と右辺で各元素の原子数は等しいという原則に基づいて求める（反応式の右と左で原子数が一致するように係数を定める）．

問題 3.18　エタン（C_2H_6）を燃やす（酸素と化合させる）と，二酸化炭素と水が生成する．この反応式を書け．（　）C_2H_6 +（　）$O_2 \longrightarrow$（　）CO_2 +（　）H_2O

問題 3.19　以下の反応の反応式を示せ．

(1)　メタン CH_4 を燃焼させると二酸化炭素[4] と水[4] が生成する．メタンは天然ガスの主成分，都市ガス（台所のガス）．湯を沸かしたり，調理のときにこの反応が起こる．

(2)　ブタン C_4H_{10} を燃やすと二酸化炭素と水が生成する．ブタンガスは食卓で用いる卓上用のガスコンロのカセットボンベやガスライターの中身．

4)　二酸化炭素と水の化学式は基礎の基礎として覚えておくこと！

5)（次ページ）　アンモニアの化学式は基礎の基礎として覚えておくこと．

6)（次ページ）　生成する酸化物，塩の化学式を書けない人が多い．p. 84，90 参照．

7)（次ページ）　中和とは $H^+ + OH^- \longrightarrow H_2O$ と水を生じる反応のこと（p. 86）．中和反応では水と塩を生じる．「完全に中和」とは硫酸の H をすべて水に変えたということ．

8)（次ページ）　酸素ガス（分子）は O ではない！原子は寂しがり屋，p. 84 の注 1）参照．

(3) 水素ガスと窒素ガスからアンモニア[5]が生成する．水素分子，窒素分子，アンモニア分子の化学式は基本である．記憶せよ．この反応は化学肥料の原料となるアンモニアの合成反応である（ハーバー-ボッシュ法）

(4)[6] 金属のアルミニウム（Al）が，空気中の酸素により酸化されて表面に酸化アルミニウムの皮膜を生じる（**ヒント**：問題を解くには，まず酸化アルミニウム（アルミナ）の化学式を考える）．テルミット溶接：アルミニウム粉末（高反応性）による酸化鉄粉末の金属鉄への還元（Al は酸化される）を利用した溶接法．

(5)[6] 硫酸を水酸化ナトリウムで完全に中和する[7]．〈硫酸の化学式は基本．記憶せよ〉

(6)[6] 重曹（炭酸水素ナトリウム $NaHCO_3$）をふくらし粉（ベーキングパウダー）として用いる（熱分解反応．**ヒント**：生成物は二酸化炭素と水分子と炭酸ナトリウム）．

解 答

答 3.18 $2\,C_2H_6 + 7\,O_2$[8] $\longrightarrow 4\,CO_2 + 6\,H_2O$：反応式中の化合物で数がいちばん多い元素に着目し，その元素を含む化合物の係数を1として順次，係数を決めていく[9]．C_2H_6 の H の数が6でいちばん大きいので C_2H_6 の係数を1とする．$1\,C_2H_6 + \square\,O_2 \longrightarrow \square\,CO_2 + \square\,H_2O$．
左辺と右辺の C を比較すると CO_2 の係数は 2，H を左右で比較すると H_2O の係数は 3．つまり，$1\,C_2H_6 + \square\,O_2 \longrightarrow 2\,CO_2 + 3\,H_2O$．
右辺の O の数は，$2\,CO_2$ で $2 \times O_2 = 2 \times 2\,O = 4\,O$，$3\,H_2O$ で $3 \times O_1 = 3\,O$，
O は合計 $(2 \times 2) + (3 \times 1) = 4 + 3 = 7$ 個なので，左辺の O_2（O が2個）の係数は 3.5．
$1\,C_2H_6 + 3.5\,O_2 \longrightarrow 2\,CO_2 + 3\,H_2O$．
係数は通常は整数とするのが約束．よって，$2\,C_2H_6 + 7\,O_2 \longrightarrow 4\,CO_2 + 6\,H_2O$．

答 3.19

(1) $CH_4 + 2\,O_2$[8] $\longrightarrow CO_2 + 2\,H_2O$：$CH_4$ の係数を1として考えると，
$CH_4 + \square\,O_2$[8] $\longrightarrow \square\,CO_2 + \square\,H_2O$，左右の C, H 数を比較すると，右辺の□は1と2．左右の O の数を比較すると，右辺の O の数は $1 \times 2 + 2 \times 1 = 4$ なので，左辺の□は2．

(2) $2\,C_4H_{10} + 13\,O_2$[8] $\longrightarrow 8\,CO_2 + 10\,H_2O$：$C_4H_{10}$ の係数を1として考えると，$C_4H_{10} + \square\,O_2$[8] $\longrightarrow 4\,CO_2 + 5\,H_2O$，右辺の O の数は $4 \times 2 + 5 \times 1 = 13$ なので，左辺の□は 6.5．係数を整数にするために全体を2倍する．

(3) $3\,H_2$[10] $+ N_2$[10] $\longrightarrow 2\,NH_3$：NH_3 の係数を1として考える．$\square\,H_2 + \square\,N_2 \longrightarrow 1\,NH_3$，左右の H, N 数を比較すると，□はそれぞれ，1.5，0.5．全体を2倍する．

(4) $4\,Al$[11] $+ 3\,O_2$[8] $\longrightarrow 2\,Al_2O_3$：$Al_2O_3$ の係数を1として考える．左右の Al, O 数を比較すると $2\,Al + 1.5\,O_2 \longrightarrow Al_2O_3$ 全体を2倍する．生成物の Al_2O_3 は，Al は13族，O は16族の元素（価数はいくつか）と，交差法 p.85 をもとに導き出す[12]．

(5) $H_2SO_4 + 2\,NaOH \longrightarrow 2\,H_2O + Na_2SO_4$（この化学式の書き方は NaCl と同じ）[13]．
H_2SO_4 の係数を1として考える．$H_2SO_4 + \square\,NaOH \longrightarrow \square\,H_2O + \square\,Na_2SO_4$，左右の SO_4 の数，Na の数を比較して，2，□，1．H の数を比較して□は2．

(6) $2\,NaHCO_3 \longrightarrow CO_2$（気体）$+ H_2O + Na_2CO_3$：$\square\,NaHCO_3 \longrightarrow CO_2 + H_2O +$ 炭酸ナトリウム（Na^+ と炭酸イオン CO_3^{2-} の塩，Na_2CO_3 $((Na^+)_2(CO_3^{2-}))$．□は2.

★答を覚えるのではなく，なぜその答になるか，教科書の対応する項目を復習し納得すること！それでもどうしても解らなければ，友人，教員に教わろう．

9) これと異なる解き方に"未定係数法"がある．この方法は高校教科書にも出ているが，本法は算数の問題と化しており良い方法ではない．以下に本法を示す．
$a\,C_2H_6 + b\,O_2 \longrightarrow c\,CO_2 + d\,H_2O$
C の係数：$2a = c$（左辺＝右辺）
H の係数：$6a = 2d$
O の係数：$2b = 2c + d$
の連立一次方程式を解くと $d = 3a$，$c = 2a$，$b = 3.5a$
$a = 2$ $b = 7$ $c = 4$ $d = 6$
複雑な酸化還元反応の場合，酸化剤と還元剤がやり取りする電子数をもとに反応式を考えるのが最もよい方法である（p.157）．

10) 水素ガス，窒素ガスは H, N ではない！左ページ注8）と同じ，p.84 の注1）も参照．

11) Al_2 ではない．Al は p.91 注5）を見よ．

12) Al_2O_3 の Al_2 の 2 と，H_2, O_2, H_2O の2との違い：$H_2, O_2, H_2O(H_2O_1)$ は分子であり，それぞれが H 原子2個，O 原子2個，H 原子2個と O 原子1個からなるという意味である．分子の H_2O は1個1個を取り出すことができる．一方，Al_2O_3（イオン性化合物）の 2, 3 は，Al 原子2個と O 原子3個が組成単位であることを示してはいるが，Al_2O_3 単位はイオン結合で無限につながっており，Al_2O_3 を1個だけ取り出すことはできない．同様に，金属，塩，共有結合性無機高分子（固体）SiO_2 やダイヤモンドと無定形炭素 C などの化学式は，組成を表し構成単位は取り出せない．p.91 注5），p.115 注10）も参照．

13) $H_2SO_4 \longrightarrow 2\,H^+$ と $2\,NaOH \longrightarrow 2\,OH^-$ から，$2\,H_2O$ が生じる．残りは，$2\,Na^+$ と SO_4^{2-} なので，$(Na^+)_2(SO_4^{2-})$，Na_2SO_4 となる．p.97 注5）参照．

b. 中和反応の反応式

問題 3.20　中和反応とは何か．

問題 3.21　以下の中和反応の反応式を示せ．

(1) 塩酸と水酸化ナトリウムとが反応して，水と食塩とを生成する．

(2) 硫酸と水酸化ナトリウムとが完全に中和して，水と硫酸ナトリウム（塩の一種）とを生成する．

問題 3.22　以下の中和反応の反応式を示せ．

(1) H_2SO_4 と NaOH を 1：1 で反応させた．

(2) H_2SO_4 と NaOH を 1：2 で反応させた．

デモ実験：問題 3.21(1)(2)の反応を指示薬で調べる．中和前後の味見をする．NaCl，Na_2SO_4 の味を比べる．

塩酸，硫酸，水酸化ナトリウム，食塩(塩化ナトリウム）の化学式は基本である．記憶せよ．食塩とは食べることができる塩，食用の塩のこと．

解答

答 3.20　酸と塩基が反応し，酸としての性質（酸っぱい，など）と塩基としての性質（ぬるぬるする，アルカリ性を示すなど）をともに失った場合，酸と塩基は中和されたという．中和反応とは酸の中の酸性の素 $\mathbf{H^+}$ と塩基の中の塩基性の素 $\mathbf{OH^-}$ とが反応して水分子 H_2Oを生じる（水分子に変化する）反応，$\mathbf{H^+ + OH^- \longrightarrow H_2O}$，で示される反応のことである[1]．この反応と同時にイオン性化合物の塩を生じるので，中和反応とは酸と塩基とが反応して，水と塩を生じる反応，とも表現できる（問題 3.21(1)参照）．

1)　本ページ下の 1)を見よ．

答 3.21

(1) $HCl + NaOH \longrightarrow H_2O + NaCl$：

【解法①】　酸と塩基の価数を考えて H^+ の数と OH^- の数が一致するように反応式を組み立てる（反応式の書き方は p. 94）．

HCl は 1 価の酸：$HCl \longrightarrow H^+ + Cl^-$，1 個の H^+ を放出する．

NaOH は 1 価の塩基：$NaOH \longrightarrow Na^+ + OH^-$，1 個の OH^- を放出する．

中和反応は，$H^+ + OH^- \longrightarrow H_2O$　なので 1 価同士の酸と塩基の反応では 1：1 で反応：

$HCl + NaOH = (H^+ + Cl^-) + (Na^+ + OH^-) = (H^+ + OH^-) + (Na^+ + Cl^-) = H_2O + NaCl$[2]．

つまり，中和反応式は，$HCl + NaOH \longrightarrow H_2O + NaCl$ **塩化ナトリウム**（水分子と塩とを生じる）．

【解法②】　問題文を化学式，反応式で表す[3]．

(2) $H_2SO_4 + 2\,NaOH \longrightarrow 2\,H_2O + Na_2SO_4$：

【解法①】　酸と塩基の価数を考え，H^+ と OH^- の数が一致するように反応式を組立てる．

H_2SO_4 は 2 価の酸：　$H_2SO_4 \longrightarrow 2\,H^+ + SO_4{}^{2-}$，2 個の H^+ を放出する．

NaOH は 1 価の塩基：$NaOH \longrightarrow Na^+ + OH^-$，1 個の OH^- を放出する．

2)　本ページ下の 2)を見よ．

3)　(　) HCl + (　) NaOH $\longrightarrow$ (　) H_2O + (　) NaCl
NaCl の係数を 1 とすると NaOH の係数が 1，HCl の係数も 1 となる．また HCl の H (H^+) と NaOH の OH^- より 1 H_2O が生じる．したがって，この中和反応式は，
$HCl + NaOH \longrightarrow H_2O + NaCl$

1)　水の解離，$H_2O \longrightarrow H^+ + OH^-$ の程度はきわめてわずかである．つまり，H_2O は HCl や NaOH，NaCl などの強電解質と異なり，H^+ と OH^- にはほとんど分かれたがらない性質をもったものである（非電解質）．したがって，H_2O のもとである H^+ と OH^- が一度にたくさん（高濃度で）出合えば，H^+ と OH^- はただちに結合して H_2O に変化してしまうはずである．それが酸と塩基の中和反応である．p. 87 のたとえ話：離れ離れになっていた夫婦（$H^+ + OH^-$）がやっと一緒になれた（⇨ H_2O）．

2)　$H^+ + OH^- \longrightarrow H_2O$（手をつなぎ，共有結合を形成），一方，$Na^+$ と Cl^- とは水に溶けたままである．この水溶液を煮詰めると NaCl の結晶（イオン結晶）が得られるので，この中和反応の生成物（塩）を NaCl と書くのが約束．塩(えん)とは酸と塩基との反応により生じたイオン性化合物の総称である．

したがって，H_2SO_4 の 1 個を完全に中和するには NaOH の 2 個が必要である（図 3.4）[4]．
$H_2SO_4 + 2\,NaOH = (2\,H^+ + SO_4^{2-}) + (2\,Na^+ + 2\,OH^-) = (2\,H^+ + 2\,OH^-) +$
$(2\,Na^+ + SO_4^{2-}) = 2(H^+ + OH^-) + (2\,Na^+)(SO_4^{2-})$[5] $= 2\,H_2O + (Na^+)_2\,(SO_4^{2-})$
$= 2\,H_2O + Na_2SO_4$[5]．中和反応式は，$H_2SO_4 + 2\,NaOH \longrightarrow 2\,H_2O + Na_2SO_4$ **硫酸ナトリウム**〈覚えるのではなく理解せよ〉

4）半分だけ中和する場合は，答 3.22(1)，および図 3.5 を見よ．図 3.6 も参照．

5）本ページ下の 5) を見よ．

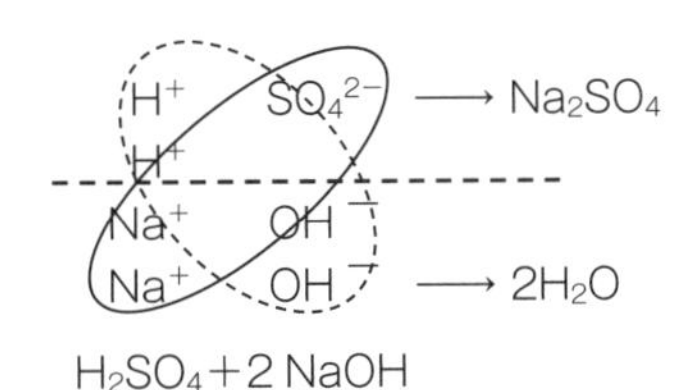

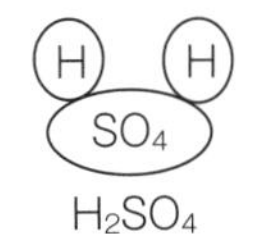

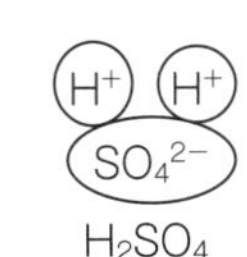

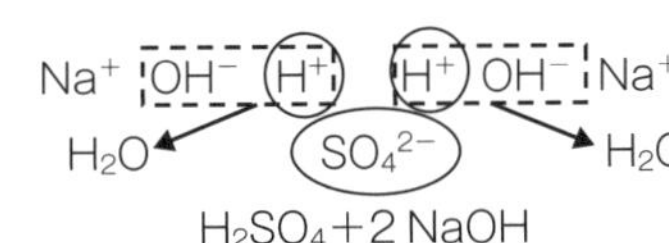

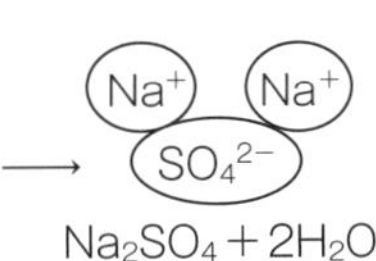

図 3.4　H_2SO_4 と NaOH の反応

【解法②】 問題文を化学式・反応式で表す〈化合物の知識が必要〉：
（　）H_2SO_4 +（　）NaOH ⟶（　）H_2O +（　）Na_2SO_4．反応の係数を求める．H_2SO_4 の H（→ H^+）が Na^+ に置き換わったので Na_2SO_4 である．
Na_2SO_4 の係数を 1 とすると，NaOH の係数が 2，H_2SO_4 の係数が 1 となる．また，H_2SO_4 の H_2（H^+ 2 個）と 2 NaOH（OH^- 2 個）から 2 H_2O を生じる．したがって，中和反応式は，
$H_2SO_4 + 2\,NaOH \longrightarrow 2\,H_2O + Na_2SO_4$（$Na_2SO_4$ とは $2\,Na^+ + SO_4^{2-}$ **硫酸イオン**のこと）．

答 3.22

(1) H_2SO_4 に同量の NaOH を加えると $H_2SO_4 + NaOH \longrightarrow H_2O + NaHSO_4$（$Na^+ + HSO_4^-$（硫酸水素イオン），図 3.5）．硫酸水素ナトリウム $NaHSO_4$（酸性塩）．（この溶液にさらに同量の NaOH を加えると完全に中和され Na_2SO_4 となる，図 3.6）．

(2) $H_2SO_4 + 2\,NaOH \longrightarrow 2\,H_2O + Na_2SO_4$：一度に H_2SO_4 の 2 倍量の NaOH を加えると，H_2SO_4 1 個に対して NaOH 2 個が反応し，$NaHSO_4$ ではなく Na_2SO_4 が得られる（上図 3.4）．

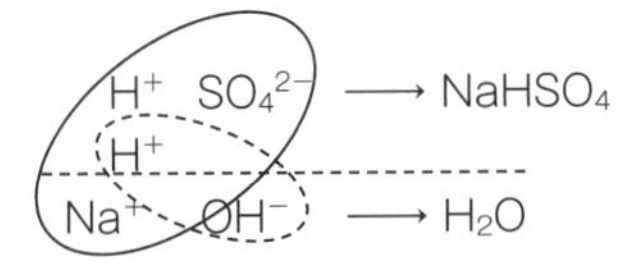

図 3.5　H_2SO_4 + NaOH
（H_2SO_4 中和 1 段目の反応）

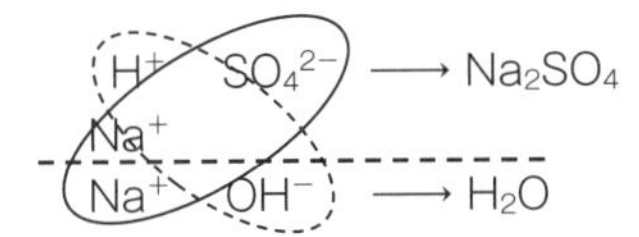

図 3.6　$NaHSO_4$ + NaOH
（H_2SO_4 中和 2 段目の反応）

5）**塩の化学式の書き方**：Na^+ 2 個を 2 $NaSO_4$ とは書かない．2 $NaSO_4$ と書けば，2($NaSO_4$) を意味する．Na イオン Na^+ の 2 個と硫酸イオン SO_4^{2-} の 1 個なら，$(Na^+)_2(SO_4^{2-})$ と Na の数を下付き数字で表す．また，$(Na^+)_2(SO_4^{2-})$ のことをイオンの電荷を省いて $(Na)_2(SO_4)$，さらに( )も外して Na_2SO_4 と書くのが約束である（p. 101，補充参照）．$H_2SO_4 \longrightarrow 2\,H^+$，$(H^+)_2$，これが $2\,Na^+$，$(Na^+)_2$ に置き換わっている．つまり，Na_2SO_4 は Na^+ が 2 個，SO_4^{2-} が 1 個の意．左ページの注 2）も参照．

問題 3.23　以下の中和反応の反応式を示せ（まず，化合物名をもとに化学式を考えよ）．この反応で生じる多原子イオンの名称も述べよ．

(1) ① 炭酸と水酸化ナトリウムとが 1 : 1 で反応して**炭酸水素ナトリウム**と水を生じる．
② ①の生成物と NaOH とが 1 : 1 で反応する．
③ 炭酸と NaOH が 1 : 2 で反応して**炭酸ナトリウム**と水とを生成する．

(2) ① リン酸と水酸化ナトリウムとが 1 : 1 で反応してリン酸のナトリウム塩と水とを生じる．② ①の生成物と NaOH とが 1 : 1 で反応する．③ ②の生成物と NaOH とが 1 : 1 で反応する．④ H_3PO_4 と NaOH とが 1 : 2 で反応する．⑤ H_3PO_4 と NaOH とが 1 : 3 で反応する．

(3) 酢酸と水酸化ナトリウムとが反応する．〈酢酸の示性式は憶えること〉

(4) シュウ酸$(COOH)_2 \equiv H_2C_2O_4$ と水酸化ナトリウムとが 1 : 2 で反応する．

問題 3.24

(1) **酸を「完全に中和する」**とはどういうことか．硫酸 H_2SO_4，リン酸 H_3PO_4 を例に説明せよ．
(2) シュウ酸と NaOH が完全に中和した場合の反応式を書け．
(3) リン酸と NaOH が完全に中和した場合の反応式を書け．
(4) 硫酸と NaOH が完全に中和した場合の反応式を書け．

解　答

答 3.23

(1) ① $H_2CO_3 + NaOH \longrightarrow H_2O + \underset{\text{炭酸水素ナトリウム}}{NaHCO_3}$　$(Na^+ + \underset{\text{炭酸水素イオン}}{HCO_3^-})$[1]

② $NaHCO_3 + NaOH \longrightarrow H_2O + Na_2CO_3$[2] $(2\,Na^+ + CO_3^{2-})$
（p. 97，図 3.6 の反応と同様に考える）

③ $H_2CO_3 + 2\,NaOH \longrightarrow 2\,H_2O + \underset{\text{炭酸ナトリウム}}{Na_2CO_3}$　$(2\,Na^+ + \underset{\text{炭酸イオン}}{CO_3^{2-}})$

(2) ① $H_3PO_4 + NaOH \longrightarrow H_2O + \underset{\text{リン酸二水素ナトリウム}}{NaH_2PO_4}$[3]　$(Na^+ + \underset{\text{リン酸二水素イオン}}{H_2PO_4^-})$

② $NaH_2PO_4 + NaOH \longrightarrow H_2O + \underset{\text{リン酸水素(二)ナトリウム}}{Na_2HPO_4}$[3]　$(2\,Na^+ + \underset{\text{リン酸水素イオン}}{HPO_4^{2-}})$

③ $Na_2HPO_4 + NaOH \longrightarrow H_2O + Na_3PO_4$[3] $(3\,Na^+ + \underset{\text{リン酸イオン}}{PO_4^{3-}})$

④ $H_3PO_4 + 2\,NaOH \longrightarrow 2\,H_2O + Na_2HPO_4$[3] $(2\,Na^+ + \underset{\text{リン酸水素イオン}}{HPO_4^{2-}})$

⑤ $H_3PO_4 + 3\,NaOH \longrightarrow 3\,H_2O + \underset{\text{リン酸ナトリウム}}{Na_3PO_4}$[3]　$(3\,Na^+ + \underset{\text{リン酸イオン}}{PO_4^{3-}})$

(3) $CH_3COOH + NaOH \longrightarrow H_2O + CH_3COONa$：$CH_3COOH$ と NaOH はそれぞれ 1 価の酸と 1 価の塩基なので，酢酸 1 個と水酸化ナトリウム 1 個とが反応．

$$CH_3COOH + NaOH = (CH_3COO^- + H^+) + (Na^+ + OH^-)$$
$$= (H^+ + OH^-) + (Na^+ + CH_3COO^-) = H_2O + Na^+ + \underset{\text{酢酸イオン}}{CH_3COO^-}$$
$$= H_2O + \underset{\text{酢酸ナトリウム}}{CH_3COONa}$$[4]

1)　医療系では古い用語の**重炭酸イオン**も用いる．

2)　$2\,NaCO_3$ と書けば $NaCO_3$ が 2 個という意味になる．Na が 2 個の場合は化学式中では 2 Na ではなく，Na_2 と右下付き小文字でその原子の個数を表す．つまり，Na_2CO_3, $AlCl_3$, $Al_2(SO_4)_2$ など（分子の H_2O, NH_3, CH_4 の考え方と同じ）．

3)　NaOH の数だけ H が H^+ として取れ，塩基が中和される：
$H^+ + OH^- \longrightarrow H_2O$
H が取れた数だけ多原子イオンに負電荷が残る．この負電荷は NaOH の Na^+ の正電荷により中和される．
↓
H が取れた数だけ Na^+ が多原子イオンの対イオンとして塩をつくる．Na_2HPO_4 など（$2\,NaHPO_4$, HPO_4Na_2, $HPO_4\,2\,Na$ などとは書かない約束）．

4)　通常は $NaCH_3COO$ とは書かない（がこのように書くことは間違いではない）．これは習慣．

(4)　$(COOH)_2 + 2\,NaOH \longrightarrow 2\,H_2O + (COONa)_2$ $(Na_2C_2O_4)$：**シュウ酸イオン** $(COO^-)_2$，または $C_2O_4{}^{2-}$．$(COOH)_2$ は $H_2C_2O_4$ とも書く[5]．すると，**シュウ酸ナトリウム** $(COONa)_2$ は $Na_2C_2O_4$ とも表現される．

5)　シュウ酸の構造式（図3.3(b)も参照：COOH–COOH）
シュウ酸イオン：COO^-–COO^-
シュウ酸ナトリウム：$(COONa)_2$，$Na_2C_2O_4$

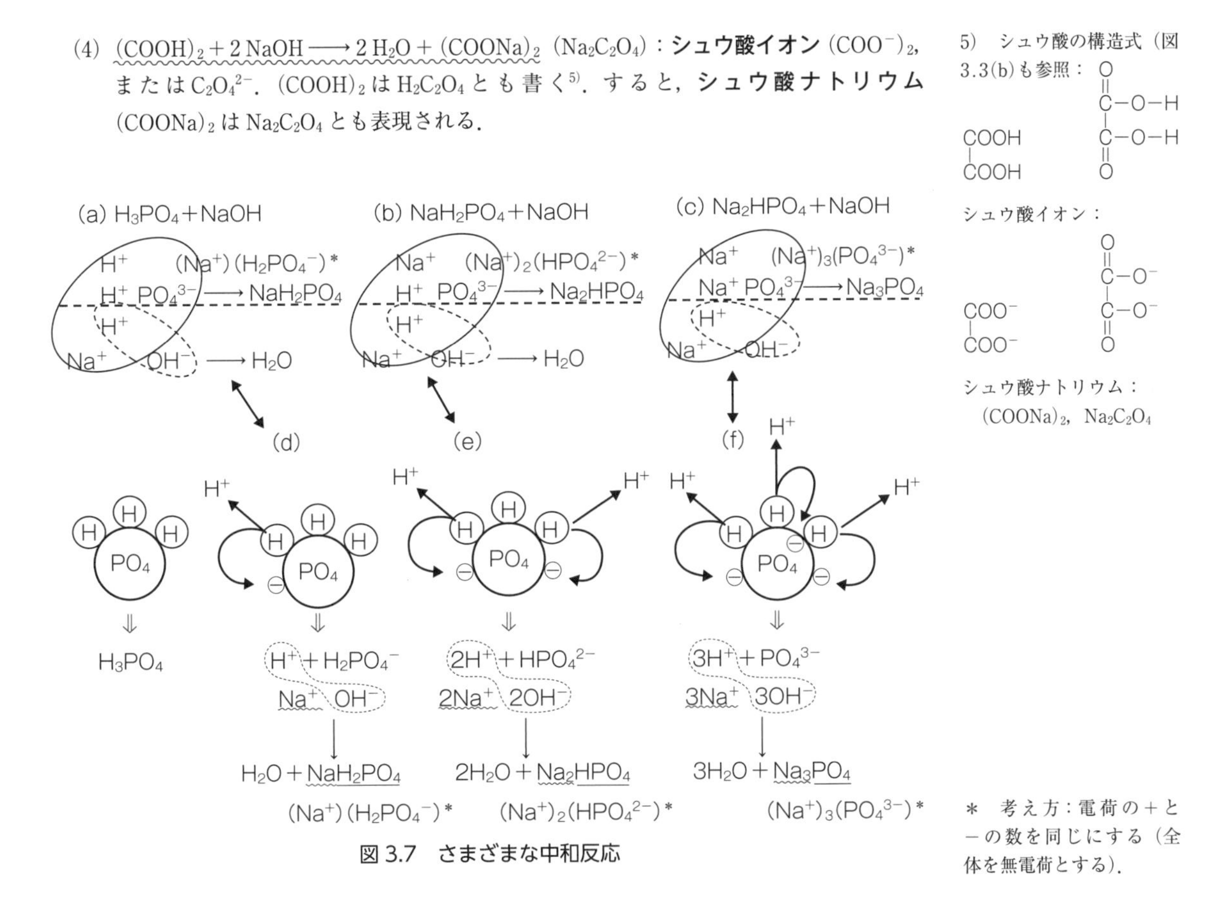

図 3.7　さまざまな中和反応

＊　考え方：電荷の＋と－の数を同じにする（全体を無電荷とする）．

答 3.24

(1)　完全に中和：酸がもつすべての H^+（価数個の H^+）を中和すること．この H^+ 数と OH^- 数が合うように（H^+ がすべて H_2O となるように）OH^- を加える．H_2SO_4 は2価なので2倍の NaOH，H_3PO_4 は3価なので3倍の NaOH を加える．

(2)　シュウ酸と NaOH が完全に中和した場合の反応式：答 3.23(4)

(3)　リン酸と NaOH が完全に中和した場合の反応式：答 3.23(2)の⑤

(4)　硫酸と NaOH が完全に中和した場合（図 3.8(c)）の反応式：答 3.22(2)

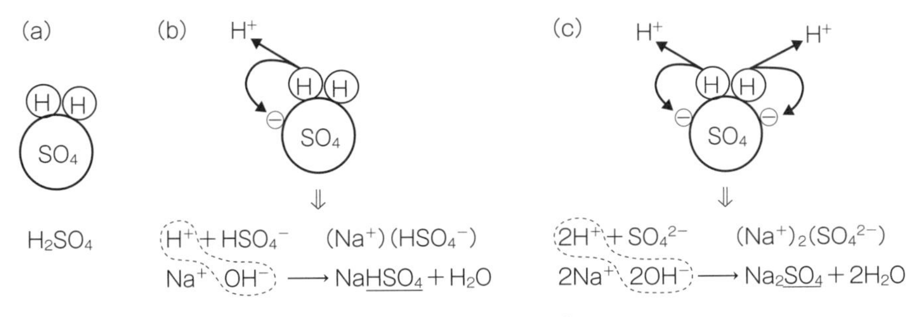

図 3.8　硫酸の中和反応

3・3　中和滴定法による濃度の求め方（中和反応の化学量論）

デモ実験：ピペットを用いた滴定のデモ実験（塩酸と NaOH との中和反応），滴定イメージを与える，酸・塩基・中和・中和液を五感で体験・検証する（味見）．

中和滴定の模式図

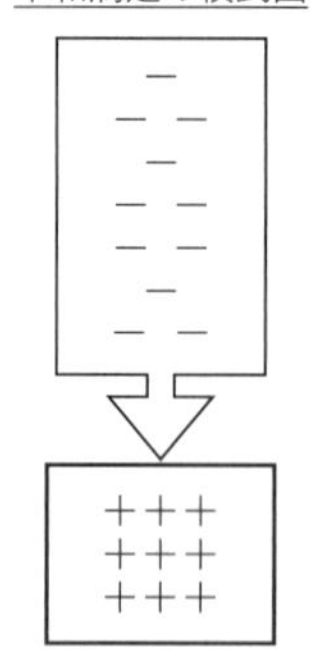

器の中の酸の H^+（上図では＋で表示）に上（ビュレット）から塩基の OH^-（上図では－で表示）を加えて中和する（上から加えた－で器の中の＋をすべて＋－＝0とする（$H^+ + OH^- \longrightarrow H_2O$）：この図の場合，完全に中和するためには－を9個加える必要がある）．

中和滴定は図3.9の装置（ビュレット）を用いて行う．滴定に伴う溶液の pH（p. 158）の変化を示したものが図3.10である．滴定の終点決定には指示薬（終点で色が変化する）を用いる．図中には指示薬の変色 pH 域が示されている．

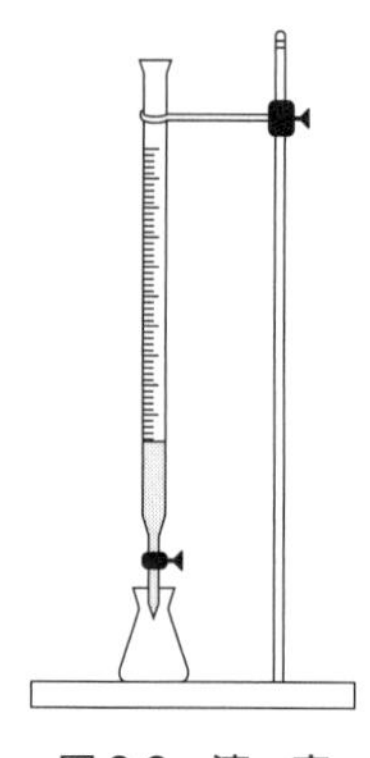

図3.9　滴　定

問題 3.25

(1) 硫酸の 1 mol から何 mol の H^+ を生じるか．0.3 mol は H^+ 何 mol を与えるか．

(2) 水酸化ナトリウムの 1 mol から何 mol の OH^- を生じるか．0.5 mol は OH^- 何 mol を与えるか．

問題 3.26　水酸化ナトリウムを用いて塩酸を滴定した．

(1) この中和反応の反応式を示せ．また，この式が示す意味を述べよ．

(2) 中和反応の一般反応式を書け．また，この式が示す意味を述べよ．

問題 3.27　濃度がわかっている水酸化ナトリウムを用いて中和反応を行うと，なぜ未知だった塩酸の濃度を知ることができるのか．その理由，原理を述べよ．

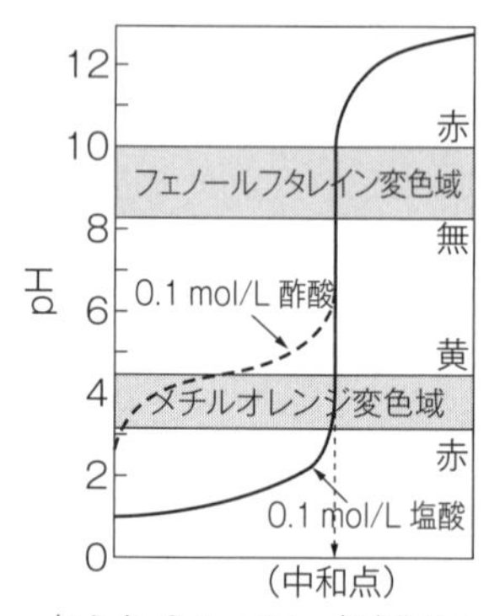

図3.10　滴定の指示薬と滴定曲線

中和滴定による濃度の求め方の原理？

解　答

答 3.25　酸，塩基の価数（p. 88～93）を復習せよ．

(1) 2 mol，0.6 mol：H^+ の物質量 mol＝酸の価数 m × 酸の物質量 mol．硫酸 H_2SO_4 は2価の酸（$m=2$，$H_2SO_4 \longrightarrow 2H^+ + SO_4^{2-}$）なので，硫酸 1 mol（98 g）から 2 mol の H^+ を生じる．H^+ の物質量 mol＝2×1 mol＝2 mol，2×0.3 mol＝0.6 mol．

（換算係数法）H^+ の物質量＝酸の物質量 mol × $\dfrac{H^+\text{の物質量 mol}}{\text{酸の物質量 mol}}$ なので，

$$\text{硫酸}\,\cancel{1\,\text{mol}} \times \frac{H^+\text{の}\,2\,\text{mol}}{\text{硫酸の}\,\cancel{1\,\text{mol}}} = H^+\text{の}\,2\,\text{mol},\quad \text{硫酸}\,\cancel{0.3\,\text{mol}} \times \frac{H^+\text{の}\,2\,\text{mol}}{\text{硫酸の}\,\cancel{1\,\text{mol}}} = H^+\text{の}\,0.6\,\text{mol}$$

(2) 1 mol，0.5 mol：NaOH は1価の塩基なので，1 mol（40 g）から 1 mol の OH^- を生じる（$NaOH \longrightarrow Na^+ + OH^-$）．0.5 mol からは 0.5 mol の OH^- を生じる．

答 3.26

(1) $HCl + NaOH \longrightarrow H_2O + NaCl$：この式は1個の塩化水素と1個の水酸化物ナトリウムが反応することを意味する．したがって，1000個の HCl と1000個の NaOH，1 mol（1山）の HCl（1 mol＝6×10^{23}個の H^+）と 1 mol（1山）の NaOH（1 mol＝6×10^{23}個の OH^-）が反応することを意味する．

(2) $H^+ + OH^- \longrightarrow H_2O$：この式は，1個の水素イオンと1個の水酸化物イオンとが反応して1個の H_2O ができる．したがって，6×10^{23}個と 6×10^{23}個，すなわち，1 mol（1山）の H^+ と 1 mol（1山）の OH^- とが反応することを意味する．

答 3.27　1 mol（1山）の H^+ と 1 mol（1山）の OH^-，同じ物質量 mol（山）の H^+ と OH^- とが反応するのだから，H^+ または OH^- の一方の物質量 mol がわかれば，もう一方の物質量 mol もわかる（**H^+ の数＝OH^- の数，H^+ の物質量 mol＝OH^- の物質量 mol**）．

1個の H^+ と1個の OH^-，100個の H^+ と100個の OH^- とが反応する．したがって，99個の H^+ と100個の OH^- とが反応すれば OH^- が1個余る．また101個の H^+ と100個の OH^- とが反応すれば H^+ が1個余る．つまり，完全には中和していないことになる．すなわち，H^+ の数＝OH^- の数，H^+ の物質量 mol＝OH^- の物質量 mol が中和の必須条件．

補充　**塩：多原子イオンを含む塩，その他の無機化合物の化学式と名称**(p. 84, 85, 90)

問題 2.74, 2.75 (p. 84)，**問題 3.10, 3.11** (p. 90)：塩の一種である塩化カルシウム $CaCl_2$ とは，$(Ca^{2+})(Cl^-)_2$ のことである．Cl^- の下付きの2は Cl が2個あることを示す）．水に溶けると1個のカルシウムイオン Ca^{2+} と2個の Cl^- に解離する．同様に，**硫酸ナトリウム** Na_2SO_4 は $(Na^+)_2(SO_4^{2-})$ のことであり，水に溶けると2個のナトリウムイオン Na^+ と1個の硫酸イオン SO_4^{2-} に分かれる．

答 2.73 (p. 85)．化学式のつくり方（交差法の丁寧な解説）：イオン性化合物の化学式は，陽イオンの電荷と陰イオンの電荷の総和がゼロになるようにする．このためには，陽イオンの価数の数値を陰イオンの数に，陰イオンの価数の数値を陽イオンの数とするとよい（これは最小公倍数を求める操作である）．たとえば，酸化アルミニウムは Al^{3+} と O^{2-} なので，化学式は Al_2O_3 となる．O^{2-} の価数の2を Al の個数の2に（Al_2），Al^{3+} の価数の3を O の個数の3に（O_3）して，Al_2O_3 とする．陽イオンの価数の総数＝(＋3)×2＝＋6，陰イオンの価数の総数＝(−2)×3＝−6．よって，陽イオンと陰イオンの価数の総数の和＝＋6−6＝0．リン酸イオン PO_4 は PO_4^{3-} なので，同様にして**リン酸ナトリウム**は $(Na)_3(PO_4)_1$ となる．この式の(　)を取り，1を省略して（これは約束），Na_3PO_4 と書くのが約束である．

答 3.9 (p. 91)．SO_4^{2-} と Na^+ の化合物⇨正負の電荷を一致させるためには Na^+ が2個必要なので，2 Na^+，SO_4^{2-}⇨Na^+ が2個あることは下付きの2で表すので $(Na^+)_2(SO_4^{2-})$⇨(　)を取り外して Na_2SO_4（Na^+ が2つ，SO_4^{2-} が1つあるという意味．2 $NaSO_4$ と書けば $NaSO_4$ が2個あるという意味になり正しくない）．

a.　中和滴定の基本問題

問題 3.28　0.1000 mol/L の NaOH を用いて濃度未知の塩酸 15.00 mL を滴定したところ，NaOH の量 12.34 mL で中和点となった．塩酸のモル濃度 x mol/L を求めよ．

中和滴定の具体的計算法？酸と塩基の数値を混ぜこぜにしない！

b.　ファクター F を考慮する

問題 3.29　0.1 mol/L の NaOH（$F=1.121$）を用いて，約 0.1 mol/L の HCl 15.00 mL を滴定したところ，NaOH の量 12.34 mL で中和点となった．HCl のモル濃度を求めよ．

デモ実験：フタル酸水素カリウム 0.204 g（式量 204），シュウ酸 0.126 g（式量 126）を 1.00 mol/L の NaOH で中和滴定する（固体そのまま，および，2.00 mL 溶液）．⇨中和に必要な NaOH 量の実験値と計算値を比較する（"演習 溶液の化学と濃度計算"（丸善），p. 44 参照）．

c.　価数を明白に考慮する

クイズ：出雲神話で，須佐之男命（すさのおのみこと）が奇稲田姫（くしなだひめ）を助けるために 1 人で八岐大蛇（やまたのおろち）を退治するには，大蛇を酒で酔わせるための酒樽が何個必要だったか．また，八岐大蛇と双頭の鷲が対等に戦うには，八岐大蛇 1 匹に，双頭の鷲は何羽必要か．

クイズの答：酒樽 8 個，鷲 4 羽：八岐大蛇はからだ 1 つに頭 8 つ，双頭の鷲はからだ 1 つに頭 2 つ．酸と塩基が中和するためには，H^+ の数＝OH^- の数となる必要がある．この際，八岐大蛇と双頭の鷲の例のように，酸と塩基の頭の数＝価数をきちんと考慮する必要がある．

問題 3.30　0.0600 mol/L H_2SO_4 10.00 mL は 0.0976 mol/L NaOH の何 mL で中和されるか．

解　答

答 3.28　0.0823 mol/L：　**中和条件は** **H^+ の数＝OH^- の数**

H^+ の物質量 mol＝OH^- の物質量 mol

① OH^- の物質量 mol を求める：0.1000 mol/L の NaOH 12.34 ml 中に含まれる OH^- の物質量 mol[1]＝NaOH の価数[2]×NaOH の物質量 mol＝NaOH の価数 m'×

$$\left(\text{濃度}\ C'\frac{\text{mol}}{\cancel{\text{L}}}\times\text{体積}\ V'\cancel{\text{L}}\right)=m'(C'V')\,\text{mol}=1\times\left(\frac{0.1000\ \text{mol}}{\cancel{\text{L}}}\times\frac{12.34}{1000}\cancel{\text{L}}\right)=$$

$$\frac{0.1000\ \text{mol}}{\cancel{\text{L}}}\times 0.012\,34\,\cancel{\text{L}}=0.001\,234\ \text{mol}$$

② H^+ の物質量 mol を求める：濃度未知の塩酸 15.00 ml 中の H^+ の物質量 mol[3] は，塩酸の濃度を x mol/L とすると，H^+ の物質量 mol＝HCl の価数[4]×HCl の物質量 mol＝

$$\text{HCl の価数}\ m\times\left(\text{濃度}\ C\frac{\text{mol}}{\cancel{\text{L}}}\times\text{体積}\ V\cancel{\text{L}}\right)=m(CV)=1\times\left(x\frac{\text{mol}}{\cancel{\text{L}}}\times\frac{15.00}{1000}\cancel{\text{L}}\right)=$$

$0.015\,00\,x$ mol

③ 中和条件：OH^- の数＝H^+ の数，OH^- の物質量 mol＝H^+ の物質量 mol，

$mCV=m'C'V'$ より，$m'(C'V')=0.001\,234\ \text{mol}=0.015\,00\,x\ \text{mol}=m(CV)$．

$$x=\left(\frac{0.001\,234}{0.015\,00}\right)\text{mol/L}\fallingdotseq 0.0823\ \text{mol/L}$$

1)　OH^- の数

2)　1 個の NaOH が何個の OH^- を出すか．

3)　H^+ の数

4)　1 個の HCl が何個の H^+ を出すか．

(**換算係数法**)[5]　NaOH が HCl と 1：1 で反応する（1 mol の NaOH と 1 mol の HCl とが反応，1 mol の NaOH は 1 mol の HCl に対応）．よって，0.1000 mol/L の NaOH の 12.34 mL と反応する塩酸の物質量 mol は，$\left(\cancel{\text{NaOH}}\ 0.1000\ \dfrac{\text{mol}}{\cancel{\text{L}}} \times \dfrac{12.34}{1000}\ \cancel{\text{L}}\right) \times \dfrac{\text{HCl 1 mol}}{\cancel{\text{NaOH 1 mol}}}$ $=$ HCl 0.001 234 mol．この HCl 量が 15.00 mL = 0.015 00 L に溶けているから，この HCl のモル濃度 $= \dfrac{\text{mol}}{\text{L}} = \dfrac{0.001\,234\ \text{mol}}{0.015\,00\ \text{L}} \fallingdotseq$ 0.0823 mol/L

5)　中和滴定の計算は換算係数法より，$mCV = m'C'V'$ を用いたほうがよい．

答 3.29　0.0922 mol/L：

① 塩酸のモル濃度を x mol/L とする．H^+ の物質量 mol = HCl 価数 $m \times$ $\left(\text{濃度}\ C\ \dfrac{\text{mol}}{\cancel{\text{L}}} \times \text{体積}\ V\ \cancel{\text{L}}\right) = m(CV) = 1 \times \left(x\ \dfrac{\text{mol}}{\cancel{\text{L}}} \times \dfrac{15.00}{1000}\ \cancel{\text{L}}\right) = 0.015\,00\,x\ \text{mol}$

② OH^- の物質量 mol = NaOH の価数 $m' \times \left(\text{濃度}\ C'\ \dfrac{\text{mol}}{\cancel{\text{L}}} \times \text{体積}\ V'\ \cancel{\text{L}}\right) = m'(C'V')\text{mol}$ $= 1 \times \left(\left((0.1 \times 1.121)\dfrac{\text{mol}}{\cancel{\text{L}}}\right) \times \dfrac{12.34}{1000}\ \cancel{\text{L}}\right) = 0.1121\ \dfrac{\text{mol}}{\cancel{\text{L}}} \times 0.012\,34\ \cancel{\text{L}} = 0.001\,383\ \text{mol}$ [6]

③ 中和条件：OH^- 数 = H^+ 数，H^+ の物質量 mol = OH^- の物質量 mol，$\boxed{mCV = m'C'V'}$ より，$m(CV) = 0.015\,00\,x\ \text{mol} = 0.001\,383\ \text{mol} = m'(C'V')$．$\boxed{m(C_0F)V = m'(C_0'F')V'}$

$x = \dfrac{0.001\,383}{0.015\,00}(\text{mol/L}) \fallingdotseq 0.0922\ \text{mol/L}$　(= 0.1 mol/L(F = 0.922))

(**換算係数法**)[5]　$\left(\cancel{\text{NaOH}}(0.1 \times 1.121)\ \dfrac{\cancel{\text{mol}}}{\cancel{\text{L}}} \times \dfrac{12.34}{1000}\ \cancel{\text{L}}\right) \times \dfrac{\text{HCl 1 mol}}{\cancel{\text{NaOH}}\ \text{1 mol}}$

= HCl 0.001 383 mol．HCl のモル濃度 $= \dfrac{\text{mol}}{\text{L}} = \dfrac{0.001\,383\ \text{mol}}{0.015\,00\ \text{L}} = 0.0922\ \text{mol/L}$

6)　**ファクター** $F = 1.121$ とは，つくろうと思った濃度，0.1 mol/L に対して 1.121 倍の濃さの液（つくろうと思った液の 12.1% だけ濃い液）ができたという意味である．したがって，**実際にできた NaOH の濃度**は，(0.1 × 1.121) mol/L = 0.1121 mol/L である（p.74 を要復習）．

答 3.30　12.30 mL：$\boxed{m, C, V, m', C', V' \text{の値を列記}}$：$H_2SO_4$ 価数 $m = 2$[7]，濃度 C = 0.0600 mol/L，体積 V = 10.00 mL = (10.00/1000) L，NaOH 価数 m' = 1，濃度 C' = 0.0976 mol/L，NaOH 体積 V' mL = (V'/1000 L)．これらを $mCV = m'C'V'$ に代入．

① H^+ の数 = H^+ の物質量 mol = (mCV)mol $= 2 \times \dfrac{0.0600\ \text{mol}}{\cancel{\text{L}}} \times \dfrac{10.00}{1000}\ \cancel{\text{L}}$

② OH^- の数 = OH^- の物質量 mol = $(m'C'V')$mol $= 1 \times \dfrac{0.0976\ \text{mol}}{\cancel{\text{L}}} \times \dfrac{V'}{1000}\ \cancel{\text{L}}$

③ 中和条件：**H^+ の数 = OH^- の数，H^+ の物質量 mol = OH^- の物質量** mol，

したがって，$\boxed{mCV = m'C'V'}$ より，$2 \times \dfrac{0.0600\ \text{mol}}{\cancel{\text{L}}} \times \dfrac{10.00}{1000}\ \cancel{\text{L}} = 1 \times \dfrac{0.0976\ \text{mol}}{\cancel{\text{L}}} \times \dfrac{V'}{1000}\ \cancel{\text{L}}$

この式を解くと，$V' = (0.1200 \times 10.00)/(0.0976) = 12.30\ \text{mL}$

7)　1 個の H_2SO_4 が何個の H^+ を出すかを考える．
$H_2SO_4 \longrightarrow 2\,H^+ + SO_4^{2-}$
価数 $m = 2$ なので，H_2SO_4 1 山 (1 mol) = H^+ 2 山 (2 mol)．
1 個の NaOH が何個の OH^- を出すかを考える．
$NaOH \longrightarrow Na^+ + OH^-$，
価数 m' = 1.

(**換算係数法**)[5]　H_2SO_4 と NaOH が 1：2 で反応する（硫酸は 2 価，NaOH は 1 価，2 mol の NaOH と 1 mol の H_2SO_4 が反応する），$H_2SO_4 + 2\,NaOH \longrightarrow Na_2SO_4 + 2\,H_2O$．

よって，$\cancel{H_2SO_4}\ 0.0600\ \dfrac{\cancel{\text{mol}}}{\cancel{\text{L}}} \times \dfrac{10.00}{1000}\ \cancel{\text{L}} \times \dfrac{\text{NaOH 2 mol}}{\cancel{H_2SO_4}\ 1\ \cancel{\text{mol}}} = \text{NaOH}\ 0.001\,200\ \text{mol}$．

そこで[8]，$\cancel{\text{NaOH}}\ 0.001\,200\ \cancel{\text{mol}} \times \dfrac{\text{NaOH}\ 1\ \cancel{\text{L}}}{\cancel{\text{NaOH}}\ 0.0976\ \cancel{\text{mol}}} \times \dfrac{1000\ \text{mL}}{1\ \cancel{\text{L}}} = \text{NaOH}\ 12.30\ \text{mL}$

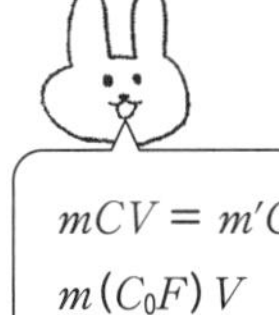

$mCV = m'C'V'$
$m(C_0F)V$
$= m'(C_0'F')V'$
の意味？

8)　NaOH の 0.001 200 mol を得るには，0.009 76 mol/L の NaOH が何 mL 必要かを考える（mol を体積 L，mL に変換する）．

d. 価数とファクターを考慮する

問題 3.31

(1) 0.2 mol/L (F＝0.987) NaOH 水溶液を用いて約 0.1 mol/L 希硫酸[1] 10.00 mL を滴定したところ，NaOH の 11.32 mL で中和された．この希硫酸のモル濃度を求めよ．また，答をファクター F を用いて表せ．

(2) (1)の問題を解くにあたって，まず約 0.1 mol/L 希硫酸の F を未知数(F)として式を立て[2]，求めた F をもとに希硫酸の濃度を求めよ．

問題 3.32 0.1 mol/L の水酸化バリウム $Ba(OH)_2$ (F＝0.975) を用いて 0.2 mol/L (F＝1.084) の塩酸 10.00 mL を中和した．中和に要した水酸化バリウム溶液は何 mL か．

＊実験データを処理する際のデータの**有効数字**は，つねに 1000 の数字，1/1000＝0.1％の精密さを念頭に処理すること．この厳密な濃度を未知数 C とおいてデータ処理計算する．

物質の分析では厳密な値を求めるのが目的である．それゆえ滴定実験では，測容器のメスフラスコ 100.0±0.1 mL，ホールピペット 10.00±0.01 mL を用い，ビュレットの滴定値の読みも 1 目盛り 0.1 mL の 1/10 まで読み取る実験（～10.00±0.01 mL）を行う．

データ処理の有効数字（p. 26～29，とくに p. 29 の下）は，行った実験の精密さに対応させる．上記の測容器の精度は，すべて 1/1000(0.1/100.0，0.01/10.00)×100＝0.1％なので，扱う数値は 1/1000＝0.1％の精度とする．つまり，データ処理では桁を無視して「1000」という数値を扱えばよい．例：F＝1.023 → 0.001/1.023＝1/1023 の誤差，F＝0.987 → 1/987 ≒ 1/1000 の誤差．分析した濃度が 0.4567 mol/L なら 1/1000 の誤差＝0.000 4567/0.4567 ≒ 0.000 46/0.4567 の誤差をもつ．よって，実験で得られた濃度は，(0.4567±0.000 46) mol/L となる．つまり，0.4567 の 7 の数値は ±4.6 なので，結果をたんに 0.4567 とは書かないで，(0.4567±0.000 46) mol/L または 0.4567(5) mol/L（(　)は誤差）または 0.456_7 mol/L と 4 桁目を下付き数字で表す．

解　答

答 3.31 (1) 0.1117 mol/L，0.1 mol/L (F＝1.117)[3]：

① **OH^- の数**：0.2 mol/L (F＝0.987[4]) NaOH 11.32 mL 中の **OH^- の物質量** mol＝NaOH 価数 m'[5]×NaOH の物質量 mol＝NaOH の**価数** m'×(**NaOH 濃度** C'(mol/L)×NaOH **体積** V'(L))[6]＝$m'C'V'$＝1[7]×(0.2×0.987[7,8]) $\dfrac{\text{mol}}{\text{L}}\times\dfrac{11.32}{1000}$ L＝0.1974 $\dfrac{\text{mol}}{\text{L}}$× 0.011 32 L ≒ $0.002\,234_6$ mol
（0.2×0.987 → (C_0F)）

② **H^+ の数**：約 0.1 mol/L の希硫酸の正確な濃度を C(mol/L)とすると，希硫酸 10.00 mL 中の **H^+ の物質量** mol＝H_2SO_4 価数[5,7]×H_2SO_4 の物質量 mol＝H_2SO_4 **価数** $m\times\left(H_2SO_4\ \textbf{濃度}\ C\dfrac{\text{mol}}{\text{L}}\times H_2SO_4\ \textbf{体積}\ V\ \text{L}\right)=mCV=2$[7]$\times C\dfrac{\text{mol}}{\text{L}}\times\left(\dfrac{10.00\ \text{mL}}{1000\ \text{mL}}\right)\text{L}=$ 0.020 00 C mol.

③ **中和条件**：**OH^- の物質量** mol（**OH^- の数**）＝**H^+ の物質量 mol**（**H^+ の数**）より，
$m'C'V'$＝$0.002\,234_6$ mol＝mCV[5,7]＝0.020 00 C mol　$C=\dfrac{0.002\,234_6}{0.020\,00}$(mol/L)
≒ 0.1117_3 mol/L（H^+ としてのモル濃度は，$mC=2\times0.1117_3=0.2234_6$ mol/L）

---

1) 希硫酸とは濃硫酸を水で薄めた溶液・硫酸水溶液のこと．この濃度が約 0.1 mol/L ということは，この希硫酸の厳密な濃度はわかっていないということである．この厳密な濃度を未知数 C とおく．物質の分析では厳密な値を求めるのが目的（本文中の＊も参考）．

2) F を「x」とおかなければいけないと思ってしまう学生がいる．ここは，ファクターを F という記号の未知数として扱い，式を立てよ，という意味である．

3) 0.1117 mol/L
＝(0.1×1.117) mol/L
＝0.1 mol/L×1.117
＝0.1 mol/L (F＝1.117)

4) ファクター F がある場合は，つくった溶液の真の濃度 $C=C_0\times F$（つくろうと思った濃度×F）．F を入れて計算することを忘れないこと．片方だけ F がわかっている場合は，$mCV=m'(C_0'F')V'$ を用いればよい．

5) 1 個の酸が m 個の H^+ を出す．1 個の塩基が m' 個の OH^- を出す．

6) 濃度 C mol/L× 体積 V L＝CV mol となることから解るように，物質量 mol＝濃度×体積．

7) **注意** 滴定計算では酸塩基の価数 m, m' とファクター F, F' を抜かさないこと．

④ **ファクター F** を用いて濃度を表すには，溶液の濃度は約 0.1 mol/L なのだから，つくろうと思った濃度 $C_0 = 0.1$ mol/L と考えて，$C = 0.1117$ mol/L $= C_0F = 0.1$ mol/L $\times F$．$F = 1.117$．したがって，F を用いた濃度の表し方は（表し方の約束は p.74, 75），$C = $ 0.1 mol/L（$F = 1.117$）

(2) $F = 1.117$，0.1117 mo/L：0.1 mol/L 希硫酸の**ファクター F** を求める問題として扱う（最初から F を用いて計算する）のであれば，$m\underset{C}{(C_0F)}V = m'\underset{C'}{(C_0'F')}V'$ を用いる．

硫酸は $C_0 = 0.1$ mol/L，F は未知だから，

H^+ の物質量 mol $= 2 \times (0.1 \times F)$ mol/L $\times (10.00/1000)$ L

OH^- の物質量 mol $= 1 \times (0.2 \times 0.987)$ mol/L $\times (11.32/1000)$ L

H^+ の物質量 mol $=$ OH^- の物質量 mol より，0.1 mol/L 硫酸の F は 1.117[9]

よって，濃度 C は，$C = C_0F = 0.1 \times 1.117 = 0.1117$ mo/L

（**換算係数法**）0.2 mol/L（$F = 0.987$）の NaOH 溶液 11.32 mL に含まれる NaOH の物質量を求め，次に NaOH と反応する H_2SO_4 の物質量を求める．NaOH と硫酸は 2：1 で反応するから（NaOH は 1 価，硫酸は 2 価），$\cancel{\mathrm{NaOH}}\left(0.2 \times 0.987 \dfrac{\cancel{\mathrm{mol}}}{\cancel{\mathrm{L}}}\right) \times \dfrac{11.32}{1000}\cancel{\mathrm{L}} \times \dfrac{\mathrm{H_2SO_4}\ 1\ \mathrm{mol}}{\cancel{\mathrm{NaOH}}\ 2\ \cancel{\mathrm{mol}}} = \mathrm{H_2SO_4}\ 0.001\,117\ \mathrm{mol}$．この分が 10.00 mL $= 0.010\,00$ L の硫酸溶液に溶けているので，この硫酸のモル濃度 $= \dfrac{\mathrm{mol}}{\mathrm{L}} = \dfrac{0.001\,117\ \mathrm{mol}}{0.010\,00\ \mathrm{L}} =$ 0.1117 mol/L　濃度 $C = 0.1117$ mol/L $= 0.1 \times F$，$F = 1.117$．0.1 mol/L（$F = 1.117$）

一般に，酸の価数を m（1 個の酸が m 個の H^+ を出す），塩基の価数を m'（1 個の塩基が m' 個の OH^- を出す）とすると，

H^+ の数 $=$ H^+ の物質量 mol $=$ 酸の価数 $m \times$ 酸の物質量 mol

$= $ 酸の価数 $m \times \left(\text{モル濃度 } C\left(\dfrac{\mathrm{mol}}{\mathrm{L}}\right) \times \text{体積 } V(\mathrm{L})\right) = mCV$ mol

OH^- の数 $=$ OH^- の物質量 mol $=$ 塩基の価数 $m' \times$ 塩基の物質量 mol

$= $ 塩基の価数 $m' \times \left(\text{モル濃度 } C' \dfrac{\mathrm{mol}}{\mathrm{L}} \times \text{体積 } V\ \mathrm{L}\right) = m'C'V'$ mol

8)（前ページ）**$F = 0.987$** とは，つくろうと思った濃度 **0.2 mol/L** に対して 0.987 倍の濃さの液（つくろうと思った液の 98.7% の濃さの液，1.3% だけ薄い液）ができたという意味である．したがって，実際にできた NaOH の真の濃度は，(0.2×0.987) mol/L $= 0.1974$ mol/L である．

9) **F は濃度ではない！** 単なる倍率である．真の濃度 $C = C_0F = 0.1 \times 1.117 = 0.1117$ mol/L

まとめ：酸と塩基が中和するための**中和条件**

H^+ の数 $=$ H^+ の物質量 mol[10] $=$ $\boxed{mCV = m'C'V'}$ $=$ OH^- 数 $=$ OH^- 物質量 mol となる．問題を解くには，ただ機械的に，$mCV = m'C'V'$ の式にそれぞれの値を代入すればよい．ファクター F を用いて計算する場合は，$\boxed{m(C_0F)V = m'(C_0'F')V'}$ となる[8]．

10) この際には酸と塩基の頭の数＝**価数**を，p.102 のクイズの八岐大蛇・双頭の鷲のように**きちんと考慮する**必要がある．

答 3.32　11.12 mL：水酸化バリウム溶液の体積を V' mL として，酸の価数 $m = 1$，濃度 $C_0F = 0.2 \times 1.084$ mol/L，体積 $(10.00/1000)$ L，塩基の価数 $m' = 2$，濃度 $C_0'F' = 0.1 \times 0.975$ mol/L，体積 $(V'/1000)$ L を $m(C_0F)V = m'(C_0'F')V'$ に代入すると，

$$1 \times (0.2 \times 1.084)\frac{\mathrm{mol}}{\mathrm{L}} \times \left(\frac{10.00}{1000}\right)\mathrm{L} = 2 \times (0.1 \times 0.975)\frac{\mathrm{mol}}{\mathrm{L}} \times \left(\frac{V'}{1000}\right)\mathrm{L}$$

$$V' = \left(\frac{0.2168 \times 10.00}{0.2 \times 0.975}\right)\mathrm{mL} = \left(\frac{2.168}{0.1950}\right)\mathrm{mL} = 11.118 \fallingdotseq 11.12\ \mathrm{mL} \quad V' = 11.118 \fallingdotseq 11.12\ \mathrm{mL}.$$

1) 問題を解くには，単純に，$mCV = m'C'V'$，または $m(C_0F)V = m'(C_0'F')V'$ の式にそれぞれの値を代入するだけでよい．

問題 3.33 約 0.1 mol/L のリン酸 5.00 mL を NaOH（0.1 mol/L，ファクター F = 1.023）で滴定したところ，NaOH の 15.67 mL で当量点となった（中和した）．このリン酸のモル濃度を求めよ[1]．F を用いない答，F を用いた答を示せ．

Study Skills（p. 81 からのつづき） 記憶法

〈基礎知識を記憶する必要がある場合〉

① 丸暗記する能力は幼児・児童にはかなわない．そこで，私たちは，彼らには絶対負けない理解力を活用すべきである．⇨つねに“なぜ”と考える．電子辞書などで調べる．“なぜか”を理解すると記憶しやすい．鳥のオウムの真似はしないこと！

② 丸暗記が必要な場合には，覚え方を自分なりに工夫する．何か自分が知っていること，ほかのことと関係づけて覚える*1,2，語呂合わせなどで覚える*3,4．

③ 暗記メモ用紙を持ち歩き（スマホに書き込む手もある），1 日何度も見る（音読，黙読，書く，メモをクイズ形式とする（答は隠す））．これを 1 週間繰り返す．その後は 1 日 1 回，3 日に 1 回，1 週間に 1 回，隔週，ひと月に 1 回，3 カ月に 1 回と繰り返せば完全に記憶できる（時間が経ったものはパソコンに移し，試験前に利用する手もある）．これは，まさに“ちょっとした心がけ”である．

④ 声を出しながら，紙に何度も書いて覚えるやり方もある（頭を多重に使う，からだで覚える）．たとえば化学の学習なら，実際に手を動かして，化学式，構造式を書いてみることは，できるようになるための大切な学習法である．

> 学生の意見
> - 有機化学の基本知識，13 種類の有機化合物の表（“生命科学・食品学・栄養学を学ぶための有機化学 基礎の基礎”（丸善）を参照）を覚えるのはたいへんだったが，工夫をして，自分なりの覚え方を見つけるのが楽しかった．
> - 13 種類は，1 週間前から，毎日寝る前に書いて覚えた（寝る直前に記憶したことは頭に残りやすい）．
> - 音読が効果的だった（目，口，耳を同時に使う・脳を多重に使う！）．

〈暗記の仕方，工夫の大切さ〉

〈関係づけて覚える〉

*1 著者は学生 3 人グループの名前，石垣，中村，森を，沖縄の南の石垣島の中央部に村（中村）があり，そこから遠くに森が見える，と覚えた．

*2 著者は高校時代，メタン，エタン，プロパン，ブタンのブタンがなかなか覚えられなかったので，この中で“一番太っちょはブタ（豚）さん”と覚えた．

〈語呂合わせなどで覚える〉

*3 お酒のアルコール（エタノール）が代謝（酸化）されて生じるアルデヒド（R-CHO）を覚えるのに，ある学生は，“お酒を超（CHO）飲みすぎて，悪酔い”，と覚えた．（アルデヒドは悪酔いのもと）

*4 別の学生は，カルボニル基 CO を覚えるのに，“カルボニルは人の顔”，

と覚えた．

〈暗記ではなく理解して覚えることの大切さ〉

例：TCYSKSTS ⇨ 覚える ⇨ 1 時間後，翌日，覚えているか！

（意味）TaChiYaShiKi SaToShi ⇨ 意味がわかれば（理解すれば），覚えやすい ⇨ 時間が経っても忘れにくい　日立のお化け屋敷，大名屋敷，

Touch（タチ）a（ヤ）sick（シキ）触ると病気になる？！（筆者の大先輩，大瀧仁志先生による国際学会での Tachiyashiki（筆者）の外国人への紹介法）

[p. 111 へつづく]

解　答

答 3.33　0.1069 mol/L，0.1 mol/L（$F=1.069$）

まずは酸の価数 m，濃度 C，体積 V，

塩基の価数 m'，濃度 C'，体積 V' の値を列記する（p. 103 参照）[2)].

リン酸 H_3PO_4 の価数 $m=3$，濃度 C 未知 $=x$ mol/L とする（0.1 mol/L に近い値，ただし濃度未知），体積 $V=5.00$ mL $=(5.00/1000)$ L，NaOH の価数 $m'=1$，濃度 $C'=0.1$ mol/L($F=1.023$)，この濃度 C' は 0.1 mol/L ではない！

濃度 C' にはファクター F が示してあるから，濃度 $C'=C_0'F'=(0.1\times1.023)$ mol/L，体積 $V'=15.67$ mL $=(15.67/1000)$ L．次に，これらの値を $mCV=m'C'V'$ に代入する．

① H^+ の数 $=H^+$ の物質量 mol $=$ 酸の価数 $m\times$ 酸の物質量 (CV) mol $=m(CV)$ mol

$$=3\times\frac{x\ \text{mol}}{\text{L}}\times\frac{5.00}{1000}\text{L}$$

② OH^- の数 $=OH^-$ の物質量 mol $=$ 塩基の価数 $m'\times$ 塩基の物質量 $(C'V')$ mol

$$=m'(C'V')\text{mol}=1\times\frac{(0.1\times1.023)\ \text{mol}}{\text{L}}\times\frac{15.67}{1000}\text{L}$$

③ H^+ の数 $=OH^-$ の数，$m(CV)=m'(C'V')$ より，

$3\times(x\times5.00/1000)$ mol $=(1\times(0.1\times1.023)\times15.67/1000)$ mol.

$x=(0.1023\times15.67)/(3\times5.00)=0.106\,87\fallingdotseq0.1069$ mol/L

F を用いて濃度を表す場合は（p. 74, 75 を要復習），

$C=0.1069$ mol/L $=C_0F=0.1$ mol/L$\times F$．よって，$C=0.1$ mol/L（$F=1.069$）

なお，**ファクター F の利用例**の説明は p. 76 を見よ（具体例は p. 138，139 参照）．

2)　**滴定の問題を解く手順**は，問題文中から m, C, V, m', C', V' を探し出し，
① m, C, V, m', C', V' **の値を列記**する．
② $mCV=m'C'V'$ にこれらの値を代入する（価数 m, m' が正しいか確認すること．価数が正しくないとファクター F が 0.9～1.1 の範囲の値にならないので，自分で気づくことができる）．
③ F を正しく扱う（$C=C_0F$）．

（**換算係数法**）：まず，NaOH 15.67 mL 中の NaOH の物質量 mol を求める．

$$\text{NaOH 15.67 mL}=\text{NaOH 15.67 mL}\times\frac{1\ \text{L}}{1000\ \text{mL}}\times\frac{\text{NaOH}(0.1\times1.023)\ \text{mol}}{\text{NaOH 1 L}}$$

$$=\text{NaOH }0.001\,603\ \text{mol}$$

リン酸は（3 価なので），リン酸と NaOH は 1：3 で反応する：$H_3PO_4+3\,NaOH\longrightarrow 3\,H_2O+Na_3PO_4$．したがって，0.001 603 mol の NaOH と反応するリン酸の物質量は，

$$\text{NaOH }0.001\,603\ \text{mol}\times\frac{\text{リン酸 1 mol}}{\text{NaOH 3 mol}}=\text{リン酸 }0.005\,34_3\ \text{mol}$$

この量が 5.00 mL $=0.0500$ L 中に溶けているのだから，

$$\text{このリン酸のモル濃度}=\frac{\text{mol}}{\text{L}}=\frac{0.000\,534\ \text{mol}}{0.005\,00\ \text{L}}=0.1069\ \text{mol/L}.$$

または，直接に，NaOH 15.67 mL $=$

$$\text{NaOH 15.67 mL}\times\frac{1\ \text{L}}{1000\ \text{mL}}\times\frac{\text{NaOH}(0.1\times1.023)\ \text{mol}}{\text{NaOH 1 L}}\times\frac{\text{リン酸 1 mol}}{\text{NaOH 3 mol}}$$

$=$ リン酸 $0.000\,534_3$ mol

$$\text{よって，リン酸のモル濃度}=\frac{\text{mol}}{\text{L}}=\frac{0.000\,534_3\ \text{mol}}{0.005\,00\ \text{L}}=0.1069\ \text{mol/L}$$

3・4　酸化還元と酸化還元滴定，沈殿滴定，キレート滴定と濃度の求め方

酸化還元はヒトのからだの中や身のまわりで，重要な役割を果たしている[1]．酸化還元滴定，そのほかの滴定法について学ぶ前に，まず酸化還元について学ぼう．

問題 3.34　**酸化還元の 3 種類の定義**について，それらの代表例を示して説明せよ．

問題 3.35　**酸化剤**，**還元剤**とは何か，またその例を示せ．

解　答

答 3.34　酸化と還元は同時に起こる．お金のやり取りと同じ．

1.　酸素原子の　付加(酸化[2])，脱離(還元)　**酸素原子**を，**受け取る**(**酸化**)，失う(還元)

例)　$Fe + O_2 \underset{還元}{\overset{酸化}{\rightleftarrows}} FeO$，$Fe_2O_3$；　$C + O_2 \underset{還元}{\overset{酸化}{\rightleftarrows}} CO_2$；　$H_2 + O_2 \underset{還元}{\overset{酸化}{\rightleftarrows}} H_2O$

$FeO \underset{還元}{\overset{酸化}{\rightleftarrows}} Fe_2O_3$ ($FeO_{1.5}$)　　CH_3CHO(C_2H_4O) + (O) $\underset{還元}{\overset{酸化}{\rightleftarrows}}$ CH_3COOH($C_2H_4O_2$)
アセトアルデヒド　　　　　　酢酸

2.　電子の　脱離(酸化)，付加(還元)　**電子**を，**失う**(**酸化**)，受け取る(還元)

例)　$Fe \rightarrow Fe^{2+} \rightarrow Fe^{3+}$[3]　　(電子のやりとり：酸化還元の一般化された定義)

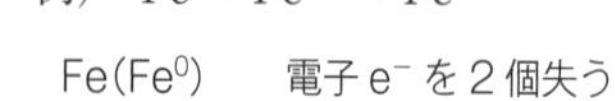
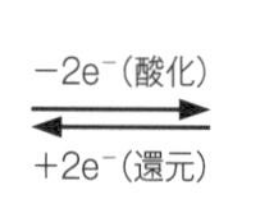
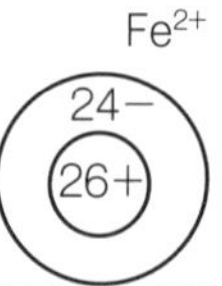
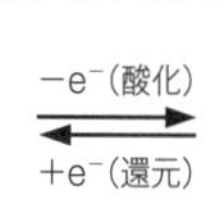
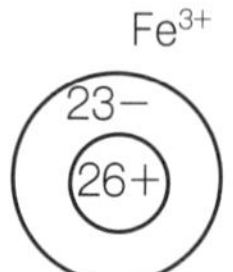

図 3.11　鉄（26 番元素）の酸化還元と原子核の陽子数，そのまわりの電子数

3.　水素原子の　脱離（酸化），付加（還元）[4]　**水素原子**を，**失う**(**酸化**)，受け取る(還元)

例)

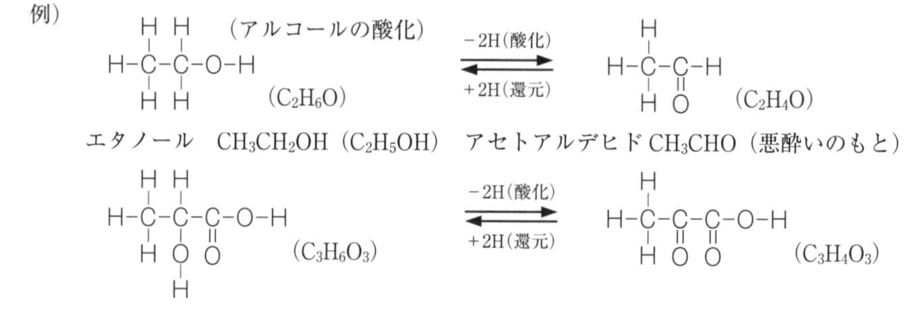

定義 1 も定義 3 も本質的には定義 2 と同じ，電子を失う・受け取るを意味する．
(4.　酸化数[5] の増大，減少 ⇨ これは，電子を失う，電子を受け取るの別表現である)

答 3.35　酸化剤とは相手を酸化し自分は還元される（電子を受け取る）もの，還元剤とは相手を還元し，自分は酸化される（電子を失う）ものである．

活性酸素（酸化剤）とがん・老化 ⇔ 抗酸化作用（還元剤）

例）・**酸化剤**（一部は殺菌・漂白剤などに利用）：O_2 分子，オゾン O_3，過酸化水素 H_2O_2，次亜塩素酸 HClO・次亜塩素酸ナトリウム NaClO(台所の漂白・殺菌剤)，塩素ガ

1)　代謝反応，老化やがん，食品の劣化，鉄塔や船のペンキ塗装（さび止め）など．

2)　**酸化**：そもそも「酸素化」からきた言葉．ある物質が酸素と結合したとき，その物質は酸化されたという．**還元**：酸化されたものが酸素を失い「元に還る」が原義．

3)　Fe が FeO になると電気陰性度大の O は Fe から電子を奪い O^{2-} になり Fe は電子を奪われ Fe^{2+} になる．つまり，O 付加（定義 1）と Fe からの電子脱離（定義 2）は同じ．小腸から鉄が吸収される際に Fe^{3+} はビタミン C で還元されて Fe^{2+} として吸収される．代謝の異化では食物構成分子が捨てた（酸化で生じた）電子 e^- を呼吸で得た酸素が受け取る（電子伝達系）．

4)　水素原子 H は電気陰性度が小さいので，ある元素原子に H が付加すると，H の電子は相手原子に奪われる．その原子は「還元」されたことになる（H の付加＝水素原子核ごとの電子の付加）．H が脱離するとき，H はこの電子ごと脱離する・電子を返してもらうので，「水素**原子**の脱離（H^+ の脱離ではない！）＝電子を失う＝酸化」．**酸化還元**の第 3 の定義：**水素原子核ごとの電子のやり取り**．

5)　**酸化数**：分子やイオンの状態（化合物中）での原子の電子数が，原子の状態に比べて，どれだけ増減しているか（酸化状態）を示す尺度．＋の酸化数は原子に比べて電子数が酸化数の分だけ不足，－の酸化数は電子数がその分だけ余分であることを意味する．（酸化数の求め方は p. 110）

ス Cl_2，ヨウ素 I_2(＋KI)，過マンガン酸カリウム $KMnO_4$(MnO_4^-)，二クロム酸カリウム $K_2Cr_2O_7$・クロム酸カリウム K_2CrO_4 (6価クロム)，硝酸 HNO_3 など．

・**還元剤**（一部は酸化防止，還元漂白などに利用）：水素ガス H_2，硫化水素 H_2S，二酸化硫黄 SO_2（亜硫酸ガス），亜硫酸ナトリウム Na_2SO_3(SO_3^{2-})，金属 Na，金属 Zn，Fe^{2+}，Sn^{2+}，ビタミンC（アスコルビン酸），システイン（チオール基 −SH をもつアミノ酸，酸化されシスチン −S−S− になる），ポリフェノール，KI など．

（以下の酸化剤，還元剤の反応式は必ずしも理解しなくてよい（省略可））

酸化剤　・$O_3 + 2H^+ + 2e^- \longrightarrow O_2 + H_2O$（酸化数[5] $0 \to -2$）

・$H_2O_2 + 2H^+ + 2e^- \longrightarrow 2H_2O$（O 酸化数 $-1 \to -2$）[6]

・$HClO + H^+ + 2e^- \longrightarrow Cl^- + H_2O$（Cl 酸化数 $+1 \to -1$）

・$Cl_2 + 2e^- \longrightarrow 2Cl^-$（酸化数 $0 \to -1$）；$Cl_2 + H_2O \to HClO + HCl$（Cl 酸化数 $0 \to -1, +1$）

・$I_2 + 2e^- \longrightarrow 2I^-$（酸化数 $0 \to -1$）

・$MnO_4^- + 8H^+ + 5e^- \longrightarrow Mn^{2+} + 4H_2O$（Mn 酸化数 $+7 \to +2$）

・$Cr_2O_7^{2-} + 14H^+ + 6e^- \longrightarrow 2Cr^{3+} + 7H_2O$（Cr 酸化数 $+6 \to +3$）[7]

還元剤　・$H_2S \longrightarrow S + 2H^+ + 2e^-$（S 酸化数 $-2 \to 0$）

・$SO_3^{2-} + H_2O \longrightarrow SO_4^{2-} + 2H^+ + 2e^-$（S 酸化数 $+4 \to +6$）

・$SO_2 + 2H_2O \longrightarrow SO_4^{2-} + 4H^+ + 2e^-$（S 酸化数 $+4 \to +6$）[8]

・$Na \longrightarrow Na^+ + e^-$（酸化数 $0 \to +1$）　・$Zn \longrightarrow Zn^{2+} + 2e^-$（酸化数 $0 \to +2$）

・$Fe^{2+} \longrightarrow Fe^{3+} + e^-$（酸化数 $+2 \to +3$）　・$Sn^{2+} \longrightarrow Sn^{4+} + 2e^-$（酸化数 $+2 \to +4$）

・$2I^- \longrightarrow I_2 + 2e^-$（酸化数 $-1 \to 0$）

・アスコルビン酸 → デヒドロアスコルビン酸 ＋2H（$2H^+ + 2e^-$）[4]（C 酸化数 $+1 \to +2$）[9]

・2システイン $-CH_2-SH$ → シスチン $-H_2C-S-S-CH_2-$ ＋2H（$2H^+ + 2e^-$）[4]（S 酸化数 $-2 \to -1$）

・ポリフェノール → キノン ＋2H（$2H^+ + 2e^-$）[10]（C 酸化数 $+1 \to +2$）[4]

酸と塩基の中和反応は1個の H^+ と1個の OH^- の反応（$H^+ + OH^- \longrightarrow H_2O$），また，ブレンステッドの酸塩基の定義では，$H^+$ を放出するのが酸，H^+ を受け取るのが塩基，酸と塩基の反応は H^+ のやり取りとして定義された（$CH_3COOH + NH_3 \longrightarrow CH_3COO^- + NH_4^+$）．一方，**酸化還元反応**では，酸化剤と還元剤との間の**電子のやり取り**（還元剤が電子を放出し，酸化剤が電子を受け取る）として定義される（$Fe + 1/2\,O_2 \longrightarrow FeO$，この式では，$Fe \longrightarrow Fe^{2+} + 2e^-$，$1/2\,O_2 + 2e^- \longrightarrow O^{2-}$ なる反応がおこっている）．

中和反応における酸と塩基の価数は酸・塩基の放出する H^+ と OH^- の数に対応したが，酸化還元反応における酸化剤の**価数**は1個の酸化剤が相手から奪い取る**電子数**，還元剤では1個の還元剤が放出する電子数に対応する．たとえば，$MnO_4^- + 8H^+ + 5e^- \longrightarrow Mn^{2+} + 4H_2O$ では酸化剤 MnO_4^- の価数5（電子を5個奪い取る）[11]，$Fe^{2+} \longrightarrow Fe^{3+} + e^-$ では還元剤 Fe^{2+} の価数1，$(COOH)_2 \longrightarrow 2CO_2 + 2H^+ + 2e^-$ では還元剤シュウ酸 $(COOH)_2$（$H_2C_2O_4$ とも表記する）の価数は2である（電子2個放出）[11]．

酸化還元滴定[12] では，酸化剤が奪う電子の総数と還元剤が放出する電子の総数は等しいので（電子のやり取り，金の貸し借りと同じ p.110 の注1)），中和滴定と同様に，酸化剤が奪う電子の総数 $= mCV = m'C'V'$ = 還元剤が放出する電子の総数，が成立する．したがって，滴定計算は中和滴定と同様に行えばよい．**沈殿滴定法**（銀滴定）[13]，**キレート滴定法**[13] における濃度計算も同様である．つまり，いかなる滴定法でも，$mCV = m'C'V'$（$m(C_0F)V = m'(C_0'F')V'$）を用いて計算することができる．

6) H_2O_2 が還元剤として作用する場合もある：
$H_2O_2 \longrightarrow O_2 + 2H^+ + 2e^-$
（酸化数 O：$-1 \to 0$）

7) 6価クロム（有害物質）には，$K_2Cr_2O_7$($Cr_2O_7^{2-}$) のほかにクロム酸カリウム K_2CrO_4 もある（p.110 左欄）．

8) SO_2 が酸化剤として作用する場合もある：
$SO_2 + 4H^+ + 4e^- \longrightarrow S + 2H_2O$
（酸化数 S：$+4 \to +0$）

9) アスコルビン酸は下の構造式に示すように，$C_6H_8O_6 \longrightarrow C_6H_6O_6 + 2H$ と H 原子を2個放出するので2価の還元剤である．この式は，$C_6H_8O_6 \longrightarrow C_6H_6O_6 + 2H^+ + 2e^-$ とも書くことができ，アスコルビン酸が電子を2個放出することがわかる．

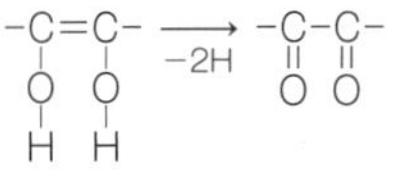

10)

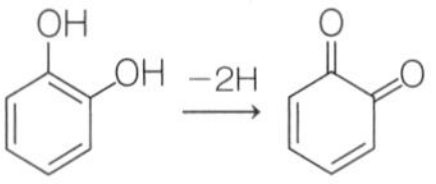

11) これら価数はそれぞれの物質の反応前後の酸化数変化量に対応する．
MnO_4^- 中の Mn は酸化数 +7，Mn^{2+} の酸化数 +2，その差は5．よって MnO_4^- は5価の酸化剤，相手から電子(e^-)を5個奪う．$+7 + (-5) \longrightarrow +2$ つまり，$Mn^{7+} + 5e^- \longrightarrow Mn^{2+}$
酸化数の求め方は p.110 参照．酸化還元，酸化数についてのより詳しい学習は"演習 溶液の化学と濃度計算"（丸善），5章を参照．

12) 過マンガン酸滴定，ヨウ素滴定など．水質汚染度 COD の測定などに利用．

13) 醤油中の食塩量，牛乳中の Ca 量などの分析に利用（"演習 溶液の化学と濃度計算"（丸善），8章参照）．

問題 3.36（酸化還元滴定）　約 0.1 mol/L のシュウ酸 $(COOH)_2$ の 10.00 mL を，硫酸酸性条件下，0.02 mol/L の過マンガン酸カリウム $KMnO_4$ 溶液（$F = 0.987$）で滴定したところ，21.34 mL で終点となった．シュウ酸の濃度を求めよ．また，結果をファクター F を用いて表せ．$KMnO_4$ と $(COOH)_2$ はそれぞれ次のように反応する：$MnO_4^- + 8\,H^+ + 5\,e^- \longrightarrow Mn^{2+} + 4\,H_2O$，$(COOH)_2 \longrightarrow 2\,CO_2 + 2\,H^+ + 2\,e^-$（C 酸化数+3 → +4）．

解答

答 3.36　0.1053 mol/L，0.1 mol/L（$F = 1.053$）：$KMnO_4$ の価数 $m = 5$，シュウ酸の価数 $m' = 2$ なので[1]，酸化剤 $KMnO_4$ が奪う電子の数・物質量 mol $= mCV = 5 \times (0.02 \times 0.987)$ mol/L × (21.34/1000) L．還元剤シュウ酸が放出する電子の数・物質量 mol $= m'C'V' = 2 \times C'$ mol/L × (10.00/1000) L．酸化還元でやり取りする電子数は等しいので $mCV = m'C'V'$．つまり，5 × (0.02 × 0.987) mol/L × (21.34/1000) L = 2 × C' mol/L × (10.00/1000) L より，$C' = 0.1053$ mol/L．ファクター F を用いて表すと，$C' = 0.1053$ mol/L $= C_0F = 0.1 \times F$ より，$F = 1.053$．よって，シュウ酸の濃度は，0.1 mol/L（$F = 1.053$）．（別解：p. 157 参照）

酸化数の求め方（省略可）[2]：化合物のすべてがイオン結合により構成されているとみなして，電気陰性度[3] の大きい元素を陰イオン，小さい元素を陽イオンと考えて計算する．

① 単体中の原子の酸化数＝0（電子数は原子状態と同じ）．例：H_2，O_2，Cl_2

② 単原子イオンの酸化数＝イオンの価数．
例：Na^+，酸化数+1（電子 1 個不足，p. 108 注 5)）；Cl^-，酸化数−1（電子 1 個余分）．

③ 化合物中の H の酸化数＝+1，O の酸化数＝−2（いずれも例外あり．ただし，気にしないでよい）．例：H_2O の H の酸化数+1，O の酸化数−2．

④ 化合物中の構成原子の酸化数の総和＝0，
例：NH_3 では H の酸化数+1，N の酸化数を x とすると，$3 \times (+1) + x = 0$，$x = -3$．
SO_4^{2-} で O の酸化数−2，S の酸化数 x とすると，$4 \times (-2) + x = -2$，$x = +6$．

⑤ 多原子イオンの価数＝多原子イオンの構成原子の酸化数の総和．
例：SO_4 では S の酸化数+6（16 族元素），O の酸化数−2 より，価数 $= +6 + (-2) \times 4 = -2$，つまり，$SO_4^{2-}$．

補充問題 1（**酸化数**：省略可）

(1) H_2O 中の H 原子の酸化数，O 原子の酸化数はいくつか[3]．
(2) $KMnO_4$ 中の Mn 原子の酸化数はいくつか．（答　(1) H：+1，O：−2　(2) +7）

補充問題 2（**キレート滴定**）　牛乳中の Ca の含有量を知るために，0.01 mol/L の EDTA（$F = 1.023$）を用いて 5.00 mL の牛乳に金属指示薬を加えて滴定したところ，EDTA 13.82 mL で終点となった．牛乳中の Ca のモル濃度を求めよ．また，Ca 濃度を mg/100 mL 牛乳として表せ．（答　0.0283 mol/L，113 mg/100 mL：Ca^{2+} と EDTA は，Ca^{2+} + EDTA $\longrightarrow$ Ca^{2+}・EDTA，と 1：1 で金属錯体（化合物）を形成するので，$CV = C'V'$ が成立．Ca の原子量 40.08）

補充問題 3（**沈殿滴定，銀滴定**）　醤油 5.00 mL を水で 500 mL に希釈した．この希釈液 10.00 mL を採取し，水 40 mL と指示薬 10％クロム酸カリウム 0.5 mL を加えて 0.02 mol/L の硝酸銀溶液（$F = 0.987$）で滴定したところ，11.34 mL で終点となった．この醤油中の食塩のモル濃度，w/v％濃度を求めよ．（答　2.24 mol/L，13.1％：Ag^+ と Cl^- は，$Ag^+ + Cl^- \longrightarrow AgCl$，と 1：1 で反応・沈殿するので $CV = C'V'$ が成立．NaCl の式量 58.44）

酸化還元反応式の補足：
$O_2 + 4H^+ + 4e^- \longrightarrow 2H_2O$（O 酸化数：0 → −2）
$CrO_4^{2-} + 8\,H^+ + 3\,e^- \longrightarrow Cr^{3+} + 4\,H_2O$（Cr 酸化数：+6 → +3）
$HNO_3 + H^+ + e^- \longrightarrow NO_2 + H_2O$（濃硝酸，N 酸化数：+5 → +4），
$HNO_3 + 3\,H^+ + 3\,e^- \longrightarrow NO + 2\,H_2O$（希硝酸，N 酸化数：+5 → +2）
$H_2 \longrightarrow 2H^+ + 2e^-$（酸化数 0 → +1）
シュウ酸 $(COOH)_2$，
$(COOH)_2 \longrightarrow 2CO_2 + 2H$（$2H^+ + 2e^-$）（C 酸化数：+3 → +4）

1)　酸化還元反応では 1 個の電子のやり取りが基本なので（酸塩基の中和反応は 1 個の H^+ と 1 個の OH^- の反応が基本），MnO_4^-（$KMnO_4$）は 5 価の酸化剤，酸化還元の価数 $m = 5$ となる．問題文中の反応式に出ている電子の数が，その物質の酸化還元の価数である．MnO_4^- は $5e^-$ なので $m = 5$ 価，シュウ酸は $2e^-$ なので $m' = 2$ 価．
酸化還元における電子の「やり」と「取り」は，お金のやり取りと同じ．一方が出した分だけ相手がもらった，自分が 1 万円出したということは，相手が 1 万円もらったということ．

2)　酸化数の演習は“演習 溶液の化学と濃度計算”（丸善）を参照．

3)　“生命科学・食品学・栄養学を学ぶための 有機化学 基礎の基礎”，p. 197, 198；“ゼロからはじめる化学”（丸善），p. 96, 102 を参照．

4)　酸化数の補足：水素はもっている電子を失う（+1），酸素（−2）は最外殻が満杯（8 個）となるように電子を他から奪う（電気陰性度の大小で決まる）．$KMnO_4$ は本ページの酸化数の求め方どおりに考える．K は +1，全体の価数は 0．

Study Skills（p. 106 からのつづき） 6. 勉強ができない理由と，勉強ができるようになるために

以下のようなことが，よくある“勉強ができない理由”である．自分自身に問いかけてみよう．

① **文章を読もうとしない**．……読まないと 1 人では学べない．教科書で勉強する習慣をつける〈予習，復習は大切〉．書物は繰り返し読むことができる，ポイントやキーワードもすぐ確認できるが，人の話・授業は繰り返し聴けない〈メモは重要〉．視聴覚教材なら繰り返せるし，学ぶのは楽だが，よい学び方は身につかない．〈これは赤子の離乳食と一緒．自分の歯でかむことが，ひとり立ちのためには必要である．〉

② **読んでも**表面をなでるだけで**理解しようとしない（“なぜ”と考えない，**覚えようとするだけ）．**教科書の指示どおりに**，説明どおりに，素直に**やろうとせず**，自分勝手に，**手抜き**をしてしまう．……これではできるようにはならない．しっかり丁寧に読む・**精読**する．言葉を大切にする，定義・約束事を大切にする，“理解しながら”を意識して読む習慣をつける，一字一句を理解・納得する勉強をする，注（小さい字）を含めて，教科書の隅から隅まですべてを読む，下線を引く，まずは黄色で色をつける，書き込む．〈すると，短時間で復習できる〉

③ **教科書の例題を学ぶ場合**も説明を読むだけで，**ノートに解いてみる**，手を動かすこと**をしない**．できなかった問題に**印をつけて**おき，後で**再度，三度解くことをしない**．……何事につけても，自分で手を動かすこと，**繰り返すこと**が重要である．繰り返すことで脳神経系が太くつながり記憶が残り，すぐに問題が解けるようになる．わからないところは？をつけて，さしあたり飛ばす．遠慮せずに人から教わろう．

④ **豆テストの×**のところ**（できなかったところ）に正解を書き**，ただ**答を覚えようとしてしまう．**……豆テストの×のところに正解を書き込まないこと．答は直接目に入らない用紙下方や裏側に書く．×のところは後で繰り返し解き，理解・マスターすること．

できるようになるには，**教科書を読**み，「**理解**」し，演習を繰り返す必要がある！

教科書と格闘せよ！：濃度計算の教科書，有機の教科書に対する学生の反応

・“教科書が分厚くてゾッとした，やる気を失ったが，宿題で序文の読後感想を要求されて，長々の序文にうんざりしながら読み出すと，その内容にひかれて一気に読んでしまった．”やる気が出て，厚い本にも取り組もうという気になる．

・教科書を学習しはじめて，教科書を読んで理解できるということがわかると，教科書を読むことの大切さを実感する．字が多くていやだと言っていた学生が，“わかりやすいように，説明をもっと詳しく書いてほしい”と言い出す．

・高校時代に化学が不得意でも，学習していなくても，教科書で教員の指示どおりに勉強すると，大多数の学生ができるようになる．ただし，いろいろと口実をつくって逃げて，取り組もうとしない学生は，当然ながら，定期試験でもまったくできない．要はその気で取り組むかどうかである．取り組んでみて困難に直面したら，その時点で友人，教員の力を借りればよい．1 人で悩まない！ 逃げ出さない！ 勇気を出して，頑張って，取り組んでみよう！

＊ p. 19, 25, 31 の学生のコメントも読んでみよう．

［おわり］

3・5　補充：当量(Eq)・規定(Eq/L)，臨床栄養とイオン当量・mEq(メック)

当量という言葉は日本の化学界では用いられなくなったが（外国では使用），医学分野では依然使用されている．その主たるものは，体液中の電解質[1]やイオン濃度を表す際に用いられる**イオン当量**である（電解質の代謝，医学，栄養学：浮腫，脱水症と関連[2]，重度の糖尿病などの病状診断材料）．イオン当量は，通常，**メック**（mEq）とよばれている．メック mEq とは milli-Equivalent・ミリ当量（0.001 当量）のことである．医療系では，**イオン濃度は mEq/L**（**メック/L**）＝**ミリ当量**/L，ミリ当量単位で表す習慣である．なお，化学分野で用いられてきた**規定度**（ノルマル：N，規定濃度 normalized concentration）という言葉は酸・塩基や酸化剤・還元剤（p. 108, 109）などの**当量**/L（規定度≡当量/L＝Eq/L）のことである．**規定度**とは酸・塩基では H^+・OH^- のモル濃度 mol/L（H^+・OH^- の濃さで規格化した酸・塩基の濃度）のこと．規定度 N＝(酸または塩基の価数)m ×(酸または塩基のモル濃度 mol/L)C

$$N = m(\text{価数}) \times C(\text{mol/L}) = mC(\text{規定}) = mC(\text{当量/L} = \text{Eq/L})$$

1）電解質とは，塩や酸や塩基のように，水に溶けるとイオンになるもの，電離するもののこと．塩や強酸や強塩基のように溶けたもののほぼ全てがイオンに分かれるものを**強電解質**，弱酸や弱塩基のように少しだけイオンに分かれるものを**弱電解質**という．医学，栄養学では溶けたイオンのことを電解質とよんでいるようである．

2）乳児の死亡率の1位は脱水症である．炎天下の熱中症（日射病）では脱水症状を招く．

メック/L
(mEq/L)とは？
Ca^{2+} の
0.01 mol/L は
何メック/L？

当量とは何か

当量（equivalent）とは，等 equi・価 valent（等価量）からなり，当量とは「あたる量」，対応・相応する量という意味である．この当量を酸・塩基を例にとって説明すると，たとえば，水酸化ナトリウム NaOH の 1 mol を中和するのに必要な塩酸 HCl の物質量は 1 mol．一方，H^+ を 2 個放出する 2 価の硫酸 H_2SO_4 では 0.5 mol（1/2 mol），H^+ を 3 個放出する 3 価のリン酸 H_3PO_4 ならば 1/3 mol である．このことを，塩酸 1 mol と硫酸の 1/2 mol，リン酸の 1/3 mol は互いに「当量」という．

酸性のもとは H^+ であるから，2 価の酸である硫酸では，1 mol あたり 2 mol の H^+ を放出することができるので，塩酸の量の半分で塩酸と同じ H^+ の量を示すことになる．そこで，1 mol の H^+ を放出する酸の量を酸の 1 当量と定義すると（**当量＝H^+ としての物質量**（**H^+ のモル数**）），HCl の 1 mol は酸のもと H^+ としての 1 当量（1 mol），2 価の酸である H_2SO_4 の 1 mol は H^+ の 2 当量（2 mol），3 価の酸である H_3PO_4 の 1 mol は H^+ の 3 当量（3 mol）となる．よって，HCl の 1 当量（H^+ としての 1 mol）＝HCl の 1 mol＝36.55 g，H_2SO_4 の 1 当量＝H_2SO_4 の 1/2 mol＝98.086/2＝49.04 g，H_3PO_4 の 1 当量＝H_3PO_4 の 1/3 mol＝97.99/3＝32.66 g である（1 当量 g＝分子量・式量 g/価数）．

医学・栄養学分野では，体液中のイオンの濃度を表す際には，モル濃度 mol/L や質量濃度（血糖値の mg/dL など，p. 132, 133 参照）ではなく，イオン当量/L（**メック/L，mEq/L**）で表す．メックは**アニオンギャップ**（陰イオンと陽イオンの濃度差：$[Na^+] - ([Cl^-] + [HCO_3^-]) > 0$（定常値 10 mEq/L）からのずれ（代謝で生じた酸由来の陰イオン量に対応）を糖尿病などの病態診断に用いる）や，体液の浸透圧（浮腫，脱水症などに関係）を計算する際の基本データである（体液中の各イオン濃度が必要，問題 3.39 参照）．

問題 3.37（この問題は省略可）

(1) 塩酸，硫酸，リン酸の 1 mol/L はそれぞれ何規定か．

(2) 硫酸の 0.500 規定の水溶液を 500. mL つくるには純度 100% の硫酸の何 g が必要か（硫酸の分子量＝98.0）．

(3) 0.1000 規定の希硫酸 10.00 mL を 0.2 mol/L（$F = 0.985$）の NaOH で中和するのには NaOH の何 mL が必要か．

問題 3.38（この問題は省略可）

硫酸の 0.1000 当量（H^+ の 0.1000 mol のこと）は何 g か．

問題 3.39

(1) イオン当量，イオン当量濃度とは何か（臨床栄養分野の重要語！）．

(2) 3 mmol/L の Na^+，Cl^-，Ca^{2+}，SO_4^{2-} のイオン当量濃度はいくつか．

(3) 3 mEq/L の Na^+，Cl^-，Ca^{2+}，SO_4^{2-} のモル濃度はそれぞれいくつか．

(4) 10 mEq/L（メック/L）の Al^{3+} のモル濃度はいくつか．

解　答

答 3.37　(1) 1 規定[3)]，2 規定[4)]，3 規定[5)]：この場合の規定度は H^+ のモル濃度（mol/L）なので，それぞれ，酸の価数 m×酸のモル濃度 C となり，塩酸 1 mol/L＝mC＝1 価×1 mol/L＝1 規定，硫酸 1 mol/L＝mC＝2 価×1 mol/L＝2 規定[4)]，リン酸 1 mol/L＝mC＝3 価×1 mol/L＝3 規定[5)]

(2) 12.25 g：硫酸は 2 価なので，0.500 規定＝$m \times C = 2 \times C$，$C = 0.250$ mol/L，0.250 mol/L×(500/1000) L＝0.125 mol，0.125 mol×98.0 g/1 mol＝12.25 g（≒12.3 g）

(3) 5.08 mL：$mCV = m'C'V'$ より，mC＝0.1000 規定（H^+ の 0.1000 mol/L）[6)] なので，0.1000 mol/L×(10.00/1000) L＝1×(0.2×0.985)×(V/1000) L．V＝5.08 mL

答 3.38　4.90 g：1 mol＝98.0 g，硫酸は 2 価なので，1 当量（H^+ の 1 mol の重さ，当量質量）＝98.0/2＝49.0 g．よって，0.100 当量＝0.100×49.0＝4.90 g．

答 3.39　(1) **イオン当量**とは単位電荷＋，－としての物質量（mol）のことであり，**ミリイオン当量 mEq**（**メック**）とはこれをミリモル単位で表したものである．濃度は **mEq/L（メック/L）ミリイオン当量濃度**である．mEq/L＝＋－電荷の m（ミリ）mol/L＝イオンの価数 m×イオンのモル濃度 C mol/L＝$m \times C$

(2) 3, 3, 6, 6 mEq/L（メック/L）：3 mmol/L の Na^+，Cl^-，Ca^{2+}，SO_4^{2-} のイオン当量濃度はそれぞれ 3，3，6，6 mEq/L（メック/L）である．**mEq/L（メック/L）**＝$m \times C$＝**イオンの価数×イオンのモル濃度** mol/L → 電荷＋－の mol/L

(3) 3, 3, 1.5, 1.5 mmol/L：3 mEq/L の Na^+, Cl^-，Ca^{2+}，SO_4^{2-} のモル濃度はそれぞれ，3, 3, 1.5，1.5 mmol/L．

Na^+ の 3 mEq/L（メック/L）＝＋電荷数が 3 mmol/L．$N = mC$，$m = 1$，C＝3 mmol/L＝0.003 mol/L．Cl^- についても同様．

Ca^{2+} の 3 mEq/L（メック/L）＝＋の数が 3 mmol/L．$\boxed{N = mC}$，$m = 2$ なので，3 mEq/L＝2×C．C＝1.5 mmol/L．SO_4^{2-} についても同様．

(4) 3.3 mmol/L：$N = mC$，$m = 3$ なので，10 mEq/L＝3×C，C＝3.3 mmol/L

3) 1 規定とは H^+ の 1 mol/L のこと．なお，規定度を表す単位記号としては N が用いられる．例：1 当量/L≡1 規定≡1 N（規定）．一方，モル濃度を表すには，昔は M（モル）を用いた．現在でも非公式に，しばしば用いられる．
例：1 mol/L≡1 M

4) H^+ の 2 mol/L のこと．

5) H^+ の 3 mol/L のこと．

6) $mCV = m'C'V'$ は $mC = N$，$m'C' = N'$ だから，$NV = N'V'$ とも書き表される（米国の教科書）．ここで，N は規定度を表す変数である．

メック/L
（ミリイオン当量濃度）：電荷のモル濃度 mol/L
Ca^{2+} の 0.01 mol/L（10 mmol/L）は 20 メック/L（20 mEq/L）

3・6　補充：浸透圧とオスモル濃度

浸透圧[1] は，細胞の形を一定に保ったり，体内の物質輸送などにかかわる，溶液の重要な性質の一つである．また，純溶媒に比べて溶液では**沸点**が上昇し，**凝固点**は降下する．これらの大きさはすべて**オスモル濃度**（**浸透圧モル濃度**）に比例している．

問題 3.40　(1) ① オスモル濃度とは何か．② 生理食塩水の濃度は約 0.140 mol/L である．この溶液は何オスモル/L か．③ 生理食塩水を 1.00 L つくるには食塩が何 g 必要か (NaCl, 式量 58.4)．④ 生理食塩水と同じオスモル濃度のショ糖（砂糖・スクロース，分子量 342）溶液 1.00 L をつくるにはショ糖何 g が必要か．

(2) 3 mEq/L の Na^+，Cl^-，Ca^{2+}，SO_4^{2-} のオスモル濃度はそれぞれいくつか．

(3) 次の表中のメック mEq/L と mg/dL から，血漿のオスモル濃度を求めよ．

血漿成分	Na^+	K^+	Ca^{2+}	Mg^{2+}	Cl^-	HCO_3^-	グルコース（分子量 180）
mEq/L	140	4.0	5.0	2.0	100	24	100 mg/dL

(4) この溶液の浸透圧 Π を計算せよ[2]．なお，溶液の浸透圧 Π は**ファントホッフの式** $\Pi = CRT$ で表される．ここで，C はオスモル濃度，気体定数 $R = 0.082$ atm·L/(mol·K)[3]，$T = 298$ K（25 ℃のこと，**絶対温度** $K = 273 + t$ ℃）．

問題 3.41　**一般に溶液の沸点**は純溶媒のそれに比べて上昇し，**凝固点**（融点）は降下する．この溶液の**沸点上昇** ΔT_b，**凝固点降下** ΔT_f の程度は溶液のオスモル濃度 m mol/kg 溶媒 ≒ 容量オスモル濃度 C mol/L に比例して変化する．すなわち，$\Delta T_b = K_b \times m \fallingdotseq K_b \times C$，$\Delta T_f = K_f \times m \fallingdotseq K_f \times C$．さて，水のモル沸点上昇定数 $K_b = 0.514$ ℃/(mol/kg 溶媒) ≒ 0.514 ℃/(mol/L)，モル凝固点降下定数 $K_f = 1.885$ ℃/(mol/kg 溶媒) ≒ 1.885 ℃/(mol/L)である．以下の問に答えよ．

(1) 10.0%の砂糖水（0.292 mol/L）の沸点は何 ℃か（純水の沸点は 100.0 ℃）．

(2) 12.0%の食塩水（2.05 mol/L）の凝固点は何 ℃か（純水の凝固点は 0.0 ℃）．

解　答

答 3.40　(1) ① 浸透圧モル濃度 Osm/kg 溶媒．粒子のモル濃度のこと（浸透圧は溶液中の粒子濃度で決まる）．薄い溶液では，オスモル濃度（質量オスモル濃度）Osm/kg 溶媒 ≒ 容量オスモル濃度 Osm/L[4]．以下，容量オスモル濃度とする．

② 0.280 Osm/L：NaCl は水溶液では Na^+ と Cl^- の 2 つのイオン（粒子）に分かれるので，0.140 mol/L の NaCl 溶液のオスモル（粒子のモル）濃度 = 0.140 mol/L × 2 = 0.280 Osm/L

③ 8.2 g：0.140 mol/L × 1.00 L × 58.4 g/mol = 8.18 ≒ 8.2 g

④ 96 g：0.280 mol/L × 1.00 L × 342 g/mol = 95.8 ≒ 96 g（食塩の 12 倍！）（砂糖は分子だから Osm/L = mol/L）

(2) (3 m, 3 m, 1.5 m, 1.5 m) Osm/L：mEq/L は電荷の mol/L，また Osm/L は粒子の mol/L なのでイオンの mol/L と同じ，2 価のイオンでは mmol/L = mOsm/L = (mEq/L)/2(mmol/L × 価数 = mEq/L)．

(3) 0.277 Osm/L：メック mEq/L（ミリイオン当量/L）とは電荷のミリモル濃度のこと．イオンのミリモル濃度 c にイオンの価数 m を掛けたもの（$N = c \times m$）なので，各イオンのミリモル濃度 c は，それぞれ，$c = N/m$ = 140/1[5]，4.0/1[5]，5.0/2[6]，2.0/2[6]，

---

1) **浸透圧**（Osmotic pressure）：濃度の異なる 2 つの溶液が半透膜を介して接している場合，両液の濃度を同じにしようとして濃度の薄い方から濃い方へ溶媒が移動するその力のこと（“からだの中の化学”（丸善出版），p. 138；“ゼロからはじめる化学”（丸善出版），p. 176；高校の生物教科書を参照）．

オスモル濃度とは？
NaCl の 1.0 mol/kg 溶媒のオスモル濃度は？

2) 臨床検査分野では尿の凝固点降下を測定することで尿のオスモル濃度（浸透圧）を求めている（溶液の束一性：浸透圧，沸点上昇，凝固点降下はすべてオスモル濃度に比例している）．

3) 圧力の単位を気圧（atm）ではなく，Pa で表すと，R = 8.31 × 10^3 Pa・L/(mol・K)．

4) モル濃度には，体積（容量）モル濃度 mol/L と質量モル濃度 mol/kg 溶媒の 2 種類が定義されている．

溶液の浸透圧や沸点上昇・凝固点降下を議論する場合には，温度を変えて実験することがある．この際，溶液の体積は温度で変化するので，同一容積モル濃度で実験するのが難しい．そこで温度変化のない溶媒の質量を用いて溶液の濃度を表す方法，質量モル濃度が考案された．

（液体の水は 0℃以上でも氷のような構造を一部とっており，この量が温度と共に変化する．また，物質が溶けた溶液でも構造が変化する．その結果として液体の体積変化をもたらす）．

100/1[5]，24/1[5]．またグルコースのミリモル濃度は (100 mg/180 g) mol/0.100 L[7]．よって，液全体のミリモル濃度は，これらすべてを足して，$c = 140/1 + 4.0/1 + 5.0/2 + 2.0/2 + 100/1 + 24/1 + 5.6 =$ 277 mmol/L．モル濃度 $C = 277 \times 10^{-3}$ mol/L $=$ 0.277 mol/L．オスモル濃度とは粒子のモル濃度のことである．各イオン[8]もグルコースも１個の粒子として溶けているから，これらのモル濃度とオスモル濃度は等しい．よって，この溶液のオスモル濃度は 0.277 Osm/L．

(4) 6.8 atm：浸透圧 π/atm（気圧）は**オスモル濃度** C に比例：$\pi = CRT$ または $\pi V = nRT$（V は体積 L，n はオスモル，$C = n/V$）．体中のイオン濃度はイオン当量濃度 Eq/L，**mEq（メック）/L**，血糖値は **mg/dL** で表す．オスモル濃度（浸透圧モル濃度・粒子のモル濃度）に変換（(2)）．$\pi = CRT = 0.277$ Osm/L $\times$ 0.082 atm・L/(K・mol) $\times$ 298 K $=$ 6.8 atm（1 atm $= 1.013 \times 10^5$ Pa）

答 3.41 (1) $\Delta T_b \fallingdotseq 0.514$℃/(Osm/L) $\times$ 0.292 Osm/L $\fallingdotseq$ 0.15℃，沸点 $=$ 100.15℃．

(2) $T_f \fallingdotseq 1.885$℃/(Osm/L) $\times$ (2.05 $\times$ 2[9]) Osm/L $=$ 7.73℃，凝固点 $\fallingdotseq -7.7$℃．

★メックやオスモルなどの新しい言葉と意味を頭に残すには，p.106 の記憶法を実践しよう．

補充 イオン性化合物・塩の化学式をイメージするために[10]（p.84, 85, 90, 91）

NaCl [(Na^+)(Cl^-)]　　CaCl$_2$ [(Ca^{2+})(Cl^-)$_2$]

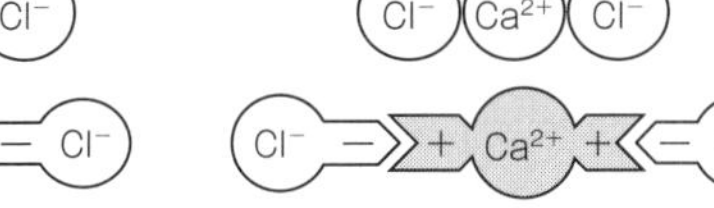

Na が電子(−)１個足らないといっている (Na^+)，Cl は電子が１個余っているといっている(Cl^-)．そこで，互いに一緒になればめでたしめでたしである⇨(Na^+)(Cl^-)．この式から ( ) と＋－を取って，NaCl と書く．

Caが電子２個足らないといっている(Ca^{2+})，Cl は電子が１個余っているといっている (Cl^-)．そこで，Ca は Cl の２個と一緒になればめでたしめでたしである⇨(Ca^{2+})(2Cl^-)．２個あることを示すには，H_2O のように，(Ca^{2+})(Cl^-)$_2$ と書く．( )と＋－を取って，CaCl$_2$ と書く．

CaSO$_4$ [(Ca^{2+})(SO_4^{2-})]

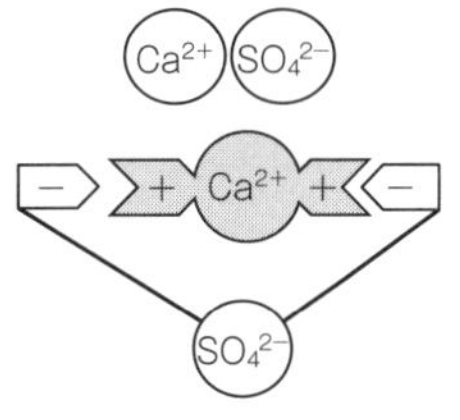

Ca が電子２個足らないといっている (Ca^{2+})，SO$_4$ は電子が２個余っているといっている (SO_4^{2-})．そこで，Ca は SO$_4$ と一緒になればめでたしめでたしである⇨(Ca^{2+})(SO_4^{2-})．( ) と＋－を取って，CaSO$_4$ と書く．

AlCl$_3$ [(Al^{3+})(Cl^-)$_3$]

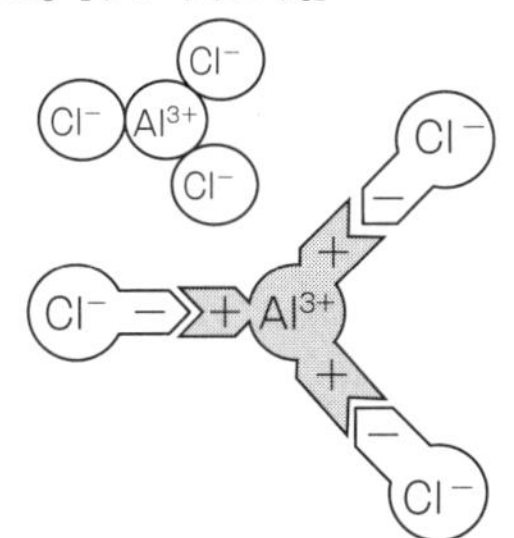

Al が電子３個足らないといっている(Al^{3+})，Clは電子が１個余っているといっている(Cl^-)．そこで，Al は Cl の３個と一緒になればめでたしめでたしである⇨(Al^{3+})(3Cl^-)．３個あることを示すには，NH_3 のように，(Al^{3+})(Cl^-)$_3$ と書く．( ) と＋－を取って，AlCl$_3$ と書く．

Al$_2$(SO$_4$)$_3$ [(Al^{3+})$_2$(SO_4^{2-})$_3$，(2Al^{3+})(3SO_4^{2-})]

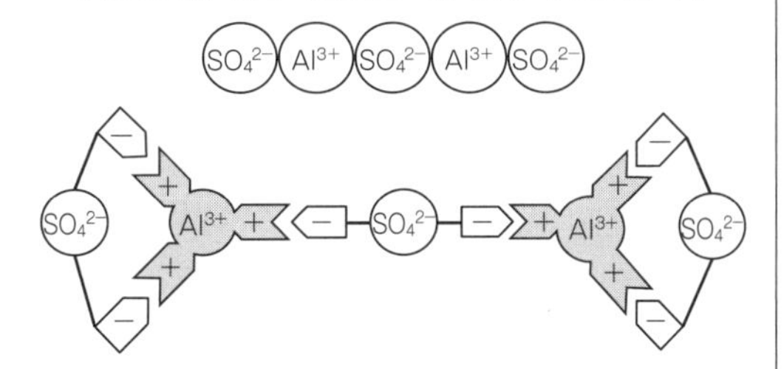

Al が電子３個足らないといっている (Al^{3+})，SO$_4$ は電子が２個余っているといっている (SO_4^{2-})．そこで，Al の２個(6+)は SO$_4$ の３個(3×(−2)＝6−) と一緒になればめでたしめでたしである⇨(2Al^{3+})(3SO_4^{2-})．２個，３個あることを示すには，(Al^{3+})$_2$(SO_4^{2-})$_3$ と書く．多原子イオンの( )のみ残し，Al$_2$(SO$_4$)$_3$と書く．

図 3.12 塩の化学式のイメージ

5) １価のイオンの容量オスモル濃度．

6) ２価のイオンの容量オスモル濃度．

7) グルコースの 100 mg/dL $=$ (100 mg/180 g) mol/0.1 L $=$ 5.6 mmol/L (dL $=$ 0.1 L (100 mL))

8) NaCl のような塩ではない．ここでは，Na^+，Cl^- を別々に考えている．

9) 食塩 NaCl は水に溶けると，Na^+ と Cl^- の２つのイオンに分かれる．つまり，オスモル濃度はモル濃度の２倍となる．

10) **塩**などの**イオン性化合物**は，分子と異なり，実際には，化学式 NaCl で示されるような１個のものとしては存在しない．多数の陽イオンと陰イオンが３次元に集合したイオン性結晶（下図）として存在する．したがって NaCl のような化学式を**組成式**（物質の元素組成を示した式）という．（塩は水に溶ければ陽イオンと陰イオンに解離する(分かれる)）

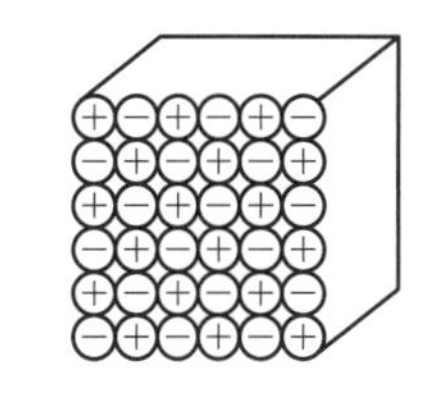

4　密度，パーセント濃度，含有率，希釈[1)]

1)　密度，パーセント濃度，含有率に関する知識や計算は，実験・実習で試薬溶液を調製する際や，調理における調味％の計算などで必要となる．また，溶液の希釈は，実験・実習では日常茶飯事である．

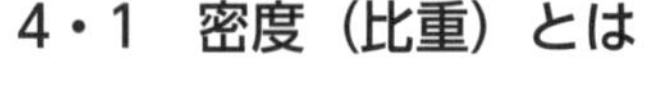

4・1　密度（比重）とは

定義・約束をきちんと頭に入れる．g/cm^3(g/mL)

問題 4.1　アイスコーヒーに加えるガムシロップは，混ぜないとコーヒー液の底に沈むが，ミルク・クリームは液の表面に浮くことは知っていよう．これはシロップが水より重たく，クリームが水より軽いためである．では，水よりどれくらい軽いか，重いかはどのようにして表現すればよいか．

古代ギリシャの数学者・物理学者アルキメデスの逸話

王様の新しい純金の王冠には銀が混ざっているという人々のうわさを確かめるために，王様はアルキメデスに，“王冠を傷つけずにこれを確かめよ”と命令した．悩み抜いたアルキメデスは，疲れをいやすため風呂に入った．湯が満杯の風呂に浸る際に風呂桶から流れこぼれる湯の様を見てアイデアがひらめき，裸で風呂を飛び出した．それは「密度・比重」をはかるという方法で純金・純銀・金銀の混合比を知るというものであった．こぼれた水の量（受けた浮力）が王冠の体積に等しいので，王冠の重さをはかれば密度が得られる（金の密度 19.3 g/cm^3，銀の密度 10.5 g/cm^3）．これは「固体の全部，または一部を流体中に浸すと，それが排除した流体の重さに等しいだけの浮力を受ける」というアルキメデスの原理の基となった逸話である．

問題 4.2

（1）**密度**とは何か，**定義**を述べよ．**単位**も示せ．

（2）4℃の水の密度はいくつか．　（3）**比重**とは何か．

デモ実験：500 mL の水とヘキサン，CCl_4，$CHCl_3$，濃硫酸の重さを比較する．

a.　密度を求める（質量 g と体積 mL から密度 g/cm^3 (mL)を求める）

問題 4.3

（1）水銀の 50.0 mL は 680. g である．水銀の密度（g/cm^3）を求めよ．

（2）ガソリンの一成分であるヘキサン C_6H_{14} の 1 L は 780. g である．ヘキサンの密度を求めよ．

b.　体積 mL から質量 g を求める（密度 g/cm^3(mL)）

mL →（**密度** g/mL）→ g？

問題 4.4　四塩化炭素[2)] CCl_4 の 40.0 mL の質量は何 g か．ただし，密度は 1.594 g/mL である $\left(1.594\ \mathrm{g/mL} = \dfrac{1.594\ \mathrm{g}}{1\ \mathrm{mL}}\right.$[3)] $=$ 1 mL の重さが 1.594 g という意味$\left.\right)$．

換算係数法：問題を解く際には，“この問題における**換算係数**は何か”を考える．

換算係数とは，ある**分数**とその**逆分数**のことである．たとえば，**密度** $\dfrac{1.594\ \mathrm{g}}{1\ \mathrm{mL}}$ とその**逆数** $\dfrac{1\ \mathrm{mL}}{1.594\ \mathrm{g}}$．消したい単位を分母，得たい単位を分子とする換算係数を掛ける．g → mL としたいなら □g × $\dfrac{1\ \mathrm{mL}}{1.594\ \mathrm{g}}$[3)] ＝ ○ mL

2)　テトラクロロメタンともいう．脂肪，樹脂，タールなどをよく溶かす溶剤．引火性がなく，かつてはドライクリーニング用の溶剤に用いられた．

3)　密度の定義 g/cm^3 (g/1 cm^3)，g/mL (g/1 mL) の 1 cm^3，1 mL の 1 は，測定値ではないので，有効数字の対象とはしない．この 1 の有効数字はいわば無限大である（p. 27 のルール 6 参照）．

解 答

密度g/cm^{3}は体積 mLと質量 gの相互変換，体積 mL⇔重さgに用いる換算係数

答 4.1 同じ体積のガムシロップとクリームの重さを比較すればよい．同体積の標準物（通常は4℃の水）の重さを基準にして重さを比較したもの，つまり，水の重さの何倍になっているかを示した比の値が「**比重**」である．たとえば，ガムシロップの比重は1.20，クリームは0.82と表される．4℃の水の比重は1である．比重は比の値であるから単位はない，無名数である．

一方，1 cm^3（1 cc[4)]）＝**1 mL の物質の質量**（重さ）**を g 単位で表したもの**をその物質の「**密度**」という．したがって，密度の単位は g/cm^3（g/mL）である[5)]．4℃の 1 cm^3＝1 mL の水）の重さは 1.0000 g/cm^3 なので，ガムシロップの密度 1.20 g/cm^3（水より大），クリーム 0.82 g/cm^3（水より小）と表される．つまり，**比重と密度では単位は異なるが数値は同一**である．

4) 1 cc とは 1 cubic（立方）centimeter（cm），つまり 1 cm^3 のこと．

5) **密度**は体積 mL と質量 g の相互変換（体積 mL⇔重さ g）に用いる**換算係数**である．

答 4.2

(1) 1cm^3＝1 mL あたりの質量． $\text{密度 g/cm}^3, \text{g/mL} = \dfrac{\text{質量g}}{\text{体積mL}}\left(=\dfrac{\text{質量g}}{\text{体積cm}^3}\right)$[6)]．

(2) 1.0000 g/cm^3（0.999 97$_3$ g/cm^3）

(3) 同体積の 4℃の水の重さを基準にして重さを比較したもの．つまり，水の重さの何倍になっているかを示した比の値である．単位はない（無名数）

比重（単位なし・無名数）：密度から単位を取ったもの

6) 密度（○ g/cm^3）を，"1 cm^{3}の中に○ gが入っている"と思う人がいるが，これは含有量．密度とは，物質の体積 1 cm^3 そのものの重さ 1 cm^3＝○ g，1 cm^{3}の重さが○ gという意味である．

答 4.3

(1) 13.6 g/cm^3：密度の定義・単位は g/cm^3＝g/mL なので，重さ g を体積 mL（＝cm^3）で割ればよい．

$$\text{水銀の密度} = \frac{\text{重さg}}{\text{体積cm}^3} = \frac{\text{g}}{\text{mL}} = \frac{680.\text{g}}{50.0\text{ mL}} = \frac{13.6\text{ g}}{1\text{ mL}} = 13.6\text{ g/mL}(\text{cm}^3)$$

(2) 0.780 g/cm^3：$\text{密度}\left(\dfrac{\text{g}}{\text{mL}}\right) = \dfrac{780.\text{g}}{1\text{ L}} = \dfrac{780.\text{g}}{1000\text{ mL}} = \dfrac{0.780\text{ g}}{1\text{ mL}} =^{3,5)} 0.780\text{ g/mL}(\text{cm}^3)$

$$\bigcirc\ \cancel{\text{mL}} \times \frac{\diamondsuit\ \text{g}}{\triangle\ \cancel{\text{mL}}} = \square\ \text{g}$$

答 4.4 63.8 g：

（換算係数法） **密度**とは**体積** mL と**質量** g の**換算係数**のことである．密度は 1.594 g/mL，したがって換算係数は，① $\dfrac{1.594\text{ g}}{1\text{ mL}}$，② $\dfrac{1\text{ mL}}{1.594\text{ g}}$．体積 40.0 mL を重さ g に変換するには（mL → g），換算係数①，②のうち，mL 単位が消去される（分母に mL がある）①を 40 mL に掛ければよい． $40.0\ \cancel{\text{mL}} \times \dfrac{1.594\text{ g}}{1\ \cancel{\text{mL}}}{}^{3)} = 63.8\text{ g}$

（直感法） 1 mL が 1.594 g，40.0 mL は $\dfrac{1.594\text{ g}}{1\ \cancel{\text{mL}}} \times 40.0\ \cancel{\text{mL}} = 63.8\text{ g}$

（分数比例式法） $\dfrac{1.594\text{ g}}{1\text{ mL}} = \dfrac{x\text{ g}}{40.0\text{ mL}}$[7)]，たすき掛けして(p. 4)整頓すると，$x = 63.8\text{ g}$

7) この式の意味は，
1 mL：1.594 g ＝40.0 mL：x g，
または，
1 mL：40.0 mL ＝1.594 g：x g
本文のように分数式で表せば，左辺は密度を表し，右辺も同じ密度の値であることを意味していることがわかる．分数式では，分数自体が意味をもつ点が比例式（値を求めるためのたんなる関係式）と異なる．

問題 4.5

(1) 密度 0.78 g/cm³ のヘキサン C_6H_{14} の 500. mL は何 g か．

(2) 比重 1.84 の濃硫酸 1 L(1000. mL)[1] の重さは何 g か．

1) 1 L，1 kg，1 mL の有効数字は p. 116 の注 3) を参照．

c. 密度と質量 g から体積 mL を求める

密度 g/mL，g → mL？

問題 4.6

(1) 水銀の密度は 13.6 g/cm³ である．水銀 1 kg[1] の体積は何 mL か．

(2) 鉛の 25.0 g は何cm³ か．ただし，密度は 11.6 g/cm³ である．

(3) ヘキサン C_6H_{14} の 100.0 g は何 mL か．ただしヘキサンの密度は 0.780 g/mL である．

質量 g
↓
体積 mL
どうやって
変換する？

↓
体積 mL
質量 g は？

d. 密度から体積 → 質量，質量 → 体積を求める

密度 g/mL，mL → g，g → mL？

問題 4.7 25 ℃における水の密度は 0.9985 g/cm³ である．

(1) 25 ℃の水 500.0 mL の重さは何 g か．

(2) 25 ℃の水 1 kg(1000.0 g)[1] は何 mL か．

解　答

答 4.5

(1) 390 g：(**換算係数法・直感法**) $500.\text{mL} \times \frac{0.78\ \text{g}}{1\ \text{mL}}$[1] $= 390\ \text{g}$ $(3.9 \times 10^2\ \text{g})$

(2) 1840 g：(**換算係数法・直感法**) 比重 1.84 とは密度 1.84 g/cm³ (= 1.84 g/mL) のことなので，$1000.\text{mL} \times \frac{1.84\ \text{g}}{1\ \text{mL}} = 1840\ \text{g}$ $(1.84 \times 10^3\ \text{g})$

(**分数比例式法**) $\frac{1.84\ \text{g}}{1\text{cm}^3} = \frac{1.84\ \text{g}}{1\ \text{mL}} = \frac{x\ \text{g}}{1000\ \text{mL}}$． $x = 1840\ \text{g}$

$$\square\text{g}\times\frac{\triangle\text{mL}}{\Diamond\text{g}}=\bigcirc\text{mL}$$

答 4.6

(1) 73.₅ mL：(**換算係数法**) 換算係数は，密度 ① $\frac{13.6\ \text{g}}{1\ \text{mL}}$ とその逆数 ② $\frac{1\ \text{mL}}{13.6\ \text{g}}$.

g → mL へ変換する問題である．$1000.\text{g}\times\frac{1\ \text{mL}}{13.6\ \text{g}}$[2] $=73.529\cdots\fallingdotseq 73._5\ \text{mL}$.

(**分数比例式法**) $\frac{13.6\ \text{g}}{1\ \text{mL}}=\frac{1000\ \text{g}}{x\ \text{mL}}$, $x=73._5\ \text{mL}$

(**直感法**) 1000 g → 1000 mL より**少ない** → 13.6 で**割ればよい**．1000 g ÷ 13.6 ＝ 73.₅ mL．数字 13.6 を使って 1000 より小さい数にするには，掛けるか割るか → 割ればよさそう．(**試し算**・以下を概算する：73.5 mL × 13.6 g/mL ≒ 1000 g)

(2) 2.16cm³：(**換算係数法**) 密度 $=\frac{11.6\ \text{g}}{1\text{cm}^3}$, 逆数 $\frac{1\ \text{cm}^3}{11.6\ \text{g}}$. $25.0\ \text{g}\times\frac{1\ \text{cm}^3}{11.6\ \text{g}}=2.16\ \text{cm}^3$

(**直感法**)[3]：25 mL より少ない → 11.6 で割ればよい．$25.0\ \text{g}\div\frac{11.6\ \text{g}}{1\ \text{cm}^3}=25.0\ \text{g}\times\frac{1\ \text{cm}^3}{11.6\ \text{g}}=2.16\ \text{cm}^3$ (単位的には正しい．試し算：11.6 g/mL × 2.16 mL ≒ 25 g)

(求める体積を x とおく) $x\ \text{cm}^3\times\frac{11.6\ \text{g}}{1\ \text{cm}^3}=25.0\ \text{g}$, $x=25.0\ \text{g}\div\frac{11.6\ \text{g}}{1\ \text{cm}^3}=2.16\ \text{cm}^3$

(**分数比例式法**) $\frac{1\ \text{cm}^3}{11.6\ \text{g}}=\frac{x\ \text{cm}^3}{25.0\ \text{g}}$, $x=\frac{1\ \text{cm}^3\times 25.0\ \text{g}}{11.6\ \text{g}}=2.16\ \text{cm}^3$

(3) 128.2 mL：(**換算係数法**) $100.0\ \text{g}\times\frac{\triangle\text{mL}}{\bigcirc\text{g}}=\square\text{mL}$[4].

$$\text{mL}\times\frac{\bigcirc\text{g}}{\triangle\text{mL}}=\square\text{g},\quad \text{g}\times\frac{\triangle\text{mL}}{\bigcirc\text{g}}=\square\text{mL}$$

答 4.7

(1) 499.3 g：(**換算係数法**) 換算係数は，密度 ① $\frac{0.9985\ \text{g}}{1\ \text{mL}}$ とその逆数 ② $\frac{1\ \text{mL}}{0.9985\ \text{g}}$.

mL → g の換算：mL を消去するように，分母に mL がある①を掛ける．

$500.0\ \text{mL}=500.0\ \text{mL}\times\frac{0.9985\ \text{g}}{1\ \text{mL}}\fallingdotseq 499.3\ \text{g}$.

(**直感法**) g/cm³ = g/mL．1 mL の重さが 0.9985 g なので 500.0 mL の重さは 500.0 倍すればよい．$0.9985\ \text{g/mL}\times 500.0\ \text{mL}=\frac{0.9985\ \text{g}}{1\ \text{mL}}\times 500.0\ \text{mL}\fallingdotseq 499.3\ \text{g}$

(**分数比例式法**) 比例式 $\frac{0.9985\ \text{g}}{1\ \text{mL}}=\frac{x\ \text{g}}{500.0\ \text{mL}}$, $x\ \text{g}=\frac{0.9985\ \text{g}}{1\ \text{mL}}\times 500.0\ \text{mL}\fallingdotseq 499.3\ \text{g}$

(2) 1001.5 mL：(**換算係数法**) 重さ 1 kg ＝ 1000.0 g を体積 mL に変換するには g を消去するために換算係数②を掛ける．$1000.0\ \text{g}\times\frac{1\ \text{mL}}{0.9985\ \text{g}}=1001.5\ \text{mL}$.

(**直感法**) 1 kg ＝ 1000.0 g を 1 mL の重さで割る (求める体積が 1000 mL より大きいか小さいかを直感的に考えると，掛けるか割るかがわかる．この場合，密度は 1 より小さいので密度を 1 より小さい計算しやすい値，たとえば 0.5 g/mL とする)．求める体積を x mL とおくと，$x\ \text{mL}\times 0.9985\ \text{g/mL}=1000.0\ \text{g}$ なので，

$$x\ \text{mL}=1000.0\ \text{g}\div 0.9985\ \text{g/mL}=1000.0\ \text{g}\times\frac{1\ \text{mL}}{0.9985\ \text{g}}=1001.5\ \text{mL}$$

(**分数比例式法**) $\frac{0.9985\ \text{g}}{1\ \text{mL}}=\frac{1000.0\ \text{g}}{y\ \text{mL}}$[5] をたすき掛けして，$y\ \text{mL}=1001.5\ \text{mL}$

2) g を消去するように分母に g のある換算係数②を g に掛ける．

3) 直感法ができるとよい．
→大きいか，小さいか．
→×か÷か．

4) 直感法，分数比例式法は省略する．答 4.6 (2) を参照のこと．

5) この式の意味は，
1 mL : 0.9985 g
＝ y mL : 1000.0 g
または，
1 mL : y mL
＝ 0.9985 g : 1000.0 g

問題 4.8

(1) 密度 1.29 g/cm^3 のクロロホルム[1] $CHCl_3$ 100. mL は何 g か．

(2) $CHCl_3$ の 100.0 g は何 mL か．

1) トリクロロメタンの慣用名．水質汚染物質トリハロメタンの代表的物質(p. 134 注 3) 参照)．

問題 4.9　密度を求める，重さを求める，体積を求める練習．

(1) 1 瓶 50.0 mL の植物油の重さが 41.5 g のとき密度はいくつか．

(2) 石油の密度は 0.74 g/cm^3 である．1 缶 18.0 L の石油の重さは何 kg か．

(3) 酒のアルコールであるエタノールの密度は 0.79 g/cm^3 である．エタノール 900. g は何 L か．

(4) ある物質の 10.00 mL は 15.8 g だった．この物質の比重はいくつか．

(5) −4 ℃の氷の比重は 0.92 である．55.0 cm^3 の氷の重さは何 g か．

(6) 金 Au の密度は 19.6 g/cm^3 である．0.50 cm^3 の Au の重さを求めよ．

(7) 銀 Ag の密度は 10.5 g/cm^3 である．Ag 850.0 g は何cm^3 か．

(8) 鉛 Pb の金属片は重さ 282.5 g で体積 25.0 cm^3 である．鉛片の密度を求めよ．

(9) 水銀 Hg の密度は 13.6 g/cm^3 である．Hg 500.0 g の体積は何 mL か．

e. 調理学と密度

問題 4.10　小さじ 1 杯（5 mL）の調味料の重さが 3, 4, 5, 6 g である．それぞれ対応する調味料を述べよ[2]．

2) 調理実習の基礎として覚えておくべき知識である．p. 42, 43, 問題 1.58, 答 1.58 参照．

解　答

答 4.8　(1) 129 g：

(換算係数法) 換算係数は $\frac{1.29\ \mathrm{g}}{1\ \mathrm{mL}}$ と $\frac{1\ \mathrm{mL}}{1.29\ \mathrm{g}}$．100. mL → ? g.

$$100.\ \cancel{\mathrm{mL}} \times \frac{1.29\ \mathrm{g}}{1\ \cancel{\mathrm{mL}}}{}^{3)} = 129\ \mathrm{g}$$

(直感法) 密度 1.29 g/cm^3 とは 1 cm^3 = 1 mL の重さが 1.29 g ということなので，100. mL の重さはその 100 倍である．$\frac{1.29\ \mathrm{g}}{1\ \cancel{\mathrm{mL}}} \times 100.\ \cancel{\mathrm{mL}} = 129\ \mathrm{g}$．

(分数比例式法) $\frac{1.29\ \mathrm{g}}{1\ \mathrm{cm}^3} = \frac{1.29\ \mathrm{g}}{1\ \mathrm{mL}} = \frac{x\ \mathrm{g}}{100.\ \mathrm{mL}}$[4]．たすき掛けして，

$$x\ \mathrm{g} = \frac{1.29\ \mathrm{g} \times 100.\ \cancel{\mathrm{mL}}}{1\ \cancel{\mathrm{mL}}} = 129\ \mathrm{g}$$

(2) $77._5$ mL[5]：

(換算係数法) 100.0 g → ? mL.　$100.0\ \cancel{\mathrm{g}} \times \frac{1\ \mathrm{mL}}{1.29\ \cancel{\mathrm{g}}} = 77._5\ \mathrm{mL}$

(直感法) 100 g → 100 mL より少ない → 1.29 g で割ればよい．100.0 g ÷ 1.29 = $77._5$ mL．

（求める体積を x とおく）$x\ \mathrm{mL} \times \frac{1.29\ \mathrm{g}}{1\ \mathrm{mL}} = 100.\ \mathrm{g}$, $x\ \mathrm{mL} = 100.\ \mathrm{g} \div \frac{1.29\ \mathrm{g}}{1\ \mathrm{mL}} = 77._5\ \mathrm{mL}$

(分数比例式法) $\frac{1.29\ \mathrm{g}}{1\ \mathrm{mL}} = \frac{100.\ \mathrm{g}}{x\ \mathrm{mL}}$[6]，たすき掛けして，$x\ \mathrm{mL} = \frac{1\ \mathrm{mL} \times \cancel{100.\ \mathrm{g}}}{\cancel{1.29\ \mathrm{g}}} = 77._5\ \mathrm{mL}$

3) 1 mL の有効数字は p. 116 注 3) を参照．

4) この式の意味は，1 mL：1.29 g = 100. mL：x g または，1 mL：100. mL = 1.29 g：x g

5) 1.29 の有効数字に合わせると，77.5 は大きすぎる（1.29 の 6 倍）．77 なら 1.29 の 0.6 倍と小さい．$77._5$ が最適．p. 29 下の補足と注 5) を参照．

6) この式の意味は 1 mL：1.29 g = x mL：100. g または，1 mL：x mL = 1.29 g：100. g

答 4.9

(1) 0.830 g/cm³：液体 50.0 mL の重さが 41.5 g なので，密度は $\dfrac{41.5\ \mathrm{g}}{50.0\ \mathrm{mL}} = 0.830\ \mathrm{g/mL}$ $= 0.830\ \mathrm{g/cm^3}$　定義どおりに計算すること．

(2) $13.3(13._3)$ kg：石油の密度は 0.74 g/cm³ なので，18.0 L の石油は，

$$18.0\ \mathrm{L} \times \frac{1000\ \mathrm{mL}}{1\ \mathrm{L}} \times \frac{0.74\ \mathrm{g}}{1\ \mathrm{mL}} \times \frac{1\ \mathrm{kg}}{1000\ \mathrm{g}} = 13.3(13._3)\ \mathrm{kg}$$[7)]

7)　有効数字については，p. 29 下の補足参照のこと．

(3) $1.14(1.1_4)$ L：エタノールの密度は 0.79 g/cm³ なので 900. g のエタノールは，

$$900.\ \mathrm{g} \times \frac{1\ \mathrm{mL}}{0.79\ \mathrm{g}} \times \frac{1\ \mathrm{L}}{1000\ \mathrm{mL}} = 1.14(1.1_4)\ \mathrm{L}$$[7)]

(4) 1.58：10.00 mL は 15.8 g なので $\dfrac{15.8\ \mathrm{g}}{10.00\ \mathrm{mL}} = 1.58\ \mathrm{g/cm^3}$，よって比重は 1.58

（密度から単位を取ったものが比重）．

(5) 51 g：$55.0\ \mathrm{cm^3} \times \dfrac{0.92\ \mathrm{g}}{1\ \mathrm{cm^3}} = 51\ \mathrm{g}$（比重が 0.92 とは，密度が 0.92 g/cm³ ということ）

(6) 9.8 g：Au の密度は 19.6 g/cm³ なので Au 0.50 cm³ の重さは，

$$0.50\ \mathrm{cm^3} \times \frac{19.6\ \mathrm{g}}{1\ \mathrm{cm^3}} = 9.8\ \mathrm{g}$$

(7) $81._0$ cm³：Ag の密度は 10.5 g/cm³ なので Ag 850.0 g は，

$$850.0\ \mathrm{g} \times \frac{1\ \mathrm{mL}}{10.5\ \mathrm{g}} = 81._0(81.0)\ \mathrm{cm^3}$$[7)]

(8) 11.3 g/cm³：Pb の重さは 282.5 g で，体積 25.0 cm³ だから，Pb の密度は，

$$\frac{282.5\ \mathrm{g}}{25.0\ \mathrm{cm^3}} = 11.3\ \mathrm{g/cm^3}$$

(9) 36.8 mL：Hg の密度は 13.6 g/cm³ なので Hg 500.0 g の体積は，

$$500.0\ \mathrm{g} \times \frac{1\ \mathrm{mL}}{13.6\ \mathrm{g}} = 36.8\ \mathrm{mL}$$

答 4.10

3 g（密度 0.6 g/mL）：砂糖・小麦粉（粉がふんわりしている）
4 g（密度 0.8 g/mL）：油（水に浮く）
5 g（密度 1.0 g/mL）：酒，酢（水とほぼ同じ）
6 g（密度 1.2 g/mL）：醤油（水に沈む），みりん，塩，みそ

★パーセントの基本は p. 36 を復習のこと．

1)　質量%(%(w/w) = %(g/g))
質量体積%
(%(w/v) = %(g/mL))

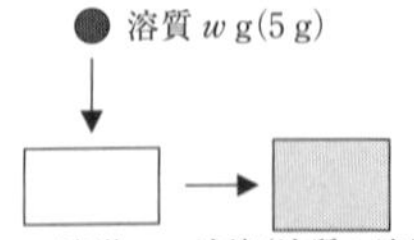

＊　重さは足し算が成立，体積 V は何 mL になるか不明（溶液の体積は溶質の種類と濃度，温度によって異なってくる）．必要なら，全体が 100 mL になるように溶媒を加える．

(5) %(w/w)
$\frac{部分\ w\ \mathrm{g}}{全体(w+W)\ \mathrm{g}} \times 100\%$
$\frac{部分\ 5\ \mathrm{g}}{全体\ 100\ \mathrm{g}} \times 100$
= 5%(w/w)

(5) %(w/v)
$\frac{部分\ w\ \mathrm{g}}{全体\ V\ \mathrm{mL}} \times 100\%$，
または，
$\frac{部分\ 5\ \mathrm{g}}{全体\ 100\ \mathrm{mL}} \times 100$
= 5%(w/v)
(全体が 100 mL となるように溶媒を加えた場合)

ことばの意味，定義をしっかりと理解・記憶する．p. 106 の記憶法も参照．

4・2　さまざまなパーセント濃度と含有率

パーセント(%)濃度にはさまざまな種類があり，目的に合わせて用いられる．**質量%**[1] は小中高校で学んだ%濃度のことであり，%といえば通常この%をさす．重量%ともいい，**%(w/w)**とも**略記**される．w/w とは weight/weight = 質量/質量 = g/g（全体・分母と部分・分子をともに重さ g で表す）という意味である．

体積%は液体について用いる．容積%，**容量%**ともいう．**%(v/v)**とも略記される．v/v とは volume/volume = 体積/体積 = mL/mL（全体と部分をともに体積 mL で表す）という意味である．

一方，この両者を混ぜこぜにした**質量/体積%**（**%(w/v) = %(g/mL)**，質量/容量%，重量/容量%，**重容%**）[1] がある．この%は分子（部分）が質量・重さ g で分母（全体）が体積 mL として定義される．本来，分子と分母は同じ単位でなければ「百分率」とはいえないので奇妙な定義ではある．この質量/体積%はモル濃度に換算できることもあり（p. 126），食品学，栄養学，生化学といった分野ではよく用いられている．このほかに調理の分野で用いられる**調味%**などがある．

酒はエタノール水溶液であり，日本酒のアルコール**含有率**は15%である．この含有率は「15℃における酒類 100 mL 中のエタノールの体積」と日本の酒税法で規定されている．すなわち，この**含有率＝体積%**である．醤油中の食塩の**含有率**は 100 g の醤油中における食塩の g 数・**質量%**として表される．濃塩酸中の HCl 含有率といった薬品の含有率も質量%表示である．食品成分表には 100 g あたりの成分の含有量 g，すなわち，含有率 = 質量%が表記されている．このように**全体に対する特定成分の比率を含有率**といい，通常は**質量%**（≡全体の質量に占める特定物質の質量の比率）で表す．

問題 4.11　**溶液**，**溶媒**，**溶質**とは何か，食塩水を例にあげて説明せよ．

a.　%(w/w)（質量% = 通常の%）　**質量%とは？**

問題 4.12　固体，液体を問わず，たんに%濃度というときは，**質量%**のことを意味する．質量%濃度の定義を示せ．

問題 4.13　(1) ラーメンのスープ 450. mL 中には 8.0 g の食塩が含まれている．食塩の質量%(w/w)濃度を求めよ．スープの質量は 450. g（密度 = 1.00 g/mL）とする．

(2) 10.0 g の食塩を 100. mL の水に溶かした．この食塩水の質量%濃度を求めよ．ただし，水の密度 ≒ 1.00 g/cm^3 = 1.00 g/mL とする．

(3) 7.0%(w/w)のグルコース溶液をつくったら全体が 250. g となった．グルコース何 g を溶かしたか．

問題 4.14　6%(w/w)グルコース水溶液 200 g と 10%(w/w)グルコース水溶液 120 g を混合した溶液の質量%(w/w)濃度を求めよ．

解 答

答 4.11 **溶質**（溶ける物質）とは NaCl，**溶媒**（溶質を溶かし込む媒体）は水，**溶液**（溶質を溶媒に溶かしたもの全体）は食塩水溶液．

全体（＝溶液＝溶質＋溶媒）100 g 中に何 g 溶けているか・100 g 中の g 数

答 4.12 **質量%**[2] $\dfrac{\text{部分 g}}{\text{全体 g}}=\dfrac{x\text{ g}}{100\text{ g}}=\dfrac{x\%}{100\%}$（定義：**全体**が **100 g** のとき**部分**は**何 g** か，全体の何％か）．

%の定義！

この式をたすき掛けして整頓すると[3]，

$$x\%(\text{w/w})=\frac{\text{部分 g}}{\text{全体 g}}\times\text{全体}100\%=\frac{\text{溶質の質量 g}}{(\text{溶質}+\text{溶媒})\text{の質量 g}}\times100\%=\frac{\text{溶質}\not{\text{g}}}{\text{溶液}\not{\text{g}}}\times100\%$$ [4]

または，$\text{部分}\%(\text{w/w})=\dfrac{\text{部分}\not{\text{g}}}{\not{\text{全体}}\not{\text{g}}}\times\not{\text{全体}}\,100\%$ [4]

答 4.13 (1) 1.7₈%：$\text{質量}\%=\dfrac{\text{部分}\not{\text{g}}}{\text{全体}\not{\text{g}}}\times100\%=\dfrac{\text{部分 }8.0\not{\text{g}}}{\not{\text{全体}}450.\not{\text{g}}}\times\not{\text{全体}}100\%=\text{部分 }1.7_8\%$

(2) 9.1%：$\text{質量}\%=\dfrac{\text{部分 }10.0\text{ g}}{\text{全体}(10.0\text{ g}+100.\text{mL}\times(1.00\text{ g/1 mL}))}\times100$

$$=\frac{\text{部分 }10.0\text{ g}}{\text{全体}(10.0\text{ g}+100.\text{g})}\times100=9.09\fallingdotseq9.1\%$$

$\left(\text{水 }100.\text{mL の重さは，}100.\not{\text{mL}}\times\dfrac{1.00\text{ g}}{1\not{\text{mL}}}=100.\text{ g}\right)$

(3) 17.5 g（17.₅ g）：（**換算係数法**）$\text{部分 }7.0\not{\%}\times\dfrac{\text{全体 }250.\text{g}}{\text{全体 }100\%}=\text{部分 }17.5\text{ g}$（17.₅ g）

（**直感法**）7.0%(w/w)とは 100 g 溶液中に 7.0 g 溶けていることなので，250. g の溶液中には 7.0 g の $\dfrac{250.}{100}=2.50$ 倍の量が溶けている．$7.0\text{ g}\times\dfrac{250.}{100}=17.5\text{ g}$

（**分数比例式法**）$\dfrac{\text{部分 }7.0\text{ g}}{\text{全体 }100\text{ g}}=\dfrac{\text{部分 }x\text{ g}}{\text{全体 }250.\text{g}}$，$\text{部分 }x=\dfrac{\text{部分 }7.0\text{ g}\times\not{\text{全体}}250.\not{\text{g}}}{\not{\text{全体}}100\not{\text{g}}}=\text{部分 }17.5\text{ g}$

答 4.14 7.5%：$\dfrac{\text{グルコース }6\text{ g}}{\text{溶液 }100\text{ g}}\times\text{溶液 }200\text{ g}+\dfrac{\text{グルコース }10\text{ g}}{\text{溶液 }100\text{ g}}\times\text{溶液 }120\text{ g}=\text{グルコース }24\text{ g}$

$$\frac{\text{グルコース }24\text{ g}}{\text{溶液}(200\text{ g}+120\text{ g})}\times100=7.5\%$$

---

2) 質量%
＝重量%
＝%(w/w)
(w/w＝weight/weight＝質量/質量＝g/g)

3) 上式を，$\dfrac{\left(\dfrac{\text{部分 g}}{\text{全体 g}}\right)}{1}=\dfrac{x\%}{100\%}$ と変形して，たすき掛けすると，$x=$……の式が直接得られる．または両辺に 100%を掛ける．

4) 全体＝溶質＋溶媒
＝溶液

b. %(v/v)（体積%，容積%，容量%） 体積%とは？

問題 4.15 液体である酒の中のアルコール（エタノール，液体）の含有量，含有率を表す方法の 1 つに**体積%**，容量%がある．この定義を述べよ．

問題 4.16 (1) 清酒のアルコール（エタノール）含有量は 15%(v/v)である．一合 180 mL 中に何 mL のエタノールが含まれているか．

(2) アルコール含有量 12.0%(v/v)のワイン瓶 1 本の中に 91.2 mL の純エタノールが含まれていた．このワイン瓶の容積は何 mL か．

解 答

$$\text{部分\%(v/v)} = \frac{\text{部分}\ \cancel{\text{mL}}}{\text{全体}\ \cancel{\text{mL}}} \times \text{全体}\ 100\%$$

答 4.15 **体積%＝容積%＝容量%** 酒 100 mL 中に含まれるアルコールの体積（容積）mL．$\dfrac{\text{アルコール（部分）}\cancel{\text{mL}}}{\cancel{\text{全体}}\ 100\ \cancel{\text{mL}}} \times \cancel{\text{全体}}100\%$．

答 4.16

（1）27 mL：**（換算係数法・直感法）** $\text{清酒}\ 180\ \text{mL} \times \left(\dfrac{\text{エタノール}\ 15\ \text{mL}}{\text{清酒}\ 100\ \text{mL}}\right) = 27\ \text{mL}$

（分数比例式法） $\dfrac{\text{エタノール}\ 15.0\ \text{mL}}{\text{清酒}\ 100\ \text{mL}} = \dfrac{\text{エタノール}\ x\ \text{mL}}{\text{清酒}\ 180\ \text{mL}}$，

$x\ \text{mL} = \dfrac{15.0\ \text{mL}}{100\ \text{mL}} \times 180\ \text{mL} = 27\ \text{mL}$

（2）760 mL：12.0%(v/v)＝エタノール 12.0 mL/ワイン 100. mL，

（換算係数法） $\cancel{\text{エタノール}}\ 91.2\ \text{mL} \times \dfrac{\text{ワイン}\ 100.\ \text{mL}}{\cancel{\text{エタノール}}\ 12.0\ \text{mL}} = \text{ワイン}\ 760\ \text{mL}$

（直感法） 全体は 91.2 mL より大きい．12.0%＝0.120 で割ればよいと推測できる．

91.2/0.120＝760 mL．または，$x \times \dfrac{12.0}{100.} = 91.2$．$x = \dfrac{91.2}{12.0/100.} = 760\ \text{mL}$

（分数比例式法） $\dfrac{\text{エタノール}\ 12.0\ \text{mL}}{\text{ワイン}\ 100.\ \text{mL}} = \dfrac{91.2\ \text{mL}}{x\ \text{mL}}$，$x\ \text{mL} = 91.2\ \text{mL} \times \dfrac{100.\ \text{mL}}{12.0\ \text{mL}} = 760\ \text{mL}$

---

c. %(w/v)（質量/体積%，質量/容量%，重量/容量%，重容%）

問題 4.17 **質量/体積%**[1] なる%濃度がある．この定義を示せ．

質量/体積%（%(w/v)）とは？

%は，質量%，体積%，質量/体積%など，%の種類により表示単位は異なるが，定義式は同形である．

$$\textbf{\%の定義式}\text{の一般形：}\frac{\text{溶質}}{\text{溶質}+\text{溶媒}} \times 100\% = \frac{\text{部分}}{\text{全体}} \times 100\%$$

1）（質量/体積）%
＝（質量/容量%）
＝（重量/容量）%
＝重容%
＝**%(w/v)**
(w/v＝weight/volume
＝質量/体積＝g/mL)

質量/体積%
とは？

問題 4.18

（1）グルコース（ブドウ糖）5.0 g を溶かして 7.0%(w/v)溶液をつくった．溶液は何 mL できたか．

（2）4.0%(w/v)グルコース溶液 600. mL にグルコースは何 g 含まれているか．

（3）2.5%(w/v)塩化ナトリウム NaCl 水溶液の何 mL をとれば，その中に 20. g の NaCl が含まれるているか．

（4）20. g の NaCl を得るには，2.5%(w/v)NaCl 水溶液の何 mL が必要か．

（5）生理食塩水(0.85%(w/v)食塩水)250. mL 中には NaCl が何 g 溶けているか．

問題 4.19

（1）5%(w/w) 食塩水 100. g の調製法（食塩の重さ，水の量と加え方）を述べよ．

（2）5%(w/v) 食塩水 100. mL の調製法（食塩の重さ，水の量と加え方）を述べよ．

解　答

答 4.17　**質量/体積%**（%(w/v)）は，部分＝溶質を g 単位，全体＝溶液＝(溶質＋溶媒)を mL 単位で表す．つまり，全体 100 mL 中に何 g 溶けているかを意味する．分子と分母で単位が異なる奇妙な%である．この%(w/v)濃度はモル濃度に変換できることもあり，食品学，生化学といった化学の応用分野ではよく用いられている．

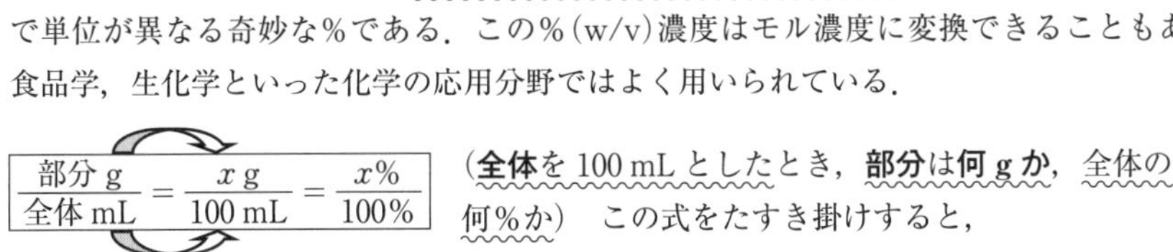

$$\frac{\text{部分 g}}{\text{全体 mL}}=\frac{x\ \text{g}}{100\ \text{mL}}=\frac{x\%}{100\%}$$

（**全体**を 100 mL としたとき，**部分は何 g か**，全体の何%か）　この式をたすき掛けすると，

$$x\%\ (\text{w/v})=\frac{\text{部分 g}}{\text{全体 mL}}\times 100\%=\frac{\text{溶質の質量 g}}{(\text{溶質}+\text{溶媒})\text{の体積 mL}}\times 100\%=\frac{\text{溶質 g}}{\text{溶液 mL}}\times 100\%$$

（**全体 100 mL** 中に**何 g** 溶けているか $\boxed{\text{部分}\%(\text{w/v})=\dfrac{\text{部分 g}}{\text{全体 mL}}\times\text{全体 }100\%}$

100 mL 中の **g 数**，分子と分母で単位が異なる奇妙な%）

答 4.18

(1) 71 mL：（**換算係数法**）7.0%(w/v)とは，100 mL 中の含有量が 7.0 g なので，

$\dfrac{\text{部分 }7.0\text{ g}}{\text{全体 mL}}$，$\dfrac{\text{全体 }100\text{ mL}}{\text{部分 }7.0\text{ g}}$．$\text{部分 }5.0\text{ g}\times\dfrac{\text{全体 }100\text{ mL}}{\text{部分 }7.0\text{ g}}\fallingdotseq\text{全体 }71\text{ mL}$

（**直感法**）同じ濃さの溶液が 7.0 g で 100 mL なら，5.0 g では 100 mL より少ない．

$\dfrac{5.0}{7.0}$ 倍量の溶液ができる．→ $100\text{ mL}\times\dfrac{5.0}{7.0}\fallingdotseq 71\text{ mL}$

（**分数比例式法**）$\dfrac{\text{部分 }7.0\text{ g}}{\text{全体 }100\text{ mL}}=\dfrac{\text{部分 }5.0\text{ g}}{\text{全体 }x\text{ mL}}$，

$$\text{全体 }x=\frac{5.0\text{ g}\times\text{全体 }100\text{ mL}}{\text{部分 }7.0\text{ g}}\fallingdotseq\text{全体 }71\text{ mL}$$

(2) 24 g：（**換算係数法・直感法**）$4.0\%(\text{w/v})=\dfrac{4.0\text{ g}}{100.\text{mL}}$，$600.\text{mL}\times\dfrac{\text{グルコース }4.0\text{ g}}{100.\text{mL}}$

$=\text{グルコース }24\text{ g}$

（**分数比例式法**）$\left(\dfrac{\text{部分 }4.0\text{ g}}{\text{全体 }100.\text{mL}}=\dfrac{\text{部分 }x\text{ g}}{\text{全体 }600.\text{mL}}\right)$を解く．

(3) 800 mL：（**換算係数法**）[2] $\text{NaCl }20.\text{g}\times\dfrac{100\text{ mL}}{\text{NaCl }2.5\text{ g}}=800\text{ mL}$

（**直感法**）2.5%＝0.025，20.g/0.025 を計算する．

（**分数比例式法**）$\left(\dfrac{\text{部分 }2.5\text{ g}}{\text{全体 }100.\text{mL}}=\dfrac{\text{部分 }20.\text{g}}{\text{全体 }x\text{ mL}}\right)$を解く．

2）換算係数は，$\dfrac{\text{NaCl }2.5\text{ g}}{100\text{ mL}}$ と $\dfrac{100\text{ mL}}{\text{NaCl }2.5\text{ g}}$

(4) 800 mL：(3)と同一問題．文章表現が異なるだけなので，答は(3)と同じ．

(5) 2.1_3 g：（**換算係数法・直感法**）$\left(0.85\%(\text{w/v})=\dfrac{0.85\text{ g}}{100\text{ mL}}\right.$ なので，

$$250.\text{mL}\times\frac{\text{NaCl }0.85\text{ g}}{100\text{ mL}}=\text{NaCl }2.1_3\text{ g}$$

（**分数比例式法**）$\left(\dfrac{\text{部分 }0.85\text{ g}}{\text{全体 }100.\text{mL}}=\dfrac{\text{部分 }x\text{ g}}{\text{全体 }250.\text{mL}}\right)$を解く．

答 4.19　(1) 食塩 5 g を水 95 g(95 mL)に溶かす：5%(w/w)食塩水とは $\dfrac{\text{食塩 }5\text{ g}}{\text{食塩水 }100\text{ g}}$ のこと．全体は食塩水 100.g＝食塩 5 g＋水．水＝95 g（水 1.00 g＝1.00 mL）．

(2) 食塩 5 g に水を加えて溶かし，溶液の体積を 100.mL とする（溶かして 100.mL となるように水を加える[3]．このとき何 mL の水を加えたかはわからないが気にしない）．

3）重さ同士は足し算が成立するが，重さと体積では足し算は成立しない．溶液の体積は溶質の種類，濃度，溶液の温度によってさまざまに変化する．

d.　%(w/w)，%(w/v)，mol/L の相互変換

> %溶液では溶液を調製する際のさまざまな日本語表現の**意味の違いを理解しよう**.
> ① 溶液を 100 mL つくる，② 溶かして 100 mL とする（①と②は同じ意味），
> ③ 100 mL の水に溶かす，④ 100 g の水に溶かす（水 1 mL = 1 g なので③と同じ），
> ⑤ 溶液を 100 g つくる（問題 4.20，4.21，4.24，4.25 の下線部参照）.

【%(w/v) → mol/L】

問題 4.20　砂糖 20.%(w/v)の水溶液を 200.mL つくりたい[1].

(1) 砂糖（ショ糖，スクロースともいう，分子量 342）何 g を用いて 200.mL とすればよいか.

(2) この溶液のモル濃度（mol/L）を求めよ.

1)　**ヒント**：できた溶液全体の液量は何 mL か．20%(w/v) とはどういうことか．式で表してみよう．

【%(w/w)，%(w/v)，mol/L の相互変換】

問題 4.21　グルコース（分子量 180.）21.6 g を溶かして 300.mL とした水溶液の密度は 1.03 g/cm^3 である[2]．(1) この水溶液の全体の重さは何 g か．(2) この水溶液の，① 質量/体積%（w/v，g/mL，全体は mL，部分は g），② 質量%（w/w，g/g）はいくつか．③ モル濃度はいくつか．

2)　**ヒント**：できた溶液全体の液量は何 mL か．できた溶液全体の重さはいくつか．

> **%(w/w)，%(w/v)** の問題の解き方：まず**全体(溶液)の体積** mL，**全体の重さ** g，**部分の重さ** g を求める．体積と重さは，**密度を換算係数**として，溶液 **mL → 溶液 g，g → mL**，に変換する．

【%(w/w) → mol/L】

問題 4.22　8.0%(w/w) 砂糖水の密度は 1.06 g/cm^3 である．(1) この砂糖水 150.mL 中の砂糖は何 g か．(2) この砂糖水の砂糖（分子量 342）のモル濃度はいくつか．

【mol/L → %(w/w)】

問題 4.23　12.0 mol/L 濃塩酸 HCl（密度 1.18 g/cm^3，式量 36.5）の質量%(w/w) 濃度を求めよ．

解　答

答 4.20　まず，「砂糖 20.%(w/v)の水溶液」を式に変える：$\dfrac{\text{砂糖 } 20.\text{g}}{\text{砂糖水 } 100\text{ mL}}$

(1) 砂糖 40.g に水を加えて全体の体積を 200.mL とする：

（定義どおり）$\%(\text{w/v}) = \dfrac{x\text{ g}}{200.\text{mL}} \times 100 = 20.\%$，$x = \dfrac{20.}{100} \times 200. = 40.\text{g}$.

（換算係数法） $\cancel{\text{砂糖水}}\ 200.\text{mL} \times \dfrac{\text{砂糖 } 20.\text{g}}{\cancel{\text{砂糖水}}\ 100\text{ mL}} = \text{砂糖 } 40.\text{g}$

（直感法） $\dfrac{\text{砂糖 } 20.\text{g}}{\cancel{\text{砂糖水 } 100\text{ mL}}} \times \cancel{\text{砂糖水 } 200.\text{mL}} = \text{砂糖 } 40.\text{g}$　$\left(\text{砂糖 } 20.\text{g} \times \dfrac{200.\text{mL}}{100\text{ mL}}\right)$

（分数比例式法） $\dfrac{x\text{ g}}{200.\text{mL}} = \dfrac{20.\text{g}}{100\text{ mL}}$，たすき掛けして，$x = 40.\text{g}$.

(2) 0.58$_5$ mol/L：20.%(w/v)なので，$\frac{\text{砂糖 }20.\text{ g}}{100\text{ mL}}$ (または，$\frac{\text{砂糖 }40.\text{ g}}{200.\text{ mL}}$).

これをモル濃度 mol/L に変換するには，まず，重さ g → mol とする．

(換算係数法) 砂糖 40. g × $\frac{\text{砂糖 }1\text{ mol}}{\text{砂糖 }342\text{ g}}$ ≒ 0.11$_7$ mol，$\frac{\text{mol}}{\text{L}} = \frac{0.11_7\text{ mol}}{\left(\frac{200.}{1000}\right)\text{L}}$ ≒ 0.58$_5$ mol/L.

(直感法) $\left(\frac{\text{砂糖 }40.\text{ g}}{\text{砂糖 }342\text{ g}}\right)$ mol = 0.117 mol. 以下は同上(20 g と 100 mL で考えてもよい).

(分数比例式法) $\frac{1\text{ mol}}{342\text{ g}} = \frac{x\text{ mol}}{40.\text{ g}}$ を解く (20 g と 100 mL で考えてもよい).

答 4.21

(1) 309 g：溶かして 300. mL としたのだから，溶液全体の体積は 300. mL. 300. mL を重さ g に変換するには，mL × $\left(\frac{\text{g}}{\text{mL}}\right)$ = g. そこで，密度[3] = 1.03 g/cm^3 = $\frac{1.03\text{ g}}{1\text{ mL}}$ (1 mL の重さが 1.03 g) を用いて，300. mL × $\left(\frac{1.03\text{ g}}{1\text{ mL}}\right)$ = 309 g，全体は 309 g.

3) 密度とは 1 cm^3 = 1 cc = 1 mL の重さのこと．溶液の体積と重さの換算係数．

(2) ① 7.20%：(%(w/v)を求める) 問題文より部分の重さ = 21.6 g.

定義より，%(w/v) = $\frac{\text{部分の重さ g}}{\text{全体の体積 mL}}$ × 100 = $\frac{21.6\text{ g}}{300.\text{ mL}}$ × 100 = 7.20% (7.2$_0$%)

(**(分数比例式法)** $\frac{21.6\text{ g}}{300.\text{ mL}} = \frac{x\text{ g}}{100\text{ mL}}$，これをたすき掛けすると，

$x = \frac{21.6\text{ g}}{300.\text{ mL}} \times 100$ = 7.20%)

② 6.99%：(%(w/w)を求める) (1)の結果と定義より，

%(w/w) = $\frac{\text{部分の重さ g}}{\text{全体の重さ g}}$ × 100 = $\frac{\text{部分の重さ g}}{\text{全体の重さ g}}$ × 100 = $\frac{21.6\text{ g}}{309\text{ g}}$ × 100 = 6.99% (6.9$_9$%)

(**(分数比例式法)** $\frac{21.6\text{ g}}{309\text{ g}} = \frac{x\text{ g}}{100\text{ g}}$，これをたすき掛けすると，

$x = \frac{21.6\text{ g}}{309\text{ g}} \times 100$ = 6.99%)

③ 0.400 mol/L：(モル濃度を求める) グルコース 21.6 g × $\frac{1\text{ mol}}{180.\text{ g}}$ = 0.120 mol,

mol/L = $\frac{\text{mol}}{\text{L}} = \frac{0.120\text{ mol}}{\left(\frac{300.\text{ mL}}{1000\text{ mL}}\right)\text{L}}$ = 0.400 mol/L

答 4.22 (1) 12.7$_2$ g：(砂糖水 150. mL × $\frac{\text{砂糖水 }1.06\text{ g}}{\text{砂糖水 }1\text{ mL}}$)[4] × $\frac{\text{砂糖 }8.0\text{ g}}{\text{砂糖水 }100\text{ g}}$ = 12.7$_2$ g

4) まず，砂糖水 150 mL の重さを求める．

(2) 0.248 mol/L：12.7$_2$ g × $\frac{1\text{ mol}}{342\text{ g}}$ = 0.0372 mol. $\frac{\text{mol}}{\text{L}} = \frac{0.0372\text{ mol}}{0.150\text{ L}}$ = 0.248 mol/L

答 4.23 37.1%(w/w)：$\frac{\text{HCl の }12.0\text{ mol}}{\text{濃塩酸 }1\text{ L}} \times \frac{\text{HCl の }36.5\text{ g}}{\text{HCl の }1\text{ mol}} \times \frac{\text{濃塩酸 }1\text{ L}}{\text{濃塩酸 }1000\text{ mL}}$
× $\frac{\text{濃塩酸 }1\text{ mL}}{\text{濃塩酸 }1.18\text{ g}}$[5] × 100% = $\frac{\text{HCl }438\text{ g}}{\text{濃塩酸 }1180\text{ g}}$ × 100 = 37.1%(w/w).

(HCl 438 g[6]，濃塩酸 1 L = 1000 mL × $\frac{1.18\text{ g}}{1\text{ mL}}$ = 1180 g，$\frac{438\text{ g}}{1180\text{ g}}$ × 100% = 37.1%(w/w))

5) まず，1 L 中の HCl の重さを求め，次に濃塩酸 1 L の重さ（分母）を求めている．

6) HCl の 12.0 mol × $\frac{36.5\text{ g}}{1\text{ mol}}$ = 438 g

【%(w/w)，%(w/v)，mol/L の相互変換】

問題 4.24　グルコース 14.4 g (分子量 180.) を水 200.mL (密度 1.00 g/cm^3) に溶かすと[1] 水溶液の密度は 1.04 g/cm^3 となった．
(1) 水溶液の体積は何 mL か．
(2) グルコース濃度を ① %(w/w)，② %(w/v)，③ mol/L で表せ．

【%(w/w) → mol/L】

問題 4.25　(1) 10.0%(w/w) 食塩 (NaCl) の水溶液を 200.g 調整するには食塩と水のそれぞれ何 g 必要か[2]．(2)　この食塩水の密度は 1.07 g/cm^3 である．モル濃度を求めよ (NaCl の式量 58.4)．

【mol/L → %(w/v) → %(w/w)】

問題 4.26　0.500 mol/L 酢酸 CH_3COOH (分子量 60.05) の水溶液がある．この溶液の密度は 1.05 g/cm^3 である．この溶液の，(1) %(w/v)，(2) %(w/w) を求めよ．

補充問題　タンパク質中の平均的な窒素(N)含有率は 16%(w/w) である．あるタンパク質の N 分析値が 1.00 g なら，そのタンパク質の質量は何 g か．

1) **ヒント**：100 mL に溶かすということは，全体の液量は通常は 100 mL より大きくなったということである．この体積は即座にはわからない．では全体の重さはどうか，考えてみよ．

2) **ヒント**：できあがった溶液全体の質量は何 g か．10%(w/w) の溶液をつくるには何 g の食塩が必要か．この溶液全体の体積はいくつか．

解　答

答 4.24

(1) 206 mL：まず，水溶液全体の重さと体積を求める．水 200.mL × $\dfrac{\text{水}\,1.00\,\text{g}}{\text{水}\,1\,\text{mL}}$ = 水 200.g．水溶液 = 水 + グルコース = 200.g + 14.4 g = 214.4 g.

(**換算係数法**) 水溶液 214.4 g × $\dfrac{\text{水溶液}\,1\,\text{mL}}{\text{水溶液}\,1.04\,\text{g}}$ ≒ 水溶液 206 mL.

(**直感法**) $\left(\dfrac{214.4\,\text{g}}{1.04\,\text{g}}\right)$mL ≒ 206 mL

(**分数比例式法**) $\dfrac{\text{水溶液}\,x\,\text{mL}}{\text{水溶液}\,214.4\,\text{g}} = \dfrac{\text{水溶液}\,1.00\,\text{mL}}{\text{水溶液}\,1.04\,\text{g}}$，$x$ ≒ 206 mL

(2) ① $6.7(6.7_2)$%：%(w/w) = $\dfrac{\text{部分 g}}{\text{全体 g}}$ × 100% = $\dfrac{\text{グルコース}\,14.4\,\text{g}}{\text{水溶液}\,214.4\,\text{g}}$ × 100% = 6.7_2% ≒ 6.7%(w/w)．

② $7.0(6.9_9)$%：%(w/v) = $\dfrac{\text{部分 g}}{\text{全体 mL}}$ × 100% = $\dfrac{\text{グルコース}\,14.4\,\text{g}}{\text{水溶液}\,206\,\text{mL}}$ × 100% = 6.9_9% ≒ 7.0%(w/v)．

③ 0.38_8 mol/L：(**換算係数法**) 206 mL に 14.4 g が溶けた液のモル濃度は，

14.4 g × $\dfrac{1\,\text{mol}}{180\,\text{g}}$ = 0.080_0 mol[3] なので，

モル濃度 mol/L = $\dfrac{\text{mol}}{\text{L}}$ = $\dfrac{0.080_0\,\text{mol}}{0.206\,\text{L}}$ = 0.38_8 mol/L.

または，6.9_9%(w/v) とは 6.9_9 g/100 mL のこと．6.9_9 g を mol に変換して，

6.9_9 g × $\dfrac{1\,\text{mol}}{180.\,\text{g}}$ = 0.038_8 mol[3]．よって，モル濃度 mol/L = $\dfrac{\text{mol}}{\text{L}}$ = $\dfrac{0.038_8\,\text{mol}}{0.100\,\text{L}}$ = 0.38_8 mol/L.

(**別解・換算係数法**) %(w/v) = $\dfrac{\text{g}}{\text{mL}}$ を $\dfrac{\text{mol}}{\text{L}}$ とするには，$\dfrac{\text{g}}{\text{mL}} \times \dfrac{\text{mL}}{\text{L}} \times \dfrac{\text{mol}}{\text{g}}$ とすればよい．$\dfrac{\text{グルコース}\,14.4\,\text{g}}{\text{水溶液}\,206\,\text{mL}} \times \dfrac{1000\,\text{mL}}{1\,\text{L}} \times \dfrac{\text{グルコース}\,1\,\text{mol}}{\text{グルコース}\,180.\,\text{g}}$ ≒ グルコース 0.38_8 mol/L.

3) **直感法＋定義**：
モル濃度
$$= \frac{\left(\dfrac{\text{重さ g}}{\text{モル質量 g}}\right)\text{mol}}{V\,\text{L}} = \frac{\left(\dfrac{14.4\,\text{g}}{180\,\text{g}}\right)\text{mol}}{0.206\,\text{L}}$$
または，
分数比例式法：
$\dfrac{\text{モル質量 g}}{1\,\text{mol}} = \dfrac{\text{重さ g}}{x\,\text{mol}}$ より，
$x = \left(\dfrac{\text{重さ g}}{\text{モル質量 g}}\right)$ mol $= \left(\dfrac{14.4\,\text{g}}{180\,\text{g}}\right)$ mol と mol を求めてもよい．

答 4.25　(1) 20.0 g，180 g：まず，10.0%(w/w)水溶液を式に変える．10.0%(w/w)とは全体 100 g 中に部分が 10.0 g なる意．つまり，

$$\frac{\text{部分 g}}{\text{全体 g}}=\frac{\text{溶質の質量 g}}{(\text{溶質}+\text{溶媒})\text{の質量 g}}=\frac{\text{食塩 g}}{\text{食塩}+\text{水 g}}=\frac{\text{食塩 }10.0\text{ g}}{\text{食塩水 }100\text{ g}}\ (\times 100=10.0\%).$$

(換算係数法)[4]　全体(食塩水)200. $\cancel{\text{g}}\times\dfrac{\text{部分(食塩)}10.0\text{ g}}{\text{全体(食塩水)}100\ \cancel{\text{g}}}$ = 部分(食塩)20.0 g，

全体 = 食塩水 = 食塩 20.0 g + 水 = 200. g なので，水 = 200. − 20.0 = 180. g.

(直感法：質量%の定義通り)　$\dfrac{\text{食塩 }x\text{ g}}{\text{食塩水 }200.\text{ g}}\times 100=10.0\%$，食塩 $=x=$ 20.0 g.

水 = 200. − 20.0 = 180. g

(分数比例式法)　$\dfrac{\text{食塩 }10.0\text{ g}}{\text{食塩水 }100\text{ g}}=\dfrac{\text{食塩 }x\text{ g}}{\text{食塩水 }200.\text{ g}}$，食塩 $=x=$ 20.0 g，水 = 180. g

(2) 1.83 mol/L：食塩水 200. g の体積は，食塩水 200. $\cancel{\text{g}}\times\dfrac{\text{食塩水 }1.00\text{ mL}}{\text{食塩水 }1.07\ \cancel{\text{g}}}$ = 187 mL.

食塩の質量 g は 20.0 g（200. g の 10.0% = 200. g × 0.100 = 20.0 g）.

食塩 20.0 g × $\dfrac{\text{食塩 }1\text{ mol}}{\text{食塩 }58.4\text{ g}}$ = 0.342 mol. よって，$\dfrac{\text{mol}}{\text{L}}=\dfrac{0.342\text{ mol}}{\left(\dfrac{187}{1000}\right)\text{L}}\fallingdotseq$ 1.83 mol/L.

または，直接，$\dfrac{\text{mol}}{\text{L}}=\dfrac{\left(\dfrac{20.0}{58.4}\right)\text{mol}}{\left(\dfrac{187}{1000}\right)\text{L}}=\dfrac{0.342\text{ mol}}{0.187\text{ L}}\fallingdotseq$ 1.83 mol/L

［**別解 1**］密度 1.07 g/cm^3 = $\dfrac{1.07\text{ g}}{1.00\text{ mL}}$. モル濃度 mol/L を求めるのだから，**1 L 中の食塩の量**を考える．食塩水 1 L の質量は，1 L = 1000 mL × $\dfrac{1.07\text{ g}}{1.00\text{ mL}}$ = 1070 g. 10.0%(w/w)の食塩水 1 L 中の食塩の量は，$\cancel{\text{食塩水}}$ 1070 g × $\dfrac{\text{食塩 }10.0\text{ g}}{\cancel{\text{食塩水}}\ 100\text{ g}}$ = 食塩 107 g. よって，

$\left(\dfrac{107\text{ g}}{58.4\text{ g}}\text{ mol}\right)/1\text{ L}\fallingdotseq$ 1.83 mol/L.

溶液 1 L ではなく，溶液 1 mL について考えてもよい．密度の定義 1.07 g/cm^3 をもとに，食塩水 1.00 mL 中の食塩量（1.07 g のうちの 10.0% = 1.07 × 0.100）を考え，これを mol とモル濃度 mol/L に換算する．$\dfrac{\text{mol}}{\text{L}}=\dfrac{\left(\dfrac{1.07\text{ g}\times 0.100}{58.4\text{ g}}\right)\text{mol}}{\left(\dfrac{1.00\text{ mL}}{1000\text{ mL}}\right)\text{L}}\fallingdotseq$ 1.83 mol/L

［**別解 2**：換算係数法で一気に求める方法］　%(w/w) = $\dfrac{\text{食塩g}}{\text{食塩水g}}\rightarrow\dfrac{\text{mol}}{\text{L}}$ は，

$\dfrac{\text{食塩 }\cancel{\text{g}}}{\text{食塩水 }\cancel{\text{g}}}\times\dfrac{\text{食塩水 }\cancel{\text{g}}}{\text{食塩水 }\cancel{\text{mL}}}\times\dfrac{\cancel{\text{mL}}}{\text{L}}\times\dfrac{\text{食塩 mol}}{\text{食塩 }\cancel{\text{g}}}$ とする．10%(w/w)水溶液のモル濃度は，

$\dfrac{\text{食塩 }10.0\ \cancel{\text{g}}}{\text{食塩水 }100\ \cancel{\text{g}}}\times\dfrac{\text{食塩水 }1.07\ \cancel{\text{g}}}{\text{食塩水 }1\ \cancel{\text{mL}}}\times\dfrac{\text{食塩水 }1000\ \cancel{\text{mL}}}{\text{食塩水 }1\text{ L}}\times\dfrac{\text{食塩 }1\text{ mol}}{\text{食塩 }58.4\ \cancel{\text{g}}}\fallingdotseq$ 1.83 mol/L.

答 4.26　(1) 3.00%(w/v)：0.500 mol/L × 60.05 g/mol = 30.0$_3$ g/L = 3.00$_3$ g/100 mL

3.00$_3$ g/100 mL × 100 = 3.00%(w/v)[5]

(2) 2.86%(w/w)：100 mL × 1.05 g/mL = 105 g

3.00 g/105 g × 100 = 2.86%(w/w)[5]

補充問題・答　6.3 g：換算係数は，$\dfrac{\text{N }16\text{ g}}{\text{タンパク質 }100\text{ g}}$ と $\dfrac{\text{タンパク質 }100\text{ g}}{\text{N }16\text{ g}}$. $\cancel{\text{N}}$ 1.00 g × $\dfrac{\text{タンパク質 }100\text{ g}}{\cancel{\text{N }16\text{ g}}}$ = タンパク質 6.25 g ≒ 6.3 g. または直感法で，1.0 g/0.16 = 6.25 ≒ 6.3 g[6].

4) 換算係数は，10%(w/w)食塩水なので，$\dfrac{\text{食塩 }10.0\text{ g}}{\text{食塩水 }100\text{ g}}$ と $\dfrac{\text{食塩水 }100\text{ g}}{\text{食塩 }10.0\text{ g}}$

5) 1 L で考えてもよい．1 L 中に 30.03 g であれば，%(w/w) = $\dfrac{30.03\text{ g}}{1\text{ L の重さ g}}\times 100\%=\dfrac{30.03\text{ g}}{1050\text{ g}}\times 100\%$ = 2.86%(w/w). p.138 のレモン果汁中のクエン酸のモル濃度 mol/L の計算と，その含有率（%(w/v)，%(w/w)）への変換の問題も参照のこと．

6) タンパク質は 1 g より多い：数値 16% = 0.16 を用いて 1 g より多くなる計算，割り算をする．

食品分析では通常，食品中のタンパク質含有量(g) = N の分析値 × 6.25 として求める．

e. 調味%

問題 4.27　醤油の塩分濃度[1]は 15%(w/w)である．次の x, y, z を求めよ．

(1) 醤油 20.g 中に食塩は x g 含まれている．

(2) y g の醤油中には食塩 1.0 g が含まれる．

(3) 醤油の密度は 1.2 g/mL なので，y g の醤油は z mL である．

調味%[2]は調理分野で用いる．(部分/全体)×100 なる本来の意味の%濃度(含有率)ではない．水，小麦粉，肉などの調理食材重量に対し，加えるべき調味料（塩，砂糖）の重量が，調理する食材重量の何%に対応するかを，割合(%)で示したもの．溶質（調味料）が%計算する分数の分母に含まれていないので，これを「**外割%**」ともいう．一方，%(w/w)(質量%，p. 122) は，溶質が分母（全体）に含まれているので，これを「**内割%**」とも称している（p. 40）．調味%の有効数字は 1～2 桁である．

問題 4.28　調理学・調理実習で用いる%濃度に**調味%**がある．この定義を示せ[3]．

問題 4.29　食塩の 120.g を 2.00 L の水（密度 1.00 g/cm^3）に溶かした．この水の塩分濃度[1]（食塩濃度；調味%・外割%）はいくつか．

問題 4.30　肉 300.g を調理するのに塩分[1] 2.0%（調味%）とし，塩分は醤油で調味する．醤油の塩分濃度は 15%(w/w)，密度 1.2 g/mL とすると，① 醤油は何 mL 必要か．② この醤油は大さじ（1 杯が 15 mL）何杯に相当するか（調味%に基づく調理の際の調味料の量，濃度計算については pp. 40～43 と付録 1 を参照のこと）[4]．

補充問題　結晶・リン酸水素二ナトリウム・12 水和物[5]（$Na_2HPO_4 \cdot 12\,H_2O$，式量 358.15）を用いて溶液を調製する．

(1) リン酸水素二ナトリウムの 10.00%(w/v)水溶液 100.0 mL の調製法を述べよ．

(2) リン酸水素二ナトリウムの 10.00%(w/w)水溶液 100.0 g の調製法を述べよ．

(3) リン酸水素二ナトリウムの 0.1000 mol/L 水溶液 100.0 mL の調製法を述べよ．

1) 調理学・調理実習における**塩分濃度**とは食塩 NaCl の濃度のこと．

2) 調味%の有効数字は 1～2 桁である．これを計量スプーンに換算する場合，有効数字は 1 桁となる（大さじ 2 杯弱，1 杯半，小さじ 1 杯強など）．

3) さまざまな%の模式図
溶質 g ■
溶媒 g または mL □

質量%(w/w = g/g)
溶質 g ■/溶液 g ▣ ×100%
溶液 g = 溶質 g + 溶媒 g

質量/体積%(w/v = g/mL)
溶質 g ■/溶液 mL ▣ ×100%
溶液の体積は一定値とする

調味%(w/w)
調味料 g ■/食材 g □ ×100%

4) %(w/w)，%(v/v)，%(w/v)，調味%，mol/L のまとめは表紙裏参照．

5) 水和物とは結晶水を含む物質のこと（p. 70 注 2) 参照）．

6) 塩分濃度の換算係数は，$\dfrac{\text{食塩 15 g}}{\text{醤油 100 g}}$ と $\dfrac{\text{醤油 100 g}}{\text{食塩 15 g}}$

解　答

答 4.27

(1) 食塩 3.0 g：（**換算係数法**[6]・**直感法**）醤油 20.g × $\dfrac{\text{食塩 15 g}}{\text{醤油 100 g}}$ = 食塩 3.0 g

（**分数比例式法**）$\dfrac{\text{食塩 15 g}}{\text{醤油 100 g}} = \dfrac{\text{食塩 } x \text{ g}}{\text{醤油 20. g}}$，たすき掛けして，$x = \dfrac{300}{100} = 3.0$ g

(2) 6.7 g：（**換算係数法**）[6] 食塩 1.0 g × $\dfrac{\text{醤油 100 g}}{\text{食塩 15 g}}$ ≒ 醤油 6.7 g．

（**直感法**）1.0/0.15 = 6.7 g

（**分数比例式法**）$\dfrac{\text{食塩 1.0 g}}{\text{醤油 } y \text{ g}} = \dfrac{\text{食塩 15 g}}{\text{醤油 100 g}}$，$y = \dfrac{100}{15} = 6.67 \fallingdotseq 6.7$ g

(3) 5.6 mL：(**換算係数法**)[7] 食塩 1.0 g × $\frac{\text{醤油 } 100\text{ g}}{\text{食塩 } 15\text{ g}}$ × $\frac{\text{醤油 } 1\text{ mL}}{\text{醤油 } 1.2\text{ g}}$ ≒ 醤油 5.6 mL.

(**直感法**) 6.7 mL より小さい．6.7 g/(1.2 g/mL) = 5.6 mL

(**分数比例式法**) (2)の結果・醤油 6.7 g を体積に変換すると，

醤油 6.7 g × $\frac{\text{醤油 } 1\text{ mL}}{\text{醤油 } 1.2\text{ g}}$ = 醤油 5.6 mL．または，醤油 z mL × $\frac{\text{醤油 } 1.2\text{ g}}{\text{醤油 } 1\text{ mL}}$ = 6.7 g

よって，$z = 6.7/1.2 = 5.6$ mL．(2)と(3)を一度に考えると，

$\frac{\text{醤油 } z\text{ mL}}{\text{醤油 } y\text{ g}} = \frac{\text{醤油 } z\text{ mL}}{\text{醤油 } 6.7\text{ g}} = \frac{\text{醤油 } 1\text{ mL}}{\text{醤油 } 1.2\text{ g}}$，$z = 5.6$ mL.

7) 密度の換算係数は，$\frac{\text{醤油 } 1\text{ mL}}{\text{醤油 } 1.2\text{ g}}$ と $\frac{\text{醤油 } 1.2\text{ g}}{\text{醤油 } 1\text{ mL}}$

答 4.28 $\frac{\text{調味料 g}}{\text{食材 g}} = \frac{x\text{ g}}{100\text{ g}} = \frac{x\ \%}{100\%}$ (**食材 100 g に対し**調味料何 g，食材に対し何％)[8]

調味％ = $\frac{\text{調味料 g}}{\text{食材 g}}$ × 100％[8]

調味％ = $\frac{\text{溶質g}}{\text{溶媒g}}$ × 100％[8] = $\frac{\text{調味料(塩，砂糖，油など)g}}{\text{水，食材g}}$ × 100％[8]

8) 分母は，全体（食材＋調味料）ではなく，食材だけ．調味％を外割％ともいう．左ページの 6～11 行目参照．

答 4.29 6.0％：水の密度 = 1.00 g/mL = $\frac{1.00\text{ g}}{1\text{ mL}}$ (水 1 mL = 1.00 g)．2.00 L = 2000 mL

2000 mL × $\frac{1.00\text{ g}}{1\text{ mL}}$ = 2000 g．％の定義：調味％ = $\frac{\text{食塩}}{\text{食材}}$ × 100％ = $\frac{120.\text{ g}}{2000\text{ g}}$ × 100％ = 6.0％.

(**分数比例式法**) $\frac{120.\text{ g}}{2000\text{ g}} = \frac{x\text{ g}}{100\text{ g}}$[9]．たすき掛けして，$x = 6.0$％.

9) 加えた塩分量がもとの水の重さの何％にあたるか．なお，答 4.29 の 2000 mL と 2000 g は 2.00×10^3 mL と 2.00×10^3 g を意味する．

答 4.30

① 醤油 33 mL，② 2.2 杯 (2 杯強)：

(**換算係数法**) ① 肉の 2.0％なので，

肉 300. g × $\frac{\text{食塩 } 2.0\text{ g}}{\text{肉 } 100\text{ g}}$ = 食塩 6.0 g．食塩 6.0 g × $\frac{\text{醤油 } 100\text{ g}}{\text{食塩 } 15\text{ g}}$ = 醤油 40. g.

醤油 40. g × $\frac{\text{醤油 } 1\text{ mL}}{\text{醤油 } 1.2\text{ g}}$ ≒ 醤油 33 mL.

② 醤油 33 mL × $\frac{\text{醤油 } 1\text{杯}}{\text{醤油 } 15\text{ mL}}$ = 醤油大さじ 2.2 杯 ≒ 2 杯強[10].

(**分数比例式**) ① 肉の 2.0％なので，300. g × 0.020 = 食塩 6.0 g.

(または，$\frac{\text{食塩 } 2.0\text{ g}}{\text{肉 } 100\text{ g}} = \frac{\text{食塩 } x\text{ g}}{\text{肉 } 300.\text{ g}}$，たすき掛けして，$x = 6.0$ g) $\frac{\text{食塩 } 15\text{ g}}{\text{醤油 } 100\text{ g}}$ =

$\frac{\text{食塩 } 6.0\text{ g}}{\text{醤油 } x\text{ g}}$[11]，$x = \frac{600}{15} = 40.$ g，$\frac{\text{醤油 } 40.\text{ g}}{\text{醤油 } y\text{ mL}} = \frac{\text{醤油 } 1.2\text{ g}}{\text{醤油 } 1\text{ mL}}$，$y = \frac{40.}{1.2} = 33.3$ ≒ 33 mL,

② 大さじ 1 杯 15 mL なので，33/15 = 2.2 杯 ≒ 2 杯強

10) 塩 6.0 g × $\frac{\text{醤油 } 100\text{ g}}{\text{食塩 } 15\text{ g}}$ × $\frac{\text{醤油 } 1\text{ mL}}{\text{醤油 } 1.2\text{ g}}$ × $\frac{\text{醤油 } 1\text{ 杯}}{\text{醤油 } 15\text{ mL}}$ = 醤油 2.2 杯

11) この分数の意味は，食塩 15 g：食塩 6 g ＝醤油 100 g：醤油 x g

補充問題・答

(1) リン酸水素二ナトリウム Na_2HPO_4 の 10.00％(w/v)水溶液を 100 mL 調整するには 10 g の無水塩 Na_2HPO_4 (式量 141.96)が必要なので，12 水和物（12 水塩）に換算すると，

Na_2HPO_4 10.00 g × $\frac{Na_2HPO_4 \cdot 12\,H_2O\ 358.15}{Na_2HPO_4\ 141.96}$ = $Na_2HPO_4 \cdot 12\,H_2O$ 25.23 g

つまり，12 水和物 25.23 g を水に溶かして 100.0 mL とする.

(2) 10％(w/w)水溶液を 100 g 調製するには 10 g の無水塩と 90 g の水が必要．10 g の無水塩を得るには，(1)より，12 水和物 25.23 g が必要である．この中には 25.23 − 10.00 = 15.23 g の水が含まれる．水 90.00 g とするには 90.00 − 15.23 = 74.77 g の水が必要．つまり，25.23 g の 12 水和物を 74.77 g の水に溶かせばよい.

(3) 12 水和物の 3.58 g(0.010 00 mol)を水に溶かして 100.0 mL とする.

4・3　質量濃度と％濃度，モル濃度

溶液の濃度の表示にはモル濃度，％濃度のほかに，1 mL，1 L 中に目的物質がどれだけの重さ含まれているかを表す単位として，mg/mL，mg/dL，mg/L，μg/mL，μg/L といった単位で表される**質量濃度**（重容濃度）も分析化学，環境化学，医学，生化学分野などで用いられる．たとえば，血液中のグルコース（ブドウ糖）の量・血糖値は 90 mg/dL（1 dL＝0.1 L＝100 mL）と表す．

質量濃度とは？

問題 4.31　質量濃度 0.150 g/mL の NaCl 水溶液の密度は 1.20 g/cm^3 である．以下の問いに答えよ．

(1)　この水溶液の濃度は何％(w/v)か．

(2)　この水溶液の濃度は何％(w/w)か．

(3)　この水溶液のモル濃度はいくつか（NaCl の式量 58.5 とする）．

問題 4.32　血糖値とは血清中のグルコース濃度のことであり，mg/dL（デシリットル）で表す．血糖値 90.mg/dL のときのグルコース（分子量 180.）のモル濃度を求めよ．

4・4　微量物質の含有率：ppm，ppb，ppt[1)]

含有率とは**全体に占める**特定物質の**比率**のこと，通常は，それぞれの重さの比率で表す．含有率の代表的な表示法である**％**，つまり**百分率**は，含有物が，全体を 100 個に分けたうちの何個にあたるかという意味の表示法であり（p. 36），いわば parts per hundred である（pph：ただし，こういう言い方はしない）．これに対して，ppm（水俣病の水銀 Hg，イタイイタイ病のカドミウム Cd などの環境汚染・公害病の原因物質の濃度単位として使用），ppb，ppt（母乳中のダイオキシン[2)]，内分泌攪乱物質（環境ホルモン）などの濃度単位として使用）といった，微量，極微量しか存在しない物質の**含有率**を表す濃度表示法もある．**ppm＝parts per million**＝何個/ 10^6（**ミリオン**）＝**百万分率**，100 万分の 1 単位で表したもの，**ppb**＝何個/ 10^9（**ビリオン**）＝**10 億分率**，**ppt**＝何個/ 10^{12}（**トリリオン**）＝**1 兆分率**，のことである．これらは，質量％同様，全体の質量に占める特定物質の**質量の比率**として定義されている．これらの表示単位は食品衛生学，環境衛生学などの授業においても頻出するはずである．

1)　ここでは指数計算が必要である．指数計算に不慣れな人は p. 12〜23 の問題を繰り返し解くこと．

2)　2, 3, 7, 8-テトラクロロジベンゾ-1, 4-ジオキシン（TCDD）など，ポリ塩化ジベンゾパラジオキシン（PCDD），ポリ塩化ジベンゾフラン（PCDF），ダイオキシン様ポリ塩化ビフェニル（DL-PCB）の総称．

TCDD

PCDF

DL-PCB

問題 4.33　含有率とは何か．

問題 4.34　％(百分率)とは何か．parts per hundred とはどういう意味か．

解　答

$$\text{質量濃度} = \frac{\text{質量 g または mg, μg}}{\text{容量 mL または L}} \left(\frac{\text{mg}}{\text{dL}}\right)$$

答 4.31

(1) 15.0%(w/v)：0.150 g/mL とは NaCl 水溶液 1 mL に 0.150 g の NaCl が溶けているということ．したがって，$\%(\text{w/v}) = \frac{\text{部分 g}}{\text{全体 mL}} \times 100\%$

$= \frac{\text{NaCl } 0.150\text{ g}}{\text{NaCl 水溶液 } 1\text{ mL}} \times 100\% = 15.0\%(\text{g/mL}) \equiv 15.0\%(\text{w/v})$.

［**別解**］100 mL 中の NaCl の質量は，NaCl 水溶液 $100\text{ mL} \times \frac{\text{NaCl } 0.150\text{ g}}{\text{NaCl 水溶液 } 1\text{ mL}} =$ NaCl 15.0 g.

$\frac{\text{NaCl } 15.0\text{ g}}{\text{NaCl 水溶液 } 100\text{ mL}} \times 100\% = 15.0\%(\text{g/mL}) \equiv 15.0\%(\text{w/v})$.

(2) 12.5%(w/w)：1 mL の重さ 1.20 g，1 mL 中の NaCl は 0.150 g より，$\frac{\text{部分 g}}{\text{全体 g}} \times 100\%$

$= \frac{\text{NaCl } 0.150\text{ g}}{\text{NaCl 水溶液 } 1.20\text{ g}} \times 100\% = 12.5\%(\text{w/w})$.［**別解 1**］溶液全体 100 mL の質量は $100\text{ mL} \times \left(\frac{1.20\text{ g}}{1\text{ mL}}\right) = 120.\text{ g}$．100 mL 中の NaCl は，$\frac{0.150\text{ g}}{1\text{ mL}} \times 100\text{ mL} = 15.0\text{ g}$．質量%濃度は，$\frac{\text{部分 g}}{\text{全体 g}} \times 100\% = \frac{\text{NaCl } 15.0\text{ g}}{\text{NaCl 水溶液 } 120.\text{ g}} \times 100\% = 12.5\%(\text{w/w})$.

［**別解 2**］$\%(\text{w/w}) = \frac{\text{部分 g}}{\text{全体 g}} \times 100\% = \frac{\text{NaCl g}}{\text{NaCl 水溶液g}} \times 100\%$

$= \left(\frac{\text{NaCl } 0.15\text{ g}}{\cancel{\text{NaCl 水溶液}}\ 1\text{ mL}} \times \frac{\cancel{\text{NaCl 水溶液}}\ 1\text{ mL}}{\text{NaCl 水溶液 } 1.20\text{ g}}\right) \times 100\% = 12.5\%(\text{w/w})$

(3) 2.56 mol/L：NaCl 0.150 g は $\left(\frac{0.150\text{ g}}{58.5\text{ g}}\right)$mol[3] $= 0.002\,56$ mol．1 mL = 0.001 00 L.

$\frac{\text{mol}}{\text{L}} = \frac{0.002\,56\text{ mol}}{0.001\,00\text{ L}} = 2.56\text{ mol/L}$.

［**別解 1**］1 L 中の NaCl は $\frac{0.150\text{ g}}{1\ \cancel{\text{mL}}} \times 1000\ \cancel{\text{mL}} = 150.\text{ g}$．NaCl 150. g は $\left(\frac{150.\text{ g}}{58.5\text{ g}}\right)$mol[3]

$= 2.56$ mol．$\frac{\text{mol}}{\text{L}} = \frac{2.56\text{ mol}}{1\text{ L}} = 2.56\text{ mol/L}$.

［**別解 2**］NaCl 0.150 g $\times \frac{\text{NaCl 1 mol}}{\text{NaCl 58.5 g}} = 0.002\,56$ mol．$\frac{\text{mol}}{\text{L}} = \frac{0.002\,56\text{ mol}}{0.001\,00\text{ L}} = 2.56\text{ mol/L}$.

または，$\frac{\text{mol}}{\text{L}} = \left(\frac{\text{NaCl } 0.150\ \cancel{\text{g}}}{\text{NaCl 水溶液 } 1\ \cancel{\text{mL}}} \times \frac{\text{NaCl 1 mol}}{\text{NaCl } 58.5\ \cancel{\text{g}}}\right) \times \frac{1000\ \cancel{\text{mL}}}{\text{L}} = 2.56\text{ mol/L}$.

3) 1 mol は 58.5 g なので，0.150 g は，$\frac{0.150\text{ g}}{58.5\text{ g}}$ mol または $0.150\text{ g} \times \frac{1\text{ mol}}{58.5\text{ g}}$

答 4.32　$\frac{(90.\text{ mg}/180.\text{ g})\text{mol}}{0.100\text{ L}} = 5.0\text{ mmol/L}(0.0050\text{ mol/L})(1\text{ dL} = 0.1\text{ L} = 100\text{ mL})$

答 4.33　全体の質量 g に占める特定物質の質量 g の比率．つまり質量%と同じ．

答 4.34　%(百分率)は，per cent，つまり全体を 100 個に分けたうちの何個にあたるか，という意味であり (p. 36)，いわば parts per hundred (部分，百あたりの) である (ただし，pph とはいわない)．

問題 4.35　ppm, ppb, ppt とは何か．定義を示せ[1]．　　ppm, ppb, ppt？

1)　ppm，ppb，ppt は%とまったく同じ表現・意味である．
m，b，t，μ，n，p の意味は p. 44 を参照．

問題 4.36

(1)　200.kg の玄米の中に 50.mg[2] のカドミウム Cd が含まれている．この玄米の Cd 濃度は何 ppm，何 ppb，何 ppt か．

(2)　Cd 濃度が 0.53 ppm ならば，1 kg の米の中に何 mg の Cd が存在するか．

2)　ここの mg を g にすると間違える！　単位をしっかり見よう．意味を考えないで，覚えたやり方をそのまま行うのが間違えるもと．

問題 4.37

(1)　300.kg の米の中にビタミン B_1 が 240.mg 含まれている．ビタミン B_1 は米 1 g あたり何 μg 含まれているか．

(2)　からだ中の鉄 Fe の含有量は 60.ppm である．体重 65 kg の成人男性に含まれている鉄の量は何 g か．

問題 4.38

(1)　4 t(トン)＝4000.kg の水中にトリハロメタン[3] が 76 mg 含まれていた．この水のトリハロメタン含有率は①何 ppm か，②何 ppb か，③トリハロメタンはこの水 1 L あたり何 μg 含まれているか．④ 2.6×10^{-5} mol/L のクロロホルム濃度（分子量 119.5）は何 ppm か．

(2)　ある鉄質隕石（全体がほぼ鉄でできている）のかたまり 750.g 中に 150.ppm のクロム Cr が含まれていた．この隕石に含まれる Cr は何 g か．

3)　トリハロメタンとはメタン CH_4 中の H の 3 個がハロゲン元素，Cl, Br に置き換わったもの．$CHCl_3$, $CHCl_2Br$, $CHClBr_2$, $CHBr_3$ の 4 種類．代表例はトリクロロメタン $CHCl_3$(クロロホルム)．催奇性，発がん作用が疑われている．飲料水の塩素消毒時の汚染物質．

問題 4.39　10 kg の精白米（白飯）の中に 2 mg のビタミン B_1 が含まれている（胚芽精米では 8 mg）．この米の B_1 濃度は何 ppm，何 ppb，何 ppt か．

1 kg	000 g	000 mg ppm	000 μg ppb	000 ng ppt
	1 g	000 mg	000 μg ppm	000 ng ppb

解　答

答 4.35　ppm＝parts per million＝何個(部分)/10^6（ミリオン）＝百万分率，100 万分の 1 単位で表したもの，ppb＝何個/10^9（ビリオン）＝10 億分率，ppt＝何個/10^{12}（トリリオン）＝1 兆分率．ppm＝mg/kg（1 kg＝1000 g＝10^6 mg なので 1 kg 中の 1 mg が 1 ppm），1 mg/L≒1 ppm（1 L≒1000 g）．ppb＝μg/kg（1 kg＝1000 g＝10^6 mg＝10^9 μg なので 1 kg 中の 1 μg が 1 ppb）．

1 ppm＝1 mg/kg[4]≒1 mg/L．1 ppb＝1 μg/kg[5]≒1 μg/L．1 ppt＝1ng/kg．
または，ppm，1 ppb，1 ppt は，それぞれ 1 μg/g，1 ng/g，1 p(ピコ)g/g．

4)　1 kg＝1000 g＝10^6 mg なので 1 kg 中の 1 mg は $1/10^6$．つまり，1 ppm．

5)　1 kg＝1000 g＝10^6 mg＝10^9 μg なので 1 kg 中の 1 μg は $1/10^9$．つまり，1 ppb．

$$\frac{\text{目的物の質量(g)}}{\text{全体の質量(g)}}=\frac{\text{いくつか}}{100}(\%)=\frac{\text{いくつか}}{10^6}(\text{ppm})=\frac{\text{いくつか}}{10^9}(\text{ppb})=\frac{\text{いくつか}}{10^{12}}(\text{ppt})$$

$$16\ \text{ppm}=\frac{16}{10^6}\begin{matrix}\leftarrow\\ \leftarrow\end{matrix}\frac{16\ \text{parts}}{\text{million}}\leftarrow \text{per}=100\ \text{万分の}\ 16$$

よって，上式をたすき掛けすると，

$$\% = \frac{\text{目的物(部分)○}^{6)}}{\text{全体○}} \times 100 \qquad \text{ppm} = \frac{\text{目的物(部分)○}^{6)}}{\text{全体○}} \times 10^6$$

$$\text{ppb} = \frac{\text{目的物(部分)○}^{6)}}{\text{全体○}} \times 10^9 \qquad \text{ppt} = \frac{\text{目的物(部分)○}^{6)}}{\text{全体○}} \times 10^{12}$$

6)　○は重さの単位であり，分母と分子の単位が等しいことを意味している．計算する際は分母と分子の単位をそろえること！

答 4.36　(1)　0.25(2.5×10^{-1}) ppm，250(2.5×10^{2}) ppb，250 000(2.5×10^{5}) ppt：

$\dfrac{\text{部分 g}}{\text{全体 g}} = \dfrac{50\text{ mg}}{200\text{ kg}} = \dfrac{x\text{ ppm}}{10^6} = \dfrac{y\text{ ppb}}{10^9} = \dfrac{z\text{ ppt}}{10^{12}}$ が ppm, ppb, ppt の定義．よって，

$$x = \frac{50.\text{mg}}{200.\text{kg}} \times 10^6 = \frac{50.\text{mg}}{200.\times 1000 \times \text{g}} \times 10^6 =^{7)} \frac{50.\cancel{\text{mg}}}{200.\times 1000 \times 1000\,\cancel{\text{mg}}} \times 10^6$$

$$= \frac{5.0 \times 10^7}{2.00 \times 10^8}\text{ ppm} = \frac{5.0}{20.0}\text{ ppm} = 0.25\text{ ppm}$$

7)　分子と分母の単位を一致させる必要がある．mg $=10^{-3}$ g として，単位を g に合わせてもよい．

1 ppm = 1000 ppb　よって，0.25 ppm = 0.25 × 1000 ppb = 250(2.5×10^{2})ppb

1 ppb = 1000 ppt　よって，250 ppb = 250 × 1000 ppt = 250 000(2.5×10^{5})ppt

(2)　0.53 mg：$0.53\text{ ppm} = \dfrac{0.53}{10^6}$．全体 $1\text{ kg} \times \dfrac{\text{部分 g}}{\text{全体 g}} = 1\text{ kg} \times \dfrac{0.53}{10^6} = 1 \times \text{k} \times \text{g} \times$

$\dfrac{0.53}{10^6} = 1 \times 1000^{8)} \times \text{g} \times \dfrac{0.53}{10^6} = 1 \times 1000 \times 1000\text{ mg}^{8)} \times \dfrac{0.53}{10^6} = 1 \times \cancel{10^6}\text{ mg} \times \dfrac{0.53}{\cancel{10^6}}$

= 0.53 mg．または，1 ppm は 1 mg/kg なので 0.53 ppm は 0.53 mg/kg．

8)　1 kg = 1000 g
　1 g = 1000 mg

答 4.37

(1)　0.80_0 μg：$\dfrac{240.\text{mg}}{300.\text{kg}} = \dfrac{240.\times 10^{-3} \times \text{g}}{300.\times 1000 \times \text{g}} = \dfrac{\cancel{24.0} \times 10^{-2} \times \text{g}}{\cancel{3.00} \times 10^5 \times \text{g}} = \dfrac{8.0_0 \times 10^{-2}\text{ g}}{1.00 \times 10^5\text{ g}}$

$= \dfrac{8.0_0 \times 10^{-7}\text{ g}}{1\text{ g}} = \dfrac{(8.0_0 \times 10^{-1}) \times 10^{-6}\text{ g}}{1\text{ g}} = \dfrac{0.80_0 \times 10^{-6}\text{ g}}{1\text{ g}} = \dfrac{0.80_0\text{ μg}}{1\text{ g}}$

(2)　3.9 g：$65 \times 10^3\text{ g} \times \dfrac{60.}{10^6} = 3.9\text{ g}$

答 4.38

(1)　①　76 mg/4000.kg × 10^6 ppm = 0.019_0 ppm,

②　0.019 ~~ppm~~ × 1000 ppb/~~ppm~~ = 19 ppb,

③　$19 \times 10^{-9} \times 1\text{ kg} = 19 \times 10^{-6}\text{ g} = 19\text{ μg}$,

④　$2.6 \times 10^{-5} \times 119.5$ g/L = 3.1 mg/L ≒ 3.1 mg/1 kg = 3.1 ~~mg~~/ 10^6 ~~mg~~ = 3.1 ppm

(2)　$750.\text{g} \times 150. \times 10^{-6} = 0.112_5\text{ g} ≒ 0.113\text{ g}$

答 4.39　0.2 ppm，200 ppb，200 000 ppt：$\dfrac{2\text{ mg}}{10\text{ kg}} = \dfrac{x\text{ ppm}}{10^6} = \dfrac{y\text{ ppb}}{10^9} = \dfrac{z\text{ ppt}}{10^{12}}$ が ppm，

ppb，ppt の定義．よって，$x\text{ ppm} = \dfrac{2\text{ mg}}{10\text{ kg}} \times 10^6 = \dfrac{2\,\cancel{\text{mg}} \times 10^6}{10 \times 1000 \times 1000\,\cancel{\text{mg}}} = \dfrac{2 \times 10^6}{1 \times 10^7} = \dfrac{2}{10}$

=0.2．x = 0.2 ppm．または，$\dfrac{\text{ビタミン B}_1\text{ 部分 2 mg}}{\text{米 全体 10 kg}} \times \text{全体 }10^6\text{ ppm}$

$= \dfrac{\text{部分 }2\,\cancel{\text{mg}} \times 10^6\text{ ppm}}{10 \times 1000 \times 1000\,\cancel{\text{mg}}} = \dfrac{\text{部分 }2 \times 10^6}{1 \times 10^7}\text{ ppm} =$ 部分 0.2 ppm．1 ppm = 1000 ppb より，

0.2 ppm = 0.2 × 1000 ppb = 200(2×10^{2}) ppb．1 ppb = 1000 ppt なので，

200 ppb = 200 × 1000 ppt = 200 000(2×10^{5})ppt

4・5　分析実験の例題：重量分析の含有率，食酢・レモン中の酸の含有率

a.　重量分析・式量換算の問題

問題 4.40　試薬特級の塩化バリウム二水和物結晶[1] $BaCl_2 \cdot 2\,H_2O$（式量 244.2）について，次の実験①②を行った．

① $BaCl_2 \cdot 2\,H_2O$ の 1.2642 g を 130 ℃で 1 時間加熱することにより，無水塩化バリウム $BaCl_2$（式量 208.2）1.0752 g を得た．

② 上記①の無水物（もとは $BaCl_2 \cdot 2\,H_2O$ 1.2642 g）を水に溶かしたあと，これに硫酸ナトリウム Na_2SO_4 水溶液を加えて，Ba^{2+} をすべて $BaSO_4$（水に難溶）の沈殿として回収したところ[2]，$BaSO_4$ の重さは 1.2112 g だった．

(1) ①の実験結果をもとに，$BaCl_2 \cdot 2\,H_2O$ 中の H_2O の含有量 g，含有率％を求めよ．②の実験結果をもとに，$BaCl_2 \cdot 2\,H_2O$ 中の Ba の含有量 g，含有率％を求めよ．

(2) $BaCl_2 \cdot 2\,H_2O$ 中の Ba と H_2O の含有率の理論値（原子量，式量(分子量)をもとに計算した％値），絶対誤差，相対誤差を求めよ（原子量の値は周期表参照）．

1) 水和物(結晶水)については p. 70 注 2)，および p. 130 の補充問題を参照．

2) $BaCl_2 + Na_2SO_4 \longrightarrow BaSO_4\downarrow + 2\,NaCl$

$(Ba^{2+} + 2\,Cl^-) + (2\,Na^+ + SO_4{}^{2-}) \longrightarrow (Ba^{2+} + SO_4{}^{2-}) + 2(Na^+ + Cl^-) \longrightarrow$ $BaSO_4$（水に難溶，沈殿生成）$+ 2\,NaCl$（イオンとして水に溶けたまま）

反応式中の↓は沈殿するという意味の記号である．

解　答

答 4.40

(1) 含有量・含有率 ① H_2O 0.1890 g・14.95%，② Ba 0.712_5 g・56.3_6%：

①の実験時の重さの減少量が，含まれていた結晶水の重さである．よって，

H_2O の質量(含有量) = 1.2642 − 1.0752 = 0.1890 g.

$$H_2O\text{ の含有率} = \frac{\text{部分}}{\text{全体}} \times 100 = \frac{2\,H_2O\text{ の重さ g}}{BaCl_2 \cdot 2\,H_2O\text{ の重さ g}} \times 100 = \frac{0.1890\text{ g}}{1.2642\text{ g}} \times 100 = 14.95\%$$

②の実験結果より，次のようにして Ba の質量を求める：$BaCl_2 \cdot 2\,H_2O$ 中の Ba はすべて $BaSO_4$ になったと考える．$Ba^{2+} + SO_4{}^{2-} \longrightarrow BaSO_4$．

$BaSO_4$ の質量 1.2112 g をもとに，Ba の重さ w g を得る．

（換算係数法）

$$BaSO_4\text{ の質量 } 1.2112\text{ g} \times \frac{\text{Ba の式量 } 137.3}{BaSO_4\text{ の式量 } 233.4} = \text{Ba の質量 } 0.712_5\text{ g}$$

（反応式の係数をもとに Ba の質量 w g を求める方法）

反応式より，1 mol の Ba^{2+} から 1 mol の $BaSO_4$ が生じるので，Ba 質量を w g とすると，

$$\frac{\text{Ba の物質量 mol}}{BaSO_4\text{ の物質量 mol}} = \frac{\dfrac{w\text{ g}}{137.3\text{ g}}\text{ mol}}{\dfrac{1.2112\text{ g}}{233.4\text{ g}}\text{ mol}} = \frac{1}{1}\quad\text{よって，}\quad \frac{w\text{ g}}{137.3\text{ g}} = \frac{1.2112\text{ g}}{233.4\text{ g}}.$$

たすき掛けして整頓すると，$w = \dfrac{1.2112\text{ g}}{233.4} \times 137.3\text{ g} = 0.712_5\text{ g}$

（分数比例式法で Ba の質量を求める方法）

Ba と $BaSO_4$ の質量と式量（分子量）の間には次の関係が成立する．

$$\frac{\text{Ba の質量}}{BaSO_4\text{ の質量}} = \frac{\text{Ba の式量}}{BaSO_4\text{ の式量}}$$

$$\text{よって，Ba の質量} = \frac{\text{Ba の式量} \times BaSO_4\text{ の質量}}{BaSO_4\text{ の式量}} = \frac{137.3 \times 1.2112\text{ g}}{233.4} = 0.712_5\text{ g}.$$

Ba の含有率の実験値は，

$$\text{Ba の含有率} = \frac{\text{Ba の重さ g}}{BaCl_2 \cdot 2H_2O\text{ の重さ g}} \times 100 = \frac{0.712_5\text{ g}}{1.2642\text{ g}} \times 100\% = 56.3_6\%.$$

(2) 理論値：含有率の理論値とは，部分/全体×100%を，それぞれの式量をもとに計算した値のことなので，

$$\text{Ba の含有率} = \frac{\text{部分}}{\text{全体}} \times 100\% = \frac{\text{Ba の式量}}{\text{BaCl}_2\cdot 2\,\text{H}_2\text{O の式量}} \times 100\% = \frac{137.3}{244.2} \times 100 = 56.2_2\%$$

$$\text{H}_2\text{O の含有率} = \frac{\text{部分}}{\text{全体}} \times 100 = \frac{2\,\text{H}_2\text{O の式量}}{\text{BaCl}_2\cdot 2\,\text{H}_2\text{O の式量}} \times 100 = \frac{2 \times 18.016}{244.2} \times 100 = 14.76\%$$

Ba：絶対誤差＝実測値－理論値＝$56.3_6 - 56.2_2 = +0.1_4\%$

$$\text{相対誤差} = \frac{\text{実測値} - \text{理論値}}{\text{理論値}} \times 100\% = 0.1_4/56.2_2 \times 100\% = +0.2_4\% \fallingdotseq +0.2\%$$

H_2O：絶対誤差＝$14.95 - 14.76 = +0.19\%$　相対誤差＝$0.19/14.76 \times 100 \fallingdotseq +1.3\%$

---

b. 容量分析（食酢・レモン中の酸の含有率を求める）

問題 4.41　市販の食酢の 10 倍希釈液を 10.00 mL 採取し，0.1 mol/L（$F=1.034$）の NaOH で中和滴定したところ，6.52 mL を要した．食酢 100.0 mL 中には酢酸何 g が含まれているか．含有率は何%(w/v)か．この食酢の密度は 1.050 g/cm^3 である．含有率は何%(w/w)か．ただし，食酢中の酸はすべて酢酸であるとする．

解　答

答 4.41　4.04%(w/v)，3.85%(w/w)：10 倍希釈食酢中の酢酸濃度を x mol/L とすると，$mCV = m'C'V'$ ($m(C_0F)V = m'(C_0'F')V'$[3]) より，$1 \times x \dfrac{\text{mol}}{\text{L}} \times \left(\dfrac{10.00}{1000}\right)\text{L} = 1 \times (0.1 \times 1.034) \dfrac{\text{mol}}{\text{L}} \times \left(\dfrac{6.52}{1000}\right)\text{L}$．$x = 0.0674$ mol/L．よって，10 倍希釈する前の原液の濃度は，$0.0674 \times 10 = 0.674$ mol/L．

3) pp. 102〜107 参照．

酢酸 CH_3COOH の分子量は $C_2H_4O_2 = 12.0 \times 2 + 1.0 \times 4 + 16.0 \times 2 = 60.0$，1 mol＝60.0 g．100 mL の食酢中の酢酸量 g は，質量 g＝物質量 mol×モル質量 $\dfrac{\text{g}}{\text{mol}}$ ＝ $\left(\text{濃度}\dfrac{\text{mol}}{\text{L}} \times \text{体積 L}\right) \times \text{モル質量}\dfrac{\text{g}}{\text{mol}}$[4] より，$\left(0.674\dfrac{\text{mol}}{\text{L}} \times \dfrac{100.0}{1000}\text{L}\right) \times 60.0\dfrac{\text{g}}{\text{mol}} = 4.04$ g．

4) p. 68, 69, 77 参照．

食酢 100.0 mL に酢酸 4.04 g が含まれるので，含有率%(w/v)＝$\left(\dfrac{4.04\text{ g}}{100.0\text{ mL}}\right) \times 100 =$ 4.04%(w/v)．食酢 100 mL の質量は 100 mL × 密度 1.05 g/mL ＝ 105 g．含有率%(w/w)＝$\left(\dfrac{4.04\text{ g}}{105\text{ g}}\right) \times 100 =$ 3.85%(w/w)．

[**別解 1**] H^+ 物質量(mol)＝OH^- 物質量(mol)なので，10 倍希釈の食酢 10.00 mL＝非希釈の食酢 10.00/10＝1.00 mL 中の酸 (H^+) 量＝NaOH 量＝mCV (＝$m(C_0F)V$)＝$1 \times 0.1034 \dfrac{\text{mol}}{\text{L}} \times \dfrac{6.52}{1000}\text{L} = 0.000\,674\text{ mol} = 6.74 \times 10^{-4}$ mol．酢酸は 1 価の酸なので 1 mol 酢酸から 1 mol の H^+ を生じる．したがって，H^+ 6.74×10^{-4} mol は酢酸 6.74×10^{-4} mol．これが食酢 1.00 mL 中の酢酸の物質量 mol．酢酸 1 mol＝60.0 g(モル質量)なので，食酢 1.00 mL 中の酢酸の質量は，質量 g＝物質量 mol×モル質量 $\dfrac{\text{g}}{\text{mol}}$[3]＝$(6.74 \times 10^{-4})$ mol × $60.0\dfrac{\text{g}}{\text{mol}} = 0.0404$ g．食酢 100 mL 中には，$\dfrac{\text{酢酸 } 0.0404\text{ g}}{\text{食酢 } 1.00\text{ mL}} \times 100\text{ mL} = 4.04$ g の酢酸が含まれる．%(w/v)，%(w/w)の計算は答 4.41 の下 3 行と同様．

［別解 2：反応式の係数を用いて求める方法］

中和反応式は $CH_3COOH + NaOH \longrightarrow CH_3COONa + H_2O$．よって，酢酸と NaOH は 1：1（1 mol：1 mol）で反応する．食酢の酢酸濃度を x mol/L とすると，10 倍希釈液は $(x/10)$ mol/L．酢酸と NaOH のモル濃度，体積の間には次の関係が成立する．

$$\frac{CH_3COOH\text{の物質量 mol}}{NaOH\text{の物質量 mol}}=\frac{\left(\frac{x}{10}\right)\text{mol/L}\times\left(\frac{10.00}{1000}\right)\text{L}}{(0.1\times1.034)\text{mol/L}\times\left(\frac{6.52}{1000}\right)\text{L}}=\frac{1}{1}.\quad x=0.674\text{ mol/L}.$$

答 4.41 と同様に希釈液濃度を求め，10 倍してもよい．あとは答 4.41 と同様．

［別解 3：NaOH の 1 mL が CH_3COOH の何 g に対応するかを考える方法］

NaOH の 1 mL に対応する酢酸の質量 w g を求める．NaOH の 1 mL 中の NaOH の物質量は，モル濃度 C mol/L × 体積 V L ＝ CV mol ＝ $(C_0F)V$ mol[1] ＝ (0.1 × 1.034) mol/L × (1.000 mL/1000 mL) L ＝ 0.1034 mmol．酢酸と NaOH はともに 1 価の酸と塩基なので，中和反応では 1：1 で反応する．つまり，$\frac{\text{酢酸の物質量 mol}}{NaOH\text{の物質量 mol}}=\frac{1}{1}$．よって，酢酸の物質量 mol ＝ 0.1034 mmol．酢酸 CH_3COOH の分子量 60.0，1 mol は 60.0 g/mol なので，

NaOH の 1 mL に対応する酢酸の質量 g ＝ $0.1034\text{ mmol}\times\left(60.0\ \frac{\text{g}}{\text{mol}}\right)=6.20\text{ mg}$．

（NaOH の濃度 0.1 mol/L（$F = 1.000$）で以上を計算をすれば 6.00 mg/mL となるので，任意のファクター F の値に対して，NaOH の 1 mL あたりの酢酸の g 数 ＝ $(6.00\times F)$ mg/mL[2] と表される）．

1）pp. 102～107 参照．

2）ファクターの便利さを示す例．濃度の異なるさまざまな NaOH 溶液についても，この 1 mL に対応する酢酸の量は，F の値を用いて $(6.00\times F)$ mg/mL と容易に計算できる．

食酢の 10 倍希釈液の 10.00 mL（原液は 10.00 mL/10 ＝ 1.000 mL に対応）を中和するのに NaOH 6.52 mL が必要なので，食酢の原液 1.000 mL 中の酢酸の g 数は，NaOH 6.52 mL ×（酢酸 6.20 mg/NaOH 1 mL）＝ 酢酸 40.4 mg（または，NaOH の 1 mL あたりの酢酸量 ＝ $(6.00\times F)$ mg/mL を用いて，6.52 mL × (6.00 × 1.034) mg/mL ＝ 40.4 mg）[2]．

食酢 100 mL 中の酢酸は，100 mL の食酢 ×（酢酸 40.4 mg/食酢 1 mL）＝ 酢酸 4040 mg ＝ 4.04 g．含有率 % (w/v) ＝ 4.04 % (w/v)．食酢 100 mL の質量は 100 mL × 密度 1.05 g/mL ＝ 105 g なので，含有率 % (w/w) ＝ (4.04 g/105 g) × 100 ＝ 3.85 % (w/w)．

問題 4.42　市販のレモン果汁の 20.00 倍希釈液を 10.00 mL 採取し，0.1 mol/L（F ＝ 0.986）の NaOH で中和滴定したところ，5.64 mL を要した．中和された酸がすべてクエン酸だとすると，このレモン果汁 100.0 mL 中には何 g のクエン酸が含まれているか．含有率は何 % (w/v) か．また，レモン果汁の密度が 1.10 g/mL だとすると，含有率は何 % (w/w) か．

```
      H                        H
      |                        |
 H—C—COOH                H—C—COO⁻
      |                        |
HO—C—COOH  ——→     HO—C—COO⁻  + 3 H⁺
      |                        |
 H—C—COOH                H—C—COO⁻
      |                        |
      H                        H
```

クエン酸：$C_6H_8O_7$（＝ 192.1）
—COOH（—C(=O)—O—H）が 3 個ある
のでクエン酸は 3 価（$m = 3$）の酸
（酸の 1 mol は H^+ の 3 mol）

解　答

答 4.42　7.12 g，7.12 % (w/v)，6.47 % (w/w)：20.00 倍希釈レモン果汁のクエン酸濃度を x mol/L とすると，$mCV = m'C'V'$[1] より，$3\times x\ \frac{\text{mol}}{\text{L}}\times\left(\frac{10.00}{1000}\right)\text{L}=$

$1 \times (0.1 \times 0.986)\,\dfrac{\text{mol}}{\text{L}} \times \left(\dfrac{5.64}{1000}\right)\text{L}$．$x = 0.0185_4$ mol/L．20.00 倍希釈前の原液の濃度は，

0.0185_4 mol/L × 20.00 = 0.370_8 mol/L．100.0 mL 中のクエン酸量 g は，

質量 g = 物質量 mol × モル質量 $\dfrac{\text{g}}{\text{mol}} = \left(\text{濃度}\,\dfrac{\text{mol}}{\text{L}} \times \text{体積 L}\right) \times \text{モル質量}\,\dfrac{\text{g}}{\text{mol}}$[3] より，

$\left(0.370_8\,\dfrac{\text{mol}}{\text{L}} \times \dfrac{100.0}{1000}\text{L}\right) \times 192.1\,\dfrac{\text{g}}{\text{mol}} \fallingdotseq 7.12\,\text{g}$．100.0 mL レモン果汁中のクエン酸の含有量は 7.12 g．含有率％(w/v) = (7.12 g/100 mL) × 100 = 7.12％(w/v)．レモン果汁の密度は 1.10 g/mL．100 mL の質量は 100 mL × 密度 1.10 g/mL = 110 g．

含有率％(w/w)(質量％) = (7.12 g/110 g) × 100 = 6.47％(w/w)．

3) p. 68, 69, 77 参照．

[**別解 1**] 中和条件では，H^+ の物質量(mol) = OH^- の物質量(mol)が成立．レモン果汁の 1/20 希釈液 10.00 mL = 1/20 × 10.00 = レモン果汁原液 0.500 mL の中の酸(H^+)の量は，中和に要した OH^- 量に等しいので，H^+ の物質量(mol) = OH^- の物質量(mol) = mCV = $m(C_0F)V = 1 \times (0.1 \times 1.034)\,\dfrac{\text{mol}}{\text{L}} \times \left(\dfrac{6.52}{1000}\right)\text{L} = 0.000\,556\,\text{mol} = 5.56 \times 10^{-4}\,\text{mol}$．クエン酸は 3 価（$m = 3$，クエン酸の 1 mol = H^+ の 3 mol）なので，H^+ の 5.56×10^{-4} mol はクエン酸 $5.56 \times 10^{-4}/3$ mol = 1.853×10^{-4} mol．つまり，このレモン果汁 0.500 mL 中に含まれるクエン酸量は，1.853×10^{-4} mol．100 mL レモン果汁中のクエン酸の質量は，

質量 g = 物質量 mol × モル質量 $\dfrac{\text{g}}{\text{mol}}$ より，$\left(\left(\dfrac{1.853 \times 10^{-4}\,\text{mol}}{0.500\,\text{mL}}\right) \times 100\,\text{mL}\right) \times 192.1\,\dfrac{\text{g}}{\text{mol}}$ = 7.119 g（≒ 7.12％(w/v)）[4]．あとは答 4.42 同様．

4) 分数比例式では，$\dfrac{1.853 \times 10^{-4}\,\text{mol}}{0.500\,\text{mL}} = \dfrac{x\,\text{mol}}{100\,\text{mL}}$，$x = 0.03\,70_6$ mol．質量 g = $0.03\,70_6$ mol × 192.1 g/mol = 7.12 g

[**別解 2**：反応式の係数を用いて求める方法]

中和反応は $C_6H_8O_7 + 3\,NaOH \longrightarrow Na_3C_6H_8O_7 + 3\,H_2O$ のようにクエン酸と NaOH が 1 : 3 で反応する．レモン果汁中のクエン酸濃度を x mol/L とすると，20 倍希釈液は(x/20) mol/L．クエン酸と NaOH のモル濃度，体積の間には次の関係が成立する．

$$\frac{\text{クエン酸の物質量 mol}}{\text{NaOH の物質量 mol}} = \frac{(x/20)\,\text{mol/L} \times (10.00/1000)\,\text{L}}{(0.1 \times 0.986)\,\text{mol/L} \times (5.64/1000)\,\text{L}} = \frac{1}{3}$$

たすき掛けして，$x = 0.3707$ mol/L[5]．あとは答 4.42 と同様．

5) 答 4.42 同様に，希釈液の濃度を求め，20 倍してもよい．

[**別解 3**：NaOH の 1 mL がクエン酸の何 g に対応するかを考える方法]

NaOH 1 mL に対応するクエン酸の質量 w g を求める．NaOH の 1 mL 中の NaOH の物質量は，モル濃度 C mol/L × 体積 V L = CV mol = $(C_0F)V$ mol[1] = (0.1 × 0.986) mol/L × (1.000 mL/1000 mL) L = 0.0986 mmol．NaOH は 1 価の塩基，クエン酸は 3 価の酸なので，NaOH とクエン酸は 3 : 1 で中和する．つまり，$\dfrac{\text{クエン酸の物質量 mol}}{\text{NaOH の物質量 mol}} = \dfrac{1}{3}$．たすき掛けして整頓すると，クエン酸の物質量 mol = NaOH の物質量 mol/3 = 0.0986 mmol/3 = 0.032 87 mmol ≒ 0.0329 mmol．

クエン酸分子量 = 192.1．クエン酸の質量 g = 0.0329 mmol × (192.1 g/mol) = 6.32 mg．NaOH 1 mL あたりのクエン酸量 = 6.32 mg/mL（NaOH 濃度 0.1 mol/L ($F = 1.000$) で以上を計算すれば 6.40 mg/mL．任意の F 値に対し，NaOH 1 mL あたりのクエン酸量 (g) = ($6.40 \times F$) mg/mL[6]）．

6) ファクターの便利さを示す例．

レモン果汁 20 倍希釈液 10.00 mL（原液は 10.00 mL/20 = 0.500 mL に対応）を中和するのに NaOH 5.64 mL が必要なので，レモン果汁原液 0.500 mL 中のクエン酸量(g) = NaOH 5.64 mL × (6.32 mg/NaOH 1 mL) = 35.6 mg．（または[6]，5.64 mL × (6.40 × F) mg/mL = 5.64 mL × (6.40 × 0.986) mg/mL = 35.6 mg）レモン果汁 100 mL 中のクエン酸 = (35.6 mg/0.5 mL) × 100 mL = 7120 mg = 7.12 g．あとは答 4.42 と同様．

4・6　溶液の希釈法[1]

1)　実験・実習では，溶液の希釈は，濃塩酸から希塩酸，濃い%溶液から薄い%液，を調製するといったように，日常茶飯事である．医務室・病院での消毒液の調製時の消毒剤，家庭での，麺つゆ，漂白・殺菌剤，強い酒類などの希釈はごく普通に行われている．

問題 4.43　昼食に自宅でつけ麺を食べた．このとき用いた麺つゆは市販の濃縮つゆであり，「3倍に薄めてご使用ください」とあったので，4人分として，濃縮つゆを100 mLとり，これに水を300 mL加えて，薄めて使用した．ところが，家族の皆が，つゆが薄いと文句をいった．さて，このメーカーのつゆの素は薄味だったのだろうか，皆が濃い味好みだったのだろうか．それとも……？

ここで問題．濃縮つゆ100 mLを水300 mLで薄めたら，400 mLの薄まった液ができる．さて，これでもとの液は3倍に薄まったのだろうか．

問題 4.44　スプーン4杯分の砂糖が溶けた1カップ分の紅茶がある．これを砂糖を加えていない紅茶で薄めて5カップ分とする．

(1)　薄めた紅茶の砂糖の濃さはもとの液の何倍（何分の1）に薄まるか．

(2)　この薄めた紅茶の砂糖は1カップあたりスプーン何杯分の濃さ(濃度)となるか．

問題 4.45　10.0%(w/v)の砂糖水10.0 mLに水を加えて110.0 mLとした．何倍に薄まったか．また，濃度は何%(w/v)か．

問題 4.46　1.0 mol/LのNaCl水溶液10.mLを5倍に薄める（濃度を1/5とする）には水何mLを加えればよいか．また，濃度はいくつか．

問題 4.47　希釈前の濃度C mol/L(%(w/v)，%(v/v))と体積V(L)，希釈後の濃度C' mol/L(%(w/v)，%(v/v))と体積V'の関係式を示せ．

希釈時における，希釈前後の濃度Cと体積Vの関係は？

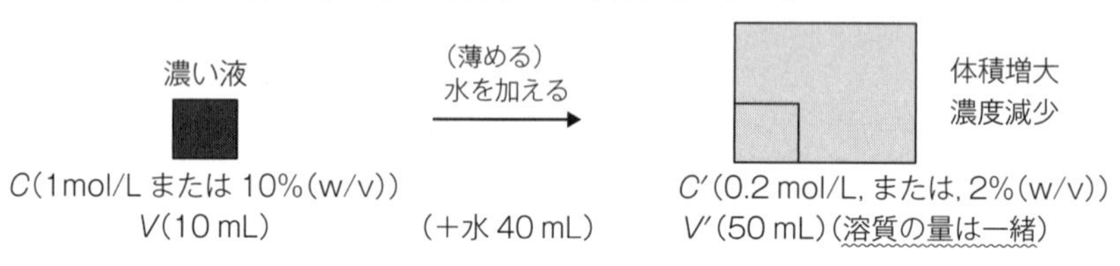

図 4.1　溶液の希釈

解　答

答 4.43　100 mLが400 mLとなったのだから，つゆの素は4倍に薄まったに違いない．3倍に薄めるには，原液100 mL × 3 = 300 mLと，全体が300 mLになるように薄める必要がある．したがって加えるべき水の量は300 mL − 100 mL = 200 mLである．油断をすると，ついこのような過ちをおかすことになりかねない．化学系の実験では，濃塩酸から希塩酸をつくったり，濃い%液から薄い%液をつくるといった希釈操作は日常茶飯事である．以下，希釈の際の計算法を学ぼう．

答 4.44

(1)　5倍(1/5)：(**直感法**：希釈倍率を考える）1杯分が5杯分になったのだから，5倍(1/5)に薄まったはずである．

(2)　0.8杯分の濃さ：(**直感法**：希釈倍率を考える)

砂糖の濃度：$\dfrac{\text{スプーン4杯の砂糖}}{\text{1カップ}}$が5倍に薄まったので，濃さは，

$$\frac{\text{スプーン4杯の砂糖}}{\text{5カップ}}=\frac{\text{スプーン4/5杯の砂糖}}{\text{1カップ}}=\frac{\text{スプーン0.8杯の砂糖}}{\text{1カップ}}.$$

［**別解**：溶けている物質の量を考える］

溶けている砂糖の量は希釈の前後で変わらない（一定）．$\dfrac{\text{スプーン4杯の砂糖}}{\text{1カップ}}$の濃さのものが1カップあれば，その中には砂糖がスプーン4杯分存在する．

物質の量＝濃度C×体積V＝$\dfrac{\text{スプーン4杯の砂糖}}{\text{1カップ}}\times 1\,\text{カップ}$＝スプーン4杯の砂糖．

このスプーン4杯の砂糖が5カップに溶けるので，砂糖の濃さは，

4杯の砂糖/5カップ＝スプーン0.8杯の砂糖/1カップ．

または，薄まったほうを$\dfrac{\text{スプーン}x\text{杯の砂糖}}{\text{1カップ}}$とすると，これが5カップあるから，

物質の量＝$C'\times V'$＝$\dfrac{\text{スプーン}x\text{杯の砂糖}}{\text{1カップ}}\times 5\,\text{カップ}$＝砂糖$5x$杯．薄める前も後も，砂糖の全量は同じ＝スプーン4杯なので，$5x$＝スプーン4杯の砂糖．

よって，x＝スプーン0.8杯の砂糖/1カップ．

$CV=C'V'$＝溶質の含有量

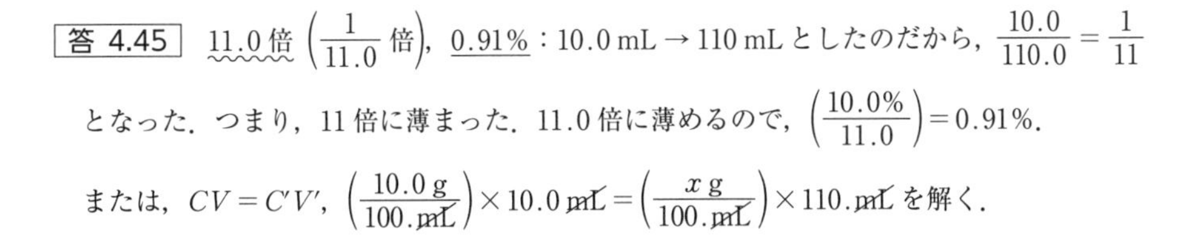

答 4.45　11.0倍$\left(\dfrac{1}{11.0}\text{倍}\right)$，0.91%：10.0 mL → 110 mLとしたのだから，$\dfrac{10.0}{110.0}=\dfrac{1}{11}$となった．つまり，11倍に薄まった．11.0倍に薄めるので，$\left(\dfrac{10.0\%}{11.0}\right)=0.91\%$．

または，$CV=C'V'$，$\left(\dfrac{10.0\text{ g}}{100.\text{ mL}}\right)\times 10.0\text{ mL}=\left(\dfrac{x\text{ g}}{100.\text{ mL}}\right)\times 110.\text{ mL}$を解く．

答 4.46　40.mL，0.2_0 mol/L：5倍に薄める ⇨ 10.mL×5＝50.mL，全体を50.mLとする（50.mL − 10.mL＝40.mL）[2]，5倍に薄めるので，$\dfrac{1.0\text{ mol/L}}{5}=0.2_0\text{ mol/L}$．

または，$CV=C'V'$，$\dfrac{1.0\text{ mol}}{\text{L}}\times\dfrac{10.\text{ mL}}{1000.\text{ mL}}\text{L}=x\dfrac{\text{mol}}{\text{L}}\times\dfrac{50.\text{ mL}}{1000\text{ mL}}\text{L}$を解く．

答 4.47　$CV=C'V'$：希釈では薄める前の液（モル濃度C，体積V）と，薄めた後の液（モル濃度C'，体積V'）では，溶液中に含まれる物質量（ものの量，例えば食塩水中の食塩）は同じ・一定である．すなわち，$C\left(\dfrac{\text{mol}}{\text{L}}\right)\times V(\text{L})=CV(\text{mol})=C'V'(\text{mol})$＝物質量(mol)が成り立つ[3]．$C, V$と$C', V'$を同じ単位で表せば，この式はmol/Lだけでなくほかでも成り立つ．たとえば，濃度Cが%(w/v)の場合は，

$$\frac{C\text{ g}}{100\text{ mL}}\times V\text{ mL}=\frac{C'\text{ g}}{100\text{ mL}}\times V'\text{ mL}=\text{溶質の量(g)}$$，つまり，$\boldsymbol{CV=C'V'}$が成立する．

質量濃度もまったく同一，v/v%でも$CV=C'V'$＝溶質の量(mL)が成り立つ[4]．

2)　この式は厳密には成立しない．質量の足し算と異なり，体積の足し算は成り立たない．溶液の体積は溶けている物質・溶質の種類と濃度によって異なる．

3)　または希釈倍率は，$\dfrac{C(\text{希釈前，大きな値})}{C'(\text{希釈後，小さな値})}$($>1$)．希釈後の体積$V'$(大)′＝希釈前の体積$V$(小)×$\dfrac{C(\text{希釈前})}{C'(\text{希釈後})}$($>1$)．よって，$CV=C'V'$(＝一定)．(濃度$C$と体積$V$($C'$と$V'$)は反比例している)．

4)　%(w/w)溶液の希釈では，$CV=C'V'$＝溶質の量は成り立たない．この場合，溶液の密度dを考慮する必要がある（$C(Vd)=C'(V'd')$，p.145〜146の問題4.56，4.57参照）．

a.　モル溶液の希釈

問題 4.48　2.00 mol/L の NaOH 溶液 100. mL を水で薄め 500. mL とした．この液のモル濃度を求めよ．

問題 4.49　11.5 mol/L の濃塩酸を薄めて 1.00 mol/L の希塩酸溶液 200. mL を調製したい．濃塩酸の何 mL を取って水で 200. mL に薄めればよいか．

問題 4.50　0.50 mol の HCl を得るのに必要な 2.0 mol/L 希塩酸溶液の体積を求めよ．

問題 4.51　2.0 mol/L の NaOH 溶液を薄めて 0.10 mol/L の溶液 50. mL を調製したい．NaOH 溶液の何 mL をとって 50. mL に薄めればよいか．

問題 4.52　18.0 mol/L の濃硫酸を薄めて 0.500 mol/L の溶液 500. mL を調製したい．硫酸の何 mL をとって 500. mL に薄めればよいか．

b.　%(v/v)溶液の希釈

問題 4.53　10%(v/v)エタノール水溶液から 3%(v/v)液を 100 mL 調製するには，10%液の何 mL が必要か．

問題 4.54　100%(v/v)エタノール用いて消毒用 70%(v/v)エタノールを 200 mL 調製するには 100%エタノールの何 mL をとって 200 mL とすればよいか．

解　答

答 4.48　0.400 mol/L：

（**直感法**）100. mL/500. mL，つまり，1/5 に薄まったので，
濃度は 2.00 mol/L ×(1/5) = 0.400 mol/L.

（$\boldsymbol{CV = C'V'}$ で計算）$2.00\,\dfrac{\text{mol}}{\cancel{\text{L}}} \times \dfrac{100.}{1000}\cancel{\text{L}} = x\,\dfrac{\text{mol}}{\cancel{\text{L}}} \times \dfrac{500.}{1000}\cancel{\text{L}}$，$x = 0.400$ mol/L.

(500. mL に薄めた濃度を x mol/L とすると，NaOH の物質量は，
x mol/L ×(500./1000) L = 0.500 x mol,
薄める前の物質量は 2.00 mol/L ×(100./1000) L = 0.200 mol,
薄める前後で NaOH の物質量は不変.
よって，0.500 x mol = 0.200 mol，x = 0.200/0.500 = 0.400 mol/L).

（**換算係数法**）：NaOH の物質量は，$\dfrac{\text{NaOH } 2.00 \text{ mol}}{\text{NaOH 溶液 } 1\,\cancel{\text{L}}} \times \text{NaOH 溶液}\left(\dfrac{100.}{1000}\right)\cancel{\text{L}}$
$= \text{NaOH } 0.200 \text{ mol}.$

これが 500. mL に溶けているので，モル濃度 $= \dfrac{\text{mol}}{\text{L}} = \dfrac{\text{NaOH } 0.200 \text{ mol}}{\text{希釈液}\left(\dfrac{500.}{1000}\right)\text{L}} = 0.400 \text{ mol/L}$

答 4.49　17.4 mL：

（**直感法**）　11.5 mol/L から 1.00 mol/L へと 11.5 倍(1/11.5)に薄めたので，もとの濃い液の体積は薄い液の体積 200. mL より少ない（1/11.5）．よって，11.5 で割ればよいと推測できる．

$200.\,\mathrm{mL}/11.5 = 17.4\,\mathrm{mL}\left(\text{試し算：}\dfrac{11.5\,\mathrm{mol}}{\mathrm{L}} \times \dfrac{17.4}{1000}\,\mathrm{L}/\dfrac{200.}{1000}\,\mathrm{L} = 1.00\,\mathrm{mol/L}\right)$

（$\boldsymbol{CV} = \boldsymbol{C'V'}$ で計算）　$\dfrac{\mathrm{HCl}\ 1.00\,\mathrm{mol}}{\text{希塩酸}\ 1\,\cancel{\mathrm{L}}} \times \text{希塩酸}\ \dfrac{200.}{1000}\,\cancel{\mathrm{L}} = \dfrac{\mathrm{HCl}\ 11.5\,\mathrm{mol}}{\text{濃塩酸}\ 1\,\cancel{\mathrm{L}}} \times \text{濃塩酸}\ \dfrac{x}{1000}\,\cancel{\mathrm{L}}.$

$x = 1 \times \dfrac{200.}{11.5} \fallingdotseq 17.4\,\mathrm{mL}$ $\left(\dfrac{\mathrm{HCl}\ 1.00\,\mathrm{mol}}{\text{希塩酸}\ 1\,\cancel{\mathrm{L}}} \times \text{希塩酸}\ \dfrac{200.}{1000}\,\cancel{\mathrm{L}} = \mathrm{HCl}\ 0.200\,\mathrm{mol}\right.$，この HCl を得るのに必要な濃塩酸の量を x mL とすると，$\dfrac{\mathrm{HCl}\ 11.5\,\mathrm{mol}}{\text{濃塩酸}\ 1\,\cancel{\mathrm{L}}} \times \text{濃塩酸}\ \dfrac{x}{1000}\,\cancel{\mathrm{L}} = \mathrm{HCl}$ 0.200 mol．よって，$\left. x \fallingdotseq 17.4\,\mathrm{mL}\right)$

（**換算係数法**）　1.00 mol/L 溶液 200. mL を 11.5 mol/L 濃塩酸の体積へ変換する．

$\dfrac{\mathrm{HCl}\ 1.00\,\mathrm{mol}}{\text{希塩酸}\ 1\,\cancel{\mathrm{L}}} \times \text{希塩酸}\left(\dfrac{200.\,\mathrm{mL}}{1000\,\mathrm{mL}}\right)\cancel{\mathrm{L}} = \mathrm{HCl}\ 0.200\,\mathrm{mol},\ \mathrm{HCl}\ 0.200\,\cancel{\mathrm{mol}} \times \dfrac{\text{濃塩酸}\ 1\,\cancel{\mathrm{L}}}{\mathrm{HCl}\ 11.5\,\cancel{\mathrm{mol}}} \times \dfrac{1000\,\mathrm{mL}}{1\,\mathrm{L}} \fallingdotseq \text{濃塩酸}\ 17.4\,\mathrm{mL}$

$\left(\text{または，}\dfrac{\mathrm{HCl}\ 1.00\,\cancel{\mathrm{mol}}}{\text{希塩酸}\ 1\,\cancel{\mathrm{L}}} \times \text{希塩酸}\left(\dfrac{200.\,\cancel{\mathrm{mL}}}{1000\,\cancel{\mathrm{mL}}}\right)\cancel{\mathrm{L}} \times \dfrac{\text{濃塩酸}\ 1\,\cancel{\mathrm{L}}}{\mathrm{HCl}\ 11.5\,\cancel{\mathrm{mol}}} \times \dfrac{1000\,\mathrm{mL}}{1\,\cancel{\mathrm{L}}}\right)$

答 4.50　250 mL(0.25 L)：$\dfrac{2.0\,\mathrm{mol}}{\cancel{\mathrm{L}}} \times V\,\cancel{\mathrm{L}} = 0.50\,\mathrm{mol},\ V = \left(\dfrac{0.50\,\mathrm{mol}}{2.0\,\mathrm{mol}}\right)\mathrm{L} = 0.25\,\mathrm{L}$

または，（**換算係数法**）　$\mathrm{HCl}\ 0.50\,\cancel{\mathrm{mol}} \times \dfrac{\text{希塩酸}\ 1\,\mathrm{L}}{\mathrm{HCl}\ 2.0\,\cancel{\mathrm{mol}}} = \text{希塩酸}\ 0.25\,\mathrm{L}$（250 mL）

答 4.51　2.5 mL：（$\boldsymbol{CV} = \boldsymbol{C'V'}$ で計算）：$\dfrac{0.10\,\mathrm{mol}}{\cancel{\mathrm{L}}} \times \left(\dfrac{50.}{1000}\right)\cancel{\mathrm{L}} = \dfrac{2.0\,\mathrm{mol}}{\mathrm{L}} \times V\,\mathrm{L},\ V = \dfrac{0.0050}{2.0}\,\mathrm{L} = 0.0025\,\mathrm{L} = 2.5\,\mathrm{mL}.$（**直感法**）$\dfrac{2.0\,\cancel{\mathrm{mol/L}}}{0.10\,\cancel{\mathrm{mol/L}}} = 20.$ 倍希釈 → 原液 50. mL/20. = 2.5 mL．（**換算係数法**）$\dfrac{0.10\,\cancel{\mathrm{mol}}}{\cancel{\mathrm{L}}} \times \left(\dfrac{50.}{1000}\right)\cancel{\mathrm{L}} \times \dfrac{1\,\mathrm{L}}{2.0\,\cancel{\mathrm{mol}}} = 0.0025\,\mathrm{L} = 2.5\,\mathrm{mL}$

答 4.52　13.9 mL：（$\boldsymbol{CV} = \boldsymbol{C'V'}$ で計算）：$\dfrac{0.500\,\mathrm{mol}}{\cancel{\mathrm{L}}} \times \left(\dfrac{500.}{1000}\right)\cancel{\mathrm{L}} = \dfrac{18.0\,\mathrm{mol}}{\cancel{\mathrm{L}}} \times V\,\mathrm{L},$ $V = 13.9\,\mathrm{mL}.$

（**直感法**）　$\dfrac{18.0\,\mathrm{mol/L}}{0.500\,\mathrm{mol/L}} = 36.0$ 倍希釈 → $\left(\dfrac{500.}{36.0}\right)\mathrm{mL} = 13.9\,\mathrm{mL}$，または，$\dfrac{0.500\,\mathrm{mol}}{\cancel{\mathrm{L}}} \times \left(\dfrac{500.}{1000}\right)\cancel{\mathrm{L}} = 0.250\,\mathrm{mol},\ \dfrac{18.0\,\mathrm{mol}}{\cancel{\mathrm{L}}} \times x\,\cancel{\mathrm{L}} = 0.250\,\mathrm{mol},\ x = 13.9\,\mathrm{mL}$

（**換算係数法**）　$\dfrac{0.500\,\mathrm{mol}}{\cancel{\mathrm{L}}} \times \left(\dfrac{500.}{1000}\right)\cancel{\mathrm{L}} = 0.250\,\mathrm{mol},\ 0.250\,\cancel{\mathrm{mol}} \times \dfrac{1\,\mathrm{L}}{18.0\,\cancel{\mathrm{mol}}} = \dfrac{0.250}{18.0}\,\mathrm{L} = \dfrac{250.}{18.0}\,\mathrm{mL} = 13.9\,\mathrm{mL}.$

答 4.53　30 mL：$CV = C'V'$，$\dfrac{\text{エタノール}\ 10\,\mathrm{mL}}{10\%\text{エタノール水溶液}\ 100\,\cancel{\mathrm{mL}}} \times 10\%\text{液}\ V\,\cancel{\mathrm{mL}} = \dfrac{\text{エタノール}\ 3\,\mathrm{mL}}{3\%\text{液}\ 100\,\cancel{\mathrm{mL}}} \times 3\%\text{液}\ 100\,\cancel{\mathrm{mL}}$，10%液 $V = 30\,\mathrm{mL}$[1]（10% × V mL = 3% × 100 mL）

答 4.54　140 mL：$CV = C'V'$ より，100% × V mL = 70% × 200 mL，$V = 140\,\mathrm{mL}$[2]

1)　直感法：3/10 希釈液(10/3 倍希釈液)が 100 mL なので，原液は希釈液 100 mL より少ない．つまり，100 mL × 3/10 = 30 mL となる．
換算係数法：
$\dfrac{\text{エタノール}\ 3\,\mathrm{mL}}{3\%\text{エタノール}\ 100\,\mathrm{mL}} \times 3\%\text{エタノール}\ 100\,\mathrm{mL} \times \dfrac{10\%\text{エタノール}\ 100\,\mathrm{mL}}{\text{エタノール}\ 10\,\mathrm{mL}} = 10\%\text{エタノール}\ 30\,\mathrm{mL}$

2)　直感法：必要なエタノールは希釈液 200 mL より少ないので，200 mL × 0.70 = 140 mL（ためし算：140/200 = 0.70，70% で，正しい）
換算係数法：
$\dfrac{100\%\text{エタノール}\ 70\,\mathrm{mL}}{70\%\text{エタノール}\ 100\,\mathrm{mL}} \times 70\%\text{エタノール}\ 200\,\mathrm{mL} = 100\%\text{エタノール}\ 140\,\mathrm{mL}$

c.　%(w/v)溶液の希釈

問題 4.55　20%(w/v)の食塩水 10 mL を薄めて 5%(w/v)溶液をつくるには，水を約何 mL 加えればよいか．

問題 4.56　9.0%(w/v)の食塩水を用いて 8.0%(w/v)水溶液を 300. mL 調製するには，9.0%水溶液の何 mL をとって 300. mL に薄めればよいか．

問題 4.57　4%(w/v)の次亜塩素酸ナトリウム NaClO 溶液を用いて 0.1% 消毒液を 2 L 調製するには何 mL の原液をとり，2 L の体積まで水で希釈すればよいか．

問題 4.58　10%(w/v)の食塩水を用いて 5%水溶液を 100 mL 調製するには，10%水溶液の何 mL をとって 100 mL に薄めればよいか．2，3，4，6%ではどうか．

問題 4.59　含有率 25%(w/v)濃アンモニア水を用いて，1.0%(w/v)アンモニア水溶液を 100 mL 調製するには，濃アンモニア水何 mL を 100 mL に薄めればよいか．

解　答

1)　換算係数法では答 4.56 と同様に計算する．

希釈で，うすめる前後で一定のものは何？ これが考え方の基本．

答 4.55[1)]　30 mL：20% → 5%，4 倍に薄めるので，全体は 10 mL × 4 = 40 mL となる．加える水の量は 40 mL − 10 mL = 30 mL．または $CV = C'V'$ を用いて，20% × 10 mL = 5% × V，V = 40 mL，40 mL − 10 mL = 30 mL（厳密には，食塩水 10 mL + 水 30 mL ≠ 40 mL，p. 122 の注 1）参照）．

答 4.56　26_7 mL：

（**直感法**：何倍に薄まったか・希釈率を考える）：9.0%から 8.0%とに（9/8 = 1.125 倍）薄めたので，9.0%水溶液の体積は 8.0%水溶液 300 mL より少ないはずである．つまり，1.12_5 で割ればよいと推測できる．

$$300 \div 1.12_5 = 266.7 \fallingdotseq 267(26_7)\ \text{mL} \quad \left(300.\ \text{mL} \times \frac{8.0}{9.0} = 26_7\ \text{mL}\right)$$

（$\boldsymbol{CV = C'V'}$ で計算）$\dfrac{9.0\ \text{g}}{100\ \text{mL}} \times x\ \text{mL} = \dfrac{8.0\ \text{g}}{100\ \text{mL}} \times 300.\ \text{mL}$．$x = \dfrac{2400}{9.0} \fallingdotseq 26_7\ \text{mL}$

（**換算係数法**）　8%の食塩水 300 mL を 9%の食塩水の体積へ変換する．8%とは，$\dfrac{\text{食塩 }8.0\ \text{g}}{8.0\%\ \text{食塩水 }100\ \text{mL}}$ のこと．よって，その 300 mL には，$\left(\dfrac{\text{食塩 }8.0\ \text{g}}{8.0\%\ \text{食塩水 }100\ \text{mL}} \times 8.0\%\ \text{食塩水 }300\ \text{mL}\right)$ g の食塩が存在する．これを 9%の食塩水に置き換えると，

$$\frac{\text{食塩 }8.0\ \text{g}}{8.0\%\ \text{食塩水 }100\ \text{mL}} \times 8.0\%\ \text{食塩水 }300\ \text{mL} \times \frac{9.0\%\ \text{食塩水 }100\ \text{mL}}{\text{食塩 }9.0\ \text{g}}$$

$\fallingdotseq$ 9.0% 食塩水 26_7 mL

答 4.57[1)]　50 mL（$CV = C'V'$ で解く，または 40 倍希釈なので，1/40 量の原液が必要）

答 4.58[1)]　50 mL, 20 mL, 30 mL, 40 mL, 60 mL：5 × 100 = 10 × x, 2 × 100 = 10 × x, ……．これを解いて，x = 50 mL, 20 mL, ……．または希釈倍率は，2，5，3.33，2.5，1.67 倍なので，100 mL/2 = 50 mL，100/5 = 20 mL，……，と希釈倍率で割ればよい．

答 4.59 [1)]　4.0 mL：$1.0 \times 100 = 25 \times V$，$V = 4.0\ \text{mL}$
希釈倍率は 25 倍なので（25%/1% = 25），100 mL/25 = 4.0 mL.

d. %(w/w)溶液の希釈

問題 4.60　含有率 25%(w/w)の濃アンモニア水（密度 0.79 g/cm^3）を用いて，1.00%(w/w)のアンモニア水溶液（密度 0.99 g/cm^3）を 100.mL 調製するには濃アンモニア水を何 mL とって 100.mL とすればよいか.

問題 4.61　10.0%(w/w)のショ糖水溶液から 3.0%(w/w)水溶液を 200.mL 調製するには，10.0%水溶液の何 mL が必要か．ただし，それぞれの水溶液の密度は 1.10 g/mL と 1.03 g/mL であるとする.

解　答

答 4.60　5.0 mL：密度 $d = 0.79\ \text{g/cm}^3 = 0.79\ \text{g/mL} = \dfrac{0.79\ \text{g}}{1.00\ \text{mL}}$，密度 $d' = 0.99\ \text{g/cm}^3 = 0.99\ \text{g/mL} = \dfrac{0.99\ \text{g}}{1.00\ \text{mL}}$，濃アンモニア水の体積を x mL とすると，25%(w/w)の濃アンモニア水中のアンモニア量 g $= C(Vd) = \dfrac{\text{アンモニアの 25 g}}{\text{濃アンモニア水 100 g}} \times \left(\text{濃アンモニア水}\ x\ \text{mL} \times \dfrac{\text{濃アンモニア水 0.79 g}}{\text{濃アンモニア水 1 mL}}\right)$．希釈後のアンモニア量 g $= C'(V'd') = \dfrac{\text{アンモニアの 1 g}}{\text{1\% アンモニア水 100. g}} \times \left(\text{1\%アンモニア水 100. mL} \times \dfrac{\text{1\%アンモニア水 0.99 g}}{\text{1\%アンモニア水 1 mL}}\right)$[2)]．希釈の前後でアンモニアの量は不変(一定)だから，$C(Vd) = C'(V'd')$ より，$x = 5.0\ \text{mL}$

2)　ページ下の注 2) 参照.

(換算係数法)
$$\frac{\text{アンモニア 1 g}}{\text{1\%アンモニア水 100 g}} \times \left(\text{1\%アンモニア水 100. mL} \times \frac{\text{1\%アンモニア水 0.99 g}}{\text{1\%アンモニア水 1.00 mL}}\right) \times \frac{\text{濃アンモニア水 100 g}}{\text{アンモニア 25 g}} \times \frac{\text{濃アンモニア水 1 mL}}{\text{濃アンモニア水 0.79 g}}$$
= 濃アンモニア水 5.0 mL

---

2)　1%(w/w)アンモニア水溶液の 100 mL 中のアンモニアの量 g を求めるには，1%のアンモニア水 = $\dfrac{\text{アンモニアの 1 g}}{\text{1\% アンモニア水 100 g}}$ のことなので，$C' \times V' = \dfrac{\text{アンモニアの 1 g}}{\text{1\% アンモニア水 100 g}} \times$ 1% アンモニア水 100 mL とすればよさそうだが，この場合，C' は%(w/v)ではなく%(w/w)なので，C' の分母は g，V' は体積 mL と単位が異なっており計算できない．そこで，体積 V mL を重さ g で表すことを考える．密度は体積と重さ g の換算係数なので，密度 $d' = 0.99\ \text{g/cm}^3 = 0.99\ \text{g/mL}$ から，換算係数は，$\dfrac{0.99\ \text{g}}{1.00\ \text{mL}}$ と $\dfrac{1.00\ \text{mL}}{0.99\ \text{g}}$．そこでアンモニアの量は，$C'\%(\text{w/w}) \times \left(V'\ \text{mL} \times \text{密度}\ d\ \dfrac{\text{g}}{\text{mL}}\right) = C'(V'd')\ \text{g} =$
$\dfrac{\text{アンモニア 1 g}}{\text{1\% アンモニア水 100 g}} \times \left(\text{1\% アンモニア水 100 mL} \times \dfrac{\text{1\% アンモニア水 0.99 g}}{\text{1\% アンモニア水 1.00 mL}}\right)$ となる.
一方，必要な 25% 濃アンモニア水を x mL とすると，上と同様にして，
$C(Vd) = \dfrac{\text{アンモニアの 25 g}}{\text{濃アンモニア水 100 g}} \times \left(\text{濃アンモニア水}\ x\ \text{mL} \times \dfrac{\text{濃アンモニア水 0.79 g}}{\text{濃アンモニア水 1 mL}}\right)$.

%(w/w)溶液の希釈では，mol/L や%(w/v)や%(v/v)で考えた $CV = C'V'$ は成立しない．なぜなら，濃度 C が%(w/w)の場合，C%濃度を表す分数の分母(溶液全体)の単位は g 表示，一方，溶液の体積 V は mL 表示され，両者で単位が異なるので，そのような計算はできない．密度 d, d'(g/mL)を用いて体積 V mL を質量 (Vd)g に変換すれば，C, V ともに単位が g となり，C%(w/w)×V mL の計算が可能である：C%(w/w)×V mL＝C%(w/w)×(Vd)g＝$C(Vd)$g (溶液中に含まれる溶質の重さ)．つまり，質量%溶液の希釈の計算では，$CV = C'V'$ ではなく，$C(Vd) = C'(V'd')$ を用いる必要がある．

$$\frac{\text{溶質}\,C\,\mathrm{g}}{\text{溶液}\,100\,\mathrm{g}}\times\text{溶液}\,V\,\mathrm{mL}\Rightarrow\frac{\text{溶質}\,C\,\mathrm{g}}{\text{溶液}\,100\,\mathrm{g}}\times\left(\text{溶液}\,V\,\mathrm{mL}\times\frac{\text{溶液}\,d\,\mathrm{g}}{\text{溶液}\,1\,\mathrm{mL}}\right)=\frac{\text{溶質}\,C\,\mathrm{g}}{\text{溶液}\,100\,\mathrm{g}}\times(\text{溶液}\,Vd)\,\mathrm{g}$$

$$=\text{溶質}\,\frac{C(Vd)}{100}\,\mathrm{g}=\frac{\text{溶質}\,C'\,\mathrm{g}}{\text{溶液}\,100\,\mathrm{g}}\times(\text{溶液}\,V'd')\,\mathrm{g}=\text{溶質}\,\frac{C'(V'd')}{100}\,\mathrm{g}=\text{溶質の量(g)}.$$

したがって，$\boxed{C(Vd) = C'(V'd') = \text{溶質の含有量(g)}}$ が成立する．

答 4.61　56.2 mL：希釈前後のショ糖の量 g＝$C(Vd) = C'(V'd')$＝一定なので，

$$\frac{\text{ショ糖}\,10.0\,\mathrm{g}}{10\%\,\text{ショ糖水溶液}\,100\,\mathrm{g}}\times\left(10\%\,\text{ショ糖水溶液}\,x\,\mathrm{mL}\times\frac{10\%\,\text{水溶液}\,1.10\,\mathrm{g}}{10\%\,\text{水溶液}\,1\,\mathrm{mL}}\right)$$

$$=\frac{\text{ショ糖}\,3\,\mathrm{g}}{3\%\,\text{水溶液}\,100\,\mathrm{g}}\times\left(3\%\,\text{ショ糖水溶液}\,200.\,\mathrm{mL}\times\frac{3\%\,\text{水溶液}\,1.03\,\mathrm{g}}{3\%\,\text{水溶液}\,1\,\mathrm{mL}}\right),\quad x=56.2\,(\mathrm{mL}).$$

e.　%(w/w)，%(w/v)，mol/L の相互変換

問題 4.62　以下の溶液を調製するには濃塩酸の何 mL が必要か．ただし，市販の試薬塩酸(濃塩酸)は HCl 含有率 36%(w/w)，密度 1.20 g/cm^3 である．① 1.0%(w/w)の塩酸 (HCl 水溶液，密度 1.03 g/cm^3) を 100.mL 調製する．② 1.0%(w/v)の塩酸を 100.mL 調製する．③ 0.10 mol/L の希塩酸溶液を 500.mL 調製する．

問題 4.63　密度 1.84 g/cm^3，含有率 96.0%(w/w) の濃硫酸 H_2SO_4 (式量 98.1) の 10.00 mL を水で薄めて 2.00 L とした．① 濃硫酸 10.00 mL は何 g か．② 濃硫酸 10.00 mL 中に含まれる純硫酸の質量は何 g か．③ モル濃度を求めよ．

解　答

答 4.62　36%(w/w) 濃塩酸とは，$\dfrac{\mathrm{HCl}\,36\,\mathrm{g}}{\text{濃塩酸}\,100.\,\mathrm{g}}$ のこと．

密度 1.20 g/mL＝$\dfrac{\text{濃塩酸}\,1.20\,\mathrm{g}}{\text{濃塩酸}\,1.00\,\mathrm{mL}}$.

① 2.4 mL：(希釈前後のHClの質量と物質量は等しいので)，$\boxed{C(Vd) = C'(V'd')}$ より，

$$\frac{\mathrm{HCl}\;1.0\,\mathrm{g}}{1\%\,\text{塩酸}\,100.\,\mathrm{g}}{}^{1)}\times\left(1\%\,\text{塩酸}\,100.\,\mathrm{mL}\times\frac{1\%\,\text{塩酸}\,1.03\,\mathrm{g}}{1\%\,\text{塩酸}\,1.00\,\mathrm{mL}}\right)^{2)}=\frac{\mathrm{HCl}\;36\,\mathrm{g}}{\text{濃塩酸}\,100\,\mathrm{g}}{}^{3)}\times\left(\text{濃塩酸}\,V\,\mathrm{mL}\times\frac{\text{濃塩酸}\,1.20\,\mathrm{g}}{\text{濃塩酸}\,1.00\,\mathrm{mL}}\right)^{4)}$$

$V \fallingdotseq 2.4$ mL．上式右辺の計算順序を

$$\left(\text{濃塩酸}\,V\,\mathrm{mL}\times\frac{\text{濃塩酸}\,1.20\,\mathrm{g}}{\text{濃塩酸}\,1.00\,\mathrm{mL}}\right)^{4)}\times\frac{\mathrm{HCl}\,\text{の}\,36\,\mathrm{g}}{\text{濃塩酸}\,100\,\mathrm{g}}{}^{3)}$$

としてもよい．

(いずれも希釈前の HCl の質量 g＝希釈後の HCl の質量 g)

1)　1%(w/w)塩酸溶液の定義：100 g 溶液中に 1 g の HCl が溶けている．

2)　1% 塩酸 100 mL を重さ g に変換し，この中の HCl の重さ g を求める．

3)　含有率を用いて塩酸量 g を HCl 量 g に変換．

4)　密度を用いて濃塩酸 V mL を g に変換．

(**換算係数法**) $\dfrac{\text{HClの}\ 1.0\ \text{g}}{1\%\text{塩酸}\ 100\ \text{g}}^{1)} \times \left(1\%\text{塩酸}100\ \text{mL} \times \dfrac{1\%\text{塩酸}\ 1.03\ \text{g}}{1\%\text{塩酸}\ 1.00\ \text{mL}}\right)^{2)}$

$\times \dfrac{\text{濃塩酸}\ 100\ \text{g}}{\text{HClの}\ 36\ \text{g}}^{5)} \times \dfrac{\text{濃塩酸}\ 1.00\ \text{mL}}{\text{濃塩酸}\ 1.20\ \text{g}}^{6)} = \text{濃塩酸}\ 2.38\ \text{mL} \fallingdotseq \underline{2.4\ \text{mL}}$

② $\underline{2.3\ \text{mL}}$：$\boxed{C'V' = C(Vd)}$．$\dfrac{\text{HClの}1.0\ \text{g}}{1\%\ \text{塩酸}\ 100\ \text{mL}}^{7)} \times 1\%\ \text{塩酸}\ 100\ \text{mL}^{8)} = \text{HClの}\ 1.0\ \text{g}$

$= \dfrac{\text{HClの}\ 36\ \text{g}}{\text{濃塩酸}\ 100\ \text{g}}^{3)} \times \left(\text{濃塩酸}\ V\ \text{mL} \times \dfrac{\text{濃塩酸}\ 1.20\ \text{g}}{\text{濃塩酸}\ 1.00\ \text{mL}}\right)^{4)}$, $V \fallingdotseq \underline{2.3\ \text{mL}}$.

①の解と同様に，前式右辺の計算順序を，

$\left(\text{濃塩酸}\ V\ \text{mL} \times \dfrac{\text{濃塩酸}\ 1.20\ \text{g}}{\text{濃塩酸}\ 1.00\ \text{mL}}\right)^{4)} \times \dfrac{\text{HClの}\ 36\ \text{g}}{\text{濃塩酸}\ 100\ \text{g}}^{3)}$ としてもよい．

(**換算係数法**) $\left(\dfrac{\text{HClの}\ 1.0\ \text{g}}{1\%\ \text{塩酸}\ 100\ \text{mL}}^{7)} \times 1\%\ \text{塩酸}\ 100\ \text{mL}^{8)}\right) \times \dfrac{\text{濃塩酸}\ 100\ \text{g}}{\text{HClの}\ 36\ \text{g}}^{3)}$

$\times \dfrac{\text{濃塩酸}\ 1.00\ \text{mL}}{\text{濃塩酸}\ 1.20\ \text{g}}^{6)} = \text{濃塩酸}\ 2.31\ \text{mL} \fallingdotseq \underline{2.3\ \text{mL}}$.

［**別解 2**］ 濃塩酸 1 mL 中の HClg $= \left(\text{濃塩酸}\ 1\ \text{mL} \times \dfrac{\text{濃塩酸}\ 1.20\ \text{g}}{\text{濃塩酸}\ 1\ \text{mL}}\right)^{4)} \times \dfrac{\text{HClの}\ 36\ \text{g}}{\text{濃塩酸}\ 100\ \text{g}}$

$=^{3)}$ HCl 0.432 g．HClの 1 g が必要なので，必要な濃塩酸の体積は，

$\text{HClの}\ 1\ \text{g} \times \dfrac{\text{濃塩酸の}\ 1\ \text{mL}}{\text{HClの}\ 0.432\ \text{g}} = \underline{2.3\ \text{mL}}$.

③ $\underline{4.2\ \text{mL}}$：HCl 1 mol = 36.5 g，$\boxed{C'V'\ \text{g} = C(Vd)\text{g}}$ より，HCl $\dfrac{0.10\ \text{mol}}{\text{L}} \times \dfrac{500}{1000}\text{L} \times$

$\dfrac{\text{HClの}\ 36.5\ \text{g}}{\text{HClの}\ 1\ \text{mol}}^{9)} = \dfrac{\text{HClの}\ 36\ \text{g}}{\text{濃塩酸}\ 100\ \text{g}}^{3)} \times \left(\text{濃塩酸}\ V\ \text{mL} \times \dfrac{\text{濃塩酸}\ 1.20\ \text{g}}{\text{濃塩酸}\ 1.00\ \text{mL}}\right)^{4)}$,

$V \fallingdotseq \underline{4.2\ \text{mL}}$．または $\underline{((CVd\ \text{g})/36.5\ \text{g})\text{mol}} = \underline{C'V'}$ mol より，

$$\frac{\dfrac{\text{HClの}\ 36\ \text{g}}{\text{濃塩酸}\ 100\ \text{g}}^{3)} \times \left(\text{濃塩酸}\ V\ \text{mL} \times \dfrac{\text{濃塩酸}\ 1.20\ \text{g}}{\text{濃塩酸}\ 1\ \text{mL}}\right)^{4)}}{36.5\ \text{g}}\ \text{mol} = \frac{0.10\ \text{mol}}{1\ \text{L}} \times 0.500\ \text{L}$$

$= 0.050\ \text{mol}$，$V = \dfrac{0.050 \times 36.5}{0.36 \times 1.20} = \underline{4.2\ \text{mL}}$.

(**換算係数法**) $\dfrac{\text{HClの}\ 0.10\ \text{mol}}{0.10\ \text{mol/L の HCl の}\ 1\ \text{L}} \times \left(0.10\ \text{mol/L の HCl の}\ \dfrac{500}{1000}\text{L}\right)^{10)} \times$

$\dfrac{\text{HClの}\ 36.5\ \text{g}}{\text{HClの}\ 1\ \text{mol}}^{9)} \times \dfrac{\text{濃塩酸}\ 100\ \text{g}}{\text{HClの}\ 36\ \text{g}}^{5)} \times \dfrac{\text{濃塩酸}\ 1.00\ \text{mL}}{\text{濃塩酸}\ 1.20\ \text{g}}^{6)} \fallingdotseq \text{濃塩酸}\ \underline{4.2\ \text{mL}}$

5) HClの重さを濃塩酸の重さに変換．含有率 36%(w/w)の濃塩酸の定義式の逆数．

6) 濃塩酸の重さ g を密度を使って濃塩酸の体積 mL に変換．

7) 1%(w/v)の定義．

8) 1% 塩酸溶液を HCl 量 g に変換．

9) HCl の物質量 mol を HCl の重さ g に変換している．

10) 0.1 mol/L 塩酸溶液の定義をもとに，500 mL 溶液中に何 mol の HCl があるか計算．

答 4.63

① $\underline{18.4\ \text{g}}$：$\text{濃硫酸}\ 10.00\ \text{mL} \times \dfrac{\text{濃硫酸}\ 1.84\ \text{g}}{\text{濃硫酸}\ 1.00\ \text{mL}} = \text{濃硫酸}\ \underline{18.4\ \text{g}}$

② $\underline{17.7\ \text{g}}$：$\text{濃硫酸}\ 18.4\ \text{g} \times \dfrac{H_2SO_4\ 96.0\ \text{g}}{\text{濃硫酸}\ 100\ \text{g}} = H_2SO_4\ \underline{17.7\ \text{g}}$

③ $\underline{0.090_0\ \text{mol/L}}$：$H_2SO_4\ 17.7\ \text{g} \times \dfrac{H_2SO_4\ 1\ \text{mol}}{H_2SO_4\ 98.1\ \text{g}} = H_2SO_4\ 0.180\ \text{mol}$.

$\dfrac{\text{mol}}{\text{L}} = \dfrac{0.180\ \text{mol}}{2.00\ \text{L}} = \underline{0.090_0\ \text{mol/L}}$

5 化学反応式を用いた計算

3章の酸・塩基の価数を知らなくても，実験書または実験指導者により反応式が与えられれば[1]，2章の mol，mol/L の知識だけで濃度計算（および量論の計算）をすることができる．以下に，その考え方と例を示す．

1) 反応式の係数の中に価数の概念が含まれている（価数と係数は逆の関係）．

5・1 化学反応式を用いた量論計算

問題 5.1 $H_2SO_4 + 2\,NaOH \longrightarrow Na_2SO_4 + 2\,H_2O$ という反応式は1個の H_2SO_4（硫酸）と2個の NaOH（水酸化ナトリウム）とが反応し，1個の Na_2SO_4（硫酸ナトリウム）と2個の H_2O（水）を生じるという意味である．言い換えれば，1 mol の H_2SO_4 と 2 mol の NaOH とが反応するから，$\dfrac{\text{NaOH の物質量 mol}}{H_2SO_4\text{ の物質量 mol}} = \dfrac{y}{x}$[2] という関係式（比例式）が成立する．ここで，x，y の値はいくつか．また，H_2SO_4 と NaOH の間の換算係数を求めよ．

2) この式は比例式，H_2SO_4 の物質量 mol：NaOH の物質量 mol $= x : y$ を分数で表したものである．

問題 5.2 アニリン[3] に過剰の無水酢酸を作用させてアセトアニリド[4] を合成した（アセチル化反応）[5]．

$C_6H_5\text{-}NH_2$ アニリン ＋ $(CH_3CO)_2O$ 無水酢酸 ⟶ $C_6H_5NH\text{-}COCH_3$ アセトアニリド ＋ CH_3COOH 酢酸

(1) 反応が完全に進行したとするとアニリン 10.0 g から何 g のアセトアニリドが得られるか（反応が 100% 進行したと仮定したときの得られる量（収量，g）を理論収量という）．

(2) アニリン 10.0 g からアセトアニリド 13.6 g が得られたときの反応の収率（得られる率）を求めよ．ただし，反応の収率＝(反応の収量/理論収量)×100% と定義される．各元素の原子量は周期表を参照すること．

3) ベンゼンアミンともいう．代表的な芳香族アミン．水にわずかに溶けて弱い塩基性を示す．染料，香料，医薬品，合成樹脂などの原料．

4) 医薬，染料などの重要な合成原料．最初の合成解熱剤（現在は使用禁止）．

5) $CH_3\text{—}\overset{\displaystyle O}{\overset{\|}{C}}\text{—}$ を，アセチル基という．

問題 5.3 金属鉄粉 Fe が酸化されて酸化鉄(Ⅲ)（鉄の赤さび，Fe_2O_3）となった．

(1) この酸化反応の反応式を示せ[6]．

(2) 鉄粉 2.345 g が完全に反応したとすると何 g の酸化鉄(Ⅲ)を生じるか．

6) 使い捨てカイロはこの鉄の酸化反応の反応熱を利用した商品である．

デモ実験：Fe（鉄くぎ，鉄粉），Mg（マグネシウムリボン）の酸化反応．

解 答

答 5.1 $x=1$，$y=2$：$H_2SO_4 + 2\,NaOH \longrightarrow Na_2SO_4 + 2\,H_2O$ という反応式では，

$\dfrac{NaOH\text{ の物質量 mol}}{H_2SO_4\text{ の物質量 mol}} = \dfrac{2}{1}$ という関係式（比例式）が成立する[7]．または，反応量としては，2 mol の NaOH＝1 mol の H_2SO_4．したがって，この反応の換算係数として，$\dfrac{NaOH\text{ の 2 mol}}{H_2SO_4\text{ の 1 mol}}$ と $\dfrac{H_2SO_4\text{ の 1 mol}}{NaOH\text{ の 2 mol}}$ が得られる．同様にして，H_2SO_4，NaOH，Na_2SO_4，H_2O の任意の2組の間の換算係数も得ることができる．

7) この分数式は比例式，H_2SO_4 の物質量 mol：NaOH の物質量 mol＝2：1を分数で表したものである．両辺の分子と分母は逆でもよい．

答 5.2

(1) 14.5 g：アニリン（C_6H_5-NH_2）の分子量＝12.01×6＋1.008[8]×7＋14.01×1＝93.1，アセトアニリド（C_6H_5NH-$COCH_3$）の分子量＝12.01×8＋1.008×9＋14.01×1＋16.00×1＝135.2，1 mol のアニリンから 1 mol のアセトアニリドが得られる（左ページの問題文中の反応式の係数なし＝係数がすべて1であることを意味する）．

8) H の原子量は1.008として計算する．有機化合物には C，O，N に比べて H の数が多いので，原子量 1.01 と 1.008 の差が分子量の計算値に影響する．

（換算係数法）

アニリン g → アニリン mol → アセトアニリド mol → アセトアニリド g と変換するには，

$$\text{アニリン } 10.0\text{ g} \times \frac{\text{アニリン 1 mol}}{\text{アニリン 93.1 g}} \times \frac{\text{アセトアニリド 1 mol}}{\text{アニリン 1 mol}} \times \frac{\text{アセトアニリド 135.2 g}}{\text{アセトアニリド 1 mol}} = 14.5\text{ g}$$

［**別解**］ $\dfrac{\text{アセトアニリド}}{\text{アニリン}} = \dfrac{\dfrac{x}{135.2}\text{ mol}}{\dfrac{10.0}{93.1}\text{ mol}} = \dfrac{1}{1}$[9]，$\dfrac{10.0}{93.1} = \dfrac{x}{135.2}$，$x = \dfrac{10.0 \times 135.2}{93.1}$

$= 14.5\text{ g}$

9) この分数式はアニリン1分子からアセトアニリド1分子が生じることを示している．

(2) 94%：収率＝$\dfrac{\text{反応の収量}}{\text{理論収量}} \times 100\ (\%) = \dfrac{13.6\text{ g}}{14.5\text{ g}} \times 100\% = 93.8\% \fallingdotseq 94\%$

答 5.3

(1) $4\,Fe + 3\,O_2 \longrightarrow 2\,Fe_2O_3$：反応式 $\_Fe + \_O_2 \longrightarrow \_Fe_2O_3$ で，同一原子数がいちばん多い Fe_2O_3[10] の係数を1として，式の左右を比較すれば，左辺は 2 Fe[11] と $1.5\,O_2$ となる．全体を2倍する．$4\,Fe + 3\,O_2 \longrightarrow 2\,Fe_2O_3$

(2) 3.353 g：**（換算係数法）** 周期表中の値をもとに Fe の原子量と Fe_2O_3 の式量を求めると，換算係数は，$\dfrac{Fe\ 55.85\text{ g}}{Fe\ 1\text{ mol}}$ と $\dfrac{Fe\ 1\text{ mol}}{Fe\ 55.85\text{ g}}$，$\dfrac{Fe_2O_3\ 159.70\text{ g}}{Fe_2O_3\ 1\text{ mol}}$ と $\dfrac{Fe_2O_3\ 1\text{ mol}}{Fe_2O_3\ 159.70\text{ g}}$，$\dfrac{Fe_2O_3\ 2\text{ mol}}{Fe\ 4\text{ mol}}$ と $\dfrac{Fe\ 4\text{ mol}}{Fe_2O_3\ 2\text{ mol}}$．

分子と分母が約分できる順番で換算係数を掛けていく．まずは，Fe 2.345 g の単位を約分できる Fe g が分母にくる換算係数を入れる．

$$Fe\ 2.345\text{ g} \times \frac{Fe\ 1\text{ mol}}{Fe\ 55.85\text{ g}} \times \frac{Fe_2O_3\ 2\text{ mol}}{Fe\ 4\text{ mol}} \times \frac{Fe_2O_3\ 159.70\text{ g}}{Fe_2O_3\ 1\text{ mol}} = Fe_2O_3\ 3.353\text{ g}$$

（Fe g → Fe mol → Fe_2O_3 mol → Fe_2O_3 g）

10) Fe_2O_3 とは Fe 原子が2個と O 原子が3個よりできていることを示している．

11) 2 Fe であり，Fe_2 ではない．p.91 注5)の後半を参照．

［**別解**］ 反応式より 4 mol の Fe から 2 mol の Fe_2O_3 が得られることがわかる．生成する Fe_2O_3 の重さを x g とすると，表紙裏の周期表より，Fe の原子量 55.85，Fe_2O_3 の式量 55.85×2＋16.00×3＝159.70 なので，

$$\frac{Fe\text{ の物質量 mol}}{Fe_2O_3\text{ の物質量 mol}}[12] = \frac{\dfrac{2.345}{55.85}\text{ mol}}{\dfrac{x}{159.70}\text{ mol}} = \frac{4}{2}$$

たすき掛け，$2 \times \dfrac{2.345}{55.85} = 4 \times \dfrac{x}{159.70}$，

さらにたすき掛けして，$2 \times 2.345 \times 159.70 = 55.85 \times 4x$．よって，$x = 3.353\text{ g}$

12) 逆の分数形，$\dfrac{Fe_2O_3\text{ の物質量 mol}}{Fe\text{ の物質量 mol}} = \dfrac{2}{4}$ でもよい．

問題 5.4　製鉄における酸化鉄(Ⅲ)の金属鉄への還元は，主としてコークス[1]から生じた一酸化炭素 CO との反応で起こる：$Fe_2O_3 + 3\,CO \longrightarrow 2\,Fe + 3\,CO_2$.

(1) Fe_2O_3 10.0 g から Fe が何 g 得られるか[2].

(2) Fe_2O_3 25.0 g から CO_2 が何 g 得られるか.

問題 5.5　カルシウムイオンとシュウ酸イオン[3]は水に難溶性[4]の塩であるシュウ酸カルシウムを生成する：$Ca^{2+} + C_2O_4^{2-} \longrightarrow CaC_2O_4\downarrow$[5]．食品中の Ca は $C_2O_4^{2-}$ が存在すると，その分が沈殿してしまい，栄養素として体に吸収されない[6]．食品中に含まれるシュウ酸[3] 100 mg あたり何 mg の Ca^{2+} が吸収されないか．Ca の原子量とシュウ酸の式量は周期表中の値をもとに求めよ．

問題 5.6　アンモニアの生成反応は次式で示される：$3\,H_2 + N_2 \longrightarrow 2\,NH_3$.

(1) N_2 5 mol から何モルの NH_3 が生じるか.

(2) H_2 15 mol は何モルの N_2 と反応するか.

問題 5.7

(1) ブタン C_4H_{10} 8 mol を燃焼させるのには何モルの酸素 O_2 が必要か.

(2) ブタン 5 mol と O_2 10 mol を反応させると何モルの二酸化炭素 CO_2 が生じるか.

問題 5.8　栄養学では Na^+ 摂取量を食塩 NaCl の質量(g)として表すことが多い．また食品の成分表示でも **“食塩相当”** として表示することが多い．Na^+ 1.00 g は何 g の食塩（に含まれる Na^+）に相当するか.

問題 5.9　食事で摂取した 100. g のグルコース $C_6H_{12}O_6$ が体内で**代謝**[7]されると何 mol の CO_2 が生み出されるか．グルコースの分子量は周期表中の原子量をもとに計算せよ（異化は酸化反応であり，化学的には燃焼反応：$C_6H_{12}O_6 + 6\,O_2 \longrightarrow 6\,CO_2 + 6\,H_2O$ と等価である）.

1) 石炭の乾留物．（空気を遮断して高温で加熱し，揮発分を除いたもの．木炭も同じ方法で製造）．炭素分 75～85% の灰黒色の多孔質固体.

2) g ⇔ g の変換は，g ⇔ モル質量 ⇔ モル比 ⇔ モル質量 ⇔ g とすればよい.

3) シュウ酸 $H_2C_2O_4$ は $(COOH)_2$，シュウ酸イオンは $(COO^-)_2$，シュウ酸カルシウムは $Ca(COO)_2$ とも書き表される.

4) 水に溶けにくいという意味.

5) 化学反応式中の，↓は沈殿の生成，↑は気体の発生を意味する.

6) ホウレンソウには多量のシュウ酸イオンが含まれている．シュウ酸イオンを食品学ではしばしばシュウ酸と表現する.

7) 代謝は同化と異化に分類される.
同化：食べたものをからだと同じものに変化させること（からだの成分とする・からだをつくる）.
異化：食べたものをからだとは異なったもの（CO_2, H_2O, 尿素など）に変化させること（食べものの化学エネルギー（化学結合エネルギー差）を取り出して，生きるためのエネルギーとして利用する）.

解　答

答 5.4　換算係数をすべて考える．Fe_2O_3 の式量＝159.70（55.85×2＋16.00×3），CO_2 の式量＝44.01（12.01＋16.00×2），$\frac{Fe_2O_3\ 159.70\ g}{Fe_2O_3\ 1\ mol}$，$\frac{Fe_2O_3\ 1\ mol}{Fe_2O_3\ 159.70\ g}$；$\frac{Fe\ 55.85\ g}{Fe\ 1\ mol}$，$\frac{Fe\ 1\ mol}{Fe\ 55.85\ g}$；$\frac{CO_2\ 44.01\ g}{CO_2\ 1\ mol}$，$\frac{CO_2\ 1\ mol}{CO_2\ 44.01\ g}$；$\frac{Fe\ 2\ mol}{Fe_2O_3\ 1\ mol}$，$\frac{Fe_2O_3\ 1\ mol}{Fe\ 2\ mol}$；$\frac{CO_2\ 3\ mol}{Fe_2O_3\ 1\ mol}$，$\frac{Fe_2O_3\ 1\ mol}{CO_2\ 3\ mol}$

(1) 6.99 g：Fe_2O_3 10.0 g → Fe ? g

分子と分母が約分できる順番で換算係数を掛けていく．まずは Fe_2O_3 10.0 g の単位を約分できる Fe_2O_3 g が分母にくる換算係数を入れる．

$$Fe_2O_3\ 10.0\ g \times \frac{Fe_2O_3\ 1\ mol}{Fe_2O_3\ 159.70\ g} \times \frac{Fe\ 2\ mol}{Fe_2O_3\ 1\ mol} \times \frac{Fe\ 55.85\ g}{Fe\ 1\ mol} = Fe\ 6.994\ g \fallingdotseq Fe\ 6.99\ g$$ [8]

（Fe_2O_3 g　→　Fe_2O_3 mol　→　Fe mol　→　Fe g）

(2) 20.67 g：$$Fe_2O_3\ 25.0\ g \times \frac{Fe_2O_3\ 1\ mol}{Fe_2O_3\ 159.70\ g} \times \frac{CO_2\ 3\ mol}{Fe_2O_3\ 1\ mol} \times \frac{CO_2\ 44.01\ g}{CO_2\ 1\ mol} = CO_2\ 20.67\ g$$ [8]

（Fe_2O_3 g　→　Fe_2O_3 mol　→　CO_2 mol　→　CO_2 g）

答 5.5　$$H_2C_2O_4\ 100\ mg \times \frac{H_2C_2O_4\ 1\ mol}{H_2C_2O_4\ 90.02\ g} \times \frac{Ca\ 1\ mol}{H_2C_2O_4\ 1\ mol} \times \frac{Ca\ 40.08\ g}{Ca\ 1\ mol} = Ca\ 44.5\ mg$$ [9]

答 5.6　換算係数は $\frac{N_2\ 1\ mol}{H_2\ 3\ mol}$，$\frac{H_2\ 3\ mol}{N_2\ 1\ mol}$；$\frac{NH_3\ 2\ mol}{H_2\ 3\ mol}$，$\frac{H_2\ 3\ mol}{NH_3\ 2\ mol}$；$\frac{NH_3\ 2\ mol}{N_2\ 1\ mol}$，$\frac{N_2\ 1\ mol}{NH_3\ 2\ mol}$

(1) 10 mol：$N_2\ 5\ mol \times \frac{NH_3\ 2\ mol}{N_2\ 1\ mol} = NH_3\ 10\ mol$[10]，

(2) 5 mol：$H_2\ 15\ mol \times \frac{N_2\ 1\ mol}{H_2\ 3\ mol} = N_2\ 5\ mol$[10]

答 5.7　$C_4H_{10} + 6.5\ O_2 \longrightarrow 4\ CO_2 + 5\ H_2O$（反応式の書き方は p. 94 参照）

係数を整数にするために 2 倍して，$2\ C_4H_{10} + 13\ O_2 \longrightarrow 8\ CO_2 + 10\ H_2O$.

(1) 52 mol：$C_4H_{10}\ 8\ mol \times \frac{O_2\ 13\ mol}{C_4H_{10}\ 2\ mol} = O_2\ 52\ mol$[11]

(2) 6.2 mol：$O_2\ 10\ mol \times \frac{CO_2\ 8\ mol}{O_2\ 13\ mol} = CO_2\ 6.2\ mol$[11]（酸素不足[12]，CO は生じないとする）

答 5.8　2.54 g：$Na^+\ 1.00\ g \times \frac{Na^+\ 1\ mol}{Na^+\ 22.99\ g} \times \frac{NaCl\ 1\ mol}{Na^+\ 1\ mol} \times \frac{NaCl\ 58.44\ g}{NaCl\ 1\ mol} = NaCl\ 2.54\ g$[13].

したがって，1 g の Na^+ は 2.54 g の NaCl に相当する．つまり，Na^+ の量に 2.54 を掛ければ，Na^+ の量(g)×2.54＝NaCl の量(g)となる（食塩相当では，Na の量 g になぜ 2.54 を掛ければよいのか，その理由を栄養学徒は全員理解しておいてほしい）．

答 5.9　3.33 mol：$$C_6H_{12}O_6\ 100.\ g \times \frac{C_6H_{12}O_6\ 1\ mol}{C_6H_{12}O_6\ 180.2\ g} \times \frac{CO_2\ 6\ mol}{C_6H_{12}O_6\ 1\ mol} = CO_2\ 3.33\ mol$$ [14]

8）別解：
$$\frac{Fe}{Fe_2O_3} = \frac{\left(\frac{x\ g}{55.85}\right)}{\left(\frac{25.0}{159.70}\right)} = \frac{2\ mol}{1\ mol}$$
$$\frac{CO_2}{Fe_2O_3} = \frac{\left(\frac{y\ g}{44.01}\right)}{\left(\frac{25.0}{159.70}\right)} = \frac{3\ mol}{1\ mol}$$

9）別解：
$$\frac{Ca^{2+}}{H_2C_2O_4} = \frac{\left(\frac{x\ g}{40.08}\right)}{\left(\frac{0.100}{90.02}\right)} = \frac{1\ mol}{1\ mol}$$

10）別解：
$$\frac{NH_3}{N_2} = \frac{x\ mol}{5\ mol} = \frac{2\ mol}{1\ mol}$$
$$\frac{H_2}{N_2} = \frac{15\ mol}{y\ mol} = \frac{3\ mol}{1\ mol}$$

11）別解：
$$\frac{O_2}{C_4H_{10}} = \frac{x\ mol}{8\ mol} = \frac{13\ mol}{2\ mol}$$
$$\frac{O_2}{CO_2} = \frac{10\ mol}{y\ mol} = \frac{13\ mol}{8\ mol}$$

12）この反応では酸素 O_2 が**制限試薬**（制限物質・限界試薬）になっている．
制限試薬の概念と食品学・栄養学におけるタンパク質の栄養評価にかかわる制限アミノ酸・アミノ酸価（スコア）とは同じ考えである．

13）別解：
$$\frac{Na}{NaCl} = \frac{22.99}{58.44} = \frac{1.00\ g}{x\ g}$$

14）別解：
$$\frac{CO_2}{C_6H_{12}O_6} = \frac{x\ mol}{\left(\frac{100}{180.2}\right)mol} = \frac{6\ mol}{1\ mol}$$

問題 5.10　酒の醸造では，米麹かびのアミラーゼが米デンプンをグルコースへ変換し，その一方で，生じたグルコースを，酵母が同時にエタノール C_2H_6O へと変換している（アルコール発酵）：$C_6H_{12}O_6 \longrightarrow 2\,C_2H_6O + 2\,CO_2$.

(1) グルコース 2.5 mol がアルコール発酵すると何モルの CO_2 が生じるか.

(2) グルコース 100. g を発酵させると何 g のエタノールを生じるか.
（グルコースとエタノールの分子量は周期表中の原子量を基に計算せよ.）

問題 5.11　アルミニウム粉末と塩酸を反応させると，次式のように水素ガス H_2 が発生する：$2\,Al + 6\,HCl \longrightarrow 2\,AlCl_3 + 3\,H_2$

(1) Al 3.50 mol が反応すると何モルの H_2 が生じるか.

(2) Al 50.0 g が反応すると，何 g の HCl が同時に反応するか.

解　答

答 5.10　(1) 5.0 mol：$C_6H_{12}O_6\ 2.5\ \text{mol} \times \dfrac{CO_2\ 2\ \text{mol}}{C_6H_{12}O_6\ 1\ \text{mol}} = CO_2\ 5.0\ \text{mol}$[1]

(2) 51.1 g：$C_6H_{12}O_6\ 100.\ \text{g} \times \dfrac{C_6H_{12}O_6\ 1\ \text{mol}}{C_6H_{12}O_6\ 180.2\ \text{g}} \times \dfrac{C_2H_6O\ 2\ \text{mol}}{C_6H_{12}O_6\ 1\ \text{mol}} \times \dfrac{C_2H_6O\ 46.07\ \text{g}}{C_2H_6O\ 1\ \text{mol}} = 51.1\ \text{g}$[2]

答 5.11　(1) 5.25 mol：$Al\ 3.50\ \text{mol} \times \dfrac{H_2\ 3\ \text{mol}}{Al\ 2\ \text{mol}} = H_2\ 5.25\ \text{mol}$[3]

(2) 203 g：$Al\ 50.0\ \text{g} \times \dfrac{Al\ 1\ \text{mol}}{Al\ 26.98\ \text{g}} \times \dfrac{HCl\ 6\ \text{mol}}{Al\ 2\ \text{mol}} \times \dfrac{HCl\ 36.46\ \text{g}}{HCl\ 1\ \text{mol}} = 202.7\ \text{g} \fallingdotseq HCl\ 203\ \text{g}$[4]

補充問題　（米国式の換算係数法の応用）

問題 5.12　リン酸カルシウムの 0.280 mol の，

(1) 重さを求めよ（まず最初にリン酸カルシウムの化学式を求めよ）[5].

(2) リン酸カルシウム組成式単位の個数（分子数に対応するもの）を求めよ.

(3) 0.280 mol 中の酸素原子 O の数を求めよ.

ただし，アボガドロ定数 $= 6.02 \times 10^{23}$ 個/mol である.

問題 5.13　酢酸マグネシウム四水和物 ($Mg(CH_3COO)_2 \cdot 4\,H_2O$)[6] は炭素原子を含んでいる. この化合物の何 g 中に 10.0 g の炭素原子が含まれるか[7].

問題 5.14　塩化カルシウム $CaCl_2$ 10.0 g と硝酸銀 $AgNO_3$ 10.0 g とを反応させた. 何 g の塩化銀が生じるか[8].

問題 5.15　生物標本のホルマリン漬けに使用する消毒剤・防腐剤のホルマリンはホルムアルデヒド（気体）水溶液である. ホルムアルデヒド HCHO はメタノール CH_3OH の酸化により得られる. ある量のメタノールを酸化して得られたホルムアルデヒドは 1.23 kg，反応の収率は 79.4％であった. 用いたメタノールは何 g か. また，この量を μg で表せ[9].

---

1) 分数比例式：
$$\frac{CO_2}{C_6H_{12}O_6} = \frac{x\ \text{mol}}{2.5\ \text{mol}} = \frac{2\ \text{mol}}{1\ \text{mol}}$$

2) 分数比例式：$\dfrac{C_2H_6O}{C_6H_{12}O_6}$
$$= \frac{\left(\dfrac{y\ \text{g}}{46.07\ \text{g}}\right)\text{mol}}{\left(\dfrac{100\ \text{g}}{180.2\text{g}}\right)\text{mol}} = \frac{2\ \text{mol}}{1\ \text{mol}}$$

3) $$\frac{H_2}{Al} = \frac{x\ \text{mol}}{3.50\ \text{mol}} = \frac{3\ \text{mol}}{2\ \text{mol}}$$

4) 分数比例式：$\dfrac{HCl}{Al} =$
$$\frac{\left(\dfrac{y\ \text{g}}{36.46\ \text{g}}\right)\text{mol}}{\left(\dfrac{50.0\ \text{g}}{26.98\ \text{g}}\right)\text{mol}} = \frac{6\ \text{mol}}{2\ \text{mol}}$$

5) **【考え方】** リン酸イオン，カルシウムイオンの価数と化学式は？ Ca は何価のイオンか？（Ca は何族元素か？）リン酸の化学式は？（リン酸の価数は？）塩の化学式と交差法？ (pp. 82〜85，p. 90, 91)

6) この物質は四水和物，つまり，**結晶水**が 4 分子ある. 結晶水については p. 70 の注 2)参照.

7) **ヒント**：まずは，周期表中の原子量を用いて式量を計算する.

8) **ヒント**：
$CaCl_2 + 2\,AgNO_3 \longrightarrow 2\,AgCl + Ca(NO_3)_2$

9) **ヒント**：$2\,CH_3OH + O_2 \longrightarrow 2\,HCHO + 2\,H_2O$

解 答

答 5.12

(1) 86.9 g, $Ca_3(PO_4)_2$：交差法（p.84の問題2.73参照）

$Ca_3(PO_4)_2$ の式量は, $40.08\times3+(30.97+16.00\times4)\times2=310.18$

$$Ca_3(PO_4)_2\ 0.280\ \text{mol}\times\frac{310.18\ \text{g}}{1\ \text{mol}}=86.85\ \text{g}\fallingdotseq 86.9\ \text{g}$$

（直感法も同一，分数比例式法を用いてもよい）[10]

(2) 1.69×10^{23}：$Ca_3(PO_4)_2\ 0.280\ \text{mol}\times\dfrac{6.02\times10^{23}\ 個}{1\ \text{mol}}=1.69\times10^{23}$ 個

（直感法も同一，分数比例式法を用いてもよい）[11]

(3) 1.35×10^{24}：$Ca_3(PO_4)_2\ 0.280\ \text{mol}\times\dfrac{6.02\times10^{23}\ 個}{1\ \text{mol}}\times\dfrac{\text{O原子8個}}{\text{組成式単位}Ca_3(PO_4)_2\text{の1個}}$[12]

$=$ 原子 $13.48\times10^{23}\fallingdotseq$ 原子 1.35×10^{24}（直感法も同一，分数比例式法を用いてもよい）

答 5.13 $44._6$ g：$Mg(CH_3COO)_2\cdot4H_2O$ の式量は, $24.31+12.01\times4+1.008\times14+16.00\times8=214.46$, 1式量中にC原子は4個含まれているから（$CH_3COO$ が2個），

$$\text{C}\ 10.0\ \text{g}\times\frac{\text{C}\ 1\ \text{mol}}{\text{C}\ 12.01\ \text{g}}\times\frac{\text{化合物}\ 1\ \text{mol}}{\text{C}\ 4\ \text{mol}}\times\frac{\text{化合物}\ 214.46\ \text{g}}{\text{化合物}\ 1\ \text{mol}}=44.64\ \text{g}\fallingdotseq\text{化合物}\ 44._6\ \text{g}$$ [13,14]

答 5.14 8.4_5 g：$CaCl_2+2AgNO_3\longrightarrow2AgCl+Ca(NO_3)_2$

$CaCl_2$：$40.08+35.45\times2=110.98\fallingdotseq111.0$, $AgNO_3$：$107.9+14.01+16.00\times3\fallingdotseq169.9$,

AgCl：$107.9+35.45=143.35\fallingdotseq143.4$

$$CaCl_2\ 10.0\ \text{g}\times\frac{CaCl_2\ 1\ \text{mol}}{CaCl_2\ 111.0\ \text{g}}=0.0901\ \text{mol},\quad AgNO_3\ 10.0\ \text{g}\times\frac{AgNO_3\ 1\ \text{mol}}{AgNO_3\ 169.9\ \text{g}}=0.0589\ \text{mol}$$

Cl^- は $0.0901\ \text{mol}\times2=0.1802\ \text{mol}>$ Ag^+ は0.0589 molなので**制限物質**[15] は Ag^+.

よって, $AgNO_3\ 0.0589\ \text{mol}\times\dfrac{AgCl\ 2\ \text{mol}}{AgNO_3\ 2\ \text{mol}}\times\dfrac{AgCl\ 143.4\ \text{g}}{AgCl\ 1\ \text{mol}}=8.446\ \text{g}\fallingdotseq AgCl\ 8.4_5\ \text{g}$[16]

答 5.15 1650 g, $1.65\times10^9\ \mu\text{g}$：$2CH_3OH+O_2\longrightarrow2HCHO+2H_2O$

CH_3OH：$12.01+1.008\times4+16.00=32.04\fallingdotseq32.0$

HCHO：$1.008\times2+12.01+16.00=30.026\fallingdotseq30.0$

$$HCHO\ 1.23\ \text{kg}\times\frac{1000\ \text{g}}{1\ \text{kg}}\times\frac{HCHO\ 1\ \text{mol}}{HCHO\ 30.0\ \text{g}}\times\frac{CH_3OH\ 1\ \text{mol}}{HCHO\ 0.794\ \text{mol}}\times\frac{CH_3OH\ 32.0\ \text{g}}{CH_3OH\ 1\ \text{mol}}=1652.4\ \text{g}$$ [17]

$\fallingdotseq CH_3OH\ 1650\ \text{g}$ $(1.65\times10^3\ \text{g})$

$$1652\ \text{g}\times\frac{10^6\ \mu\text{g}}{1\ \text{g}}=1652\times10^6\ \mu\text{g}\fallingdotseq1.65\times10^9\ \mu\text{g}$$

10) $\dfrac{310.18\ \text{g}}{1\ \text{mol}}=\dfrac{x\ \text{g}}{0.280\ \text{mol}}$

11) $\dfrac{6.02\times10^{23}\ 個}{1\ \text{mol}}=\dfrac{y\ 個}{0.280\ \text{mol}}$

12) $(PO_4)_2$ なので，Oは $4\times2=8$ 個ある.

13) この化合物1 g中に何gの炭素原子が含まれるかを考えて，10 gの炭素に換算してもよい.

14) 分数比例式法：$\dfrac{4\text{C}}{\text{式量}}=\dfrac{4\times12.01\ \text{g}}{214.46\ \text{g}}=\dfrac{10.0\ \text{g}}{x\ \text{g}}$

15) 量論の問題では，制限物質（量論的に存在量がいちばん少ない物質．この量で反応全体の進行度が決まる）を考慮する必要がある場合もある.

16) 0.0589 molの $AgNO_3$ から同量のAgClができるから，
$0.0589\ \text{mol}\times\dfrac{143.4\ \text{g}}{1\ \text{mol}}=8.4_5\ \text{g}$

17) $\dfrac{HCHO}{CH_3OH}=\dfrac{30.0\ \text{g}}{32.0\ \text{g}}$,
$30.0\ \text{g}\times0.794=23.8\ \text{g}$ が CH_3OH の32.0 gあたりのHCHOの収量.
$\dfrac{23.8\ \text{g}}{32.0\ \text{g}}=\dfrac{1.23\ \text{kg}}{x\ \text{kg}}$,
$x=1.65\ \text{kg}=1.65\times10^3\ \text{g}=1.65\times10^3\times10^6\ \mu\text{g}=1.65\times10^9\ \mu\text{g}$

問題 5.16　芳香族アミノ酸の一種であり必須アミノ酸の一種でもあるトリプトファンは，生理活性アミンのセロトニン[1]や松果体ホルモンのメラトニン，ナイアシン[1]の原料であり，C，H，N，O からなる分子量が 204.23 の有機化合物である．トリプトファンの 1.000 g を燃焼させたところ，二酸化炭素 2.371 g，水 0.529 g が得られた．また，トリプトファンには 13.7％の窒素分が含まれていることがわかっている．トリプトファンの分子式（元素組成）を求めよ．

【ヒント】　オ各燃焼生成物の質量 g からその物質量 mol を求め，その値を基に各原子の物質量 mol と質量 g を求める．これより，構成原子のモル比・元素組成を得る．

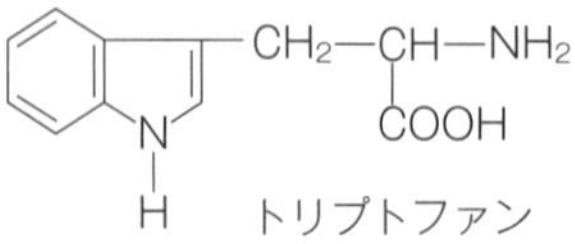

トリプトファン（$CH_2-CH(COOH)-NH_2$ 側鎖をもつインドール）

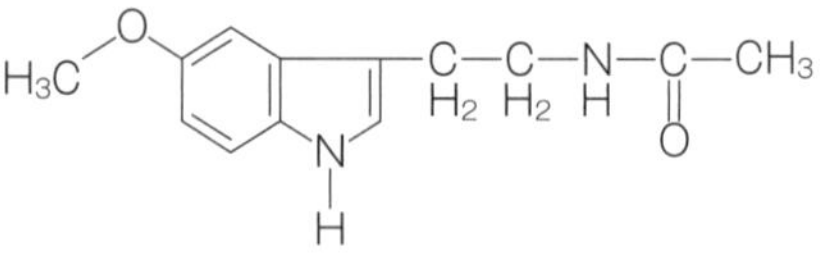

メラトニン（H_3C-O- 置換インドール，側鎖 $-CH_2-CH_2-NH-C(=O)-CH_3$）

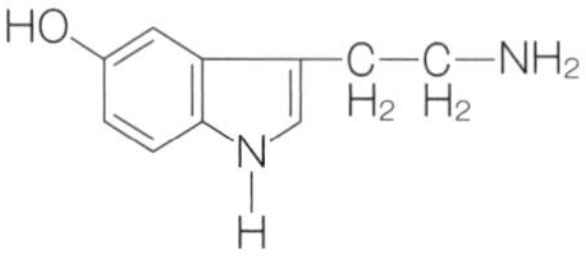

セロトニン（$HO-$ 置換インドール，側鎖 $-CH_2-CH_2-NH_2$）

1)　セロトニンは中枢神経系の神経伝達物質．腸管運動促進，血管収縮による止血作用．メラトニン（睡眠）はセロトニン（覚醒）からつくられるホルモンであり，外界の光周期情報を体内に伝える．睡眠を促進し，時差ぼけに効果がある．ともに生体リズムを形成・調節．

ナイアシン（ニコチン酸とニコチンアミド）はビタミン B 類の 1 つであり，補酵素 NADH（解糖系，クエン酸回路），NADPH（脂質合成）の構成成分．

解　答

答 5.16　$C_{11}H_{12}N_2O_2$：[2]

$$CO_2\ 2.371\ g \times \frac{CO_2\ 1\ mol}{CO_2\ 44.01\ g} \times \frac{C\ 1\ mol}{CO_2\ 1\ mol} = \underline{C\ 0.0539\ mol}$$

$$C\ 0.0539\ mol \times \frac{C\ 12.01\ g}{C\ 1\ mol} = \underline{C\ 0.647\ g}$$

$$H_2O\ 0.529\ g \times \frac{H_2O\ 1\ mol}{H_2O\ 18.02\ g} \times \frac{H\ 2\ mol}{H_2O\ 1\ mol} = \underline{H\ 0.0587\ mol}$$

$$H\ 0.0587\ mol \times \frac{H\ 1.008\ g}{H\ 1\ mol} = \underline{H\ 0.0592\ g}$$

$$\text{トリプトファン}\ 1.000\ g \times \frac{N\ 13.7\ g}{\text{トリプトファン}\ 100\ g} = \underline{N\ 0.137\ g}$$

$$N\ 0.137\ g \times \frac{N\ 1\ mol}{N\ 14.01\ g} = \underline{N\ 0.009\,78\ mol}$$

したがって，酸素 O の含有量 = 1.000 g − 0.647 g − 0.137 g − 0.0592 g = O 0.157 g

$$O\ 0.157\ g \times \frac{O\ 1\ mol}{O\ 16.00\ g} = \underline{O\ 0.009\,81\ mol}$$

よって，C：H：N：O は，

0.0539 mol：0.0587 mol：0.009 78 mol：0.009 81 mol = 5.49：5.98：0.997：1 ≒ 11：12：2：2

したがって，トリプトファンの分子式は，$C_{11}H_{12}N_2O_2$（分子量 204.23）である．

（$C_{11}H_{12}O_2N_2$ = 12.01×11 + 1.008×12 + 16.00×2 + 14.01×2 = 204.226
1.000 g = 0.004 90 mol トリプトファン：C 64.69％，H 5.92％，N 13.7％，O 15.67％）

2)　高校教科書のやり方：$CO_2\ 2.371\ g \times \frac{C\ 12.01\ g}{CO_2\ 44.01\ g}$ = C 0.647 g，H_2O 0.529 g $\times \frac{H\ 2\times 1.008\ g}{H_2O\ 18.02\ g}$ = H 0.0592 g，N：1.000 g × $\frac{13.7}{100}$ = 0.137 g，O：1.000 − 0.647 − 0.059 − 0.137 = 0.157 g，モル比は C：H：N：O = $\frac{0.647\ g}{12.01\ g}$：$\frac{0.0592}{1.008}$：$\frac{0.137\ g}{14.01\ g}$：$\frac{0.157}{16.00}$ = 0.0539：0.0587：0.009 78：0.009 81 = 5.49：5.98：0.997：1 ≒ 11：12：2：2

5・2 化学反応式を用いた濃度計算

問題 5.17 $a\,\mathrm{A} + b\,\mathrm{B} \longrightarrow \cdots\cdots$ からなる反応における A, B の物質量 mol と係数 a, b の関係式を示せ．A, B の濃度 C_A, C_B mol/L と体積 V_A, V_B L との関係式，反応の換算係数を示せ．

問題 5.18 中和反応（中和滴定）：約 0.1 mol/L の希硫酸（H_2SO_4）5.00 mL を 0.1 mol/L の水酸化ナトリウム（$F = 0.987$）[3] で適定したところ，10.75 mL で適定終点となった．

(1) この中和反応の反応式を書け．

(2) $mCV = m'C'V'$（p. 102〜107 の解き方）を使わずに，(1)の反応式の係数を基に（反応の量論）[4]，この希硫酸のモル濃度を求めよ．

3) F はファクターを表す．

4) 反応の量論：反応における量的関係を示す式．

解　答

答 5.17 問題 5.1 の場合と同様に，$a\,\mathrm{A} + b\,\mathrm{B} \longrightarrow \cdots\cdots$ では，反応の係数 a, b を用いて，

$\dfrac{\text{Bの物質量 mol}}{\text{Aの物質量 mol}} = \dfrac{C_\mathrm{B}\ \mathrm{mol/L} \times V_\mathrm{B}\ \mathrm{L}}{C_\mathrm{A}\ \mathrm{mol/L} \times V_\mathrm{A}\ \mathrm{L}} = \dfrac{b}{a}$ [5] が成り立つ．この式は，A 分子の a 個(a mol)と B 分子の b 個(b mol)とが反応することを意味する．または，$b\,C_\mathrm{A}V_\mathrm{A} = a\,C_\mathrm{B}V_\mathrm{B}$ [6]．一方，A の a mol と B の b mol とが反応するので，この反応の換算係数として，$\dfrac{\text{Bの}\ b\ \mathrm{mol}}{\text{Aの}\ a\ \mathrm{mol}}$，$\dfrac{\text{Aの}\ a\ \mathrm{mol}}{\text{Bの}\ b\ \mathrm{mol}}$ が得られる．

5) この等式の両辺の分子と分母は逆さでもよい．この分数式は比例式，A のモル数：B のモル数 $= a : b$，を分数で表したものである．

6) 上記の分数式 $C_\mathrm{B}V_\mathrm{B}/C_\mathrm{A}V_\mathrm{A} = b/a$ をたすき掛けして，$b\,C_\mathrm{A}V_\mathrm{A} = a\,C_\mathrm{B}V_\mathrm{B}$

一方，中和滴定や酸化還元滴定などで価数 m を用いる場合は，A と B の間に，$m_\mathrm{A}C_\mathrm{A}V_\mathrm{A} = m_\mathrm{B}C_\mathrm{B}V_\mathrm{B}$ が成立する（pp. 102〜107）．したがって，

$a = m_\mathrm{B}$，$b = m_\mathrm{A}$

反応の係数 a, b と価数 m_A，m_B は逆の関係となる．

答 5.18

(1) $H_2SO_4 + 2\,NaOH \longrightarrow Na_2SO_4 + 2\,H_2O$ [7]：この中和反応式の係数は，1 個の H_2SO_4 と 2 個の NaOH とが反応し，1 個の Na_2SO_4 と 2 個の H_2O を生じる，H_2SO_4 と NaOH が 1 mol と 2 mol とで反応することを示す．

(2) 0.1061 mol/L：1 mol の H_2SO_4 と 2 mol の NaOH とが反応するので，

$$\frac{\text{NaOHの物質量 mol}}{H_2SO_4\text{の物質量 mol}} = \frac{\mathrm{NaOH}(0.1 \times 0.987)\dfrac{\mathrm{mol}}{\cancel{\mathrm{L}}} \times \left(\dfrac{10.75}{1000}\right)\cancel{\mathrm{L}}}{H_2SO_4(x)\dfrac{\mathrm{mol}}{\cancel{\mathrm{L}}} \times \left(\dfrac{5.00}{1000}\right)\cancel{\mathrm{L}}} = \frac{2}{1}\ \text{より，}$$

$x = 0.1061\ \mathrm{mol/L}$

(**換算係数法**) NaOH と H_2SO_4 の反応の換算係数は $\dfrac{\mathrm{NaOH\ 2\ mol}}{H_2SO_4\ 1\ \mathrm{mol}}$ と $\dfrac{H_2SO_4\ 1\ \mathrm{mol}}{\mathrm{NaOH\ 2\ mol}}$．

NaOH 10.75 mL → NaOH mol → H_2SO_4 mol と変換するには，

$$\cancel{\mathrm{NaOH}}\ 10.75\ \cancel{\mathrm{mL}} \times \frac{\cancel{\mathrm{NaOH}}\ 1\ \cancel{\mathrm{L}}}{\cancel{\mathrm{NaOH}}\ 1000\ \cancel{\mathrm{mL}}} \times \frac{\cancel{\mathrm{NaOH}}\ (0.1 \times 0.987)\ \cancel{\mathrm{mol}}}{\cancel{\mathrm{NaOH}}\ 1\ \cancel{\mathrm{L}}} \times \frac{H_2SO_4\ 1\ \mathrm{mol}}{\cancel{\mathrm{NaOH}}\ 2\ \cancel{\mathrm{mol}}}$$

$\fallingdotseq H_2SO_4\ 0.000\,5305\ \mathrm{mol}$．

よって，この希硫酸のモル濃度は，$\dfrac{\mathrm{mol}}{\mathrm{L}} = \dfrac{H_2SO_4\ 0.000\,5305\ \mathrm{mol}}{H_2SO_4\ 0.005\,00\ \mathrm{L}} = 0.1061\ \mathrm{mol/L}$

7) 反応式の書き方は p. 94 を参照．

問題 5.19　中和反応（中和滴定）：0.1 mol/L（$F=0.987$）の H_2SO_4 10.00 mL を約 0.2 mol/L（$F=1.118$）の NaOH で中和滴定した．この硫酸は何 mL の NaOH で中和されるか．$mCV=m'C'V'$ を用いずに，化学反応式の係数と反応物の物質量 mol との関係式・反応の量論をもとに解け．

問題 5.20　酸化還元反応（酸化還元滴定）：0.05 mol/L（$F=1.034$）のシュウ酸ナトリウム $Na_2C_2O_4$[1] 標準液 10.00 mL を硫酸酸性下，約 0.02 mol/L の過マンガン酸カリウム $KMnO_4$ 溶液で滴定したところ 11.23 mL で終点となった．このときの $KMnO_4$ 溶液の濃度を求めよ．反応式は，$5\,Na_2C_2O_4+2\,KMnO_4+8\,H_2SO_4 \longrightarrow 10\,CO_2+2\,MnSO_4+K_2SO_4+5\,Na_2SO_4+8\,H_2O$．$mCV=m'C'V'$ の式（p. 110，答 3.36 参照）を用いずに，化学反応式の係数と反応物の物質量 mol との関係式を用いて解け*．また，答はファクターを用いても表せ．

1）シュウ酸ナトリウムは $(COONa)_2$ とも書く（シュウ酸は $H_2C_2O_4$ または $(COOH)_2$ と書く）．

＊この解き方は，反応式[2] が与えられていないと用いることができない．一方，$mCV=m'C'V'$ を用いる方法では，m, m' がいくつかを知れば[3]，反応式のことはまったくわからなくても簡単に濃度が計算できる．この問題 5.20 では，シュウ酸は 2 価（1 mol＝2 mol の電子[4]），過マンガン酸カリウムは 5 価（1 mol＝5 mol の電子[5]）という知識さえあれば濃度が計算できる（p. 110，答 3.36 参照）．ただし，これらがなぜ 2 価，5 価かを理解するには酸化数の概念や，生成物の知識も必要である[6]．

2）酸化還元反応の複雑な反応式は，酸化剤と還元剤の酸化数の変化に基づいて考えると，容易に得ることができる（酸化剤と還元剤でやり取りする電子の個数を同じにする）．

問題 5.20 の場合は，$Na_2C_2O_4$ が電子 2 個を放出し（注 4），実験条件が硫酸酸性なので $Na_2C_2O_4$ は $H_2C_2O_4$ に変化している），$KMnO_4$ (MnO_4^-) が電子 5 個を受け取る（注 5））．電子 2 個と 5 個の最小公倍数は 10 個なので，$5\,Na_2C_2O_4$ と $2\,KMnO_4$ とが反応する．次に $2\,MnO_4$ の O を $8\,H_2O$ にするための H^+ を H_2SO_4 から供給するには $8\,H_2SO_4$ が必要である．あとは生成物が CO_2，$MnSO_4$，K_2SO_4，Na_2SO_4，H_2O であることがわかっていれば，反応式の左右の原子数と原子団 SO_4 が一致するように右辺の各生成物の係数を求めると（p. 94, 95），問題 5.20 中の反応式が得られる（$H_2C_2O_4$ と $KMnO_4$ の反応ならば，$5\,H_2C_2O_4+2\,MnO_4+3\,H_2SO_4 \longrightarrow 10\,CO_2+2\,MnSO_4+K_2SO_4+8\,H_2O$）．

3）通常，実験・実習書には反応式が記載されている．または，実習担当教員に質問すればよい．

4）$H_2C_2O_4 \longrightarrow 2\,CO_2+2\,H^++2\,e^-$

5）$MnO_4^-+5\,e^-+8\,H^+ \longrightarrow Mn^{2+}+4\,H_2O$

6）pp. 108〜110 を参照．

解 答

答 5.19 0.1 mol/L（$F=0.987$）の H_2SO_4 10.00 mL 中に含まれる H_2SO_4 のモル数（物質量）は $CV=(0.1\times0.987)$ mol/L $\times(10.00/1000)$ L $=0.000\,987$ mol．NaOH の体積を V mL とすると，この 0.2 mol/L（$F=1.118$）の NaOH V L 中に含まれる NaOH のモル数は，$C'V'=(0.2\times1.118)$ mol/L $\times(V/1000)$ L $=0.000\,2236\,V$ mol．よって，

$$\frac{\text{NaOH の物質量 mol}}{H_2SO_4\text{ の物質量 mol}}=\frac{(0.2\times1.118)\frac{\text{mol}}{\text{L}}\times\left(\frac{V}{1000}\right)\text{L}}{(0.1\times0.987)\frac{\text{mol}}{\text{L}}\times\left(\frac{10.00}{1000}\right)\text{L}}=\frac{0.000\,223\,6\,V\text{ mol}}{0.000\,987\text{ mol}}=\frac{2}{1}$$

$V=(0.000\,987\times2/0.000\,223\,6)$ mL $\fallingdotseq$ 8.83 mL

（**換算係数法**）：$H_2SO_4\,10.00\,\text{mL}\times\left(\frac{H_2SO_4\,1\,\text{L}}{H_2SO_4\,1000\,\text{mL}}\right)\times\left(\frac{H_2SO_4\,(0.1\times0.987)\,\text{mol}}{H_2SO_4\,1\,\text{L}}\right)^{7)}\times\left(\frac{\text{NaOH}\,2\,\text{mol}}{H_2SO_4\,1\,\text{mol}}\right)^{8)}\times\left(\frac{\text{NaOH}\,1\,\text{L}}{\text{NaOH}\,(0.2\times1.118)\,\text{mol}}\right)^{9)}\times\frac{\text{NaOH}\,1000\,\text{mL}}{\text{NaOH}\,1\,\text{L}}\fallingdotseq\text{NaOH}\,8.83\,\text{mL}$

ここで，p.104 の**問題 3.31** をこのやり方で解いていてみる．

NaOH 11.32 mL → NaOH mol → H_2SO_4 mol と変換するには，

$$\text{NaOH}\,11.32\,\text{mL}\times\left(\frac{\text{NaOH}\,1\,\text{L}}{\text{NaOH}\,1000\,\text{mL}}\right)\times\left(\frac{\text{NaOH}\,(0.2\times0.987)\,\text{mol}}{\text{NaOH}\,1\,\text{L}}\right)^{10)}\times\left(\frac{H_2SO_4\,1\,\text{mol}}{\text{NaOH}\,2\,\text{mol}}\right)^{11)}$$

$\fallingdotseq H_2SO_4$ 0.001 117 mol．

この硫酸が 10.00 mL に含まれているので，この希硫酸のモル濃度は，

$$\frac{\text{mol}}{\text{L}}=\frac{0.001\,117\text{ mol}}{\left(\frac{10.00}{1000}\right)\text{L}}=0.1117\text{ mol/L}$$

7） H_2SO_4 の体積を含まれる H_2SO_4 の物質量へ変換する．

8） H_2SO_4 と中和する NaOH の物質量 mol へ変換する．

9） NaOH の物質量 mol を NaOH の体積へ変換する．

10） NaOH の体積を NaOH の物質量 mol へ変換する．

11） NaOH の中和に必要な H_2SO_4 の物質量 mol へ変換する．

答 5.20 0.01841 mol/L，0.02 mol/L（$F=0.921$）：過マンガン酸カリウムの濃度を x mol/L として，反応式の係数を用いると以下のようになる．

$$\frac{KMnO_4\text{ の物質量 mol}}{Na_2C_2O_4\text{ の物質量 mol}}=\frac{CV}{C'V'}=\frac{x\frac{\text{mol}}{\text{L}}\times\left(\frac{11.23}{1000}\right)\text{L}}{(0.05\times1.034)\frac{\text{mol}}{\text{L}}\times\left(\frac{10.00}{1000}\right)\text{L}}$$

$$=\frac{0.011\,23\,x\text{ mol}}{0.000\,517\,0\text{ mol}}=\frac{2}{5}$$

たすき掛けして整頓すると，$x=\frac{0.000\,517\,0\times2}{0.011\,23\times5}=0.018\,41$．$x=0.018\,41$ mol/L．

また，この結果をファクター F を用いて表すと，$C=C_0F$ より 0.01841 mol/L $=0.02$ mol/L $\times F$．$F=0.921$．よって，0.02 mol/L（$F=0.921$）．

（**換算係数法**）まず，滴定に用いたシュウ酸ナトリウムが過マンガン酸カリウム何モルにあたるかを計算すると，換算係数は $\frac{KMnO_4\,2\,\text{mol}}{Na_2C_2O_4\,5\,\text{mol}}$ と $\frac{Na_2C_2O_4\,5\,\text{mol}}{KMnO_4\,2\,\text{mol}}$ なので，

$$Na_2C_2O_4\left(\frac{10.00}{1000}\right)\text{L}\times(0.05\times1.034)\frac{\text{mol}}{\text{L}}\times\frac{KMnO_4\,2\,\text{mol}}{Na_2C_2O_4\,5\,\text{mol}}=KMnO_4\,(2.068\times10^{-4})\,\text{mol}.$$

この量の過マンガン酸カリウムが 11.23 mL に含まれているので，$KMnO_4$ のモル濃度は，mol 濃度 $=\frac{\text{物質量 mol}}{\text{体積 L}}=\frac{(2.068\times10^{-4})\text{ mol}}{\left(\frac{11.23}{1000}\right)\text{L}}=0.018\,41$ mol/L．以下は，同上．

6 水素イオン濃度とpH

水溶液中に酸が存在するとその溶液の液性は酸性，塩基が存在すると塩基性（アルカリ性）を示す．この水溶液の酸性，塩基性を示す尺度が**水素イオン（濃度）指数・pH**である．

私たちの胃液はpH 1.0～1.5と酸性（塩酸水溶液），膵液・腸液はpH 8～9と弱塩基性（炭酸水素ナトリウム $NaHCO_3$ 水溶液）であり，血液はpH 7.4±0.02に厳密に制御されている．血液，組織液[1]，細胞内液（細胞質基質），酒，醤油，プールの水などは酸・塩基を加えてもpHがあまり変化しない**緩衝液**（p. 172）である．多くの生物はpH 3以下の酸性条件下では生育できない[2]．地球環境問題の一つである酸性雨（pH<5.6）は車の排ガスなどの人間活動で生じた窒素酸化物 NO_x，硫黄酸化物 SO_x から生じた酸（HNO_3，H_2SO_4 など）が原因であり，森林破壊の一因となっている．このように，酸性・塩基性，pH，緩衝液は，私たちのからだと健康，身のまわりの食品，環境などと密接に関係している[3]．酸・塩基についてはpp. 86～93ですでに学んだ．本章では，pHについて学ぼう．

1）組織間液，間質液ともいう．

2）本ページ下の2）を見よ．

3）本ページ下の3）を見よ．

問題 6.1　(1) 溶液の**液性**が**中性**とはどういう意味か．
(2) **酸性**，**塩基性**の原因物質は何か．

水のイオン積とは何か？

問題 6.2　(1) 水は電気を通すだろうか．それはなぜか．
(2) **水のイオン積**（イオンの掛け算）とは何か．また，イオン積の値を示せ．

問題 6.3　(1) 塩酸HClの1.0 mol/L水溶液の水素イオン濃度 $[H^+]$ はいくつか．
(2) 水酸化ナトリウムNaOHの1.0 mol/L水溶液の水酸化物イオン濃度はいくつか，また水素イオン濃度はいくつか．

解答

答 6.1　(1) 中性とは酸性と塩基性との中間にある性質．酸性（なめて酸(す)っぱい）でもないし，塩基性（苦味，触るとぬるぬるする）でもない．
(2) 溶液が酸性，塩基性を示すその原因物質は，溶液に溶けた酸，塩基．酸っぱい（酸性の）もとは H^+，ぬるぬるの（塩基性の）もとは OH^- である．

2）食酢・酸の静菌・殺菌・除菌効果はよく知られており，寿司飯，日の丸弁当やおにぎりの梅干しはまさにこの効果を利用したものである（冷蔵庫がなかった時代を想起せよ）．昔は酒・ビールの醸造初期過程では，乳酸菌を繁殖させ，生じた乳酸によりpHを低くして雑菌を殺す操作が行われていた．火口湖のように火山性ガスが原因で生じたpHの低い酸性湖では生育できる生物・魚類は限られている．酸性の胃液は殺菌作用があるが，驚くべきことに，胃中には胃がんのもととなるピロリ菌が生息していることが近年明らかになった．

3）無機・有機・分析化学，地球科学，環境科学，生理学，生化学，栄養学，食品学，調理学，衛生学など多分野と関連している．温室効果ガス CO_2 の大気中の増大は海水（pH 8.3）の酸性化を生じはじめている．貝やサンゴなどの炭酸カルシウム（$CaCO_3$）を骨格とする生物への影響が懸念されている．

答 6.2

(1) ごくわずかだけ通す：これは，水中に不純物として低濃度のCa^{2+}，Cl^-などのイオンが溶けているためである．純粋な水はほとんど電気を通さないが，アルコールや石油よりは電気抵抗が小さい．その理由は，水分子H_2Oはアルコールや石油などと異なり，ごくわずかだが解離して水素イオンH^+と水酸化物イオンOH^-とを生じているからである：$H_2O \longrightarrow H^+ + OH^-$[4,5]．

(2) H_2Oが解離して生じたH^+とOH^-の間には，$[H^+] \times [OH^-] = [H^+][OH^-]$[6] $=$ 一定，の関係式が成立している．これを**水のイオン積**K_wといい，室温近傍では，$K_w = [H^+][OH^-] = 10^{-14}$ $(= 0.000\,000\,000\,000\,01)\,(\text{mol/L})^2$（**一定値**）[7] である．

答 6.3

(1) 1.0 mol/L：水に溶けてイオンを生じる物質を**電解質**という．食塩NaCl（塩化ナトリウム）や硫酸ナトリウムなどの塩類が水に溶けて，$NaCl \longrightarrow Na^+ + Cl^-$，$Na_2SO_4 \longrightarrow 2Na^+ + SO_4^{2-}$のように陽イオンと陰イオンとに完全に解離するのと同様に，塩酸や水酸化ナトリウムなどの強酸，強塩基は，$HCl \longrightarrow H^+ + Cl^-$，$NaOH \longrightarrow Na^+ + OH^-$のように，$H^+$と$Cl^-$，$Na^+$と$OH^-$にほぼ完全に解離する[8]．このようにイオンに完全に**解離**（**電離**，**イオン化**）する物質を**強電解質**という（解離度[9] $\alpha = 1$, 100%）．一方，酢酸，アンモニアのような弱酸，弱塩基は解離度$\alpha \ll 1$であり，わずかしかイオンにならない[8]．このようなものを**弱電解質**という．塩酸HClは強酸・強電解質なので[10]，1.0 mol/L水溶液の水素イオン濃度$[H^+] \fallingdotseq 1.0$ mol/Lである．

(2) $[OH^-] = 1.0$ mol/L，$[H^+] = 1 \times 10^{-14}$：NaOHは強電解質なので，1.0 mol/L水溶液の水酸化物イオン濃度$[OH^-] \fallingdotseq 1.0$ mol/L．

一方，水のイオン積$[H^+] \times [OH^-] = 1 \times 10^{-14}$より，水素イオン濃度は

$$[H^+] = \frac{1 \times 10^{-14}}{[OH^-]} = \frac{1 \times 10^{-14}}{1.0} = 1 \times 10^{-14}\ (= 0.000\,000\,000\,000\,01)\ \text{mol/L}$$ である．

4) 10億体の水（H_2O, $H-OH$）という人形があるとすると，そのうち2体だけが頭（H^+）と胴体（OH^-）がバラバラ$H_2O \longrightarrow H^+ + OH^-$になっている状態（水1 L = 1000 g = (1000/18) mol/L = 56 mol/L中に1×10^{-7} mol/LのH^+，OH^-が存在，$1 \times 10^{-7}/56 = 2/10^9$がイオンに解離している）．

8) **酸や塩基の強弱**，**解離度の大小**を**直感的**に**理解**するためには，酸と塩基を**人形**と思ってほしい．人形が100体あるとして，強酸の塩酸は，塩酸という100体の人形が，水に溶かした瞬間に100体ともに，水といういたずら小僧に人形の胴体と頭部をバラバラにされてしまった（解離度$\alpha = 1.00$，解離度100%）．弱酸の酢酸CH_3COOHの場合は，100体のうち，小数，たとえば3体だけがバラバラ事件にあった（$CH_3COO^- + H^+$），残り97体は壊れていないとイメージする（解離度$\alpha = 0.03$，解離度3%，酢酸濃度が0.02 mol/Lの場合）．塩酸，酢酸がバラバラになって生じた頭部が，酸っぱいのもとH^+，胴体が，残りの部分のCl^-や酢酸イオンCH_3COO^-である．

9) **解離度α**の定義：$\alpha = \dfrac{\text{イオン化した数}}{\text{全体の数}} = \dfrac{\text{イオン化したものの濃度}}{\text{全体の濃度}}$

10) 塩酸は強い酸なので，じつは，自らバラバラになりたがり（イオン化しやすく），水中ではHCl分子のほとんど全部がH^+とCl^-になってしまう（注11）の図参照）．したがって，酸っぱいもとの人形の頭（H^+, 8)をよむこと）が水溶液中にたくさんあり，なめるとすごく酸っぱい（強い酸性を示す）．一方，酢酸は少ししかバラバラにならない（人形のままでいたい・首を取られたがらない）ので（注11）の図参照），水溶液中に頭(H^+)の数が少なく，あまり酸っぱくない（弱い酸性しか示さない）．別の例：弱酸，弱電解質はいわば夫と妻がいつも一緒にいたい・めったに単独行動しないラブラブ夫婦；強酸，強電解質は夫と妻がいつも別々に行動する相互尊重・単独行動型夫婦．

4) 本ページ下の4)を見よ．

5) H^+は水素の原子核であり，＋の電荷をもったきわめて小さい粒である．水溶液中ではただちに水分子の非共有電子対（－の電荷）にくっついてしまい（配位結合して），オキソニウムイオンH_3O^+となる．つまり，H^+と書かれたものは，じつはH_3O^+を意味している．よって，水のイオン解離式は，厳密には$H_2O + H_2O \longrightarrow H_3O^+ + OH^-$（p. 92参照）．

6) ここで頻出する[ ]は濃度を表す記号である．たとえば，$[H^+]$はH^+の濃度を示しており，水素イオン濃度とよむ．この濃度単位はモル濃度（mol/L）である．

7) 神様が決めた値．つまり，実験値．この単位は，濃度×濃度なので，$(\text{mol/L})^2$である．

8) 本ページ下の8)を見よ．

9) 本ページ下の9)を見よ．

10) 本ページ下の10)および下の注11)の図を見よ．

デモ実験：濃塩酸（極微量）と氷酢酸（100%酢酸，食酢は3～5%）をなめてみる．

11) 強酸(強電解質)と弱酸(弱電解質)のモデル図

強酸，強電解質(すべてイオン)

H^+ Cl^- H^+ Cl^- H^+
H^+ Cl^- H^+ Cl^- H^+ Cl^-
H^+ Cl^- H^+ Cl^- H^+
H^+ Cl^- H^+ Cl^- H^+ Cl^-

弱酸，弱電解質(イオン少量)

CH_3COOH CH_3COOH
CH_3COOH CH_3COOH
CH_3COO^- CH_3COOH
CH_3COOH H^+ CH_3COOH

6・1　pH とは

問題 6.4　(1) pH は何と発音するか．(2) **pH とは何か**．

a.　pH の定義

問題 6.5　**pH の定義式 2 種類？**

(1) **pH の和訳語**を示せ．

(2) pH の**定義式**を対数形と指数形の **2 種類**で示せ[1]．

(3) **中性，酸性，塩基性**（アルカリ性）の pH はいくつか．

(4) pH は通常どの範囲の値をとるか．　**中性，酸性，塩基性の pH？**

1)　定義式を覚えるだけでは意味がない．理解せよ！

問題 6.6　大多数の読者は pH 7 が中性と知っているだろう．では，pH 7 はなぜ中性なのか．

(1) 中性の定義を述べよ．

(2) 中性における水素イオン濃度を求め，このときの pH が 7 であることを示せ．

定義式の使い方　例 1：$[H^+] = 0.01$ mol/L $= 10^{-2}$ mol/L $= \mathbf{10^{-pH}}$ なので，pH 2
例 2：pH = 2 ならば $[H^+] = \mathbf{10^{-pH}} = 10^{-2}$ (= 0.01) mol/L

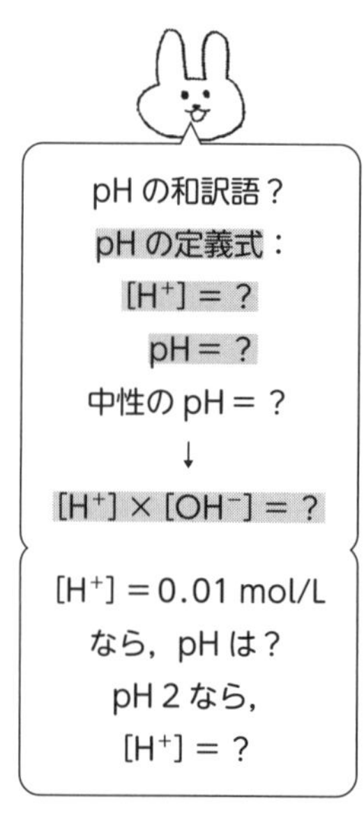
pH の和訳語？
pH の定義式：
[H⁺] = ？
pH = ？
中性の pH = ？
↓
[H⁺] × [OH⁻] = ？
[H⁺] = 0.01 mol/L
なら，pH は？
pH 2 なら，
[H⁺] = ？

解 答

答 6.4

(1) ピーエイチまたはピーエッチ，昔はドイツ語読みでペーハーと発音された．

(2) 酸が水溶液中に存在するとその溶液の液性は酸性，塩基が存在すると塩基性（アルカリ性）を示す．この水溶液の液性（酸性・塩基性）の程度を示す尺度が **pH，水素イオン（濃度）指数** である．この“指数”は，数学の“指数” $y=a^x$ の指数部分 x をさしている：

$[H^+]=10^{-○○}$ ←この○○（**指数**）がpHの値[2]，$[H^+]=10^{-pH}$

問題6.3で示したように，$[H^+]$は，水中で1.0～0.000 000 000 000 01 mol/Lのように大きく変化する．この濃度値をそのまま表すのは不便なので$[H^+]=10^{-14}$，10^{-7} mol/Lと指数で表す．また，この指数を10の－14乗，10の－7乗とよぶのも面倒である．そこで，指数部分のみをとり－14，－7，さらにこの値の－を取って14，7と正の値で$[H^+]$の大小を表せば便利である．これがスウェーデンのSørensenが導入したpHの概念である．つまり，$[H^+]=10^{-n}$ mol/Lのとき，この指数部分を用いて，溶液のpH nと表現する．$[H^+]=10^{-14}$ mol/Lなら溶液のpH 14，10^{-7} mol/LならpH 7である．

2) pHとはpower of $[H^+]$．$[H^+]$の累乗・冪，指数という意味である．

答 6.5

(1) pHとは“**水素イオン(濃度)指数**”（水素イオン濃度を指数で表したときの指数部分）．

(2) **pHの定義式**：水素イオン濃度 $\mathbf{[H^+]=10^{-pH}}$ **mol/L** または $\mathbf{pH=-\log[H^+]}$[3,4]

(3) **酸性**，$pH<7$ （$[H^+]>10^{-7}$ mol/L，$[OH^-]<10^{-7}$ mol/L），pHの値が7より小さいほど酸性が強い．

中性，$pH=7$ （$[H^+]=[OH^-]=10^{-7}$ mol/L），pH 7で水溶液は中性

塩基性（アルカリ性），$pH>7$ （$[H^+]<10^{-7}$ mol/L，$[OH^-]>10^{-7}$ mol/L）．pHの値が7より大きいほど塩基性が強い．

(4) pHは通常0～14[5]の範囲である．pH計（p. 174）や万能pH試験紙で調べることができる．

3) 数学における対数logの定義式：指数 $y=10^x$ なら，$x=\log_{10}y$（指数を対数に変換，$x=\log_{10}y$ は $10^x=y$ という意味）．
よって，
$[H^+]=10^{-n}$ なら，
$n=-\log_{10}[H^+]$
$=-\log[H^+]$，
つまり，$[H^+]=10^{-pH}$ は，
$pH=-\log[H^+]$，
とも表される．

4) **重要** 定義を覚えるだけではダメ．理解せよ．指数・対数に対する実感をもつ必要がある．次ページの対数を学習せよ．

答 6.6

(1) **中性とは$[H^+]=[OH^-]$**のことである（[酸性のもと]＝[塩基性のもと]）．水中では，$H_2O \longrightarrow H^+ + OH^-$，酸性のもと$H^+$と塩基性（アルカリ性）のもと$OH^-$が同じ数だけ存在するので中性である．

(2) $[H^+]=[OH^-]$を水のイオン積の式に代入すると，$[H^+]\times[OH^-]=[H^+]^2=10^{-14}$ $(mol/L)^2$．$[H^+]=\sqrt{[H^+]^2}=\sqrt{1\times10^{-14}}=1\times10^{-7}=10^{-7}$ mol/L $(10^{-7}\times10^{-7}=10^{-14})$ pHの定義は $[H^+]=10^{-pH}$ $(pH=-\log[H^+])$ なので，pH 7．

5) 1～14ではない．
0～14だから，
$(0+14)/2=7$
つまり，pH 7が中性．

b.　対数 log とは何か

log とは
どういう
関数？
指数部分
を求める
もの

問題 6.7　対数とは何か．**指数・対数の実感をもつ**ために以下の問題を考えよう．

(1)　1 円，10 円，100 円，1000 円，10 000 円，1 000 000 円を指数で表せ．

(2)　(1)の答の指数は対数ではどのように表されるか．

(3)　100 000(10^5)の対数はいくつか（$\log_{10}(100\,000)=?$）．

問題 6.8　(1)　0.0001(10^{-4})の対数値(log)はいくつか(これは $0.0001=10^x$ としたときの x の値，指数部分はいくつかということ，$\log_{10}(0.0001)=\log(10^{-4})\rightarrow ?$)

(2)　10^{-5} の log はいくつか（$\log_{10}(10^{-5})\rightarrow 10^{-5}$ の指数部分はいくつか）．

(3)　10^{-12} の log はいくつか（$\log_{10}(10^{-12})\rightarrow 10^{-12}$ の指数部分はいくつか）．

(4)　1 の log はいくつか（$\log_{10}(1)\rightarrow 1=10^x$ の x の値はいくつか）．

(5)　$10^{-10.187}$ の log はいくつか（$\log_{10}(10^{-10.187})\rightarrow 10^{-10.187}$ の指数部分はいくつか）．

問題 6.9

(1)　対数 log とは何か（10^a（$=b$）という指数がある．この対数は何か）．

(2)　1, 10, ……, 10 000 を 10 の累乗で表すと，$1=10^0$，$10=10^1$，……, $10\,000=10^4$ となるのはすぐわかる．では，1〜10 までの数値を 10 の累乗で表す場合はどうか．2〜9 までの値は 10 の何乗か（$2=10^?$，$3=10^?$，$4=10^?$，…，$9=10^?$）．

> **関数電卓の使い方 4：小数表示[1] → 全指数表示[2] の仕方**
> 対数計算（指数部分＝対数値を求める）．例：$2=10^x$，$x=?$，$2=?$

問題 6.10　電卓を用いて，以下を計算せよ．〈暗算できる．10 の何乗かを考える〉

①　10 000 は 10 の何乗か（$10\,000=10^x$ の x を求める）．

②　$1\,000\,000=10^x$，$x=\log_{10}(1\,000\,000)$．x の値を求めよ．　③　$\log_{10}(0.0001)$

④　$\log_{10}(10^{-5})$　⑤　$\log_{10}(10^{-12})$　⑥　$\log_{10}1$ ($10^0=1$)[3]　⑦　$\log_{10}10^{-10.187}$

問題 6.11　電卓を用いて，小数表示(浮動小数点表示)された数値を全指数表示せよ．

①　34.5　②　0.0034　③　2.0($=10^x$)　④　3.0($=10^x$)

⑤　6.0($=10^x$)　⑥　275($=10^x$)　⑦　8760($=10^x$)　⑧　0.000 375($=10^x$)

解　答

答 6.7

(1)　10^0, 10^1, 10^2, 10^3, 10^4, 10^6 円．

(2)　0, 1, 2, 3, 4, 6．⇨つまり，指数の指数部分が対数である！

(3)　5（指数 10^5 の指数部分 5 が対数）[4]

答 6.8

(1)　-4：0.0001(10^{-4})の log(対数値)＝指数部分の値　よって，-4[5]．

(2)　-5：10^{-5} の log＝10^{-5} の指数部分の値 -5．

(3)　-12：10^{-12} の log＝10^{-12} の指数部分の値 -12．

(4)　0：$10^0=1$ の指数部分は 0．$10^0=1$（どんな数値でも 0 乗＝1 は約束）[6]．〈要暗記〉

(5)　-10.187：$10^{-10.187}$ の指数部分 -10.187．

---

1)　**小数表示**：浮動小数点表示のこと．整数でない実数を十進法で示したもの．例：0.0123，345.6

2)　**全指数表示**：
$0.0123\rightarrow 10^{-1.910}$
$345.6\rightarrow 10^{2.538}$
$\log_{10}(x)=n$ の意味．$x=10^n$ なので，与えられた数値の対数を電卓で計算すれば(x, log と押す)，n が求まる．n を使って全指数表示は $x=10^n$ と表される．

3)　一般に，a がどのような数値でも $a^0=1$ となる．

4)　対数 log とは指数部分を求める関数である．

5)　手計算では，
$\log(0.0001)=\log(10^{-4})$
$=-4\log 10=-4$．対数計算のルールは p.165 を参照．

6)　考えてもわからない．グラフを書けばわかる．

答 6.9

(1) 対数とは指数の別表現，$\log_{10} b = a$（10^a の対数は a）：対数とは，問題6.7，6.8の答のように，じつはたんに**指数の別表現**である．

10^a という**指数**があるとする．この10の累乗部分＝**指数部分 a** が（10^a の）**対数値**である．これを 10^a の対数値＝$\log_{10}(10^a) = a$ と約束する[6]．つまり，10^a なる指数があったとき，**指数 10^a の累乗部分は a** である，というのが関数式 log の意味である．

例1）数値の35を10の累乗で表したいとき，つまり，$35 = 10^a$ の a の値を求めたいときは，$\log_{10}(35) = a$ とする．「35を10の累乗で表すとすると，その指数は a である（$35 = 10^a$）」という意味である．

例2）2を10の累乗で表す．つまり，2が10の何乗かを知るには，$2 = 10^a$，$a = \log_{10}(2) = 0.3010\cdots$ とする（「2，log」と電卓を押す）．すなわち，$\log_{10} 2 = 0.3010\cdots$ とは，$10^{0.3010\cdots} = 10^{\log 2} = 2$ であることを意味している（$2 = 10^{0.3010}$，2は10の0.3010乗ですよ，という意味）．

(2) ？は0〜1の間の数値：$1 = 10^0$，$10 = 10^1$ なので，1と10の間の数値2〜9は 10^0〜10^1 の間である．つまり，$2 = 10^?$，$3 = 10^?$，……，$9 = 10^?$ の？は0〜1であるが，？はいくつか，簡単には知ることはできない．

そこで，人類（数学者）は，$2 = 10^? = 10^x$ となる x の値を求める代わりに，10を x 乗すれば2になる数値を，$\log_{10} 2$ と約束・表現することにした，$2 = 10^?$，$? = \log_{10} 2 = 0.3010\cdots$．つまり，$2 = 10^{\log 2} = 10^{0.3010\cdots}$；$3 = 10^?$，$? = \log_{10} 3 = 0.4771\cdots$．つまり，$3 = 10^{\log 3} = 10^{0.4771\cdots}$；$4 = 10^?$，……：log なる関数を発明（導入）したのである．

これは，$5 = x^2$ となる x を求める代わりに，2乗して5になる数値として $\sqrt{5}$，$x = \sqrt{5}$ のように表す方法を工夫したこと・$\sqrt{\ }$ なる関数を導入したことと同じ発想である．つまり，**対数 log** とは $\sqrt{\ }$ と同じ種類の関数，**10^x の x**，累乗値・**指数値を求めるための関数**である．$A = 10^x$ なら累乗値（指数値）$x = \log_{10} A$，$2 = 10^x$ なら $x = \log_{10} 2$ となる．

$\log_{10} 2$ の具体的数値は，電卓を（「**2，log**」と押せば[7] $x = \log_{10} 2 = 0.3010\cdots$，$\log_{10} 3 = 0.4771\cdots$ とわかる．問題6.10と6.11で，実際に関数電卓を用いて log を計算してみよう．

6) **指数を対数へ変換する：$y = 10^x$ のとき**，$x = \log_{10} y \equiv \log y$．これは約束（定義）．一般に，$y = a^x$ のとき，$x = \log_a y$ と表される．

$2 = 10^{0.3010\cdots}$，
$3 = 10^{0.4771\cdots}$
$\log_{10} 2 = 0.3010\cdots$
$\log_{10} 3 = 0.4771\cdots$
大病にかかった．1年間食事をしなかった．
“されど（3010），
死なない（4771）”
と覚える！

関数電卓の使い方4：小数表示 → 科学表記（全指数表示），対数計算（指数部分＝対数値）
$A = 10^x$ なら $x = \log_{10} A \equiv \log A$[8]（$A = 10^x = 10^{\log A}$）．$x$ を求めるための**電卓**操作 →「数値 A，log」．
例：$2 = 10^x \rightarrow x = \log_{10} 2$，電卓「**2，log**」→ 表示 $0.3010\cdots \fallingdotseq 0.30$，$x \fallingdotseq 0.30$．
つまり，$2 = 10^x = 10^{\log 2} \fallingdotseq 10^{0.30}$）．

7) これは安価電卓の場合．高級電卓では「**log，2，=**」と入力する．log 2 の具体的数値は手計算では求めることができない．

8) $\log_{10} A$ を常用対数（常に用いる対数）という．この10を対数の底という．底が10と異なる対数もある．たとえば $\log_2 3$，$\log_5 3$，$\log_e 3 \equiv \ln 3$（自然対数，$e = 2.718\cdots$）など．常用体数 $\log_{10} A$ は，通常は底10を省略してたんに $\log A$ と書く．つまり，$\log_{10} A \equiv \log A$．

答 6.10

① 4：$x = \log 10\,000$，電卓「**10 000，log**」　② 6：電卓「**1 000 000，log**」，
③ −4：電卓「**0.0001，log**」　④ −5：電卓「（**5，+/−**），（**2ndF，10^x**）[9]，**log**」，
⑤ −12：電卓「（**12，+/−**），（**2ndF，10^x**），**log**」
⑥ 0：電卓「**1，log**」　⑦ −10.187：電卓「（**10.187，+/−**），（**2ndF，10^x**），**log**」

9) 10^{-5} の計算．p.165注7)参照．

答 6.11

① $10^{1.538}$：電卓「**34.5，log**」→ 表示：$1.5378\cdots \fallingdotseq 1.538$ →[10] $10^{1.538}$
② $10^{-2.47}$：電卓「**0.0034，log**」→ 表示：$-2.4685\cdots \fallingdotseq -2.47 \rightarrow 10^{-2.47}$
③ $10^{0.30}$：電卓「**2.0，log**」　④ $10^{0.48}$：電卓「**3.0，log**」
⑤ $10^{0.78}$：電卓「**6.0，log**」　⑥ $10^{2.439}$：電卓「**275，log**」
⑦ $10^{3.943}$：電卓「**8760，log**」　⑧ $10^{-3.426}$：電卓「**0.000 375，log**」

10) 電卓で求めた値は，$34.5 = 10^x$ の x なので，科学（指数）表記は $10^{1.538}$ となる．

対数の定義と対数計算の公式？

対数の定義：$A=10^x$(指数) ⇔ $x=?$（常用対数，10^x の指数部分を求める関数）

$\log_{10}2=?$，$\log_{10}3=?$，$\log_{10}(2\times3)=?$，$\log_{10}\left(\frac{2}{3}\right)=?$，$\log_{10}10=?$，

$\log_{10}10\,000=?$，$\log_{10}0.0001=?$，$\log_{10}1=?$，$\log_{10}x=0$ なら $x=?$，$y=10^x$ なら $x=?$，$y=2^x$ なら $x=?$

対数計算の公式：$\log(A\times B)=?$

$\log\left(\frac{A}{B}\right)=?$，$\log A^n=?$，$\log_a b=?$（2つの対数で表すと？）　　(答は次ページ)

c.　log の有効数字

log の値の**整数部分**はもとの数値が 10 の何乗か，つまり，その**数値の桁数**を表している．log の値の**小数点以下の桁数が有効数字**である．したがって，問題 6.11 ② の例では，もとの数値が 0.0034 (3.4×10^{-3}) と有効数字 2 桁なので，対数値は $-2.4685\cdots\cdots \fallingdotseq -2.47$ と小数 2 桁（＝有効数字 2 桁）で表す（$10^{-2.47}=10^{-(3-0.53)}=10^{-3+0.53}=10^{0.53-3}=10^{0.53}\times10^{-3}=3.388\cdots\cdots\times10^{-3}\fallingdotseq3.4\times10^{-3}$ となり，対数値 -2.47 の整数部 -2 は桁数（10^{-3} に変化），小数部 .47（0.53 に変化）が有効数字 3.4 に対応していることがわかる．もし，-2.468 として計算すると，$10^{-2.468}=3.404\cdots\cdots$ となり，3.40 まで一致する．これは有効数字 3 桁である）．

問題 6.12　① 3,　② 3.0,　③ 3.00,　④ 3.000 について，有効数字を考慮して，これらの値の対数値を求めよ．

d.　log の計算（全指数表示[1] → 科学表記[2]）

全指数表示[1]：この計算には関数電卓が必要である．科学(指数)表記[2] の仮数部分をなし（＝1）にして，指数部分だけで表示する方法（指数部分を整数ではなく，小数で表示する方法）．

関数電卓の使い方 5：全指数表示 10^{-B} → 科学表記 $a\times10^b$
例：$10^{-1.7}=y$，$y=?$ を求める．

1)　全指数表示：
$1.23\times10^{-2}\rightarrow10^{-1.910}$
$3.456\times10^2\rightarrow10^{2.5386}$
$0.0123\rightarrow10^{-1.910}$
$345.6\rightarrow10^{2.5386}$

2)　科学表記：
$10^{-1.910}\rightarrow1.23\times10^{-2}$
$10^{2.5386}\rightarrow3.456\times10^2$
$0.0123\rightarrow1.23\times10^{-2}$
$345.6\rightarrow3.456\times10^2$

問題 6.13　以下の全指数表示 10^a を科学表記に変換せよ（$b\times10^c$ の形で示せ）．
① $10^{-3.30}$　② 10^{-8}　③ $10^{-5.2}$　④ $10^{-7.20}$

問題 6.14　以下の全指数表示された数値を科学表記せよ．
① $10^{0.5}$　② $10^{3.56}$　③ $10^{6.7}$　④ $10^{-2.4}$　⑤ $10^{-0.5}$　⑥ $10^{-1.3}$

★指数の不得意な人は pp. 12〜23 を繰り返し学習せよ．

平方根 $\sqrt{\ }$ の定義	$A=x^2$ (2乗)	$x=\sqrt{A}$ ($\equiv\sqrt{A}$)	平方根, $x^2=(\sqrt{A})^2$ $=A$	$\sqrt{\ }$ とは，2乗すればその値 A になる数を示すためのもの	$\sqrt{5}$ とは2乗すれば5になる数字のこと（$\sqrt{5}=$ 2.236 0679…）
対数 log の定義	$A=10^x$	$x=$ $\log_{10}A$ $\equiv\log A$	対数（指数の別表現），$10^x=$ $10^{\log A}=A$	logとは10を累乗すれば A となる累乗数を示すためのもの	log2 とは 10 を累乗すれば2になる数字 $10^{\log 2}$ $=(10^{0.3010\cdots})=2$

$x=\log_{10}A\equiv$[3] $\log A$（対数，常用対数[4]，10^x の指数部分を求める関数）

$\log_{10}2=0.3010$，$\log_{10}3=0.4771$，$\log_{10}(2\times3)=\log_{10}2+\log_{10}3=0.7781$，$\log_{10}\left(\dfrac{2}{3}\right)=$ $\log_{10}2-\log_{10}3=-0.1761$，$\log_{10}10=1$，$\log_{10}10\,000=\log_{10}(10^4)=4$，$\log_{10}0.0001=$ $\log_{10}(10^{-4})=-4$，$\log_{10}1=0(10^0=1)$，$\log_{10}x=0$ なら $x=1$，$y=10^x$ なら $x=\log_{10}y$，$y=2^x$ なら $x=\log_2 y$，$\log(A\times B)=\log A+\log B$，$\log\left(\dfrac{A}{B}\right)=\log A-\log B$，$\log A^n=$ $n\log A$，$\log_a b=\dfrac{\log_{10}b}{\log_{10}a}$[5]

解 答

答 6.12 ① 0.5：$\log_{10}3=0.477\,121\cdots$（3は有効数字1桁なので）≒0.5[6]

② 0.48：$\log_{10}3.0=0.477\,121\cdots$（3.0は有効数字2桁なので）≒0.48[6]

③ 0.477：$\log_{10}3.00=0.477\,121\cdots$（3.00は有効数字3桁なので）≒0.477[6]

④ 0.4771：$\log_{10}3.000=0.477\,121\cdots$（3.000は有効数字4桁なので）≒0.4771[6]

関数電卓の使い方5：全指数表示 10^{-B} → 科学表記 $a\times10^{-b}$

10^{-B} をまず小数表示計算する（電卓キー「**10^x**」を用いて**指数計算**(10^x)）．この後，「**F⇔E**」キーを用いて小数表示の計算値を科学表記へ変換する．電卓「**(数値 B，+/−)，(2ndF，10^x)，F⇔E**」[7]　例：$10^{-1.7}$，$B=1.7$ として計算 → 表示：1.995… −02(1.995…×10^{-2}) → 2×10^{-2}

答 6.13 ① 5.0×10^{-4}：電卓「(**3.30，+/−**)，(**2ndF，10^x**（指数計算キー）)，**F⇔E**（小数表示→科学表記への変換）」→ 表示：5.0118… −04≒5.0×10^{-4}（対数値 −3.30 は有効数字2桁なので，結果も2桁の有効数字で示した）

② 1×10^{-8}：電卓「(**8，+/−**)，(**2ndF，10^x**)，**F⇔E**」→ 表示：1.−08≒1×10^{-8}（対数値 −8 は有効数字0桁なので，結果も0−1桁の有効数字で示した）

③ 6×10^{-6}：電卓「(**5.2，+/−**)，(**2ndF，10^x**)，**F⇔E**」→ 表示：6.309 57… −06≒6×10^{-6}（対数値 −5.2 は有効数字1桁なので，結果も1桁の有効数字で示した）

④ 6.3×10^{-8}：電卓「(**7.20，+/−**)，(**2ndF，10^x**)，**F⇔E**」→ 表示：6.309 57… −08≒6.3×10^{-8}（対数値 −7.20 は有効数字2桁なので，結果も2桁の有効数字で示した）

答 6.14 ① 3（$\times10^0$）：電卓「**0.5**，(**2ndF，10^x**)」（有効数字1桁）

② 3.6×10^3：電卓「**3.56**，(**2ndF，10^x**)，**F⇔E**」（有効数字2桁）

③ 5×10^6：電卓「**6.7**，(**2ndF，10^x**)，**F⇔E**」（有効数字1桁）

④ 4×10^{-3}：電卓「(**2.4，+/−**)，(**2ndF，10^x**)，**F⇔E**」（有効数字1桁）

⑤ 3×10^{-1}：電卓「(**0.5，+/−**)，(**2ndF，10^x**)，**F⇔E**」（有効数字1桁）

⑥ 5×10^{-2}：電卓「(**1.3，+/−**)，(**2ndF，10^x**)，**F⇔E**」（有効数字1桁）

3) ≡は定義．"このように約束します"という意味．

4) 10を底とする対数．10^x の逆関数．$\log_{10}y=x$ なら $y=10^x$，$y=10^x$ なら $x=\log_{10}x$．一般の対数は，$y=a^x$ に対して $x=\log_a y$ である．

5) これらの公式の導出は"演習 溶液の化学と濃度計算"（丸善）の付録参照．

6) 有効数字確認：
$10^{0.5}=3.16\cdots≒3$
$10^{0.48}=3.0199\cdots≒3.0$
$10^{0.477}=2.999\,16\cdots≒3.00$
$10^{0.4771}=2.999\,85\cdots≒3.000$

7) 電卓キーの意味：
「**数値 B，+/−**」：入力した数値 B を $-B$ とする操作．直接 $-B$ とは入力できない．
「**2ndF，10^x**」：入力した $-B$ を用いて，10^{-B} を計算する操作．10^x という関数キーはこの電卓では第二関数2ndFとして登録されている（第一関数はキー上に記されたlog関数）．
「**F⇔E**」：電卓計算の結果表示された科学表記（exponential）と小数表示（浮動小数点表示，floating decimal）を切り替えるキー．1回押すごとにE⇔Fが切り替わって表示される．

e.　log の計算（科学表記[1] → 全指数表示[2]）

1）科学表記：
$0.0123 \to 1.23\times10^{-2}$
$345.6 \to 3.456\times10^{2}$

2）全指数表示
$1.23\times10^{-2} \to 10^{-1.910}$
$3.456\times10^{2} \to 10^{2.5386}$

科学表記[1] → 全指数表示[2]：この計算には関数電卓が必須である．科学表記の数値 $b\times10^{c}$ を全指数表示 10^{d} $(\equiv 1\times10^{d})$ にする（$a=10^{d}$，$b\times10^{c}=10^{d}$ とする）．

> **関数電卓の使い方 6：科学表記** $a\times10^{-b}$ → **全指数表示** 10^{B}
> $a\times10^{-b}=10^{-B}$ の $B=$ ？を求める．　例：$3.0\times10^{-5}=10^{?}$

問題 6.15　以下の科学表記された数値を全指数表示せよ．

① 3.6×10^{4}　　② 0.082×10^{8}
③ 5.0×10^{-7}　　④ 6.50×10^{-11}

問題 6.16　関数電卓を用いて，以下の数を全指数表示せよ（以下の式の x を求めよ）．

① $4.0\times10^{5}(=10^{x})$　　② $5.0\times10^{-3}(=10^{x})$
③ $0.80\times10^{4}(=10^{x})$　　④ $1\times10^{-4}(=10^{x})$

問題 6.17　$\dfrac{10^{-3.4}}{0.01}$ を手計算で① 全指数表示，電卓で② 科学表記せよ．

問題 6.18　次の計算をせよ．答は，① 全指数表示 $10^{a.b}$，② 科学表記 $c\times10^{d}$ の両方で示せ（(1)，(2)の科学表記への変換，(3)～(5)の全指数表示への変換には関数電卓を使用せよ）．

(1) $10^{3.2}\times10^{5.1}$　　(2) $10^{-3.2}\times10^{-5.1}$
(3) $(2\times10^{3})\times(3\times10^{5})$　　(4) $(2\times10^{-3})\times(3\times10^{-5})$
(5) $(0.5\times10^{-3})\times(0.3\times10^{-5})$

f.　対数の手計算[3]（省略可）

3）高校では計算の仕方を覚えただけに過ぎない．必要なら，この計算の仕方を以下，復習せよ（対数の本質を理解するには p.162，163 を納得すること）．

問題 6.19　次の対数式の値を手計算で求めよ（$\log 2=0.3010$，$\log 3=0.4771$）．

(1) $\log 4$　　(2) $\log 5$
(3) $\log 6$　　(4) $\log 8$
(5) $\log 9$　　(6) $\log 12$
(7) $\log 18$　　(8) $\log 20$
(9) $\log 25$　　(10) $\log(9/20)$
(11) $\log 300$　　(12) $\log 0.0002$

解　答

> **関数電卓の使い方 6：科学表記 $a \times 10^{-b}$ → 全指数表示 10^{B}** [4]
>
> 電卓「**数値 *a*，（Exp，*b*，＋/－），log**」[5]　例：$3.0 \times 10^{-5} = 10^{x}$ の x を求める．
> $x = \log(3.0 \times 10^{-5})$ なので，電卓「**3.0，（Exp，5，＋/－），log**」→ 表示：
> $-4.52\cdots \to x = -4.52$（つまり，$3.0 \times 10^{-5} = 10^{-4.52}$）[6]．

答 6.15　① $10^{4.56}$：（3.6×10^{4} の log はいくつか，$\log(3.6 \times 10^{4})$ の値を求める）
電卓「**3.6，（Exp，4），log**」→ 表示：$4.556\cdots \fallingdotseq 4.56 \to 10^{4.56}$
② $10^{6.91}$：電卓「**0.082，（Exp，8），log**」→ 表示：$6.913\cdots \fallingdotseq 6.91 \to 10^{6.91}$
③ $10^{-6.30}$：「**5.0，（Exp，7，＋/－），log**」→ 表示：$-6.301\cdots \fallingdotseq -6.30 \to 10^{-6.30}$
④ $10^{-10.187}$：「**6.50，（Exp，11，＋/－），log**」→ 表示：$-10.1870\cdots$
$\fallingdotseq -10.187 \to 10^{-10.187}$

答 6.16　① $10^{5.60}$：電卓「**4，（Exp，5），log**」→ 表示：$5.60\cdots \to 10^{5.60}$
② $10^{-2.30}$：電卓「**5，（Exp，3，＋/－），log**」→表示：$-2.30 \to 10^{-2.30}$
③ $10^{3.90}$：電卓「**0.8，（Exp，4），log**」→ 表示：$3.90 \to 10^{3.90}$
④ 10^{-4}：電卓「**1，（Exp，4，＋/－），log**」→ 表示：$-4 \to 1 \times 10^{-4}$

答 6.17　① $10^{-1.4}$：分子と分母に 100 を掛けると分母が 1 になる．
$10^{-3.4} \times 100 = 10^{-3.4} \times 10^{2} = 10^{-3.4+2} = 10^{-1.4}$
または，$\dfrac{10^{-3.4}}{0.01} = \dfrac{10^{-3.4}}{10^{-2}} = 10^{-3.4-(-2)} = 10^{-3.4+2} = 10^{-1.4}$ [7]
② 4×10^{-2}：電卓「**（1.4，＋/－），（2ndF，10^{x}），E⇔F**」→ 表示：3.98⋯　−02
$\fallingdotseq 4 \times 10^{-2}$

答 6.18
(1) ① $10^{3.2+5.1} = 10^{8.3}$，②[8] 2×10^{8}　　(2) ① $10^{-3.1-5.1} = 10^{-8.3}$，②[9] 5×10^{-9}
(3) ①[10] $10^{8.8}$，② $6 \times 10^{3+5} = 6 \times 10^{8}$　　(4) ①[11] $10^{-7.2}$，② $6 \times 10^{-3-5} = 6 \times 10^{-8}$
(5) ①[12] $10^{-8.82}$，② $0.15 \times 10^{-3-5} = 1.5 \times 10^{-9}$

答 6.19　(1) $\log 4 = \log(2)^{2} = 2 \log 2 = 2 \times 0.3010 = 0.6020$
（または $\log 4 = \log(2 \times 2) = \log 2 + \log 2 = 2 \log 2 = 0.6020$）
(2) $\log 5 = \log(10/2) = \log 10 - \log 2 = 1 - 0.3010 = 0.6990$
(3) $\log 6 = \log(2 \times 3) = \log 2 + \log 3 = 0.3010 + 0.4771 = 0.7781$
(4) $\log 8 = \log 2^{3} = 3 \log 2 = 3 \times 0.3010 = 0.9030$（または $\log 8 = \log(2 \times 2 \times 2)$）
(5) $\log 9 = \log 3^{2} = 2 \log 3 = 2 \times 0.4771 = 0.9542$（または $\log 9 = \log(3 \times 3)$）
(6) $\log 12 = \log(4 \times 3) = \log 4 + \log 3 = 2 \log 2 + \log 3 = 2 \times 0.3010 + 0.4771 = 1.0791$
(7) $\log 18 = \log(9 \times 2) = \log 9 + \log 2 = 2 \log 3 + \log 2 = 2 \times 0.4771 + 0.3010 = 1.2552$
(8) $\log 20 = \log(2 \times 10) = \log 2 + \log 10 = 0.3010 + 1 = 1.3010$
(9) $\log 25 = \log 5^{2} = 2 \log 5 = 2 \log(10/2) = 2(\log 10 - \log 2) = 2(1 - 0.3010) = 1.3980$
(10) $\log(9/20) = \log 9 - \log 20 = 2 \log 3 - (\log 2 + \log 10) = 0.9542 - 1.3010 = -0.3468$
(11) $\log 300 = \log(3 \times 100) = \log 3 + \log 100 = \log 3 + 2 \log 10 = 0.4771 + 2 = 2.4771$
(12) $\log 0.0002 = \log(2 \times 0.0001) = \log 2 + \log 0.0001 = \log 2 + \log 10^{-4}$
$= \log 2 + (-4)\log 10 = 0.3010 + (-4) \times 1 = -3.6990$

4）全指数表示では，仮数は 1，つまり 1×10^{B}．通常，この $1\times$ は書かないで $c = 10^{B}$ のように表示する．

5）電卓のキーの意味：
「***a***」：$a \times 10^{-b}$ の a．
「**Exp，*b*，＋/－**」：10^{-b} のこと（***b*，＋/－** は $-b$）．
Exp は科学表記の 10^{n}（n は整数）のときのみ使用できる．全指数表示の計算をする場合は「**2ndF，10^{x}**」を使用する．
「**log**」：入力した($a \times 10^{-b}$)の対数値（全指数表示の指数部分 B）を求める操作．

6）手計算では，
$\log(3.0 \times 10^{-5})$
$= \log(3.0) + \log(10^{-5})$
$= 0.4771\cdots + (-5)\log 10$
$= 0.4771\cdots + (-5)$
$\fallingdotseq -4.52$（$= \bar{5}.48$ と書くと 100.48×10^{-5}，つまり 10^{-5} の桁だとわかる）．

7）指数計算のルールは p. 16, 17 参照．

8）「**8.3，（2ndF，10^{x}），F⇔E**」

9）「**（8.3，＋/－），（2ndF，10^{x}），F⇔E**」

10）「**6，（Exp，8），log**」

11）「**6，（Exp，8，＋/－），log**」

12）「**1.5，（Exp，9，＋/－），log**」

6・2　強酸，強塩基の pH：pH, pOH と水素イオン濃度 $[H^+]$，水酸化物イオン濃度 $[OH^-]$

pH（$= -\log([H^+])$ または $[H^+] = 10^{-pH}$）と水素イオン濃度 $[H^+]$，pOH（$= -\log([OH^-])$）[1] または $[OH^-] = 10^{-pOH}$）と水酸化物イオン濃度 $[OH^-]$，**水のイオン積** $[H^+] \times [OH^-] = 10^{-14}$ [2]，pH + pOH の関係を図 6.1 と表に示す．

1）pOH とは pH とまったく同様な概念・値である．水酸化物イオン濃度を指数で表したときの指数値に − をつけたもの：
$[OH^-] = 10^{-pOH}$
$pOH = -\log[OH^-]$

2）pH 7 がなぜ中性かを理解したり，塩基性における OH^- 濃度から H^+ 濃度を求めるときに必須の関係式．
pH，pOH と水素イオン濃度 $[H^+]$，水酸化物イオン濃度 $[OH^-]$．

問題 6.20　次の水溶液の pH，または水素イオン濃度 $[H^+]$ を求めよ．

（1）$[H^+] = 0.01$ mol/L 水溶液の pH　（2）$[H^+] = 0.001$ mol/L 水溶液の pH
（3）0.001 mol/L の HCl 水溶液の pH　（4）$[H^+] = 1 \times 10^{-5}$ mol/L 水溶液の pH
（5）pH 3 の水溶液の $[H^+]$　（6）pH 6 の水溶液の $[H^+]$
（7）pH 13 の水溶液の $[H^+]$
（8）NaOH の濃度が 0.01 mol/L の水溶液の pH（塩基性溶液の pH）

問題 6.21　以下の pH または水素イオン濃度 $[H^+]$ を全指数表示で示せ．

	pH	$[H^+]$		pH	$[H^+]$
（1）胃液	pH = 1.5	$10^?$	（2）水（pH ≠ 7）	pH = ？	$10^{-5.4}$
（3）レモン	pH = ？	10^{-3}	（4）血液	pH = ？	$10^{-7.4}$
（5）せっけん	pH = 8.6	$10^?$	（6）住居用洗剤	pH = 12？	$10^?$

胃液は 0.01〜0.1 mol/L の塩酸水溶液である．胃液が 0.03 mol/L 塩酸水溶液ならば，その pH はどのように求めればよいか．→ 塩酸は強酸なので胃液の水素イオン濃度 $[H^+] = 0.03$ mol/L．よって，胃液の $pH = -\log[H^+] = -\log(0.03) \fallingdotseq 1.5$．この対数計算には電卓が必要である．

問題 6.22　関数電卓を用いて計算せよ[3]．

（1）0.0030 mol/L の HCl 水溶液の pH　（2）5.0×10^{-4} mol/L の HCl 水溶液の pH
（3）pH 1.3 の水溶液の水素イオン濃度（科学表記せよ）
（4）pH 2.50 の水溶液の水素イオン濃度（科学表記せよ）
（5）pH 9.3 の水溶液の水素イオン濃度（科学表記せよ）　（p. 170 につづく）

3）指数計算と電卓の使い方は pp. 12〜23，電卓による対数計算法は pp. 162〜167 と答を参照．

> 以下の pH 計算ができれば，pH 計算と電卓の使い方はすべて OK．
>
> $[H^+] = 0.0030$ mol/L → pH 2.52
> $[H^+] = 5.0 \times 10^{-4}$ → pH 3.30
> pH 2.50 → $[H^+] = 3.2 \times 10^{-3}$
> NaOH 溶液の pH
> $[OH^-] = 4.45 \times 10^{-4}$ → pH 10.468
> pH 9.56 → $[OH^-] = 3.6 \times 10^{-5}$
> 希硫酸の pH 計算
> 薄め液の pH 計算
> pH と pOH 計算

解　答

答 6.20

（1）pH = 2.0：$[H^+] = 0.01$ mol/L では $[H^+] = 0.01 = \frac{1}{100} = \frac{1}{10^2} = 10^{-2}$．
一方，$[H^+] = 10^{-pH}$ なので，両者を比較して $10^{-2} = 10^{-pH}$．よって，pH 2.0．
または，$pH = -\log[H^+] = -\log 10^{-2}$（$= -\log 0.01$）$= -\log 10^{-2} = -(-2)\log 10 = -(-2) = 2$，電卓対数計算「**0.01**（水素イオン濃度），**log**，**＋/−**」

（2）pH = 3：$[H^+] = 0.001 = \frac{1}{1000} = \frac{1}{10^3} = 10^{-3} = 10^{-pH}$．よって，pH 3．
または，$pH = -\log 10^{-3} = 3$，電卓「**0.001**，**log**，**＋/−**」

	pH	$[H^+]=10^{-pH}$ (mol/L)	$[OH^-]=10^{-pOH}$ (mol/L)	pOH	$[H^+]\times[OH^-]$ (水のイオン積)	pH＋pOH* ＝14(一定)
酸性	**0**	$\mathbf{10^0=1}$ **mol/L**	$\mathbf{10^{-14}}$ mol/L	14	$\mathbf{10^{-14}}$	**14**
	1	$10^{-1}=0.1$	10^{-13}	13	10^{-14}	14
	2	$10^{-2}=0.01$	10^{-12}	12	10^{-14}	14
	3	$10^{-3}=0.001$	10^{-11}	11	10^{-14}	14
↑	4	$10^{-4}=0.0001$	10^{-10}	10	10^{-14}	14
	⋮	⋮	⋮	⋮	⋮	⋮
中性	**7**	$\mathbf{10^{-7}}$**＝中性**	$\mathbf{=10^{-7}}$ mol/L	**7**	$\mathbf{10^{-14}}$	**14**
↓	⋮	⋮	⋮	⋮	⋮	⋮
	10	10^{-10}	$10^{-4}=0.0001$	4	10^{-14}	14
	11	10^{-11}	$10^{-3}=0.001$	3	10^{-14}	14
塩基性	12	10^{-12}	$10^{-2}=0.01$	2	10^{-14}	14
	13	10^{-13}	$10^{-1}=0.1$	1	10^{-14}	14
	14	$\mathbf{10^{-14}}$ mol/L	$\mathbf{10^0=1}$ mol/L	0	$\mathbf{10^{-14}}$	14

＊$\mathbf{[H^+]\times[OH^-]=10^{-pH}\times10^{-pOH}=10^{-14}}$(一定)．指数部分を比較すると，**pH＋pOH＝14**[4]．

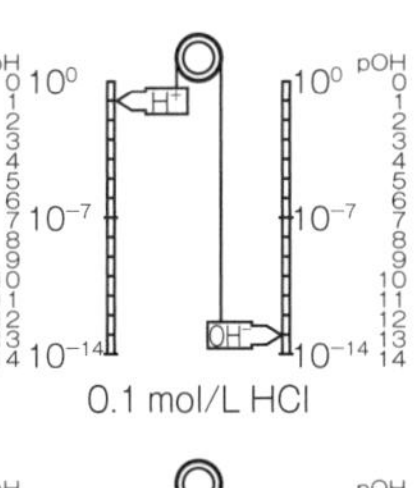

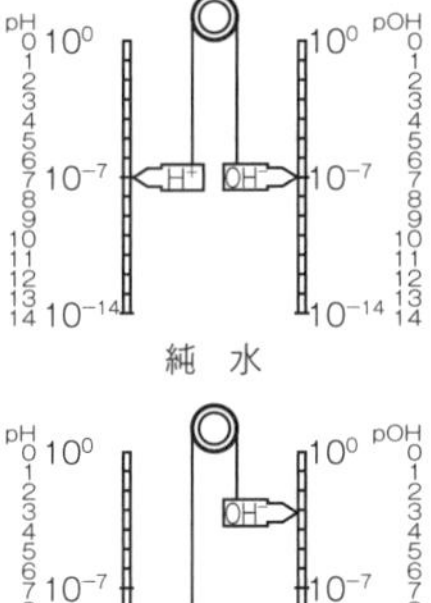

0.001 mol/L NaOH

図 6.1 つるべ井戸形の $[H^+]$ と $[OH^-]$ の相互変化

(3) pH＝3：HCl は強酸なのですべてが解離して H^+ を生じる：$HCl\to H^++Cl^-$．
$[H^+]=0.001$ mol/L＝(1/1000) mol/L＝$1/10^3$ mol/L＝10^{-3} mol/L＝10^{-pH}　よって，pH＝3．または，pH＝−log(0.001)＝3，電卓計算「**0.001，log，＋/－**」

(4) pH＝5：定義$[H^+]=1.0\times10^{-pH}$ mol/L＝10^{-pH} mol/L より pH 5($1.0\times10^{-5}=10^{-5}$)

(5) 0.001 mol/L，10^{-3} mol/L：pH 3 とは $[H^+]=10^{-3}$ (＝0.001) のこと（定義 $[H^+]=10^{-pH}$ に代入）：「(**3，＋/－**)，(**2ndF，10^x**)，**F⇔E**」；「**1，(Exp，3，＋/－)，＝，F⇔E**」

(6) 10^{-6} mol/L：定義より，$[H^+]=10^{-6}$ mol/L

(7) 10^{-13} mol/L：定義より，$[H^+]=10^{-13}$ mol/L

(8) pH＝12：NaOH は強塩基なので，すべてがイオンに解離している．よって，NaOH の濃度 0.01 mol/L では$[OH^-]=0.01$ mol/L．水のイオン積$[H^+]\times[OH^-]=10^{-14}$ より，$[H^+]=\dfrac{10^{-14}}{[OH^-]}=\dfrac{10^{-14}}{0.01}$[5]$=10^{-12}$．pH＝12．または，pH の定義式に 10^{-12} を代入．

4) 図 6.1 と式 pH＋pOH＝14，または図 6.1 と式 $10^{-pH}\times10^{-pOH}=10^{-14}$ との関係を理解せよ．

5) このような計算をしなくても，$[OH^-]=0.01=10^{-2}$ をイオン積の式に代入すると，$[H^+]\times10^{-2}=10^{-14}$．これをじっと眺めると，$[H^+]=10^{-12}$ とわかる（指数の掛け算は指数部分の足し算，したがって，？＋(−2)＝−14，？＝−12）．

答 6.21　(1) −1.5　(2) 5.4　(3) 3　(4) 7.4　(5) −8.6　(6) −12

答 6.22

(1) 2.52：pH＝−log(0.0030)≒2.52，電卓「**0.0030，log，＋/－**」

(2) 3.30：pH＝$-\log(5.0\times10^{-4})$≒3.30，電卓「**5.0，(Exp，4，＋/－)，log，＋/－**」
または，電卓「**5.0，×，(4，＋/－)，(2ndF，10^x)，＝，log，＋/－**」，
または，$5.0\times10^{-4}=10^{\log5.0}\times10^{-4}=10^{0.70}\times10^{-4}=10^{0.70-4}=10^{-3.3}$，pH＝3.3．

(3) 5×10^{-2}[6]：$[H^+]=10^{-1.3}\fallingdotseq5.01\times10^{-2}$，
電卓「(**1.3，＋/－**)，(**2ndF，10^x**)，**F⇔E**」→ 表示：5.01⋯ −02)

(4) 3.2×10^{-3}：$[H^+]=10^{-2.50}\fallingdotseq3.16\times10^{-3}$ (＝0.003 16)，
電卓「(**2.5，＋/－**)，(**2ndF，10^x**)」→ 表示：0.003 16⋯ →「**F⇔E**」→ 表示：3.16⋯ −03)

(5) 5×10^{-10}：$[H^+]=10^{-9.3}\fallingdotseq5\times10^{-10}$　電卓の使用法は同上．
または，$=10^{0.7}\times10^{-10}$＝「**0.7，(2ndF，10^x)**」$\times10^{-10}=5\times10^{-10}$

6) 単位は mol/L
pp. 168～171 の問題の答（6.20，6.22～6.25）に記載された$[H^+][OH^-]$の値は，単位 mol/L が紙面の都合で省略されているので注意すること．

1) 指数計算と電卓の使い方は pp. 12～23，電卓による対数計算法は pp. 162～167 と答を参照．

問題 6.22 （p. 168 のつづき） 関数電卓を用いて計算せよ[1]．

(6) 0.01 mol/L NaOH（水酸化ナトリウム）水溶液の pH．

(7) 0.03 mol/L NaOH（水酸化ナトリウム）水溶液の pH．

(8) $[OH^-] = 4.45 \times 10^{-5}$ mol/L のときの水素イオン濃度$[H^+]$（科学表記せよ）．

問題 6.23 pH および$[H^+]$（科学表記，(12) は$[OH^-]$も）を求めよ（一部電卓使用）．

(1) $[H^+] = 10^{-2}$　(2) $[H^+] = 10^{-12}$　(3) $[H^+] = 10^{-9}$　(4) $[H^+] = 7.5 \times 10^{-8}$

(5) $[H^+] = 5.0 \times 10^{-7}$　(6) $[H^+] = 3.74 \times 10^{-11}$

(7) pH = 4.20（10^{-5} と 10^{-4} の間，10^{-4} に近い）　(8) pH = 3.5

(9) pH = 7　(10) pH = 0　(11) pH = 1.5　(12) pH = 9.56

pH の基本：まとめ問題（p. 161 参照）
pH の日本語訳は？
酸性の pH は？
塩基性の pH は？
中性の pH は？
pH の定義式は？（2 種類）
pH 2 なら$[H^+]$ = ？
$[H^+]$=0.001 mol/L なら pH = ？
10 000 の対数値は？
0.1 の対数値は？
log 0.1 = ？

問題 6.24 以下の水溶液の pH，$[H^+]$を求めよ（関数電卓を使用）．

(1) 0.005 mol/L の塩酸 HCl の pH　(2) 0.01 mol/L の硫酸 H_2SO_4 の pH

(3) $[H^+] = 2.44 \times 10^{-3}$ mol/L 水溶液の pH

(4) $[H^+] = 7.9 \times 10^{-5}$ mol/L の水溶液の pH

(5) $[H^+] = 4.50 \times 10^{-8}$ mol/L 水溶液の pH

(6) $[H^+] = 7.90 \times 10^{-11}$ mol/L の水溶液の pH

(7) pH 2.00 の塩酸を水で 4 倍に薄めた液の pH（pH 2 より大か小か？）

(8) pH 4.80 の水溶液の水素イオン濃度（科学表記せよ）

(9) pH 10.50 の水溶液の水素イオン濃度（科学表記せよ）

(10) 0.0020 mol/L の NaOH 水溶液の pH

(11) 0.040 mol/L の NaOH 水溶液の水素イオン濃度（科学表記せよ）と pH

pH が 1 大きければ水素イオン濃度$[H^+]$は何倍の濃度？（対数値！）1 小さければ何倍の濃度？

問題 6.25 pH または pOH を求めよ．

(1) pH 3.75 の水溶液の pOH　(2) pH 6.0 の水溶液の pOH

(3) pH 9.6 の水溶液の pOH　(4) pH 12.0 の水溶液の pOH

(5) pOH 1.0 の水溶液の pH　(6) pOH 3.5 の水溶液の pH

(7) pOH 8.7 の水溶液の pH　(8) 0.0001 mol/L の NaOH の pOH と pH

(9) 0.006 mol/L の NaOH の pOH と pH　(10) 0.04 mol/L の NaOH の pOH と pH

★ $pH = -\log[H^+]$，$[H^+] = 10^{-pH}$ なので **pH（対数値）が 1 大きければ水素イオン濃度$[H^+]$は 1/10 倍の濃度，1 小さければ 10 倍の濃度**である．

解 答

答 6.22 (6)[2] 12：問題 6.20 (8) の答．別解：$[H^+] \times [OH^-] = 10^{-pH} \times 10^{-pOH} = 10^{-14}$ より pH + pOH = 14*．$[OH^-] = 10^{-pOH} = 0.01 = 10^{-2}$ より pOH = 2，または $pOH = -\log[OH^-] = -\log 0.01 = 2$，電卓「**0.01，log，+/−**」．pH + pOH = pH + 2 = 14．pH = 14 − 2 = 12．

2) p. 169 注 5) のような簡単なやり方もある→$[OH^-]$の対数を計算して，$[OH^-]$を 10 の累乗で表し，これをイオン積の式に代入し，目算で$[H^+]$の値を得る．

＊水のイオン積，$[H^+] \times [OH^-] = 10^{-14}$ の両辺の対数をとると，$\log([H^+] \times [OH^-]) = \log[H^+] + \log[OH^-] = \log 10^{-14} = -14$．式全体に −1 をかけると，$-\log[H^+] - \log[OH^-] =$ pH + pOH = 14 が成り立つ．ただし，$pOH = -\log[OH^-]$ または $[OH^-] = 10^{-pOH}$．

(7)[2] 12.5：$[OH^-] = 0.03 = 10^{-1.52}$ ($\log 0.03 = -1.52$)，$[H^+] \times 10^{-1.52} = 10^{-14}$ より，$[H^+] = 10^{-12.48}$，pH = 12.48 ≒ 12.5

(8)[2] 2.25×10^{-10}：$[H^+] = \dfrac{([H^+] \times [OH^-])}{[OH^-]} = \dfrac{1 \times 10^{-14}}{4.45 \times 10^{-5}} = 2.247\cdots \times 10^{-10}$ ≒ 2.25×10^{-10}

㊟ 答 6.22～6.25 に記載された$[H^+][OH^-]$の値の単位は p. 169 注 6) を確認すること．

答 6.23

(1) 2：$[H^+]=10^{-pH}$ と $[H^+]=10^{-2}$ との比較より pH＝2．または注 3)．

(2) 12：(1)と同様にして解く．　(3) 9：(1)と同様にして解く．

(4) 7.12：$pH=-\log[H^+]=-\log(7.5\times10^{-8})=7.12$　電卓「**7.5，(Exp，8，＋/－)，log，＋/－**」($7.5\times10^{-8}=10^{\log7.5}\times10^{-8}=10^{\log7.5-8}=10^{-7.12}$)[4]

(5) 6.30：(4)と同様にして解く．　(6) 10.427：(4)と同様にして解く．

(7) 6.3×10^{-5}：$[H^+]=10^{-pH}=10^{-4.20}=6.3\times10^{-5}$　電卓「**(4.20，＋/－)，(2ndF，10^x)，F⇔E**」　($10^{-4.20}=10^{-5+0.80}=10^{0.8}\times10^{-5}=6.3$[5]$\times10^{-5}$)

(8) 3×10^{-4}：(7)と同様にして解く．

(9) 1×10^{-7}：$[H^+]=10^{-pH}=10^{-7}=1\times10^{-7}$

(10) 1：$[H^+]=10^{-pH}=10^0=1$（指定計算の定義より．または，「0，2ndF，10^x」）

(11) 3×10^{-2}：(7)と同様にして解く．

(12) 2.8×10^{-10}，3.6×10^{-5}：(7)と同様にして，$[H^+]=10^{-9.56}=2.8\times10^{-10}$，

$$[OH^-]=\frac{1.0\times10^{-14}}{2.8\times10^{-10}}=\frac{1.0}{2.8}\times10^{-14-(-10)}=0.36\times10^{-4}=(3.6\times10^{-1})\times10^{-4}=$$

3.6×10^{-5}[6]

答 6.24

(1) 2.3：塩酸 HCl は強酸で 1 価の酸だから $[H^+]=0.005$ mol/L．$pH=-\log(0.005)=2.3$，電卓「**0.005，log，＋/－**」

(2) 1.7：硫酸 H_2SO_4 は強酸で 2 価，$[H^+]=2\times0.01$ mol/L．$pH=-\log(0.02)=1.7$

(3) 2.613：$pH=-\log[H^+]=-\log(2.44\times10^{-3})=2.613$，電卓「**2.44，(Exp，3，＋/－)，(=)，log，＋/－**」．または，$2.44\times10^{-3}=10^{\log2.44}\times10^{-3}=10^{0.387-3}=10^{-2.613}$．pH＝2.613

(4) 4.10：(3)と同様にして解く．　(5) 7.347：(3)と同様にして解く．

(6) 10.102：(3)と同様にして解く．

(7) 2.60：pH 2.00 では $[H^+]=0.010$ mol/L．$pH=-\log(0.010/4)=-\log(0.0025)=2.60$[7]

(8) 1.6×10^{-5}：$[H^+]=10^{-4.8}=1.6\times10^{-5}$，電卓「**(4.8，＋/－)，(2ndF，10^x)，F⇔E**」

(9) 3.2×10^{-11}：(8)と同様にして解く．

(10) 11.30：$[OH^-]=0.0020$ mol/L, $pOH=-\log0.0020=2.70$, $pH=14-pOH=11.30$
($[OH^-]=10^{-2.70}$，$[H^+]\times[OH^-]=[H^+]\times10^{-2.70}=10^{-14}$，$[H^+]=10^{-11.30}$)

(11) 2.5×10^{-13}，12.60：$[OH^-]=0.040=10^{-1.40}$[8]，pH＝12.60，$[H^+]\fallingdotseq2.5\times10^{-13}$[8]

答 6.25[9]

(1) 10.25：pH＝3.75 とは，$[H^+]=10^{-3.75}$ のこと．$[H^+]\times[OH^-]=10^{-3.75}\times[OH^-]=10^{-14}$ なので，$[OH^-]=10^{-14+3.75}=10^{-10.25}$，つまり，pOH＝10.25．
または，pH＋pOH＝14 より 3.75＋pOH＝14，pOH＝14－3.75＝10.25．

(2) 8.0　(3) 4.4　(4) 2.0　(5) 13.0　(6) 10.5　(7) 5.3

(8) $[OH^-]=10^{-4}$，pOH＝4，pH＝14－4＝10

(9) $[OH^-]=0.006=10^{\log0.006}=10^{-2.2}$，pOH＝2.2（電卓使用），pH＝14－2.2＝11.8

(10) (9)と同様にして解くと，pOH＝1.4（電卓使用），pH＝14－1.4＝12.6

3) $pH=-\log[H^+]$
$=-\log(10^{-2})$
$=-(-2)=2$

4) $\log7.5-8=0.88-8=-7.12$
（前記の電卓計算は「**7.5，×，(8，＋/－)，(2ndF，10^x)，=，log，＋/－**」でもよい）

5) 「**0.8，(2ndF，10^x)**」→6.3

6) pH＋pOH＝14 に pH の値を代入，または，$[H^+]\times[OH^-]=10^{-14}$ に $[H^+]=10^{-9.56}$ を代入すると，$[OH^-]=10^{-4.44}$ (pOH＝4.44) とわかる．この指数を(7)と同様にして電卓計算すると$[OH^-]$の科学表記値が求まる．

7) 4 倍に薄めたので濃度は 1/4．「**0.0025，log，＋/－**」

8) $0.04=10^{\log0.04}=10^{-1.4}$，$pH=14-1.4=12.6$，$[H^+]=10^{-12.60}=2.5\times10^{-13}$（答 6.23(7)と同様に電卓計算）
(10)，(11)は注 2)，6)のやり方で解いてもよい．

9) この問題は注 2)，6)のやり方で解く．

6・3　pH 緩衝液

問題 6.26　緩衝液とはどのような溶液か（緩衝液の性質，特性）を述べよ．

私たちの血液[1]や細胞内液，細胞間質液，酒，醬油，プールの水などは pH，水素イオン濃度に対する**緩衝作用**（衝撃を和らげる作用）をもつ溶液（多少の酸や塩基が加わっても pH がほぼ一定の溶液）である．**弱酸とその塩**（酢酸-酢酸ナトリウム CH_3COOH-CH_3COONa），**弱塩基とその塩**（アンモニア-塩化アンモニウム NH_3-NH_4Cl）の混合溶液などが緩衝液として機能する．

★弱酸・緩衝液の pH については，問題 6.29 以降と "演習 溶液の化学と濃度計算"（丸善），8 章を参照のこと．**塩の加水分解**（p.86）と溶液の pH については後者を参照のこと．

問題 6.27　酢酸緩衝液に，① 塩基（OH^-，NaOH），② 酸（H^+，HCl）を加えた場合の変化を化学式で示せ（緩衝作用を反応式で説明せよ）．

問題 6.28　血液は炭酸緩衝液（炭酸-炭酸水素イオン緩衝液：H_2CO_3-HCO_3^-），細胞内液はリン酸緩衝液（$H_2PO_4^-$-HPO_4^{2-}）である．塩基 OH^-（NaOH），酸 H^+（HCl）を加えたときの反応式を示せ[2]．

酸解離定数（平衡定数）と弱酸水溶液の pH，緩衝液の pH

問題 6.29　平衡とはいかなる状態，平衡定数とは何か．図 6.2 のアンモニアの生成・分解 $N_2 + 3\,H_2 \rightleftarrows 2\,NH_3$ における左右成分組成の時間変化を例に説明せよ．

問題 6.30　酢酸の酸解離平衡 $CH_3COOH \rightleftarrows CH_3COO^- + H^+$ の**平衡定数（酸解離定数）**$K_a = 1.6 \times 10^{-5} = 0.000\,016$ である．この反応の平衡定数の定義式を示した上で，K_a の値を基に，酢酸が強い酸か，弱い酸かを述べよ．

問題 6.31　0.1 mol/L の酢酸水溶液の pH を求めよ．
酢酸の酸解離定数 $K_a = 10^{-4.8}$ ($pK_a = -\log K_a = 4.8$)．

問題 6.32　(1) 血液は炭酸緩衝液である．血液中の炭酸濃度は，$[H_2CO_3] = 1.16 \times 10^{-3}$ mol/L，炭酸水素イオンの濃度は $[HCO_3^-] = 0.023$ mol/L である．血液の pH を求めよ．炭酸の $K_a = 10^{-6.1}$（$pK_a = 6.1$，37℃）．(2) $[HCO_3^-]/[H_2CO_3]$ が以下の比の溶液の pH を求めよ．① 1/1，② 2/1，③ 10/1，④ 1/2，⑤ 1/10．

1) ヒトの血液は pH 7.4 ±0.02 に厳密に制御されており，pH 7.0 以下，7.8 以上では生きていけない．pH 7.35 以下を酸血症（アシデミア），7.45 以上をアルカリ血症（アルカレミア）という．血液の pH を酸性側にしようとする状態・病態（プロセス）をアシドーシス，アルカリ性側にしようとする病態をアルカローシスという（呼吸性と代謝性がある）．

2) H^+, OH^- が加わっても H_2CO_3 と HCO_3^-，$H_2PO_4^-$ と HPO_4^{2-} の範囲での変化である．大量に酸，塩基を加えないと CO_3^{2-}，H_3PO_4，PO_4^{3-} にはならない（この場合，緩衝液とはならない）．

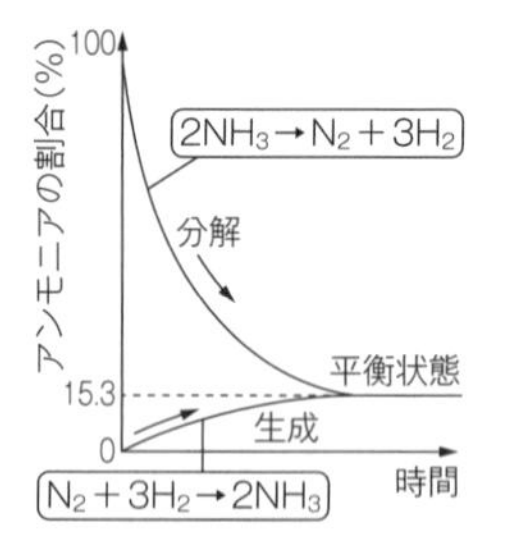

図 6.2　アンモニアの生成と平衡状態

図は高温下でのアンモニアの生成・分解反応，$N_2 + 3H_2 \rightleftarrows 2NH_3$ を示したものである．反応開始時点で N_2 と H_2 だけが存在して NH_3 の濃度 $[NH_3]$ がゼロの場合が図中の下の曲線，反応開始時に NH_3 だけが存在し，$[N_2]$，$[H_2]$ がゼロの場合が上の曲線である．両曲線ともに時間の経過に伴い同一（一定値；15.3%）となっている．

デモ実験：水＋HCl，＋NaOH，（酢酸＋酢酸ナトリウム）水溶液＋HCl，＋NaOH とした 4 種類の水溶液の pH を，万能 pH 試験紙で測定する．

解　答

答 6.26　水溶液に酸を加えると溶液の pH は急降下し酸性に，塩基を加えると pH は急上昇し塩基性になる．ところが，**酸や塩基**を加えても pH があまり変化しない，pH をほぼ**一定に保つ**液がある．この溶液を（pH）**緩衝液**（**バッファー**）という．

答 6.27　酢酸緩衝液 CH_3COOH-CH_3COONa の系に，

① OH^- が加わると緩衝液中の酢酸が OH^- と中和反応し，$CH_3COOH + OH^- \longrightarrow CH_3COO^- + H_2O$ と OH^- を水分子に変えてしまうのでアルカリ性の素 OH^- はあまり増えない．

② H^+ が加わると，酢酸イオン（ブレンステッド塩基，p.86）が $CH_3COO^- + H^+ \longrightarrow CH_3COOH$ と H^+ を受け取り酢酸分子に変化するので，酸性のもとの H^+ は増えない．弱酸とはイオンになりたがらないもの（胴体 CH_3COO^- と頭 H^+ がいつも一緒にいたいもの（解離度≪1））[2]．CH_3COO^- は，もともとは胴体と頭が一緒にいたい性質の CH_3COOH が，無理やりイオンにされた（頭を取られた）ので（$CH_3COO^- + H^+$），H^+ がくればイオンは喜んで $CH_3COO^- + H^+ \longrightarrow CH_3COOH$ と酢酸に戻る．

答 6.28 $H_2CO_3 + OH^- \longrightarrow H_2O + HCO_3^-$（中和 $OH^- \longrightarrow H_2O$），$HCO_3^- + H^+ \longrightarrow H_2CO_3$[3]，$H_2PO_4^- + OH^- \longrightarrow H_2O + HPO_4^{2-}$，$HPO_4^{2-} + H^+ \longrightarrow H_2PO_4^-$[3]
（H^+ は $H_2PO_4^-$ に変化）

答 6.29 反応時間が十分経過し，右向き→，左向き←の反応の速さが等しくなり，左右の物質量の時間変化がみられなくなった状態[4]．この状態では成分濃度の間に一定の関係が成立する．$a\,A + b\,B \rightleftarrows c\,C + d\,D$ で，$\dfrac{[C]^c[D]^d}{([A]^a[B]^b)} = K$(一定)．ここで，***K*** を**平衡定数**という．$N_2 + 3\,H_2 \rightleftarrows 2\,NH_3$ では，$K = \dfrac{[NH_3]^2}{([N_2]^1[H_2]^3)}$ となる．

答 6.30 $K_a = \dfrac{[CH_3COO^-][H^+]}{[CH_3COOH]} = 1.6 \times 10^{-5} = 0.000\,016$：小さい値．この式で分母を1とした場合，分子（$[H^+]$を含む）がたかだか 0.000 016 しかない，つまり，酸はごく一部しか解離しないので，H^+ をわずかしか放出しない＝$[H^+]$小＝あまり酸っぱくない＝弱い酸．酸解離定数の小さい酸は弱い酸である（$CH_3COOH \rightarrow CH_3COO^- + H^+$ の解離度が小さいから弱い酸である（p.159）とも表現できる）．

答 6.31 2.9：$CH_3COOH \rightleftarrows CH_3COO^- + H^+$

$0.1 - x$[5]　　x　　x[5]

$$\boxed{K = \frac{[CH_3COO^-][H^+]}{[CH_3COOH]}} = \frac{(x)(x)}{0.1 - x} = \frac{x^2}{0.1 - x} = 10^{-4.8}\text{[6]}$$

酢酸は弱酸なので $x \ll 0.1$ の条件が成り立つ．つまり，$0.1 - x \fallingdotseq 0.1$，$\dfrac{x^2}{0.1} = 10^{-4.8}$，$x^2 = 0.1 \times 10^{-4.8} = 10^{-5.8}$，

$x = [H^+] = \sqrt{(10^{-5.8})} = 10^{-5.8/2} = 10^{-2.9}$（$10^{-5.8} = 10^{-2.9} \times 10^{-2.9}$，p.16）．よって，pH＝2.9

答 6.32 (1) 7.4：血液中では炭酸のイオン解離平衡，$H_2CO_3 \rightleftarrows HCO_3^- + H^+$ が成立しているので，以下の平衡定数の式が成り立つ．

$$K = \frac{[HCO_3^-][H^+]}{[H_2CO_3]} = \frac{0.023\ \text{mol/L} \times [H^+]}{0.001\,16\ \text{mol/L}} \fallingdotseq 20 \times [H^+] = 10^{-6.1}$$

よって，$[H^+] = 10^{-6.1}/20 = 10^{-6.1}/10^{1.30}$[7] $= 10^{-7.4}$，pH＝7.4

(2) ① 6.1，② 6.4[8]，③ 7.1，④ 5.8，⑤ 5.1．

求め方：(1)の平衡定数の式に数値を代入し，$[H^+]$の濃度を求め，pH＝$-\log[H^+]$に代入して pH を求める．

2) 強酸とは胴体と頭がバラバラになりたがる性質のもの（解離度≒1）．
$HCl \longrightarrow H^+ + Cl^-$
$H_2SO_4 \longrightarrow H^+ + HSO_4^-$
p.89 の答 3.3(3)，p.159 の注 8)，10)も参照のこと．

3) 共役塩基 p.86 が酸に戻る．H^+ は酸に変化．

衝撃液とは？
H⁺ を加えた
場合の変化？
OH⁻ を加えた
場合の変化？

4) 平らでつり合った状態．例：密閉容器中のコップの水と容器中の水蒸気，人口一定の状態（誕生数＝死者数）．

5) なぜこうなるかは人形の例（p.159 の注 8)）を参照．バラバラになった人形の数と，生じた頭(首)の数と胴体の数は同じ．例：最初に人形が 100 体，頭は 0，胴体も 0→平衡状態で人形は 100 体－3（＝97），頭 3，胴体 3．

6) この式を変形すると，$x^2 + 10^{-4.8}x - 0.1 \times 10^{-4.8} = 0$．この方程式を解いて（p.24）$x$ を求めてもよい．

7) 本ページ下の 7)を見よ．

8) 平衡定数の式に数値を代入すると $(2/1) \times [H^+] = 10^{-6.1}$．$2 \fallingdotseq 10^{0.30}$（$\log 2 = 0.3010$）．これを上式に代入すると，$10^{0.30} \times [H^+] = 10^{-6.1}$．両辺に $10^{-0.30}$ を掛けると，$[H^+] = 10^{-6.4}$，つまり，pH＝6.4．③～⑤も同様に計算する．

7) $20 = 2 \times 10 = 10^{0.3010} \times 10^{1.0} \fallingdotseq 10^{1.30}$（$\log 2 = 0.3010$ より，$2 = 10^{0.3010}$），または，関数電卓で，$\log 20 \fallingdotseq 1.30$ より，$20 = 10^{1.30}$．よって，$[H^+] = 10^{-6.1}/20 = 10^{-6.1}/10^{1.30} = 10^{-6.1-1.30}$（指数計算は p.16 参照）$= 10^{-7.4}$．または，平衡定数の式の対数を取り，式全体に－をつけると，$-\log K_a = -\log([HCO_3^-]/[H_2CO_3]) - \log[H^+]$．$-\log[H^+] = \text{pH}$（pH の定義，p.161 参照），$-\log K_a = pK_a$ と置いて，これらを上式に代入すると，$\text{pH} = pK_a + \log([HCO_3^-]/[H_2CO_3])$（**ヘンダーソン・ハッセルバルヒの式**）．この式に値を代入すると $\text{pH} = 6.1 + \log(20/1) = 7.4$

★弱酸の pH，緩衝液の原理と pH の計算ができない人，上記の説明や式の意味がわからない人は“演習溶液の化学と濃度計算”（丸善），pp.124～158 を勉強すること．

6・4　pH 計と pH 測定の原理

デモ実験：Cu^{2+} 溶液に金属亜鉛 Zn を浸したときの変化 $Cu^{2+} + Zn \longrightarrow$；$Zn^{2+}$ 溶液に金属銅 Cu を浸したときの変化 $Zn^{2+} + Cu \longrightarrow$；$Ag^{+}$ 溶液に金属銅 Cu を浸したときの変化 $Ag^{+} + Cu \longrightarrow$ を観察する．

銅 Cu と亜鉛 Zn のような，イオン化傾向（陽イオンへのなりやすさ・酸化されやすさ）の異なる 2 種類の金属板を電極として電解質溶液に浸し，両電極を導線でつなぐと電流が流れ，化学電池となる（図 6.3）．

一方，濃度の異なった 2 つの電解質液を，液絡部をもつ隔膜で仕切り，両液に同じ金属の電極を浸して電極間を導線でつないでも起電力（電位差・電圧）を生じる（図 6.4）．これを**濃淡電池**[1] といい，電位差は両液の濃度比に依存する．

pH 計（図 6.5, 6.6）は，この原理を利用して試料溶液の pH を測定する装置である．**ガラス電極**という水素イオンを選択的に透過するガラス薄膜の内部に，水素イオン濃度一定 $= [H^{+}]_0$ の溶液を入れた pH 感応性の銀-塩化銀電極（内部電極・参照電極(1)）を**指示電極**（図 6.7）[2]，水素イオン濃度未知 $= [H^{+}]_x$ の試料溶液に浸した銀-塩化銀電極（参照電極(2)）を**比較電極**（図 6.6, 6.7）[3] とした，一種の濃淡電池の電位を電位差計で測定することで試料溶液の $pH = -\log[H^{+}]_x$ を求める（図 6.5, 6.6）[4]．この電池の電池式は，[参照電極(1)|$[H^{+}]_0$ ⁞ $[H^{+}]_x$‖参照電極(2)][5] と表される．

この電池の電位 E は**ネルンストの式**[1]，$E = E^0 + \dfrac{2.303RT}{F}\log\dfrac{[H^{+}]_0}{[H^{+}]_x}$ で表すことができる．25℃では[6]，

$$E = E^0 + 0.059\log\frac{[H^{+}]_1}{[H^{+}]_x} = \alpha' + 0.059\log[H]_1 + 0.059\log\frac{1}{[H^{+}]_x}$$

$$= \text{一定値}\ ([H]_1\ \text{はガラス電極内の水素イオン濃度}) + 0.059\log\frac{1}{[H^{+}]_x}$$

$$= \alpha(\text{一定値}) + 0.059\,pH_x$$

となり，電位 E を測定すれば試料溶液の pH（pH_x）が求まる．α は装置に由来する定数である．pH 標準液の電位 E_s，pH 未知の試料溶液の電位 E_x は，それぞれ，$E_s = \alpha + 0.059\,pH_s$，$E_x = \alpha + 0.059\,pH_x$ と表される．したがって，

$$E_x - E_s = 0.059(pH_x - pH_s),\quad (pH_x - pH_s) = \frac{E_x - E_s}{0.0591}.\ pH_x = \frac{E_x - E_s}{0.0591} + pH_s.$$

そこで，pH 既知の **pH 標準液**の pH(s) と試料溶液について測定した電位を上式に代入する（標準液で装置を較正する）ことにより，E_x の測定値から試料溶液の pH_x を求めることができる．pH 標準液としては，フタル酸塩標準液(pH 4)，中性リン酸塩標準液(pH 7)，ホウ酸塩標準液(pH 9)[7] が用いられている．

問題 6.33　pH 計は 2 つの電極から構成されている．この電極とは何か．その構成・詳細も述べよ．

問題 6.34　pH 計による pH の測定原理を述べよ．

問題 6.35　pH 計較正液として用いられる pH 4, 7, 9 の標準液はどのような塩の水溶液か．塩の名称・化学式と溶液中の酸塩基平衡の反応式（緩衝液の原理）を示せ．

1）“演習 溶液の化学と濃度計算”（丸善），p.189, 190 参照．

2）指示電極（図 6.6, 6.7）：分析する物質に依存して電位差を示す電極，分析する物質の濃度を指示する電極．

3）比較電極（図 6.6, 6.7）：分析する物質に依存しないで一定電位を示す電極．銀-塩化銀電極とは金属の銀の表面に塩化銀の固体を付着させたものであり，比較電極ではこれが KCl の飽和溶液に浸されている．KCl 溶液はピンホールやセラミックで試料液とつながっている．内部液（塩橋）には KCl 溶液が用いられる．

4）電気化学的分析法．

5）| は固液界面，⁞ はガラス薄膜，‖ は KCl 濃厚液（塩橋）で両極の溶液をつないだ場合を意味する．

6）電位は溶液の温度により変化するので，この影響を補償する必要がある．このために温度補償電極が用いられる．最近では，これが電極に組み込まれたものや，ガラス電極，比較電極と温度補償電極を一体化した複合電極，一本形電極が主流である．

7）答 6.32 を参照．

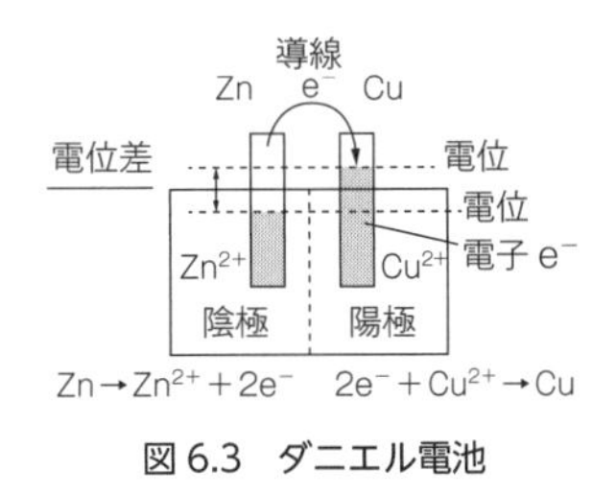

図 6.3 ダニエル電池

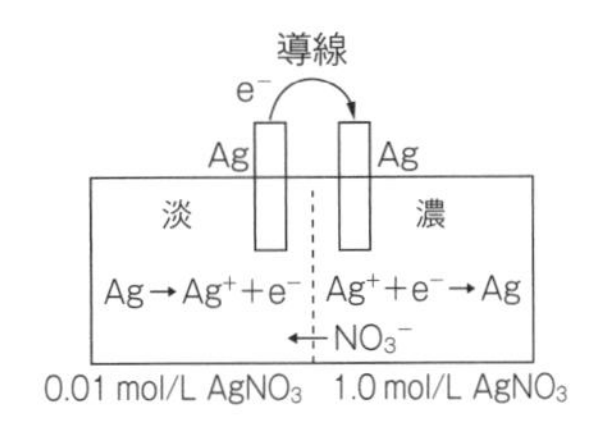

図 6.4 濃淡電池

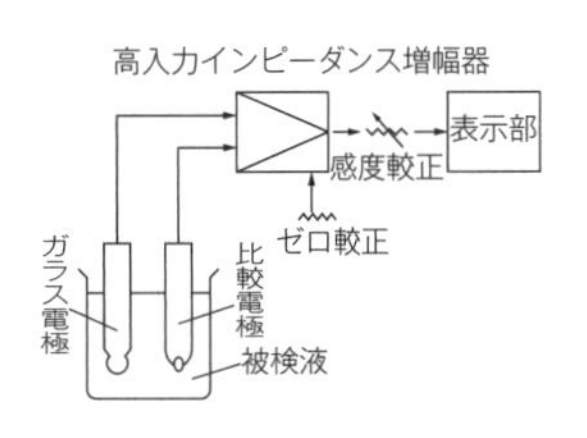

図 6.5 pH 計の原理図

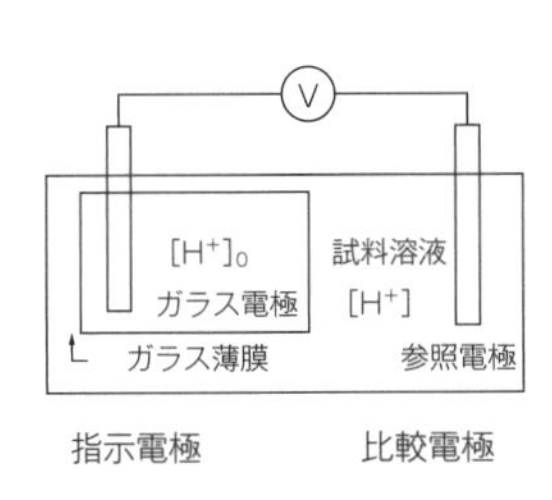

図 6.6 pH 計

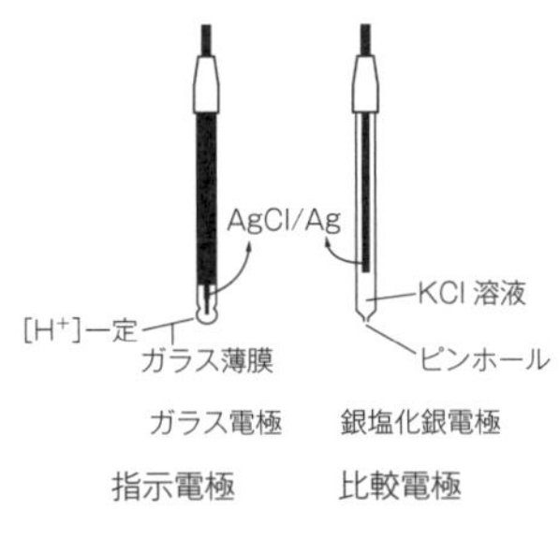

図 6.7 pH 計の電極

解 答

答 6.33 指示電極：ガラス電極[8]［水素イオンを選択的に透過するガラス薄膜の内部に水素イオン濃度一定の溶液を入れた pH 感応性の銀-塩化銀電極（内部電極・参照電極(1)）］．
比較電極：試料溶液に浸した銀-塩化銀電極（参照電極(2)）

8) ガラス電極とは，水素イオンに感応する電極のひとつ．

答 6.34 電極内部に水素イオン濃度一定の溶液を入れた pH 感応性のガラス電極と，水素イオン濃度未知の試料溶液で構成される濃淡電池の，電位を測定することにより試料溶液の pH を求める．

答 6.35

pH 4 較正用の標準液：フタル酸塩標準液（$C_6H_4(COOH)(COOK)$ 水溶液：pH 4.01，25 ℃）
$C_6H_4(COOH)_2 \rightleftharpoons C_6H_4(COOH)(COO^-) + H^+ \rightleftharpoons C_6H_4(COO^-)_2 + 2\,H^+$，

pH 7 較正用の標準液：中性リン酸塩標準液（$Na_2HPO_4/KH_2PO_4 = 1/1$ の水溶液：pH 6.86，25℃），$H_2PO_4^- \rightleftharpoons HPO_4^{2-} + H^+$

pH 9 較正用の標準液：ホウ酸塩標準液（四ホウ酸ナトリウム $Na_2B_4O_7$ の水溶液：pH 9.18，25℃），$B(OH)_3 + H_2O \rightleftharpoons B(OH)_4^- + H^+$

7 比色法とその原理・光と色〈本章は問答形式の解説である〉

本章では，学生実験に頻用される比色法とその原理について学ぶ．中和滴定などの化学分析に対して，比色法のような機器・装置を使った物理化学的な原理に基づいた分析法を機器分析という．比色法は光を用いた光学的分析法の中で最も一般的な分析方法であり，血液，尿，食品の成分，環境物質などさまざまな物質の分析に利用されている．光学的分析法には**比色分析法**のほか，**蛍光分析**（ビタミン分析など），**炎光分析**（Na^+・K^+ の分析），**原子吸光分析**（Fe，Zn などの各種元素の分析）などの方法が知られている．以下，比色法を学ぶ前に，まずその前提である光と色について学ぼう．

デモ実験：（炎色反応の観察）花火のさまざまな光の色，トンネルおよび高速道路の夜間照明灯の橙色などは，高校化学で学んだ炎色反応の光の色と同じものである．炎色反応は炎光分析に利用されている．

光には7色の虹の可視光線のほか，熱線である赤外線，日焼けを引き起こす化学線である紫外線（UVA，UVB，UVC）* がある．紫外線は厨房などの殺菌灯にも利用されており，また，健康（皮膚がんなど）との関連で環境衛生学，食品衛生学でも学ぶはずである．赤外，可視，紫外のすべての光が光学的分析法に利用されている．

*　**UVA**：315〜400 nm 長波長紫外線．皮膚の深部まで届き，肌に影響を与える．
UVB：280〜315 nm 日焼け光線．
UVC：280 nm 未満 オゾン層の作用で地表に達しない（きわめて危険な光線，答 7.12 参照）．

1)　周期（周波数），循環．もともとは円，輪の意．自転車 bicycle（2輪車）など．

7・1　光と波：光は波であると同時に粒子としてもふるまう

問題 7.1　光は波の一種である．波を記述する要素は3つあり，その1つは振幅（波のゆれ幅）である．残りの2要素は何か．名称を述べ，説明せよ．またこの要素を表すギリシャ文字とその単位を示せ．

解　答

答 7.1　光の**波としての性質**

① **振　幅**：波の山谷の高さ・深さの1/2（図 7.1）．

② **波長 λ（ラムダ）**：波の一つの山から次の山までの距離のこと（図 7.1）．単位は m（MKS 単位系）．nm（ナノメートル）$= 10^{-9}$ m で表す．ラジオ波は長い波長 1 cm〜1 km の波，X 線はたいへん短い波長 10^{-8}〜10^{-6} cm（0.1〜10 nm）の波．

③ **振動数 ν（ニュー）**：1秒間に繰り返す波（波長単位，波の山）の数（図 7.1）．周波数ともいう．ヘルツ Hz（人名由来）で表す（昔はサイクル[1] といった）．
FM ラジオの周波数は 80 MHz（メガヘルツ）前後であり，これは1秒間に波が波長を 8000 万回（メガ(M) $= 10^6$）繰り返すことをさす．

AM ラジオは 530〜1600 kHz，テレビは 100 MHz である．家庭の交流電気は波の一種で，東日本では 50 Hz，西日本では 60 Hz と国の東西で周波数が異なる（図 7.1）．

振動数 ν = 光速 c/波長 λ

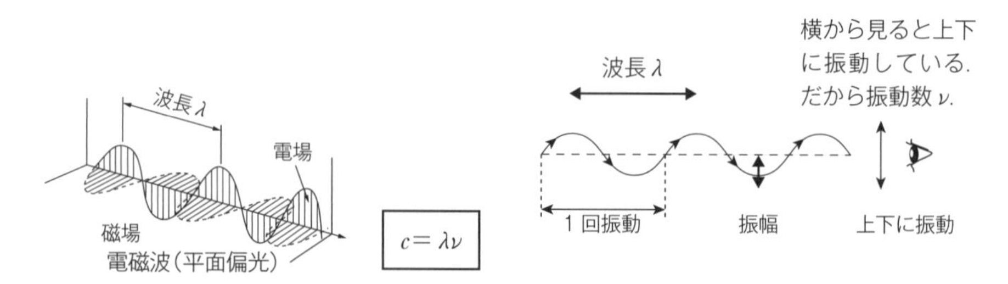

図 7.1　光（光波）の性質（振幅，波長 λ，1秒間あたりの振動数 ν，光速度 c）

問題 7.2　光の速さ（光速）は記号 c で表される．光速 c は秒速何 cm か（1 秒間に何 cm 進むか），秒速何 m か．また，c を波の 2 要素を用いた式で表せ（$c=$?）．

解　答

答 7.2　光速 c：(3×10^{10} cm/s $=3\times10^{8}$ m/s：毎秒 3×10^{8} m $=$ 30 万 km/s）1 秒間に地球を 7.5 周する速さ（地球 1 周 4 万 km）[2]．$c=$ 波長 $\lambda\times$ 振動数 $\nu=\lambda\nu$

2）1 m の定義：子午線の北極点から赤道までの距離（地球 1 周の 1/4）の 1000 万分の 1＝1 m．したがって，地球 1 周は 4000 万 m＝4 万 km．

問題 7.3　光を光子とよぶこともある．では，光子とは何か．

解　答

答 7.3　光子＝光量子＝エネルギーの塊を意味する．光は波であると同時に**粒子としての性質**ももつ．光子という言葉は，光が粒子の性質をもつ（エネルギーの塊である）ことを強調する場合に用いられる．

問題 7.4　光子のエネルギー E を，光の波としての 2 要素を用いて表せ．

解　答

答 7.4　光子のエネルギー $E=$ 定数 $h\times$ 振動数 $\nu=h\nu=h$(光速 c/波長 λ) $\propto 1/\lambda$ [3]

ここで，h はプランク定数（$h=6.63\times10^{-34}$ J·s）を示す（J：ジュール，s：秒）．

光の**エネルギー E** は**波長 λ** の**逆数**に**比例**する（波長に反比例する，短波長の光ほどエネルギーが大きい）．

3）光速 $c=$ 波長 $\lambda\times$ 振動数 ν より，$\nu=\dfrac{\text{光速}\ c}{\text{波長}\ \lambda}$．

よって，$E=h\nu=\dfrac{hc}{\lambda}$

$\propto$ は "比例する" という数学の記号．

光のエネルギーの大きさと波長大きさの関係(式)？

問題 7.5　**白色光** とは何か．**単色光** とは何か．

解　答

答 7.5　白色光とは，可視光線のすべての波長（色）の光が均等に混ざった，色合いの感覚を与えない光のことである（太陽光など）．白色光はプリズムを通すと虹の 7 色に分かれる（図 7.2）．この**光の分散**で得られた 1 種類の波長（色）の光を**単色光**という．分散と逆に，虹の 7 色を合わせる，**光の三原色**（赤色・緑色・青紫色）を合わせる，ある色とその補色（余色，p. 180）を合わせると，**白色光**（無色）となる．

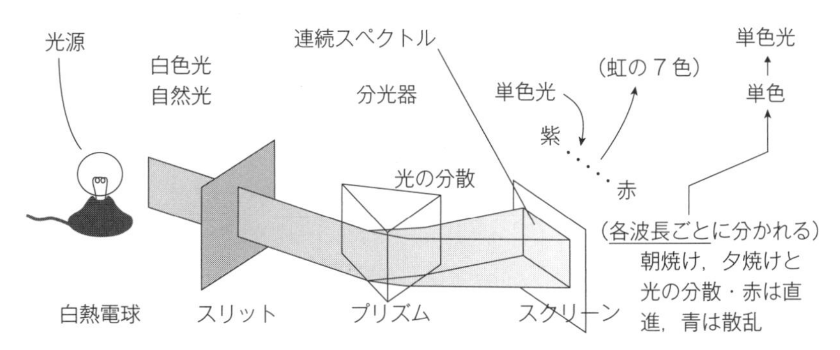

図 7.2　分光器，白色光（虹の 7 色），白熱電球からの発光
［中田宗隆，"化学　基礎の考え方 12 章"，東京化学同人（1994），p. 237 を一部改変］

問題 7.6　白色光から単色光を取り出すことを何というか．この装置は何か．

解　答

答 7.6　**分光**（光を分ける）．装置を分光器という．雨上がりにみられる虹は，空気中に浮遊した水滴で太陽光が分散（分光）されて（図 7.2），いろいろな波長の光が 7 色に分かれて見える現象である．

デモ実験：CD を用いた手作り分光器で，太陽光，蛍光灯，線スペクトルを観察する．

問題 7.7　分光器はプリズム，または回折格子よりできている．プリズムとは何か．また，これらの部品で単色光を取り出すことができる原理を述べよ．

解　答

答 7.7　プリズムとは透明ガラスなどの三角柱のことであり，光を屈折・分散させるために用いる．透過時の屈折率（折れ曲がり具合）が光の波長によって異なる（図 7.2）[1]．回折格子については“演習 溶液の化学と濃度計算”（丸善），p. 201 参照[2]．

1）短波長ほど折れ曲る角度が大きくなる．長波長の波ほど直進する傾向がある．

2）波の干渉（複数の波が強め合ったり弱め合ったりすること，図 7.3）の原理を用いて分光する．

光の波長と光のエネルギーとの関係：なぜ紫外線で日焼けするのか

ある波長の光が人の目に入ると，人はその光をある色の光として認識する．図 7.4 に，人が，いかなる波長（エネルギー）の光をいかなる色の光と感じるか（光の色）を示す．

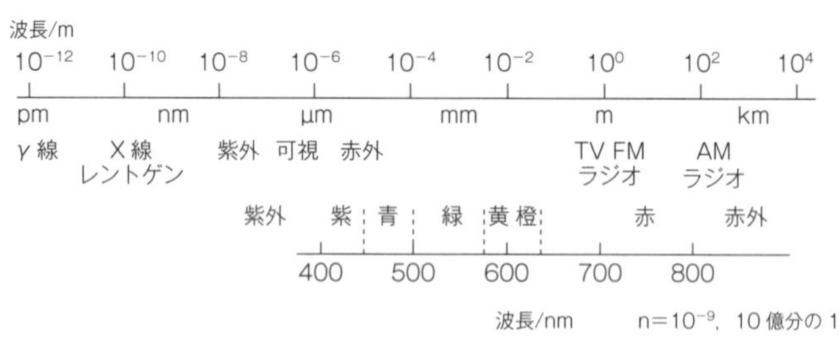

図 7.4　光の波長と色

2 つの波の合成：
波長と同程度の幅をもつ溝の列（回折格子）で光が反射されると，隣同士の溝で反射された 2 つの光波の進む距離が異なってくるため，反射後の波の位相が互いにずれてくる．

位相（位置）が同じ波は強め合い，波の振幅は倍増する．

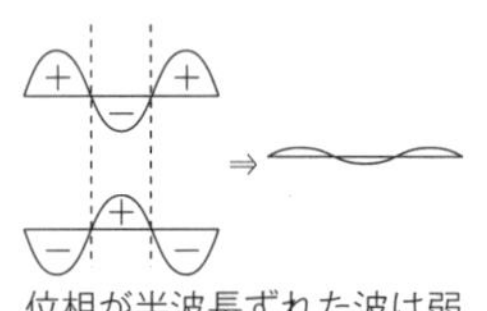

位相が半波長ずれた波は弱め合い，波は消失する．

図 7.3　波の干渉

問題 7.8　以下の値を求めよ．

（1）振動数 810 kHz の AM ラジオ波の波長．

（2）79.5 MHz の FM ラジオ波の波長．

（3）波長 1×10^{-10} m の波の振動数．

解　答

答 7.8

（1）370 m：光速 $c = \lambda \times \nu$（答 7.2）より，$\lambda = \dfrac{c}{\nu} = \dfrac{3.0 \times 10^{8}\ \text{m/s}}{810 \times 10^{3}/\text{s}} = 370\ \text{m}$

（2）3.8 m：$\lambda = \dfrac{3.0 \times 10^{8}\ \text{m/s}}{79.5 \times 10^{6}/\text{s}} = 3.77\ \text{m} \fallingdotseq 3.8\ \text{m}$

（3）3.0×10^{18} Hz：$\nu = \dfrac{c}{\lambda} = \dfrac{3.0 \times 10^{8}\ \text{m/s}}{1 \times 10^{-10}\ \text{m}} = 3.0 \times 10^{18}/\text{s}$

$= 3.0 \times 10^{18}\ \text{Hz}$（$= 3.0 \times 10^{12}$ MHz（メガヘルツ））[3]

3）$= 3.0 \times 10^{9}$ GHz（ギガヘルツ）$= 3.0 \times 10^{6}$ THz（テラヘルツ）．
M，G，T は p. 45 参照．

問題 7.9 目に見える（色として感じる）光を可視光（Vis：visible light）という．可視光の波長を表す単位は何か．また，可視光の波長域を示せ．

光のエネルギーの大きさと波長の大きさの関係式？

解答

答 7.9 可視光の波長単位 nm はナノメートルと読み 10^{-9} m（$1/10^9$ m，0.000 000 001 m，10 億分の 1 m）を意味する．可視光の波長はほぼ 400 nm（紫色：短波長側）～800 nm（赤色：長波長側）．

7・2 光の波長と光のエネルギーとの関係：さまざまな電磁波の波長とエネルギー

問題 7.10 **赤外線**（**IR**：infra red）[4]，**紫外線**（**UV**：ultra violet）[4] とは何か．また，赤外線は暖かいだけであるが，紫外線では日焼けする．これはなぜか．

解答

答 7.10 約 800 nm より長波長（～1 mm）の光が赤外線（プリズムを通すと虹(7 色)の赤色の外側に出てくる目に見えない光），400 nm より短波長（～1 nm）の光が紫外線（虹の紫色の外側に出てくる目に見えない光）である．両者の影響の違いは光のエネルギーが異なるためである．赤外線ではエネルギーは小さく，紫外線では大きい（答 7.4 参照）．

エネルギー E の大きさは波長 λ の逆数に比例・波長に反比例するので（$E = hc/\lambda$），赤い光（長波長の波）はエネルギーが小さく，紫色の光はエネルギーが大きい．**赤外線**は手に当てても暖かいと感じるだけであるが（**熱線**），紫外線は手に当てると日焼けする．これは紫外線が化学反応を引き起こすためである．そこで**紫外線**を**化学線**ともいう．紫外線はフロンガスの分解や，殺菌に利用したり（厨房や皮膚科の殺菌灯など），DNA 分子の結合切断によりがんを誘発したりする[5]．

問題 7.11 以下の電磁波(光)のエネルギーを光子 1 mol あたりの単位，kcal/mol で求めよ(光のエネルギー $E = h\nu = hc/\lambda$；1 mol の光のエネルギー $= (h\nu) \times N_A = h(c/\lambda) \times N_A$，プランク定数 $h = 6.6 \times 10^{-34}$ J・s，光速 $c = 3.0 \times 10^{10}$ cm/s $= 3.0 \times 10^8$ m/s，アボガドロ定数 $N_A = 6.0 \times 10^{23}$/mol，1 cal ≒ 4.2 J，1 kcal = 1000 cal)[6]．この光エネルギーで仮に水 1 L(= 1 kg)を温めることができるとすれば，水温は何℃上昇するか（水 1 g を 1℃上昇させるのに必要な熱量は 1 cal（4.2 J，水の比熱は 1.00 cal/g・℃ ≒ 4.2 J/g・℃））．

(1) ① ラジオ波 $\lambda = 300$ m，② マイクロ波[7] $\lambda = 30$ cm $= 0.30$ m

(2) ③ 遠赤外線 $\lambda = 3.0$ µm，④ 近赤外線 $\lambda = 0.80$ µm(10^{-6} m：**マイクロメートル**)

(3) ⑤ 可視光線(紫色) $\lambda = 400$ nm(10^{-9} m：**ナノメートル**)，⑥ 紫外線 $\lambda = 200$ nm

(4) ⑦ X 線[7] $\lambda = 5.0$ nm，⑧ γ 線[7]（放射線）$\lambda = 0.0010$ nm

4) infra とは“下”という意味（infra structure，下部構造）．ultra（アルトラ）とは“超越した”という意味（ウルトラマンの語源）．

デモ実験：身のまわりの赤外線の検出．両掌を近づける（ウルトラマンの宇宙との交信）．黒体球温度計（輻射熱，環境衛生の実験），リモコン，トイレの自動照明オン・オフ，防犯装置など．

5) 図 7.4：X 線（レントゲン線），γ 線（放射線の 1 つ）はさらに大きなエネルギーをもつ．光（光子）はエネルギーの塊である（問題 7.11，7.12，答 7.11，7.12 参照）．

6) **ヒント**：波長 λ を m で表し，式に代入すると光子 1 個あたりのエネルギー E が得られる（単位は J）．これを 1 mol，kcal 単位で表す．

光子 1 mol のエネルギー $= hc/\lambda = (6.6\times10^{-34}\ \mathrm{J\cdot s}) \times \left(\dfrac{(3.0\times10^8)\,\mathrm{m/s}}{\lambda \mathrm{m}}\right) \times \left(\dfrac{6.0\times10^{23}}{1\ \mathrm{mol}}\right) \times \left(\dfrac{1\ \mathrm{cal}}{4.2\ \mathrm{J}}\right) \times \left(\dfrac{1\ \mathrm{kcal}}{1000\ \mathrm{cal}}\right)$．

ジュール J とカロリー cal・熱の仕事当量については“からだの中の化学”（丸善出版），p. 94 参照．

7) **マイクロ波**：波長が 1 m 未満の電磁波（10^{-6} ではない！）．

X 線：0.01～10 nm．

γ 線：10^{-11} m（0.01 nm）以下．

解　答

答 7.11

(1) ① ラジオ波 300 m，9.4×10^{-8} kcal/mol，0.000 000 094 ℃（9.4×10^{-8} ℃）[1]

② マイクロ波 30 cm，9.4×10^{-5} kcal/mol，0.000 094 ℃

(2) ③ 遠赤外線 3.0 μm，9.4 kcal/mol，9.4 ℃

④ 近赤外線 0.8 μm，35 kcal/mol，35 ℃　　短波長ほど E は大

(3) ⑤ 可視光線 4000 Å＝400 nm，71 kcal/mol，71 ℃

⑥ 紫外線 2000 Å＝200 nm，141 kcal/mol（化学結合切断）141 ℃

(4) ⑦ X 線 5.0 nm，5.7×10^{3} kcal/mol（化学結合切断）5700 ℃

⑧ γ 線 0.001 nm，2.8×10^{7} kcal/mol（化学結合切断）28 000 000 ℃（2800 万 ℃）

1) 換算係数法：$\left(\frac{9.4\times10^{-8}\,\text{kcal}}{\text{水 1 kg}}\right)\times\left(\frac{1000\,\text{cal}}{1\,\text{kcal}}\right)\times\left(\frac{\text{水 1 kg}}{\text{水 1000 g}}\right)\times\left(\frac{\text{g}\cdot℃}{1\,\text{cal}}\right)=9.4\times10^{-8}$ ℃.
または，9.4×10^{-8} kcal＝1 kg×(1 cal/g·℃)×t ℃，より t を求める．1 kg の水を 1℃ 温めるのには 1 kcal が必要(1 kg×(1 cal/g·℃)＝1 kcal/℃)．これを t ℃ 暖めるには，(1 kcal/℃)×t ℃＝t kcal*.

＊ 1 g の水を 1℃ 上昇させるのに必要な熱量＝1 cal．これを，水の比熱 1 cal/(g·℃) と表す．すると，水 10 g を 3℃ 上昇させるに必要な熱量は，10 g×3 ℃×$\frac{1\,\text{cal}}{\text{g}\cdot℃}$＝30 cal．水の比熱は全物質中で最大（温まりにくく冷めにくい）．比熱 (cal/g) は，水 1.0，鉄 0.28.，銀 0.19.

問題 7.12　化学結合エネルギーは C−C 83，C−H 99，C−O 84 kcal/mol なので 100 kcal/mol（420 kJ/mol）のエネルギーをもった光はこれらの結合を切断できる．この光の波長を求めよ．

解　答

答 7.12　283 nm（282〜284）：100 kcal＝$h(c/\lambda)\times N_A$．答 7.11 と同様に計算すると（前ページ注 6)），$\lambda=2.83\times10^{-7}$ m＝283×10^{-9} m＝283 nm．日光，紫外線による消毒・殺菌，色素の退色[2]，超純水の製造時における有機物の分解，DNA の破壊（皮膚がんのもと）などはこの光エネルギーに基づく（答を求めるのに，答 7.11(3) の値を基に反比例計算してもよい：400 nm，71 kcal/mol → 284 nm；200 nm，141 kcal/mol → 282 nm）.

2) 色のついた洗濯物を日陰干し・裏返しする理由も同じ．
紫外線の分類 UVA，UVB，UVC は p.176 のデモ実験の＊を参照のこと．

7・3　物質の色と光の色・波長との関係

問題 7.13

(1) 虹の 7 色をすべて混ぜ合わせると白色光となる．この白色光からある特定の色の光を取り除いた残りの光の色を何というか．

(2) 物質の色と光の色との間にはどのような関係があるか．

(3) 赤色の物質は白色光（虹の 7 色）のうち何色の光を吸収しているのか．

(4) 白色光のうちから黄色い光を吸収する物質は何色に見えるか．

解　答

答 7.13

(1) 互いに**補色**（**余色**）[3] であるという．

(2) 物質が，ある波長(色)の光を吸収すると，その物質はその波長の光の色の補色(余色)に着色して見える[4]．

(3) 赤色の物質は白色光の中から 500 nm 前後の光(青緑色〜緑色の光)を吸収しているので，補色(余色)である赤色に見える．

(4) 青色物質は黄色光(〜590 nm)を吸収しているので，補色(余色)の青色に見える．

3) **余色**：白色光からある特定の色の光を取り除いた余りの光の色という意味．
補色：混ぜ合わせると互いに補って，完全セットである白色光になる色という意味．

4) この 2 つの色を混ぜ合わせると白色光になる．

問題 7.14　**色相環**とは何か．

解　答

答 7.14　色相環とは，内側に光の色，外側に補色，中間に可視光の波長を示す（図 7.5）．

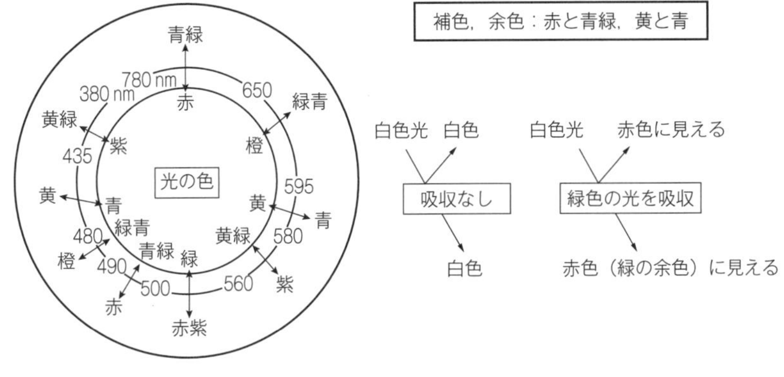

図 7.5　色相環

7・4　物質による光の吸収と放出の原理

a.　原子の構造と電子配置：高校化学で学んだ原子の構造モデルの補捉[5)]

高校の化学では原子中の電子は電子殻 K，L，M，N 殻にそれぞれ 2，8，18，32 個入ることを学んだが，じつは，より正確には，原子は図 7.6 のような微細構造（副殻構造）をもつ．K 殻では 1 個（1s）の軌道しか存在しないが，L 殻では軌道 4 個（2s が 1 個，2p が 3 個）[5)]，M 殻では 9 個（3s が 1 個，3p が 3 個，3d が 5 個）[5)] の軌道よりなる．それぞれの軌道には電子が 2 個まで入ることができる．軌道は原子核に近いほどエネルギー的に（低く）安定であり（原子核の＋電荷と電子の－電荷が強く引き合う），遠くなるほど不安定となる（遠くの軌道にいる電子のエネルギーは高い）[5)]．

5）“生命科学・食品学・栄養学を学ぶための有機化学 基礎の基礎”（丸善），pp. 198～202；“ゼロからはじめる化学”（丸善），pp. 103～107 参照．

デモ実験：原子中の電子のエネルギーの大きさを強力磁石を用いたクーロンの法則で説明する（“ゼロからはじめる化学”（丸善），p. 99 参照）．

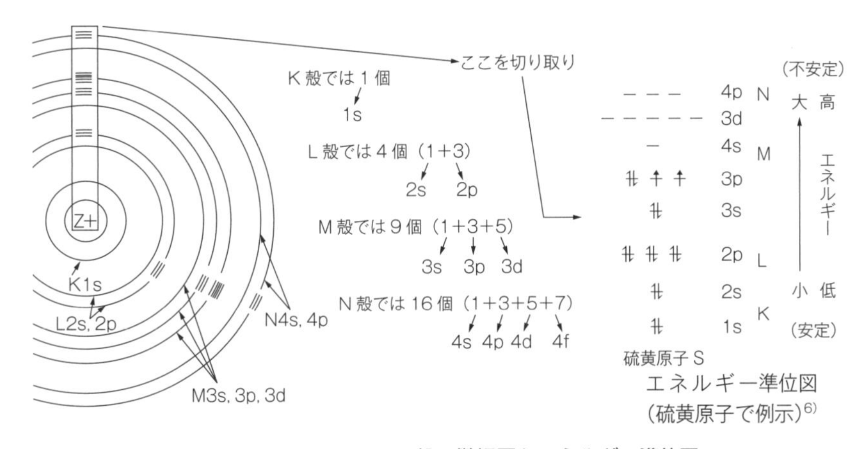

図 7.6　K，L，M，N 殻の微細図とエネルギー準位図

6）エネルギー準位図中の矢印（↑，↓，↑↓）は，1 個 1 個が電子 1 個を表している．矢印の上下の向きの違い（↑，↓）は，電子のスピンといわれる状態を示したものであるが，ハイレベルなので，ここでは気にしなくてよい（上記注 6）参照）．

b.　光の吸収と放出（発光）

さまざまな物質がもつ色はどのようにして生じるのだろうか．つまり，色のついた物質はなぜその色の補色の光を吸収するのだろうか．また，炎色反応の炎の色，花火のさまざまな色の光はどのようにして生じるのだろうか．

デモ実験：(p.176 のデモ実験) 炎色反応とその原理の解説 (答 7.15).

光の吸収と放出(発光)の原理？基底状態，励起状態とは？

ナトリウム原子の電子配置と光吸収の原理

縦軸に軌道のエネルギーをとり，電子を↑↓印で表すと図 7.7 のようなエネルギー準位図を描くことができる．Na 原子は 11 番元素であり K 殻 (1s 軌道) に 2 個，L 殻に 8 個 (2s 軌道に 2 個，3 つの 2p 軌道 p_x, p_y, p_z に計 6 個)，M 殻 (3s) に 1 個の電子をもつ．

問題 7.15　物質の色はその物質が吸収した光の色の補色である (答 7.13(2))．では着色物質はなぜ，その色の補色となる色の光を吸収するのだろうか．図 7.7 を使って説明せよ．

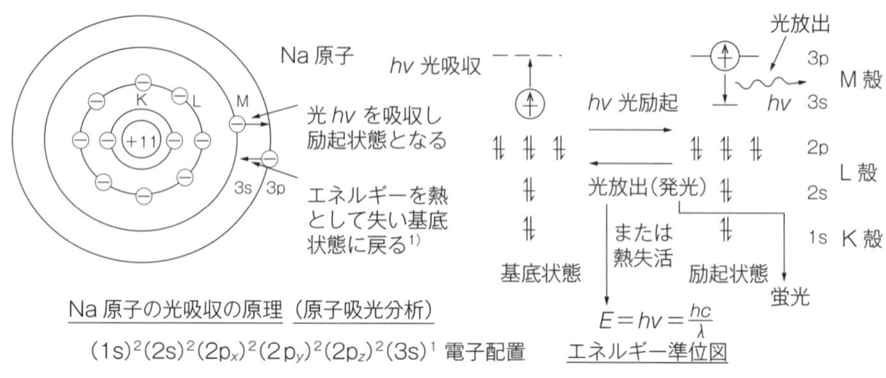

図 7.7　Na 原子の光吸収の原理とエネルギー準位図

1)　光を放出することによりエネルギーを失い，基底状態に戻る場合もある．これを発光という (蛍光，りん光).

解　答

答 7.15　**光の吸収**：原子の中の電子のエネルギーはとびとび，分子の中の電子のエネルギーもとびとびであることが，物質が光を吸収する原因である．すなわち，物質に光があたると，その物質中の電子は，**基底状態** (エネルギーの低い一番安定な状態) と**励起状態**のエネルギー差に等しいエネルギー ($E = h\nu = hc/\lambda$) (に対応する色) の光 (光量子：エネルギーの塊) を吸収して[2]，基底状態 (3s) から励起状態 (3p) へと変化する (上図中央右)．電子がエネルギーの高い状態へ移ることを電子が**励起**されるといい，得られた状態を**励起状態**という．この光吸収が Fe, Zn などの多数の元素の分析に用いる原子吸光分析の原理，さまざまな物質・分子の定量に用いられる比色分析の原理である．

光の放出 (発光)：この電子の励起状態を，光の吸収ではなく，炎の熱エネルギーでつくり出すのが炎色反応・炎光分析である．励起状態はエネルギーが高い＝不安定なので，励起状態にある Na 原子の 3p 電子はエネルギーの低い安定なもとの状態 (基底状態) 3s に戻ろうとする．例えていえば，2 階に上がった人が何かの拍子に足を踏み外して 1 階へ落っこちてしまうようなものである．落っこちてエネルギーの低い状態に戻ればエネルギーが余るので，その分，つまり励起状態と基底状態のエネルギー差分を光子として放出する (人ならけがをする)．これを**発光**という (Na の炎色反応)[3]．

2)　2 つの音叉 (おんさ)，2 つのギターなどの共鳴と同じ原理で光を吸収する．共鳴とは，片方の音叉またはギターを鳴らすと，同じ高さの音を出す (同じ振動数の) 隣の音叉，ギターが自然に鳴りだす現象．

3)　これが，食品・尿・血液の体液などに含まれる Na, K, Fe, Zn などの分析に用いられる炎光分光分析 (数百℃)・ICP 発光分光分析 (数千℃) の原理である．
ビタミン E などの定量に用いられる蛍光分光分析は分子に関する同様の原理に基づく分析法である．

ものにはなぜ色がある？ある波長の光を吸収するから．色は？なぜその光を吸収する？

デモ実験：ブラックライト (紫外線ランプ) を用いて洗剤，紙，衣服，蛍光ペンなどの蛍光を観察する．

7・5 光の吸収・放出を利用した分析法

機器分析の中で最もよく用いられる方法が光の吸収・放出を利用した分析法である．光の放出を用いたものには炎光分光分析，ICP 発光分光分析，蛍光分光分析があり，光の吸収を用いたものには，Zn, Fe, Ca などの分析に用いられる原子吸光分析，尿中のクレアチニン，そのほか多くの物質の分析に用いられる比色分析（比色法，吸光光度法）がある．

a. 比色法（比色分析）とは何か[4)]

4) 参考書：山本勇麓 著 “基礎分析化学講座 15 比色分析”（共立出版）．古い本ではあるが良書である．図書館で探してみよ．または，日本分析化学会 編，井村久則ら著，“分析化学実技シリーズ　機器分析編・1 吸光・蛍光分析”，（共立出版）．

問題 7.16 お茶を飲むとき，お茶の濃さをどのようにして判断するか．

解　答

答 7.16 お茶の色の濃さを見る．飲んで味をみる．私たちは日常，お茶，紅茶，コーヒーを飲むとき，茶碗の中の液体の色を見て，お茶が濃い，薄いといった表現をし，実際にその濃さを判断している．これがまさに比色分析である．**比色法**の定性的な原理・考え方は，濃度 C が高いほど，光を吸収する物質（分子）が多いほど，光が通過する距離（光路長 l）が長いほど，光がたくさん吸収され，色が濃く見えるというものである（図 7.8）．この考えは直感的に理解できよう．

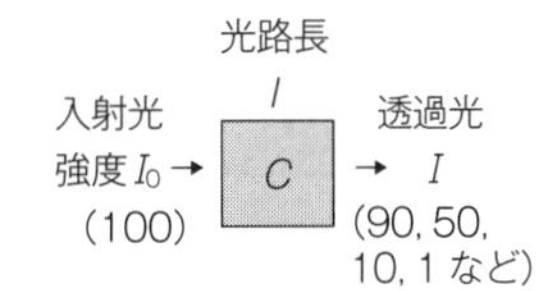

図 7.8　光の吸収

問題 7.17 濃度未知の着色液がある．色の濃さでこの液の濃度を知る方法を考えよ．

解　答

答 7.17 比色法という言葉のもとになった最も素朴な方法は，図 7.9 のようにさまざまな濃さのわかった標準液（比色列）を調製し，試料溶液の色の濃さをこれと見比べて（比色して），試料の濃度を求める方法，目視による比色法である．これを比色列法という．昔は野外における河川，湖などの水の調査などに用いられた．試験紙による尿成分量の簡易定量法は本法の応用である．

デモ実験：色水を使った比色列法を体験する．

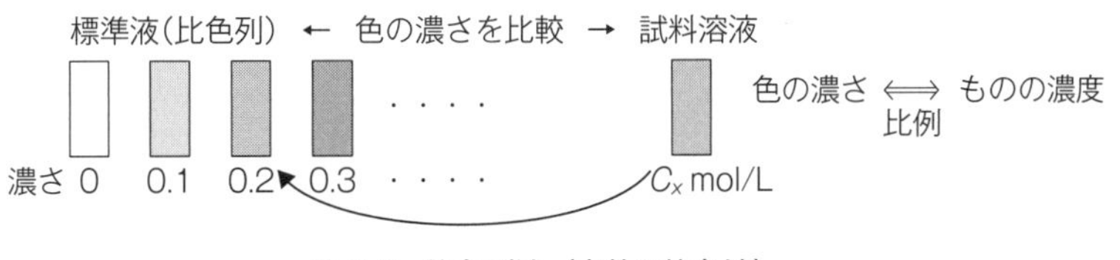

図 7.9　比色列法（素朴な比色法）

b. ランベルト・ベールの法則

比色法とは上記のように，もともとは濃度未知の試料と濃度既知の標準液との色の濃さを，白色光の下で目で見て比較することにより，未知試料の濃度を決定する方法だった．この方法は，現在では，**分光光度計**（**比色計**）という分析機器を用いて色の濃さを**吸光度**（後述）として測定する方法へと発展した．この方法を**分光光度法**というが，**吸光光度法**や**吸光分析法**および**比色法**という伝統的名称も用いられる．この方法では，試料溶液中に入射してきた単色光・一定波長の光の強度 I_0 と透過した後の光の強度 I の比率（透過度・透過率，透過%）を基に色の濃さを判断する．

デモ実験：着色プラスチック板を重ねて，レーザーポインターの光の透過光強度の変化を観察する．

問題 7.18　着色した透明なプラスチック板（下敷きなど）が重ねてある．この板の左側から光を当てると板の右側に透過してくる光の明るさが減少すること，枚数を重ねるごとに透過光の明るさが減少していくことはイメージできよう．

(1) 左側からの明るさ・強さを 100 とする光（I_0，入射光）を 1 枚のプラスチック板に通したとき，右側に透過する光の強さが 50（$1/2\,I_0$）に減少したとする．さらに 1 枚重ねた（2 枚重ねた）後では光の強さはどうなるか．

(2) この先，1 枚重ねるごとに透過光の強さはどのように変化するか．

(3) この変化を図示せよ（x 軸に枚数，y 軸に光の強さを示したグラフ）．点を線で結んだときにでき上がる曲線は数学的には何とよばれる曲線か．

解　答

答 7.18　(1) さらにその 1/2，つまり，25（$1/4\,I_0$）となる．

(2) つづいて 1 枚重ねるごとに 1/2，1/2，……となり，12.5（$1/8\,I_0$），6.25（$1/16\,I_0$）……となる．つまり，光は同じ比率で減衰する（$I = I_0 \times (1/2)^x$）．

(3) グラフで表すと図 7.10(a) のようになる．この曲線は指数関数曲線[1] $I = I_0 \times (1/2)^x = I_0 \times 2^{-x}$ であり，より一般的には $I = I_0 \times 10^{-kx}$ で表される．x は光が進んだ距離（厚さ，ここでは板の枚数），k は定数である．

上式を変形すると $I_0/I = 10^{kx}$，この式を対数で表すと $kx = \log_{10}(I_0/I)$[2]．すなわち，入射光の強さ I_0 を，距離 x を進んだ後の光の強さ I で割ったものの対数値 E は通過する媒体の厚さ x に比例する（$E = \log_{10}(I_0/I) = kx$，図 7.10(b)）．これを**ランベルトの法則**という．E を**吸光度**（absorbance）とよぶ．比例定数 k は吸光係数とよばれる．

1) 指数関数曲線，指数関数的変化，減衰の様式は“からだの中の化学”（丸善出版），pp. 144〜146 参照．

2) 対数の説明・学習は pp. 162〜167 を見よ．この式は，指数を対数で表す際の定義式そのものである（p. 165）．

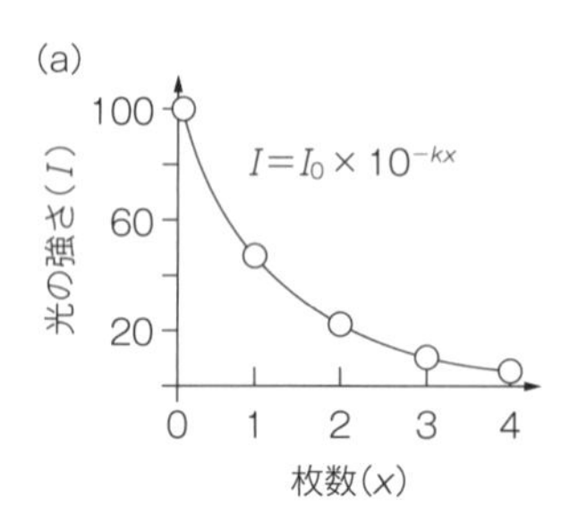

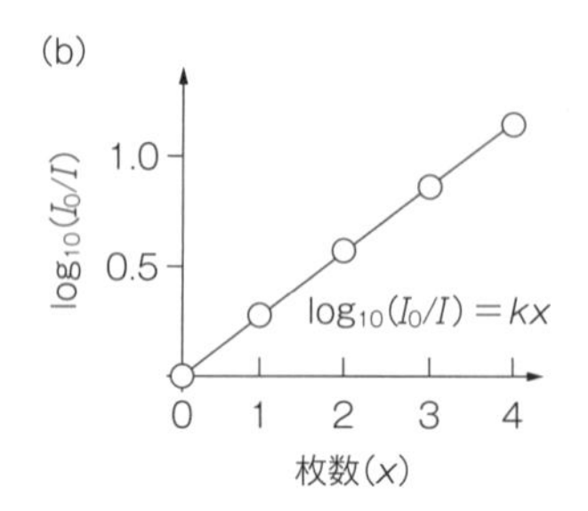

図 7.10　透過光の強さ I と板の枚数 x (a) と $\log(I_0/I)$ と板の枚数 x の関係 (b)

3) 詳細な解説は，“演習溶液の化学と濃度計算”（丸善），p. 214 参照．

比色法の原理：
ランベルト・
ベールの法則
とは？
吸光度とは？
透過％とは？

ここで，着色板を 1 枚，2 枚，3 枚と増やすのと，着色板の色の濃さ・濃度を 2 倍，3 倍とすることは，板を通過する光に対しては同じ効果をもつので，吸光度 $E = \log_{10}(I_0/I)$ がプラスチック板の枚数＝媒体の厚さ（長さ l）に比例するというランベルトの法則（$E \propto l$）から，ただちに吸光度 E が媒体の色の濃さ・濃度に比例する（∝）という**ベールの法則**（$E \propto c$）が成り立つことがわかる[3]．

ランベルトの法則とベールの法則をまとめて書き表すと，**吸光度** $\boldsymbol{E = \log(I_0/I) = \varepsilon lc}$，$I = I_0 \times 10^{-\varepsilon lc}$ という式が得られる．この**ランベルト・ベールの法則**は，分光光度法による比色分析（濃度未知試料の濃度 c を求める）の基礎である．ここで，c は溶質のモル濃度，l は cm で表した光路長（光の透過距離），ε（イプシロン）は比例定数であり，$l = 1$ cm，$c = 1$ mol/L のときの吸光度に対応するので**モル吸光係数**という．ε は一定波長では物質や化学種に特有の一定値をとる．I/I_0 を**透過率・透過度** T（transmittance），$I/I_0 \times 100 = T\%$ を**透過パーセント**という．

問題 7.19 (1) 吸光度とは何か，定義式を示せ．吸光度を示す記号も示せ．
(2) ランベルト・ベールの法則を式で示し，その意味を言葉で説明せよ．

解 答

答 7.19 (1) 吸光度 $E=\log_{10}(I_0/I)=\log(I_0/I)$．つまり，吸光度 E は試料を透過する前の光強度 I_0 と透過後の光強度 I の比，I_0/I の対数値 $\log(I_0/I)$ として定義される．I_0/I を透過度 T とよぶ．そこで，吸光度 $E=\log(1/T)$ とも表される．
(2) $E=\log(I_0/I)=\varepsilon\times l\times c\,(E=\varepsilon lc)$．吸光度 E は溶液のモル濃度 c と光路長 l に比例[4]（比例定数 ε はモル吸光係数[4]：$c=1$ mol/L，$l=1$ cm のときの吸光度）．

4) モル吸光係数 ε は物質と波長に特有な値で一定値，光路長 l は通常 1 cm（一定）として測定する．そこで吸光度をはかれば濃度がわかる．

問題 7.20 (1) 1.86×10^{-4} mol/L の色素溶液の，光路長 5.00 mm セル[5]を用いた吸収極大波長における吸光度は 0.679 だった．この色素のモル吸光係数 ε を求めよ．
(2) モル吸光係数 $\varepsilon=8300\ (\mathrm{mol/L})^{-1}\cdot\mathrm{cm}^{-1}$ の物質を比色定量した．分析試料溶液を 5.00 mL 採取し，100.0 mL に希釈した溶液の吸光度 E を 2.00 mm セルで測定したところ $E=0.354$ だった．この分析試料溶液（希釈前の溶液）のモル濃度 c を求めよ．

5) 試料溶液を入れる測定用容器．図 7.8，7.14 参照．

解 答

答 7.20 (1) $7300\,(\mathrm{mol/L})^{-1}\cdot\mathrm{cm}^{-1}$：$E=0.679=\varepsilon lc=\varepsilon\times0.5\ \mathrm{cm}\times(1.86\times10^{-4})\ \mathrm{mol/L}$，よって，$\varepsilon=0.679/(0.5\times(1.86\times10^{-4})=7300\ (\mathrm{mol/L})^{-1}\cdot\mathrm{cm}^{-1}$
(2) 4.27×10^{-3} mol/L ： $E=0.354=8300\ (\mathrm{mol/L})^{-1}\cdot\mathrm{cm}^{-1}\times0.200\ \mathrm{cm}\times(C\ \mathrm{mol/L}\times5.00/100.0)$．よって，$C=(0.354\times(100.0/5.00)/8300\ (\mathrm{mol/L})^{-1}\cdot\mathrm{cm}^{-1}\times0.200\ \mathrm{cm}=7.08/(1660(\mathrm{mol/L})^{-1})\fallingdotseq0.004\,27\ \mathrm{mol/L}=4.27\times10^{-3}\ \mathrm{mol/L}$

吸収スペクトル（吸収曲線）とは？
吸収極大波長？

問題 7.21 （紫外・可視）**吸収スペクトル**（**吸収曲線**）とは何か．また，**吸収極大波長 λ_{max}** とは何か，**モル吸光係数 ε** とは何か．

解 答

答 7.21 （紫外・可視）吸収スペクトル（吸収曲線）とは，ある物質の溶液の吸光度を波長を変えて測定し，その結果を，縦軸に吸光度，横軸に波長をとって図示したものである（図 7.11）[6]．吸光度と波長の関係を示す曲線．吸収極大波長 λ_{max} とは吸光度が最大になる波長，モル吸光係数とは 1 mol/L 溶液（$l=1$ cm）の吸光度のこと．

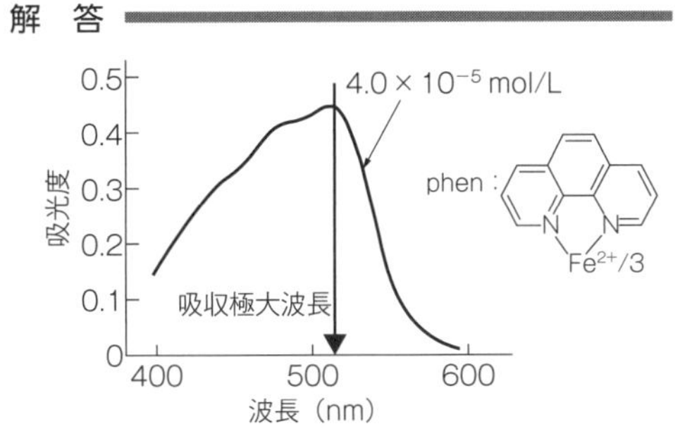

図 7.11 トリス(1,10-フェナントロリン)鉄(Ⅱ)イオン $[Fe(phen)_3]^{2+}$ の吸収スペクトル

6) 物質が発する光について，光の強さを縦軸に，波長を横軸にとって，発光強度と波長の関係を図示したものを発光スペクトル，蛍光スペクトルという．

c. 比色計（分光光度計）の原理と吸光度測定の原理

試料溶液を通過した光を光電池や光電管などで受光し，光の強さを電流の強さに変えて測定・定量する方法を光電法[7]という．またプリズム・回折格子などにより白色光を単色光に分けることを分光という[8]．この 2 つの方法を組み合わせた装置を光電分光光度計，この装置に基づく分析法を**光電分光光度法** spectrophotometry という（または**吸光光度法**，たんに**比色法** colorimetry ともよばれる）．

7) 光電効果については p. 185 注 1) 参照．

8) p. 177 および p. 178 の答 7.6 参照．

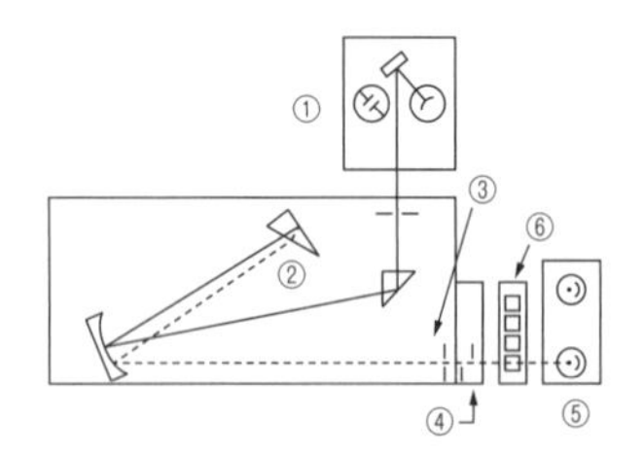

図 7.12　分光光度計の仕組み
［山本勇麓, "基礎分析化学講座 15 比色分析", 共立出版 (1975), p.12］

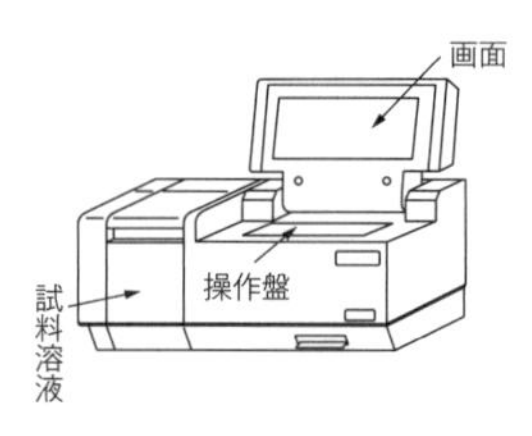

図 7.13　分光光度計の外見
［辻村卓, 吉田善雄編 "図説 化学基礎・分析化学", 建帛社 (2003), p.154］

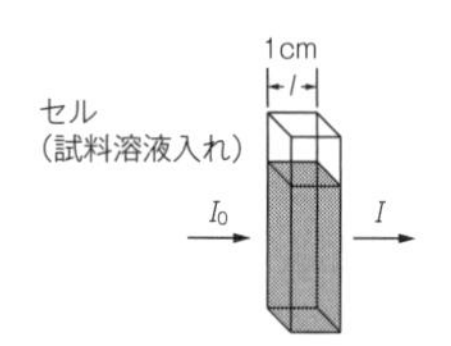

図 7.14　光学セル(試料入れ)
［坂田一矩, 吉永鐵太郎他編, "理工学化学実験", 東京教学社 (2001), p.59］

装置の一例を図 7.12～図 7.14 に示す.

問題 7.22　比色計の測定原理を述べよ(図 7.12 ①～⑥の部品名と役割を述べよ).

解　答

答 7.22　測定原理：分析試料を含まない液と試料溶液の光強度の比から吸光度, 濃度を求める.

① 光源, ② プリズム, 回折格子（分光部：単色光・単一波長の光を得る), ③ 絞り（光量調節), ④ フィルター（回折格子では除けない 2 倍波, 3 倍波を除く. 短波長側をカットする), ⑤ 光電子増倍管（光子の量・光強度の測定を行う), ⑥ セルホルダー

透過% T から吸光度 E への変換(計算)？入射光 I_0, 透過光 I と透過%T, 吸光度 E との関係？

問題 7.23　(1) 透過% とは何か.

(2) 吸光度 E とは何か.

(3) 透過%と吸光度測定の原理を述べよ.

(4) 吸光度 E と透過%（T%）との関係式を示せ.

解　答

答 7.23　(1) 透過%：入射光の強度 I_0 の何%が試料溶液を透過したかを示したもの. 透過光の強度を I とすると $T\% = \dfrac{I}{I_0} \times 100$ $\left(透過光\ I = I_0 \times \dfrac{T\%}{100}\right)$

(2) 吸光度 $E = \log\dfrac{I_0}{I}$　（答 7.19(1)) $\left(\dfrac{I}{I_0} = T\ なので,\ E = \log\dfrac{1}{T}\right)$

(3) 吸光度測定の原理：光電効果[1] を利用した光電子増倍管を用いることにより, 光強度比 I_0/I を電流強度比 i_0/i に変換して測定. 光強度 I_0 と I に対応した光電流を i_0, i とすると,

I_0 → [対照溶液] → I_0 → 光電子増倍管 ← 電流計 i_0　　透過%, $T\% = \dfrac{I}{I_0} \times 100 = \dfrac{i}{i_0} \times 100$

I_0 → [試料溶液] → I → 光電子増倍管 ← 電流計 i　　吸光度, $E = \log\dfrac{I_0}{I} = \log\dfrac{i_0}{i}$

(4) $T\% = \dfrac{I}{I_0} \times 100$ だから, $\dfrac{I_0}{I} = \dfrac{100}{T\%}$. よって, $E(=\varepsilon lc) \equiv \log\dfrac{I_0}{I} = \log\dfrac{100}{T\%}$

$= \log 100 - \log T\% = 2 - \log T\%$[2]　$\left(E = \log\dfrac{100}{T\%}\right)$　$\left(E = \log\dfrac{1}{T}\right)$

1) **光電効果**：ある種の金属・合金・化合物に光を当てると, 光の強さ I に比例する微弱な電流 i が流れる現象をいう ($i \propto I$). この現象を利用して光量を測定する装置を**光電子増倍管** (photo multiplyer, フォトマル) といい, 比色計の検出部に用いられている.

2) 透過度 $T = 50\%$ なら, 吸光度 $E = 2 - \log 50 = 2 - 1.70 = 0.30$ と計算できる. 一方, 答 7.24 のように $E = \log(100/T\%)$ に T% の値を代入し対数を計算する方法もある.

問題 7.24 透過%が90%，50%，10%，1%，0.1%のときの吸光度を計算せよ[3]．

解 答

答 7.24 90% 0.046，50% 0.301，10% 1.0，1% 2，0.1% 3：$E=\log(100/T\%)$ に T%の値を代入する．$E=\log(100/T\%)=\log(100/90)=0.0458$，以下，同様に計算する[4]．

透過%	100	90	80	70　60	50	40	30	20	10	1	0	(電流値の比に対応する)
(T%)	↓	↓	↓	↓	↓	↓	↓	↓	↓	↓	↓	
吸光度	0	0.046	0.1	0.2	0.3	0.4	0.5	0.7	1.0	↓	∞	(溶液の濃度に比例する)
(電流比の対数値)										2	3	

上表に示してある，実測している電流値の比に対応する吸光度の読み（0〜∞）と，数値の実長とを比較すれば，吸光度が大きい部分では実測電流比がいかに大きく拡大されているか理解できよう[5]．

3) 実際に測定しているのは i_0 と i，これが I_0 と I に比例する．この比，$I/I_0\times100$ が T%（透過%）I/I_0 の逆数を対数表示したものが吸光度である．対数変換すると答 7.24 の表になる．

4) または，T%を小数（T，透過度）で表し，その対数値の－を＋とする．

5) 実測しているものは i/i_0，つまり，透過度 T なので，この値の対数値（吸光度）が1.0以上の2, 3といった値を示すときは i/i_0 のわずか光量変化を測定している．吸光度は対数値であり，このように吸光度が大きくなるほど測定誤差大となる．吸光度は $E=0.3-0.7$ では高い測定精度をもつが，1を超え，2，3となるにつれ精度は悪くなる．

d. 比色分析における濃度の求め方：検量線とは何か

濃度の異なる濃度既知の標準液を数本調製し吸光度を測定する．この吸光度と濃度の関係を図示したものを検量線という（図7.15）．濃度未知物質の吸光度を測定し吸光度をこの検量線にあてはめれば，その濃度を知ることができる（比色分析による濃度決定法，問題7.25）[6]．

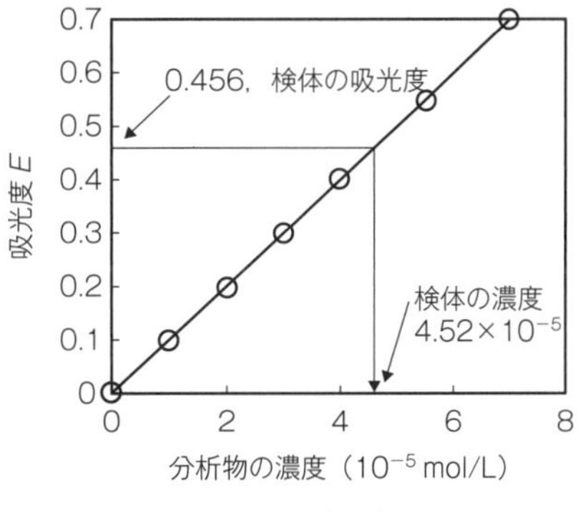

図7.15 検量線

図7.15のように検量線で直線が得られたということは，この実験条件でベールの法則 $E=\varepsilon lc$ が成立していることを示している．$l=1$ cm なら，$E=\varepsilon c\propto c$(濃度)，だから，この直線の勾配が ε（モル吸光係数）に対応している．

ε が既知であれば吸光度から c を求めることができるが（問題7.20），通常の比色分析では，検量線を用いて検体の吸光度から濃度を求めるのが普通である．この濃度は発色させた試料溶液の濃度なので，希釈倍率を考えて，もとの検体（原液）の濃度を換算する必要がある（問題7.25）．

6) 詳しくは"演習 溶液の化学と濃度計算"（丸善），p. 218 参照．

問題 7.25 Ca^{2+}（原子量40.08）を含む試料原液5.00 mLを100.0 mLに希釈した溶液8.00 mLを発色試薬と混合し50.0 mLに定容（メスアップ）した試料溶液の吸光度は $E=0.456$ である．上の検量線を用いて試料原液の Ca^{2+} 濃度をmol/L，ppmで求めよ．

解 答

答 7.25 検量線より，発色試料液の濃度 $c=4.52\times10^{-5}$ mol/L．二度の希釈倍率を考慮して，原液の濃度 $=4.52\times10^{-5}\ \mathrm{mol/L}\times\dfrac{50.0\ \mathrm{mL}}{8.00\ \mathrm{mL}}\times\dfrac{100.0\ \mathrm{mL}}{5.00\ \mathrm{mL}}=5.65\times10^{-3}\ \mathrm{mol/L}$．

$$5.65\times10^{-3}\ \frac{\cancel{\mathrm{mol}}}{\mathrm{L}}\times40.08\ \frac{\mathrm{g}}{\cancel{\mathrm{mol}}}=226.4_5\ \frac{\mathrm{mg}}{\mathrm{L}}\fallingdotseq^{7)}\ 226\ \frac{\mathrm{mg}}{\mathrm{kg}}=\frac{226\ \mathrm{mg}}{10^6\ \mathrm{mg}}=\frac{226}{10^6}=226\ \mathrm{ppm}^{8)}$$

7) 1 L＝1000 mL，希薄水溶液の密度≒1.00 g/cm³ なので，1 L≒1000 g＝1 kg＝10^6 mg．

8) ppmの定義は p. 134，135 参照．

8 溶媒抽出法と洗浄，純水とイオン交換樹脂，クロマトグラフィー

8・1 溶媒抽出法と器具の洗浄，秤量した薬品の洗い込み

私たちが緑茶やコーヒーを飲む際には，茶葉やコーヒー豆の粉に湯を注ぎ，葉や豆の成分を湯に溶かし出す操作（抽出）を行う．また，血清（水溶液）中の脂質を分析する際には，油に溶けやすい脂質をクロロホルムで抽出する（油の一種，クロロホルム相[1]に取り出す）．このように，液状あるいは固体の試料に溶媒[2]を加え，溶けやすさ（溶解度）の差を利用して試料中の特定成分を溶媒相に移し，ほかの物質から分離する操作を**溶媒抽出**という．緑茶やコーヒーは固液抽出[3]，血清中の脂質は液液抽出である．なお，液液抽出では試料溶液と溶媒が，水相とエーテルやクロロホルム（有機溶媒相）のように，互いが溶け合わずに2相を形成する必要がある（図8.1）[4]．

1) 相とは，境界面で空間的に区別された均質な部分のこと．気相と液相，液相と固相など（右下図参照）．

2) **溶媒**とは**溶質**を溶かす媒体，食塩水なら水，溶質は食塩，**溶液**は食塩水．

3) 白米中の脂質の含有量を求める場合など，食品の脂質抽出にも用いられる．

図8.1 分液漏斗
［漆原義之 編，"有機化学実験"，東京大学出版会（1961），p. 26］

a. 分配比と抽出率

溶媒抽出では次式で定義される分配比が用いられる[5]．

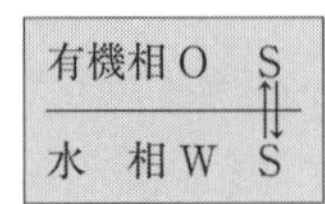

$$\textbf{分配比 } D = \frac{[\mathrm{S}]_\mathrm{O}}{[\mathrm{S}]_\mathrm{W}} = \frac{\textbf{有機相中の S の全濃度}}{\textbf{水相中の S の全濃度}}$$

溶質Sのうちのどれだけが有機相へ抽出されているかを示す比率である抽出率 E は，水相と有機相の体積 V_W，V_O，溶質の濃度 $[\mathrm{S}]_\mathrm{W}$，$[\mathrm{S}]_\mathrm{O}$，分配比 D とすると，

$$\text{抽出率 } E = \frac{\text{有機相中の溶質 S の量}}{\text{溶質 S 全体の量}} = \frac{[\mathrm{S}]_\mathrm{O}V_\mathrm{O}}{[\mathrm{S}]_\mathrm{O}V_\mathrm{O} + [\mathrm{S}]_\mathrm{W}V_\mathrm{W}} = \cdots =^{6)} \frac{D}{D + V_W/V_O}$$

問題 8.1 100 mL の水溶液から 100 mL の有機溶媒を用いて抽出を行う場合について，次の2種類の抽出法で抽出率はそれぞれどのように変化するか．分配比 D ＝10 とする．

(1) 一度に 100 mL の有機溶媒を用いて抽出したとき．

(2) 一度に 33.3 mL を用いて抽出を3回繰り返したとき3回の抽出率の合計値[7]．

4) エーテル抽出では水相が下，クロロホルム抽出では水相が上となる．

5) 分配比と分配係数（平衡定数）の違いは，"演習 溶液の化学と濃度計算 実験実習の基礎"（丸善），pp. 168〜170 を参照．

6) 式の分子，分母を $[\mathrm{S}]_\mathrm{W}V_\mathrm{O}$ で割ると，

$$\frac{[\mathrm{S}]_\mathrm{O}V_\mathrm{O}/[\mathrm{S}]_\mathrm{W}V_\mathrm{O}}{[\mathrm{S}]_\mathrm{O}V_\mathrm{O}/[\mathrm{S}]_\mathrm{W}V_\mathrm{O} + [\mathrm{S}]_\mathrm{W}V_\mathrm{W}/[\mathrm{S}]_\mathrm{W}V_\mathrm{O}} = \frac{[\mathrm{S}]_\mathrm{O}/[\mathrm{S}]_\mathrm{W}}{[\mathrm{S}]_\mathrm{O}/[\mathrm{S}]_\mathrm{W} + V_\mathrm{W}/V_\mathrm{O}}$$

7) 33.3 mL で3回抽出すれば，1回目は 0.769，2回目で，(1−0.769)×0.769＝0.178，3回目で，(1−0.769−0.178)×0.769＝0.041，総計 0.988（99%）となる．このように，**抽出を繰り返すことで抽出率を上げる**ことができる．

解 答

答 8.1 (1) $E = \dfrac{D}{D + 100/100} = \dfrac{D}{D+1} = \dfrac{10}{11} = 0.91$（91%）

(2) $E_1 = \dfrac{D}{D + 100/33.3} = \dfrac{D}{D+3} = \dfrac{10}{13} = 0.77$（77%）．残った分について2度目の抽出は，

$$E_2 = (1-0.77) \times \frac{D}{D+100/33} = (0.23) \times \frac{D}{D+3} = (0.23) \times \frac{10}{13} = 0.18.\ \text{計 } 0.95\ (95\%)$$

$$E_3 = (1-0.95) \times \frac{D}{D+100/33} = (0.05) \times \frac{D}{D+3} = (0.05) \times \frac{10}{13} = 0.04.\ \text{総計 } 0.99\ (99\%)$$

以上より，一定量を用いて抽出する場合には，その液を小分けして何度も抽出すると抽出率は大きくなることがわかる．器具の洗浄や，薬品を洗い込んで別容器に移し入れる場合も同様である．1回すすぐよりも，液量を小分けして3回すすぐことを心がけるべきである．

8・2 純水とイオン交換樹脂，クロマトグラフィー

純水とは精製水のことであり，水道水などから不純物を取り除いた水のことである．

イオン交換樹脂を用いて溶存イオン，塩類を取り除いた水を**脱イオン水**[8]（**イオン交換水**）[9]という．これを蒸留して得た純水を蒸留水といい，不揮発性の有機物も取り除かれている[10]．このほか，高純度水，超純水といわれる，中空糸膜[11]を用いて処理した純水も研究やコンピュータの素子の製造などのハイテク分野で用いられている．

8）水分子が解離して生じるわずかの H^+，OH^- は含まれている．

9）学術用語ではないが，しばしば用いられている．

10）**蒸留**：揮発性のものを一度蒸気にして冷却，液化させる．イオンや不揮発性の有機物の除去に利用．

11）細い筒状の繊維で筒状部が微細な多孔質組織からなる．物質分離機能をもつ．

a.　イオン交換樹脂

イオン交換樹脂（イオン交換体）とは，合成樹脂，セルロース，デキストラン[12]，合成親水高分子などの不溶性固体にイオン交換基を結合させたもの（図 8.2）．陽イオン交換基はスルホ基（$-SO_3^-$），カルボキシ基（$-COO^-$）の陰イオン性基，陰イオン交換基は陽イオン性基の第四級アルキルアンモニウム基（$-N^+(C_2H_5)_3$）が代表例である．

図 8.2, 8.3 は，代表的な陽イオン交換樹脂（合成樹脂）のポリスチレンにスルホ基を結合させたものである．陰イオン性基には，電荷を中和するために，陰イオンと同じ数の陽イオン（図では H^+）が対イオンとして存在している．ここに異なった陽イオンをもつ塩（図では NaCl）を加えると，樹脂中の陽イオン（H^+）が外から加えた陽イオン（Na^+）と交換する．結果として NaCl の陽イオンが交換されて HCl に変化する．

脱イオン水（**イオン交換水**）とは，塩類を含んだ水を H^+ 型の陽イオン交換樹脂と OH^- 型の陰イオン交換樹脂に通すことにより，たとえば水に含まれる NaCl を，Na^+ は陽イオン交換樹脂により H^+ に，Cl^- は陰イオン交換樹脂により OH^- に交換し，$H^+ + OH^- \longrightarrow H_2O$ とすることにより，NaCl などの塩類を取り除いた精製水のことである．

12）微生物が産生する D-グルコースの重合多糖類．いわばデンプンの親戚．グルコース間の結合は分岐構造となっており，さまざまの分子量の異なった物質をふるい分ける分子ふるい・ゲルろ過材の機能をもつ．

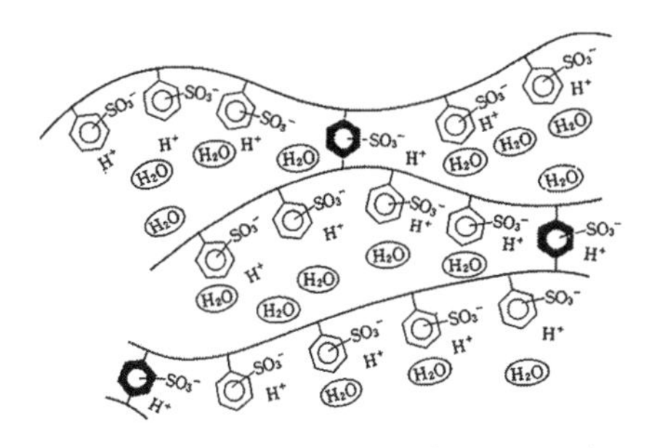

図 8.2　イオン交換樹脂（ポリスチレン）
［齋藤信房編，"大学実習　分析化学"，裳華房（1961），p. 317］

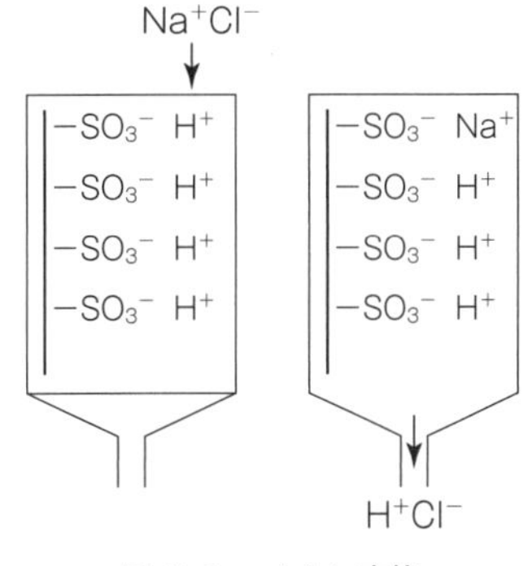

図 8.3　イオン交換

b.　クロマトグラフィー

クロマトグラフィー[13]とは，固定相最上部に吸着させた混合物を溶媒・移動相中で溶離・溶出することにより，混合物中の各成分と固定相との相互作用の差異（強弱）を利用して，成分を**分離**する方法であり，液体，ガスクロマトグラフィーがある．移動相が固定相を流れていく中で，各成分が固定相と相互作用を繰り返す．成分間で流速（保持時間，保持体積）が異なるために分離が達成される．実験法にはペーパー，薄層，カラム（図 8.4），高速液体（HPLC）クロマトグラフィーがある．固定相にはセルロース，シリカゲル，デキストランや合成高分子などが用いられる．分離の原理は吸着，二相分配，イオン交換，分子ふるいなどである[13]．

13）"演習　溶液の化学と濃度計算　実験実習の基礎"（丸善），pp. 170～175.

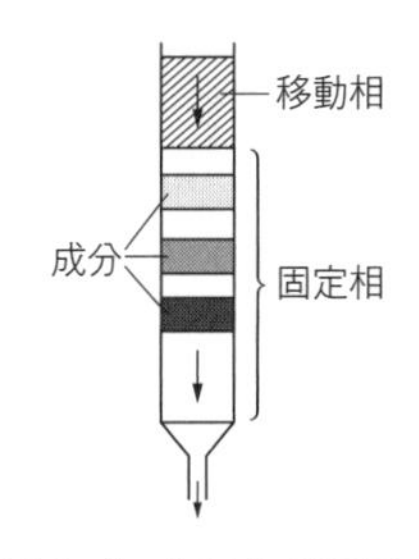

図 8.4　カラムクロマトグラフィー
混合物中の成分が複数のバンド（帯）に分離されてくる．

付録1　調味%の計算

p. 42, 43 のつづき.

演習 1　調味%計算で用いる換算係数.

調味料	**大さじ**1杯(**小さじ**×3)の調味料の重量*	塩・砂糖との換算	調味料大さじ1杯の塩·砂糖への換算量
塩	$\frac{\text{塩大さじ1杯}}{\text{塩？g}}$, $\frac{\text{塩？g}}{\text{塩大さじ1杯}}$	—	**(塩小さじ1杯？g)**
醤　油	$\frac{\text{醤油大さじ1杯}}{\text{醤油？g}}$, $\frac{\text{醤油？g}}{\text{醤油大さじ1杯}}$	$\frac{\text{醤油100 g}}{\text{塩？g}}$, $\frac{\text{塩？g}}{\text{醤油100 g}}$ (塩分15%)	$\left(\frac{\text{醤油大さじ1杯}}{\text{醤油？g}}\times\frac{\text{醤油100 g}}{\text{塩？g}}=\frac{\text{大さじ1杯}}{\text{塩？g}}\right)$ **醤油大さじ1杯：塩？g(小さじは？g)**
み　そ	$\frac{\text{みそ大さじ1杯}}{\text{みそ？g}}$, $\frac{\text{みそ？g}}{\text{みそ大さじ1杯}}$	$\frac{\text{みそ100 g}}{\text{塩？g}}$, $\frac{\text{塩？g}}{\text{みそ100 g}}$ (塩分12%の場合)	$\frac{\text{みそ大さじ1杯}}{\text{みそ？g}}\times\frac{\text{みそ100 g}}{\text{塩？g}}=\frac{\text{大さじ1杯}}{\text{塩？g}}$ (12%みそ小さじ1杯：塩？g)
砂　糖	$\frac{\text{砂糖大さじ1杯}}{\text{砂糖？g}}$, $\frac{\text{砂糖？g}}{\text{砂糖大さじ1杯}}$	—	**(砂糖小さじ1杯？g)**
みりん	$\frac{\text{みりん大さじ1杯}}{\text{みりん？g}}$, $\frac{\text{みりん？g}}{\text{みりん大さじ1杯}}$	$\frac{\text{みりん？g}}{\text{砂糖1 g}}$, $\frac{\text{砂糖1 g}}{\text{みりん？g}}$	$\frac{\text{みりん大さじ1杯}}{\text{みりん？g}}\times\frac{\text{みりん？g}}{\text{砂糖1 g}}=\frac{\textbf{大さじ1杯}}{\textbf{砂糖？g}}$ **(みりん小さじ1杯：砂糖？g)**
油	$\frac{\text{油大さじ1杯}}{\text{油？g}}$, $\frac{\text{油？g}}{\text{油大さじ1杯}}$ **(小さじ1杯？g)**		
水・酢・酒	$\frac{\text{水大さじ1杯}}{\text{水？g}}\cdot\frac{\text{酢大さじ1杯}}{\text{酢？g}}\cdot\frac{\text{酒大さじ1杯}}{\text{酒？g}}$ **(小さじ1杯？g)**		

＊ 大さじ1杯 15 mL, 小さじ1杯 5 mL. 重量の**覚え方は** p. 41, 42, 問題 1.58, 答 1.58 を参照.

演習 2　肉 300 g を調理する. 塩分は 2% (調味%) とし, これを醤油で調味する.

(1) 醤油は大さじ何杯必要か.

(2) 醤油の塩分濃度は 15% (w/w), 密度 1.2 g/mL とすると, 醤油は何 mL 必要か.

(3) (2)で求めた醤油は, 1杯が 15 mL の計量スプーンで, 何杯に相当するか.

解　答

答 2

(1) 2杯：肉 300 g を調理するのに塩分 2%, $\text{肉}\cancel{300\text{ g}}\times\frac{\text{塩2 g}}{\text{肉}\cancel{100\text{ g}}}=\text{塩6 g}$ が必要.

塩 6 g を醤油に換算すると, $\cancel{\text{塩6 g}}\times\frac{\text{醤油大さじ1杯}}{\cancel{\text{塩3 g}}}$[1)] = 醤油大さじ2杯

1つの式で一気計算すると, $\text{肉}\cancel{300\text{ g}}\times\frac{\cancel{\text{塩2 g}}}{\text{肉}\cancel{100\text{ g}}}\times\frac{\text{醤油大さじ1杯}}{\cancel{\text{塩3 g}}}=\text{醤油大さじ2杯}$

[別解 1]：(**直感法**)　醤油の大さじ1杯は塩 3 g. 塩 6 g が大さじ何杯分に当たるかを知るには, 6 g を1杯の重さ 3 g で割ればよい.

$$\text{塩6 g}\div\frac{\text{塩3 g}}{\text{醤油大さじ1杯}}=\cancel{\text{塩6 g}}\times\frac{\text{醤油大さじ1杯}}{\cancel{\text{塩3 g}}}=\text{醤油大さじ2杯}.$$

[別解 2]：(**分数比例式**)　$\frac{\text{醤油大さじ1杯}}{\text{塩3 g}}=\frac{\text{醤油大さじ}x\text{杯}}{\text{塩6 g}}$ を解いて,

$x=$(大さじ)2杯.

1) 醤油大さじ1杯を塩 3 g (小さじ1杯塩 1 g) と近似すれば (p. 191 表), 換算係数は, $\frac{\text{塩3 g}}{\text{醤油大さじ1杯}}$ と $\frac{\text{醤油大さじ1杯}}{\text{塩3 g}}$. 厳密には, 醤油大さじ1杯は塩 2.7 g (次ページ表), 小さじ1杯は 0.9 g.

解　答

答 1　調味%計算で用いる換算係数

調味料	**大さじ 1 杯**(**小さじ**×3)の調味料の重量	塩・砂糖との換算	調味料大さじ 1 杯の塩·砂糖への換算量
塩	$\frac{\text{塩大さじ1杯}}{\text{塩18 g}}$, $\frac{\text{塩18 g}}{\text{塩大さじ1杯}}$	—	(**塩小さじ 1 杯 6 g**)
醤　油	$\frac{\text{醤油大さじ1杯}}{\text{醤油18 g}}$, $\frac{\text{醤油18 g}}{\text{醤油大さじ1杯}}$	$\frac{\text{塩15 g}}{\text{醤油100 g}}$, $\frac{\text{醤油100 g}}{\text{塩15 g}}$ (塩分 15%)	$\left(\frac{\text{醤油大さじ1杯}}{\text{醤油18 g}}\times\frac{\text{醤油100 g}}{\text{塩15 g}}=\frac{\text{大さじ1杯}}{\text{塩2.7 g}}\right)$ **醤油大さじ 1 杯：塩 3 g***(**小さじは 1 g**)
み　そ	$\frac{\text{みそ大さじ1杯}}{\text{みそ18 g}}$, $\frac{\text{みそ18 g}}{\text{みそ大さじ1杯}}$	$\frac{\text{みそ100 g}}{\text{塩12 g}}$, $\frac{\text{塩12 g}}{\text{みそ100 g}}$ (塩分 12% の場合)	$\frac{\text{みそ大さじ1杯}}{\text{みそ18 g}}\times\frac{\text{みそ100 g}}{\text{塩12 g}}=\frac{\text{大さじ1杯}}{\text{塩2.16 g}}$ (12% みそ小さじ 1 杯：塩 0.7 g)
砂　糖	$\frac{\text{砂糖大さじ1杯}}{\text{砂糖9 g}}$, $\frac{\text{砂糖9 g}}{\text{砂糖大さじ1杯}}$	—	(**砂糖小さじ 1 杯 3 g**)
みりん	$\frac{\text{みりん大さじ1杯}}{\text{みりん18 g}}$, $\frac{\text{みりん18 g}}{\text{みりん大さじ1杯}}$	$\frac{\text{みりん3 g}}{\text{砂糖1 g}}$, $\frac{\text{砂糖1 g}}{\text{みりん3 g}}$	$\frac{\text{みりん大さじ1杯}}{\text{みりん18 g}}\times\frac{\text{みりん3 g}}{\text{砂糖1 g}}=\frac{\text{大さじ1杯}}{\text{砂糖6 g}}$ (**みりん小さじ 1 杯：砂糖 2 g**)
油	$\frac{\text{油大さじ1杯}}{\text{油12 g}}$, $\frac{\text{油12 g}}{\text{油大さじ1杯}}$ (**小さじ 1 杯 4 g**)		
水・酢・酒	$\frac{\text{水大さじ1杯}}{\text{水15 g}}$・$\frac{\text{酢大さじ1杯}}{\text{酢15 g}}$・$\frac{\text{酒大さじ1杯}}{\text{酒15 g}}$ (**小さじ 1 杯 5 g**)		

＊ 簡便値，通常はこの値を用いる（厳密には大さじ 1 杯は塩 2.7 g，小さじは塩 0.9 g）.

[**別解 3**]：(**まず調味料の量を求める方法**)　醤油の量を求めるときには，通常，上記のように醤油大さじ 1 杯を塩 3 g（小さじ 1 杯を塩 1 g）と近似して簡便に計算するが，厳密には次のようにして求める．まず，塩分濃度をもとに醤油の量を求め，次にこの量がスプーン何杯に当たるかを考える．

$$\cancel{\text{塩}}6\,\cancel{g}\times\frac{\text{醤油100 g}}{\cancel{\text{塩}}15\,\cancel{g}}{}^{2)}=\text{醤油40 g}.\ \cancel{\text{醤油}}40\,\cancel{g}\times\frac{\text{醤油大さじ1杯}}{\cancel{\text{醤油}}18\,\cancel{g}}{}^{3)}=\text{醤油大さじ2.22杯}$$

$$\fallingdotseq\text{醤油大さじ2杯強}$$

(2)　33 mL：$\cancel{\text{塩}}6\,\cancel{g}\times\frac{\cancel{\text{醤油}}100\,\cancel{g}}{\cancel{\text{塩}}15\,\cancel{g}}{}^{2)}\times\frac{\text{醤油1 mL}}{\cancel{\text{醤油}}1.2\,\cancel{g}}{}^{4)}=\text{醤油33 mL}$[5]

(3)　2 杯強：$\cancel{\text{醤油}}33.3\,\cancel{mL}\times\frac{\text{醤油大さじ1杯}}{\cancel{\text{醤油}}15\,\cancel{mL}}=\text{醤油大さじ2.2杯}$（2 杯強）

（醤油大さじ 1 杯は 15 mL）

$$\left(\cancel{\text{塩}}6\,\cancel{g}\times\frac{\cancel{\text{醤油}}100\,\cancel{g}}{\cancel{\text{塩}}15\,\cancel{g}}\times\frac{\cancel{\text{醤油}}1\,\cancel{mL}}{\cancel{\text{醤油}}1.2\,\cancel{g}}\times\frac{\text{醤油大さじ1杯}}{\cancel{\text{醤油}}15\,\cancel{mL}}=\text{醤油大さじ2.2杯(2杯強)}\right)$$

（醤油塩分 15%）（密度 1.2 g/mL）（大さじ 1 杯 15 mL）

最初から 1 つの式で一気に計算すると，

$$\cancel{\text{肉}}300\,\cancel{g}\times\frac{\cancel{\text{塩}}2\,\cancel{g}}{\cancel{\text{肉}}100\,\cancel{g}}\times\frac{\cancel{\text{醤油}}100\,\cancel{g}}{\cancel{\text{塩}}15\,g}\times\frac{\cancel{\text{醤油}}1\,\cancel{mL}}{\cancel{\text{醤油}}1.2\,\cancel{g}}\times\frac{\text{醤油大さじ1杯}}{\cancel{\text{醤油}}15\,\cancel{mL}}$$

（塩分 2%）（醤油塩分 15%）（密度 1.2 g/mL）（大さじ 1 杯 15 mL）

＝醤油大さじ 2.2 杯（2 杯強）

2)　塩分濃度 15% を用いて，塩の重さ g を醤油の重さ g に換算．醤油の量を求めるこの計算は，塩の重さを，小数表示した塩分濃度・塩分の歩合（15%＝0.15）で割ることと同じである（6 g÷0.15＝40 g）．つまり，全体×歩合＝部分なので，全体＝部分÷歩合．

3)　醤油大さじ 1 杯 18 g（本ページ表）．

4)　醤油の重さ g を，密度 1.2 g/mL を用いて，醤油の体積 mL に変換．

5)　別解：醤油の必要量を x mL とすると，

$$\left(\cancel{\text{醤油}}\,x\,\cancel{mL}\times\frac{1.2\,\cancel{g}}{1.0\,\cancel{mL}}\right)\times\left(\frac{\text{塩15 g}}{\cancel{\text{醤油}}100\,\cancel{g}}\right)=\text{塩6 g},$$

x＝33 mL

調味対象の重量計算：

① 汁物：だし汁の重量のみ（比重 1.0（密度 1.0 g/mL）とする）
② 煮物：だしを除いた材料の合計重量★
③ 焼き物，炒め物，揚げ物：材料の合計重量とする★
④ 魚：煮物・焼き物ともに魚の重量のみ（1 匹では腸を除き下処理後の重量）
⑤ 乾物：もどした後の重量（例外：豆，米は乾重量を用いる）

★ 材料の重量は正味重量とする（皮・種その他の不可食部分・廃棄部分を除いた重量）．

演習 3　**汁物** (1) だし 600 mL，みつば 20 g，はんぺん 1/2 枚 45 g を用いて塩分 0.6%のすまし汁をつくる．この塩分を塩 3：醤油 1 で調味すると，塩と醤油の量はそれぞれスプーン何杯か．(2) この汁物をみそ汁にするには，みそ（12% 塩分）を何 g，スプーン何杯入れたらよいか．

解　答

答 3　材料 $= 600\ \text{mL} \times \dfrac{1.0\ \text{g}}{1.0\ \text{mL}} = 600\ \text{g}$（汁物は，だしの重量(比重 1.0)のみ考慮）

(1) 塩小さじ 0.5 杯弱，醤油小さじ 1 杯：

塩分 0.6%なので塩分量は，$\text{材料}\ 600\ \text{g} \times \dfrac{\text{塩}\ 0.6\ \text{g}}{\text{材料}\ 100\ \text{g}} = \text{塩}\ 3.6\ \text{g}$

（塩）　$\text{塩}\ 3.6\ \text{g} \times \left(\dfrac{3}{3+1}\right)^{1)} = \text{塩}\ 3.6\ \text{g} \times \dfrac{3}{4} = \text{塩}\ 2.7\ \text{g} \fallingdotseq \text{塩}\ 3\ \text{g}$ 弱，塩小さじ 0.5 杯弱[2]．

（醤油）　$\text{塩}\ 3.6\ \text{g} \times \left(\dfrac{1}{3+1}\right) = \text{塩}\ \dfrac{3.6\ \text{g}}{4} = \text{塩}\ 0.9\ \text{g}$，$\text{塩}\ 0.9\ \text{g} \times \dfrac{\text{醤油小さじ 1 杯}}{\text{塩}\ 1\ \text{g}}^{3)} =$ 醤油小さじ 1 杯弱

[別解]　$\text{塩}\ 3.6\ \text{g} \times \left(\dfrac{1}{3+1}\right) = \text{塩}\ 0.9\ \text{g}$，$\text{塩}\ 0.9\ \text{g} \times \dfrac{\text{醤油}\ 100\ \text{g}}{\text{塩}\ 15\ \text{g}}^{4)} = \text{醤油}\ 6\ \text{g}$，$\text{醤油}\ 6\ \text{g} \times \dfrac{\text{醤油小さじ 1 杯}}{\text{醤油}\ 6\ \text{g}}^{5)} =$ 醤油小さじ 1 杯．

$\left(\text{一気に計算：塩}\ 3.6\ \text{g} \times \left(\dfrac{1}{3+1}\right) \times \dfrac{\text{醤油}\ 100\ \text{g}}{\text{塩}\ 15\ \text{g}}^{4)} \times \dfrac{\text{醤油小さじ 1 杯}}{\text{醤油}\ 6\ \text{g}}^{5)} = \text{醤油小さじ 1 杯}\right)$

(2) みそ 30.0 g，大さじ 1 杯と 2/3：(**まず調味料の量を求める方法**)　みそにはさまざまな塩分濃度が存在するので，醤油（15%で一定）のように大さじ 1 杯塩 3 g（小さじ 1 杯塩 1 g）を換算係数とした簡便な計算は行わず，p. 191 答 2，別解 3，上記 (1) 別解と同様に，まず，必要とする食塩量が何 g のみそに対応するかを計算し，次にこのみその量がスプーン何杯分かを求める．

(1)より，塩分 0.6%（塩 3.6 g）なので，$\text{塩}\ 3.6\ \text{g} \times \dfrac{\text{みそ}\ 100\ \text{g}}{\text{塩}\ 12\ \text{g}} = \text{みそ}\ 30\ \text{g}$

（この計算は 3.6 ÷ 0.12(12%) = 30 と同じ）

$\text{みそ}\ 30\ \text{g} \times \dfrac{\text{みそ大さじ 1 杯}}{\text{みそ}\ 18\ \text{g}} = \text{みそ大さじ}\ \dfrac{30}{18}\ \text{杯} = \text{みそ大さじ}\ \dfrac{5}{3}\ \text{杯}\left(1\ \text{杯と}\ \dfrac{2}{3}\right)$．

$\left(\text{一気に計算：材料}\ 600\ \text{g} \times \underset{(\text{塩分}\ 0.6\%)}{\dfrac{\text{塩}\ 0.6\ \text{g}}{\text{材料}\ 100\ \text{g}}} \times \underset{(\text{みそ塩分}\ 12\%)}{\dfrac{\text{みそ}\ 100\ \text{g}}{\text{塩}\ 12\ \text{g}}} \times \underset{(\text{みそ大さじ 1 杯}\ 18\ \text{g})}{\dfrac{\text{みそ大さじ 1 杯}}{\text{みそ}\ 18\ \text{g}}} = \text{みそ大さじ}\ \dfrac{5}{3}\ \text{杯}\right)$

[別解]：(**簡便法**)　$\text{塩}\ 3.6\ \text{g} \times \dfrac{\text{みそ大さじ 1 杯}}{\text{塩}\ 2.16\ \text{g}}^{6)} = \text{みそ大さじ 1.67 杯}\left(1\ \text{杯と}\ \dfrac{2}{3}\right)$

1) この分数は，塩分中の塩と醤油のうち分け，$\dfrac{\text{塩}\ 3}{\text{塩分(塩}\ 3 + \text{醤油}\ 1)}$ を示したものである．

2) 塩小さじ 1 杯は 6 g なので（p. 191 表），$\text{塩}\ 3\ \text{g} \times \dfrac{\text{塩小さじ 1 杯}}{\text{塩}\ 6\ \text{g}} = \text{塩小さじ}\ 0.5\ \text{杯}$

3) 醤油小さじ 1 杯は塩約 1 g，大さじ 1 杯は塩約 3 g（p. 191 表）．厳密には，小さじ 1 杯は塩 0.9 g，大さじ 1 杯は塩 2.7 g．

4) 醤油の塩分 15%，醤油の量を求めるこの計算は，塩の重さを小数表示した塩分濃度・塩分の歩合・塩分の歩合（15% = 0.15）で割るのと同じである（0.9 g ÷ 0.15 = 6 g）．

5) 小さじ 1 杯の醤油の重量は 6 g（醤油大さじ 1 杯の重量 18 g の 1/3，p. 191 表）．

6) 塩分濃度 12%のみそ大さじ 1 杯の塩の量 2.16 g の求め方は，p. 191 表を参照のこと．

演習 4　煮物：かぼちゃを煮る．1/2 個で 600 g．だしはかぼちゃの 80%使用する．塩分 0.8%，糖分 4%で煮る．(1) 塩分は塩 3：醤油 1 の割合で調味すると，塩，醤油の量はスプーン何杯か．(2) 糖分はみりん大さじ 2 杯入れ，残りを砂糖で調味する．砂糖の量はスプーン何杯か．

解　答

答 4　かぼちゃ＝600 g（煮物は，だしを除いた材料の合計重量）[7]

(1) 塩小さじ 0.6 杯強，醤油小さじ 1.2 杯：

（塩分 0.8%），$\text{かぼちゃ } 600\,\text{g} \times \dfrac{\text{塩 } 0.8\,\text{g}}{\text{材料 } 100\,\text{g}} = \text{塩 } 4.8\,\text{g}$

（塩）$\text{塩 } 4.8\,\text{g} \times \left(\dfrac{3}{3+1}\right) = \text{塩 } 3.6\,\text{g}$．$\text{塩 } 3.6\,\text{g} \times \dfrac{\text{塩小さじ } 1 \text{ 杯}}{\text{塩 } 6\,\text{g}} = \text{塩小さじ } 0.6 \text{ 杯}$

塩分(塩 3：醤油 1)　　（塩小さじ 1 杯 6 g）

$\left(\text{一気に計算：かぼちゃ } 600\,\text{g} \times \dfrac{\text{塩 } 0.8\,\text{g}}{\text{かぼちゃ } 100\,\text{g}} \times \left(\dfrac{3}{3+1}\right) \times \dfrac{\text{塩小さじ } 1 \text{ 杯}}{\text{塩 } 6\,\text{g}} = \text{塩小さじ } 0.6 \text{ 杯}\right)$

（醤油）$\text{塩 } 4.8\,\text{g} \times \left(\dfrac{1}{3+1}\right) = \text{塩 } 1.2\,\text{g}$．$\text{塩 } 1.2\,\text{g} \times \dfrac{\text{醤油小さじ } 1 \text{ 杯}}{\text{塩 } 1\,\text{g}}$[8] $= \text{醤油小さじ } 1.2 \text{ 杯}$

$\left(\text{一気に計算：かぼちゃ } 600\,\text{g} \times \dfrac{\text{塩 } 0.8\,\text{g}}{\text{かぼちゃ } 100\,\text{g}} \times \left(\dfrac{1}{3+1}\right) \times \dfrac{\text{醤油小さじ } 1 \text{ 杯}}{\text{塩 } 1\,\text{g}}\right.$[8]

（塩分 0.8%）　（3：1）

$\left. = \text{醤油小さじ } 1.2 \text{ 杯}\right)$[9]

(2) 砂糖大さじ 1 杯と $\dfrac{1}{3}$：（糖分 4%）$\text{かぼちゃ } 600\,\text{g} \times \dfrac{\text{砂糖 } 4\,\text{g}}{\text{かぼちゃ } 100\,\text{g}} = \text{砂糖 } 24\,\text{g}$

（みりん）$\text{みりん大さじ } 2 \text{ 杯} \times \dfrac{\text{砂糖 } 6\,\text{g}}{\text{みりん大さじ } 1 \text{ 杯}}$[10] $= \text{砂糖 } 12\,\text{g}$

（砂糖）$24\,\text{g} - 12\,\text{g} = \text{砂糖 } 12\,\text{g}$．$\text{砂糖 } 12\,\text{g} \times \dfrac{\text{砂糖大さじ } 1 \text{ 杯}}{\text{砂糖 } 9\,\text{g}} = \text{砂糖大さじ } \dfrac{4}{3} \text{ 杯}$

$\left(1 \text{ 杯と } \dfrac{1}{3}\right)$

7) 廃棄率も考慮済みなのが調理レシピ．もし，600 g が廃棄率 15%込みなら，正味，$600\,\text{g} \times \left(\dfrac{100-15}{100}\right) = 600 \times 0.85 = 510\,\text{g}$ として計算する．

8) 通常，醤油小さじ 1 杯を塩 1 g として計算するが，厳密には 0.9 g (p.191 表)．つまり，塩分濃度 15%の醤油では，$\dfrac{\text{醤油 } 100\,\text{g}}{\text{塩 } 15\,\text{g}} \times \dfrac{\text{醤油小さじ } 1 \text{ 杯}}{\text{醤油 } 6\,\text{g}} = \dfrac{\text{醤油小さじ } 1 \text{ 杯}}{\text{塩 } 0.9\,\text{g}}$

9) 醤油小さじ 1 杯を塩 0.9 g として厳密に計算すると，醤油小さじ 4/3 杯（1 杯と 1/3）となる．

10) みりん大さじ 1 杯 18 g，みりんの砂糖換算比 1/3，砂糖 6 g，小さじ 1 杯はその 1/3 で 2 g．$\dfrac{\text{みりん } 18\,\text{g}}{\text{みりん大さじ } 1 \text{ 杯}} \times \dfrac{\text{砂糖 } 2\,\text{g}}{\text{みりん } 6\,\text{g}} = \dfrac{\text{砂糖 } 6\,\text{g}}{\text{みりん大さじ } 1 \text{ 杯}}$

演習 5　煮物：鯖のみそ煮をする．鯖 4 切れ 320 g，水は魚の 90%，しょうが 20 g，ごぼう 50 g，酒大さじ 2，砂糖 8%，塩分 2%．

(1) 砂糖は何 g か，大さじ何杯か．

(2) 2% 塩分を以下のようにして調味する．

① 醤油 1：みそ（12% 塩分）2 で調味する．それぞれ大さじ何杯か．

② みそ（12% 塩分）1：みそ（5% 塩分）1 で調味する．それぞれ大さじ何杯か．

③ 12% 塩分のみそと 5% 塩分のみそを同重量用いて調味する．大さじ何杯か．

解　答

答 5　材料 320 g[11]

(1) 砂糖大さじ 3 杯弱：（砂糖 8%）$\text{材料 } 320\,\text{g} \times \dfrac{\text{砂糖 } 8\,\text{g}}{\text{食材 } 100\,\text{g}} = \text{砂糖 } 25.6\,\text{g}$，

$\text{砂糖 } 25.6\,\text{g} \times \dfrac{\text{砂糖大さじ } 1 \text{ 杯}}{\text{砂糖 } 9\,\text{g}} = \text{砂糖大さじ } 2.84 \text{ 杯}$（3 杯弱）

11) 水の量は魚の 90%なので，$320\,\text{g} \times 0.90 = 288\,\text{g} \fallingdotseq 290\,\text{mL}$．

魚の煮物では，食材重量は魚の重量のみ．水，しょうが，ごぼう，調味料の重さは調味%計算の際の食材の重量には含めない．

(2)（塩分2%）$\cancel{材料}\ 320\ \cancel{g} \times \dfrac{塩\ 2\ g}{\cancel{材料}\ 100\ \cancel{g}} = 塩\ 6.4\ g$

① 醤油大さじ0.7杯，みそ大さじ2杯：

（醤油）　$\cancel{塩分}\ 6.4\ \cancel{g} \times \left(\dfrac{1}{2+1}\right) \times \dfrac{醤油大さじ1杯}{\cancel{塩}\ 3\ \cancel{g}}$[1] $=$ 醤油大さじ0.7杯[2]

（みそ）　みその塩分濃度はさまざまなので，まず必要な塩分量がみそ何gに対応するかを求める[3].

$\cancel{塩分}\ 6.4\ \cancel{g} \times \left(\dfrac{2}{2+1}\right) \times \dfrac{みそ\ 100\ g}{\cancel{塩}\ 12\ \cancel{g}}$[4] $=$ みそ 35.6 g．$\cancel{みそ}\ 35.6\ \cancel{g} \times \dfrac{みそ大さじ1杯}{\cancel{みそ}\ 18\ \cancel{g}}$

≒ みそ大さじ2杯[5]

② 12% みそ1.5杯，5% みそ3.6杯：

12% みそ：$\cancel{塩}\ 6.4\ \cancel{g} \times \left(\dfrac{1}{1+1}\right) \times \dfrac{\cancel{みそ}\ 100\ \cancel{g}}{\cancel{塩}\ 12\ \cancel{g}} \times \dfrac{みそ大さじ1杯}{\cancel{みそ}\ 18\ \cancel{g}}$[6] $=$ みそ大さじ1.5杯

5% みそ：$\cancel{塩}\ 6.4\ \cancel{g} \times \left(\dfrac{1}{1+1}\right) \times \dfrac{\cancel{みそ}\ 100\ \cancel{g}}{\cancel{塩}\ 5\ \cancel{g}} \times \dfrac{みそ大さじ1杯}{\cancel{みそ}\ 18\ \cancel{g}}$[6] $=$ みそ大さじ3.6杯[6]

③ 大さじ2杯強：（同重量のみそx g）塩 6.4 g $= x\ g \times \dfrac{塩\ 12\ g}{みそ\ 100\ g} + x\ g \times \dfrac{塩\ 5\ g}{みそ\ 100\ g}$

$= x\ g \times \left(\dfrac{塩\ 12\ g}{みそ\ 100\ g} + \dfrac{塩\ 5\ g}{みそ\ 100\ g}\right) = x\ g \times \dfrac{塩\ 17\ g}{みそ\ 100\ g}$，みそ x g $= \cancel{塩}\ 6.4\ \cancel{g} \times$

$\dfrac{みそ\ 100\ g}{\cancel{塩}\ 17\ \cancel{g}} =$ みそ 37.6 g ≒ 38 g．$\cancel{みそ}\ 38\ \cancel{g} \times \dfrac{みそ大さじ1杯}{\cancel{みそ}\ 18\ \cancel{g}} =$ 大さじ2.1杯

（2杯強）

演習 6　以下に示すレシピの油，塩，砂糖の調味%はいくつか．

肉じゃが：じゃがいも2個（300 g），牛肉 150 g，にんじん1本（100 g），
玉ねぎ1個（200 g）．
油　大さじ3（36 g），砂糖　大さじ2.5（22.5 g），
醤油　大さじ1.5（塩 4.5 g），酒　大さじ2，塩　小さじ0.5（3 g）

解　答

答 6　油5%，塩1%，砂糖3%：

材料：300 g + 150 g + 100 g + 200 g = 750 g（煮物は，だし以外の材料の合計重量）

（油）$\cancel{油大さじ}\ 3\ \cancel{杯} \times \dfrac{油\ 12\ g}{\cancel{油大さじ\ 1\ 杯}} =$ 油 36 g，$\dfrac{油\ 36\ g}{材料\ 750\ g} \times 100\% = 4.8\% ≒ 5\%$

（塩）$\cancel{醤油大さじ}\ 1.5\ \cancel{杯} \times \dfrac{塩\ 3\ g}{\cancel{醤油大さじ\ 1\ 杯}} =$ 塩 4.5 g

$\left(厳密には，\cancel{醤油大さじ}\ 1.5\ 杯 \times \dfrac{醤油\ 18\ \cancel{g}}{\cancel{醤油大さじ\ 1\ 杯}} \times \dfrac{塩\ 15\ g}{醤油\ 100\ \cancel{g}}\right.$[1] $\left. = 塩\ 4.05\ g\right)$

$\cancel{塩小さじ}\ 0.5\ \cancel{杯} \times \dfrac{塩\ 6\ g}{\cancel{塩小さじ\ 1\ 杯}} =$ 塩 3 g

塩の総量は 4.5 + 3 = 塩 7.5 g．$\dfrac{塩\ 7.5\ g}{材料\ 750\ g} \times 100\% =$ 塩 1%

（厳密には，4.05 + 3 = 塩 7.05 g．$\dfrac{塩\ 7.05\ g}{材料\ 750\ g} \times 100\% =$ 塩 0.94%）

（砂糖）$\cancel{砂糖大さじ}\ 2.5\ \cancel{杯} \times \dfrac{砂糖\ 9\ g}{\cancel{砂糖大さじ\ 1\ 杯}} =$ 砂糖 22.5 g．

$\dfrac{砂糖\ 22.5\ g}{材料\ 750\ g} \times 100\% =$ 砂糖 3%

---

1) p.191表を参照．醤油の塩分濃度は15%，醤油大さじ1杯は18 gなので厳密な塩分量は，
$\dfrac{\cancel{醤油}\ 100\ \cancel{g}}{塩\ 15\ g} \times \dfrac{醤油大さじ1杯}{\cancel{醤油}\ 18\ \cancel{g}} = \dfrac{醤油大さじ1杯}{塩\ 2.7\ g}$

2) 醤油大さじ1杯を塩3 gではなく注1)の値2.7 gで計算すると，
$(\cancel{塩分}\ 6.4\ \cancel{g} \times 1/3) \times \dfrac{醤油大さじ1杯}{\cancel{塩}\ 2.7\ \cancel{g}} =$ 醤油大さじ0.79杯．

3) p.191の［別解3］と同様に計算する．

4) 塩分12%のみそ．この計算は，塩分gを小数表示の塩分濃度（0.12）で割るのと同じである．

5) 使用したみその塩分を12%とすると，みそ大さじ1杯は18 gなので大さじ1杯の塩分量は，
$\dfrac{\cancel{みそ}\ 100\ \cancel{g}}{塩\ 12\ g} \times \dfrac{みそ大さじ1杯}{\cancel{みそ}\ 18\ \cancel{g}} = \dfrac{みそ大さじ1杯}{塩\ 2.16\ g}$
この値を用いて醤油と同様に量を計算すると，
$(\cancel{塩分}\ 6.4\ \cancel{g} \times 2/3) \times \dfrac{みそ大さじ1杯}{\cancel{塩}\ 2.16\ \cancel{g}} =$ みそ大さじ2杯．

6) 塩分12% みそ：大さじ1杯は2.16 g（注5））．塩分5% みそ：注5)と同様にして，大さじ1杯は塩0.90 g．よって，$(\cancel{塩分}\ 6.4\ \cancel{g} \times 1/2) \times \dfrac{みそ大さじ1杯}{\cancel{塩}\ 0.9\ \cancel{g}}$
= みそ大さじ3.6杯．

付録2　看護分野：換算係数法[7]を用いた投薬の服用量[8]と点滴速度の計算法

演習 1　鉄欠乏性貧血の患者に 0.2 g の鉄剤（クエン酸第一鉄）[9]を投与する．1 錠あたり 50 mg の鉄剤を含む．患者には何錠投与すればよいか．

演習 2　腎不全患者に利尿剤[10]プロセミド 80 mg を処方する．2 mL アンプルにはプロセミド含有量 20 mg/アンプルと記されている．何 mL の薬を投与すればよいか．

演習 3　体重 70 kg の患者に，心臓の動きを強める薬であるドブタミンを，体重 1 kg あたり 0.25 mg（0.25 γ(ガンマ)）投与する．5 mL のアンプル中に 100 mg の本剤を含むアンプル 3 本を 5% ブドウ糖液で 100 mL に希釈する（アンプル液 15 mL＋ブドウ糖液約 85 mL）．この患者には何 mL の希釈液を投与すればよいか．

演習 4　急性心不全者の体重は 65 kg である．冠状動脈拡張薬ニコランジルを 0.2 γ(ガンマ)投与する．薬瓶には 48 mg（白色固体・凍結乾燥剤）と記されている．本剤を生理食塩水で溶解して 0.10% 溶液とする．この患者には何 mL の薬液を投与する必要があるか．

7）換算係数法のやり方は p. 32 を参照のこと．

8）dose（医療英語）．

9）クエン酸鉄(Ⅱ)，クエン酸の Fe^{2+} の塩．

10）尿量を増大させる作用のあるもの．

解　答

答 1　4 錠[11]：鉄剤 0.2 g × $\dfrac{\text{鉄剤 1000 mg}}{\text{鉄剤 1 g}} \times \dfrac{\text{1 錠}}{\text{鉄剤 50 mg}}$ ＝ 4 錠

答 2　8 mL[12]：プロセミド 80 mg × $\dfrac{\text{薬液 2 mL}}{\text{プロセミド 20 mg}}$ ＝ 薬液 8 mL

答 3　5.83 mL[13]：体重 70 kg × $\dfrac{\text{薬 0.25 mg}}{\text{体重 1 kg}} \times \dfrac{\text{薬液 5 mL}}{\text{薬 100 mg}} \times \dfrac{\text{アンプル 1 本}}{\text{薬液 5 mL}} \times \dfrac{\text{希釈液 100 mL}}{\text{アンプル 3 本}}$

＝ 希釈液 5.83 mL（体重 70 kg × $\dfrac{\text{薬 0.25 mg}}{\text{体重 1 kg}} \times \dfrac{\text{希釈液 100 mL}}{\text{薬 300 mg}}$ ＝ 希釈液 5.83 mL）

答 4　13 mL：体重 65 kg × $\dfrac{\text{薬 0.2 mg}}{\text{体重 1 kg}} \times \dfrac{\text{薬 1 g}}{\text{薬 1000 mg}} \times \dfrac{\text{薬液 100 g}}{\text{薬 0.1 g}} \times \dfrac{\text{薬液 1 mL}}{\text{薬液 1 g}}$ ＝ 薬液 13 mL（0.1% は $\dfrac{0.1\text{ g}}{100\text{ g}} = \dfrac{1\text{ mg}}{1000\text{ mg}} = \dfrac{1\text{ mg}}{1\text{ g}} = \dfrac{48\text{ mg}}{48\text{ g}}$，薬液 1 mL＝1 g とする）または，0.1% 溶液をつくるには，薬 48 mg × $\dfrac{\text{薬液 100 mg}}{\text{薬 0.1 mg}} \times \dfrac{\text{薬液 1 g}}{\text{薬液 1000 mg}} \times \dfrac{\text{薬液 1 mL}}{\text{薬液 1 g}}$ ＝ 薬液 48 mL（溶かして 48 mL とする）．よって，体重 65 kg × $\dfrac{\text{薬 0.2 mg}}{\text{体重 1 kg}} \times \dfrac{\text{薬液 48 mL}}{\text{薬 48 mg}}$ ＝ 薬液 13 mL

11）換算係数は，①$\dfrac{\text{鉄剤 1000 mg}}{\text{鉄剤 1 g}}$ と ②$\dfrac{\text{鉄剤 1 g}}{\text{鉄剤 1000 mg}}$，③$\dfrac{\text{1 錠}}{\text{鉄剤 50 mg}}$ と ④$\dfrac{\text{鉄剤 50 mg}}{\text{1 錠}}$．0.2 g の g が消えるように，分母に g がある①と mg が消えて答が錠となるように，分母に mg，分子に錠がある③を用いる．

12）換算係数は，$\dfrac{\text{薬液 2 mL}}{\text{薬 20 mg}}$ と $\dfrac{\text{薬 20 mg}}{\text{薬液 2 mL}}$．答が薬液 mL となるよう分子に mL がある前者を用いる．

13）換算係数は，$\dfrac{\text{薬 0.25 mg}}{\text{体重 1 kg}}$，$\dfrac{\text{薬 100 mg}}{\text{薬液 5 mL}}$，$\dfrac{\text{アンプル 1 本}}{\text{薬液 5 mL}}$，$\dfrac{\text{アンプル 3 本}}{\text{希釈液 100 mL}}$ と，これらの逆数．体重 70 kg から始めて，次に体重 kg が消去される換算係数，次にこの分子が消去される換算係数を繰り返して，答が希釈液 mL となる操作をする．

点滴を行う場合：点滴を行う場合，その液量は滴数で表示される．20 滴で 1 mL になる点滴装置の場合，換算係数は，$\dfrac{\text{20 滴}}{\text{1 mL}}$ または $\dfrac{\text{1 mL}}{\text{20 滴}}$．点滴装置は 1 分間あたりの滴数を設定することができる．

たとえば，1 分間で 30 滴なら，$\dfrac{\text{30 滴}}{\text{1 分間}}$ または $\dfrac{\text{1 分間}}{\text{30 滴}}$．

演習 5　患者に，点滴により解熱剤アセトアミノフェンを投与する．100 mL の点滴液に 1.0 g のアセトアミノフェンを加えて，患者に 65 mg/分で与える．この点滴装置は 15 滴が 1 mL に対応する．1 分間に何滴を滴下すればよいか．

演習 6　患者に，24 時間の間に 5% ブドウ糖液の 2500 mL を点滴投与する．20 滴が 1 mL に対応する．点滴速度は 1 分間に何滴とすればよいか．

解　答

答 5　98 滴/分：

(**通常の方法**)　1.0 g が何滴に対応するか求める．次に 65 mg が何滴かを求める．または，65 mg が何 mL かを求め，次にこの mL が何滴かを求める．

(**換算係数法**)：まず，問題文中の換算係数を列記する．

$$\frac{1.0\ \text{g}}{100\ \text{mL}} と \frac{100\ \text{mL}}{1.0\ \text{g}},\ \frac{65\ \text{mg}}{1分間} と \frac{1分間}{65\ \text{mg}},\ \frac{15\ 滴}{1\ \text{mL}} と \frac{1\ \text{mL}}{15\ 滴},\ \frac{1\ \text{g}}{1000\ \text{mg}} と \frac{1000\ \text{mg}}{1\ \text{g}}$$

$\frac{滴数}{1分間}$ を求める問題である．そこで，①分子に滴数を残す必要があるので，滴数が分子になる換算係数を探すと，$\frac{15\ 滴}{1\ \text{mL}}$．これからスタートして，次に分母 1 mL が消去されるように，分子に mL をもつ換算係数をもってくる．次にこの換算係数の分母を消すことができる換算係数を探す．これを繰り返して $\frac{滴数}{1分間}$ を得る操作をする．

つまり，$\frac{15\ 滴}{1\ \cancel{\text{mL}}} \times \frac{100\ \cancel{\text{mL}}}{1.0\ \cancel{\text{g}}} \times \frac{1\ \cancel{\text{g}}}{1000\ \cancel{\text{mg}}} \times \frac{65\ \cancel{\text{mg}}}{1\ 分間} = \frac{98\ 滴}{1\ 分間}$．このように，分母の 1 分と分子の滴数以外の単位がすべて相殺し合うように変換係数を並べれば，目的の関係式 $\frac{98\ 滴}{1\ 分間}$ が得られる．よって，98 滴/分で滴下すればよい．または，②分母に 1 分間を残す必要があるので，1 分間が分母になる換算係数を探すと $\frac{65\ \text{mg}}{1\ 分間}$．上と同じ要領で変換係数を並べると，$\frac{65\ \cancel{\text{mg}}}{1\ 分間} \times \frac{1\ \cancel{\text{g}}}{1000\ \cancel{\text{mg}}} \times \frac{100\ \cancel{\text{mL}}}{1.0\ \cancel{\text{g}}} \times \frac{15\ 滴}{1\ \cancel{\text{mL}}} = \frac{98\ 滴}{1\ 分間}$．

答 6　35 滴/分：$\frac{滴数}{1\ 分間}$ を求める．換算係数は，

$$\frac{20\ 滴}{1\ \text{mL}} と \frac{1\ \text{mL}}{20\ 滴},\ \frac{24\ 時間}{2500\ \text{mL}} と \frac{2500\ \text{mL}}{24\ 時間},\ \frac{1\ 時間}{60\ 分} と \frac{60\ 分}{1\ 時間}.$$

そこで，滴数を分子に含んだ換算係数から始めて，答 5 と同じ要領で分母を 1 分間に変えればよい．

つまり，$\frac{20\ 滴}{1\ \cancel{\text{mL}}} \times \frac{2500\ \cancel{\text{mL}}}{24\ \cancel{時間}} \times \frac{1\ \cancel{時間}}{60\ 分} = \frac{20 \times 104.2\ 滴}{60\ 分} = \frac{35\ 滴}{1\ 分間}$．

索　　引

も

ゆ

よ

り

れ

著者略歴
立屋敷　哲（たちやしき・さとし）
理学博士
現　職：女子栄養大学　教授
1949 年　福岡県大牟田市生まれ
1971 年　名古屋大学理学部卒
研究分野：無機錯体化学，無機光化学，無機溶液化学

演習 誰でもできる化学濃度計算
実験・実習の基礎

平成 30 年 7 月 30 日　発　　行
令和 5 年 12 月 25 日　第 5 刷発行

著作者　立　屋　敷　　哲

発行者　池　田　和　博

発行所　丸善出版株式会社
〒101-0051 東京都千代田区神田神保町二丁目17番
編集：電話 (03) 3512-3261／FAX (03) 3512-3272
営業：電話 (03) 3512-3256／FAX (03) 3512-3270
https://www.maruzen-publishing.co.jp

組版印刷・中央印刷株式会社／製本・株式会社 松岳社

ISBN 978-4-621-30312-2　C 3043　Printed in Japan

キーワードの定義，計算のための基礎知識，公式集

学習上の注意：

1. 大切なところには下線を引いたり，黄色マーカーなどで着色する．
   （線はキーワード中心に単語ごとに引き，文章全体に引かない，引き過ぎない）
2. 大切なことはテキストやノートの欄外などに目立つように書き込む．
3. 言葉と定義にこだわること（言葉・定義・単位を大切にする）．
4. できなかった問題は印をつけておき，後で繰り返し解く．演算・算数はすべての基本，
   社会で必要とされる基本能力の１つである．

以下の言葉について説明せよ 要理解・記憶

キーワード	単位・記号	意 味・定 義
モル 分子量，式量 モル質量(mol と g の換算係数)	mol —— g/mol	盛る，(1)山 分子の体重（H＝1（^{12}C＝12）としたときの相対質量） 1 mol(1 山)の重さ：分子量 g，式量 g
モル濃度 C ファクター F	mol/L —(倍率)	溶液 1 L 中に何山溶けているか（3 mol/L とは，いわば紅茶 1 カップにスプーン 3 杯の砂糖が溶けた溶液）． つくろう・はかろうと思った濃度・重さの何倍か（0.9〜1.1）
酸塩基の価数 m 中和反応 ◯ 中和滴定	—— —— ——	1 分子，1 組成式の酸，塩基が最大何個の H^+, OH^- を出すことができるか．硫酸 H_2SO_4(2 価)，有機酸(−COOH の数) $H^+ + OH^- \longrightarrow H_2O$，中和：$H^+$ の物質量＝OH^- の物質量 $mCV = m'C'V'$（＝H^+，OH^- 物質量），$m(C_0F)V = m'(C_0'F')V'$ V：体積（F はファクター，$C = C_0F$，C_0F が真の濃度）
◯ 密度 d(g と mL の換算係数) ◯ 含有率％	g/cm^3 g/g×100	1 cm^3(1 mL)の重さ(g)．全体の重さ g＝全体の体積 mL×$\left(\frac{\text{g}}{\text{mL}}\right)$． 全体の体積 mL＝全体の重さ g×$\left(\frac{\text{mL}}{\text{g}}\right)$ $\left(\frac{部分(\text{g})}{全体(\text{g})}\right)$×100(＝質量％)　部分・目的物の重さ g＝全体の重さ g×含有率
溶液；溶質；溶媒 質量％(w/w) 体積％(v/v) 質量/体積％(w/v) 調味％	—— g/g mL/mL g/mL g/g	〔溶液〕食塩水，砂糖水，せっけん水；〔溶質〕食塩，砂糖，せっけん；〔溶媒〕水 全体（溶液）100 g 中の溶質の重さ g　(部分(g)/全体(g))×100 全体（溶液）100 mL 中の溶質の体積 mL　(部分(mL)/全体(mL))×100 全体（溶液）100 mL 中の溶質の重さ g　(部分(g)/全体(mL))×100 食材 100 g あたりの調味料 g　$\left(\frac{調味料\ \text{g}}{食材\ \text{g}}\right) \neq \frac{調味料\ \text{g}}{全体\ \text{g}} \times 100$
希　釈	——	$CV = C'V'$＝ものの量，C が質量％では $C(Vd) = C'(V'd')$ 希釈倍率で考える方法 → 求める体積はもとより多？少？（×か÷か？）
ppm ppb	g/g g/g	○ppm：$\frac{\bigcirc}{10^6}$，$\frac{\bigcirc \text{mg}}{1\ \text{kg}}$，$\frac{\bigcirc \mu\text{g}}{1\ \text{g}}$，$\frac{目的物(\text{g})}{全体(\text{g})} = \frac{\bigcirc \text{ppm}}{10^6}$，○ppm＝$\frac{目的物(\text{g})}{全体(\text{g})} \times 10^6$ □ ppb：$\frac{\square}{10^9}$，$\frac{\square \mu\text{g}}{1\ \text{kg}}$，$\frac{\square \text{ng}}{1\ \text{g}}$
pH 水のイオン積	—— (mol/L)^2	水素イオン(濃度)指数 $[H^+] = 10^{-pH}$ ($pH = -\log[H^+]$) $[H^+][OH^-] = 10^{-14}$ (mol/L)^2（中性 pH 7，$[H^+] = [OH^-] = 10^{-7}$ mol/L）
吸光度 E （ランベルト・ベールの法則） 透過 T％	—— ——	$E = \log(I_0/I) = \varepsilon lc$ (I^0：入射光強度，I：透過光強度，ε：モル吸光係数 (c, l＝1 の吸光度)，l：光路長/cm，c：モル濃度 mol/L) $T\% = (I/I_0) \times 100$，$E = \log(100/T\%)$ $(E = 2 - \log T\%)$